MATLAB 与数学建模

主　编　李伯德　李振东

副主编　王国兴　智　婕

参　编　王媛媛　樊瑞宁　樊馨蔓

科学出版社

北　京

内 容 简 介

本书从数学建模的角度介绍 MATLAB 的应用及常用的数学建模方法. 书中内容根据数学建模竞赛的需要而编排,涵盖了大部分数学建模问题的 MATLAB 求解方法,全书共 14 章,内容包括数学建模概述、MATLAB基础、微分方程、差分方程、插值与数据拟合、线性规划、整数规划、非线性规划、动态规划、多目标规划、图与最短路、网络流、概率统计方法、综合评价与预测方法. 各章有一定的独立性,这样便于教师和学生按需要进行选择. 本书案例均配有 MATLAB 源程序,程序设计简单精练,思路清晰,注释详尽,灵活应用 MATLAB 工具箱,有利于没有编程基础的读者快速入门.

本书可作为数学建模课程教材和大学生数学建模竞赛培训教材,也可作为数学实验类的教学用书.

图书在版编目 (CIP) 数据

MATLAB 与数学建模 / 李伯德,李振东主编. —北京:科学出版社,2014

ISBN 978-7-03-041496-0

Ⅰ.①M… Ⅱ.①李… ②李… Ⅲ.①Matlab 软件－应用－数学模型－高等学校－教材 Ⅳ.①O141.4-39

中国版本图书馆 CIP 数据核字 (2014) 第 174056 号

责任编辑:相 凌 孙翠勤 / 责任校对:胡小洁
责任印制:赵 博 / 封面设计:华路天然工作室

科 学 出 版 社 出版
北京东黄城根北街 16 号
邮政编码:100717
http://www.sciencep.com

北京华宇信诺印刷有限公司印刷
科学出版社发行 各地新华书店经销

*

2014 年 8 月第 一 版 开本:787×1092 1/16
2024 年 11 月第十次印刷 印张:22
字数:580 000

定价:56.00 元
(如有印装质量问题,我社负责调换)

前　　言

党的二十大报告明确提出："教育、科技、人才是全面建设社会主义现代化国家的基础性、战略性支撑．必须坚持科技是第一生产力、人才是第一资源、创新是第一动力，深入实施科教兴国战略、人才强国战略、创新驱动发展战略，开辟发展新领域新赛道，不断塑造发展新动能新优势．"在高校开设数学建模课程，有助于培养学生的实践能力和创新能力，是造就出一批又一批适应高度信息化社会、具有创新能力的高素质人才的需要．

数学建模过程就是一个创造性的工作过程．人的创新能力首先是创造性思维和具备创新的思想方法．数学本身是一门理性思维科学，数学教学正是通过各个教学环节对学生进行严格的科学思维方法的训练，从而引发人的灵感思维，达到培养学生的创造性思维的能力．同时数学又是一门实用科学，它具有能直接用于生产和实践，解决经济管理等实际中提出的问题，推动经济社会的发展和科学技术的进步．

通过数学建模全过程的各个环节，学生们进行着创造性的思维活动，模拟了现代科学的研究过程．通过数学建模课程的教学和数学建模竞赛活动极大地开发了学生的创造性思维能力，培养学生在面对错综复杂的实际问题时，具有敏锐的观察力和洞察力，以及丰富的想象力．因此，数学建模课程在培养学生的创新能力方面有着其他课程不可替代的作用．

多年的数学建模教学实践告诉我们，进行数学建模教学，为学生提供一本内容丰富，既理论完整又实用的数学建模教材，使学生少走弯路尤为重要．这也是我们编写这本书的初衷．可以说，本书既是我们多年教学经验的总结，也是我们心血的结晶．本书的特点是尽量为学生提供常用的数学建模方法，并将相应的 MATLAB 程序提供给学生，使学生通过案例的学习，在自己动手构建数学模型的同时进行上机数学实验，从而为学生提供数学建模全过程的训练，以便能够达到举一反三，取得事半功倍的教学效果．

本书主编为李伯德、李振东，副主编为王国兴、智婕，参编人员有王媛媛、樊瑞宁、樊馨蔓．所有参编人员从组织选材、编程修改到审核校对等方面都做了大量的工作．

本书的出版得到了兰州商学院科研经费资助．本书是兰州商学院第一批人才培养模式创新实验项目"将数学建模思想融入大学数学教学　全面提升教育质量——培养学生创新精神与创新能力的探索与实践"的阶段性成果．兰州商学院的有关校领导、教务处、信息工程学院和科技处对本书的编写工作给予了许多指导和帮助，科学出版社对本书的出版给予了大力支持，编者在此表示衷心感谢！

本书在编写过程中，参考了大量的相关资料，选用了其中的模型，在此谨向著作者、编者、作者一并致以诚挚的谢意．

由于编者水平有限，对于书中的不妥之处，恳请读者批评指正．

编　者
2023年7月修改

目　　录

第1章 数学建模概述

随着科学技术的飞速发展，数学在自然科学、社会科学、工程技术与现代化管理等方面获得了越来越广泛而深入的应用，**数学模型**这个词汇越来越多地出现在现代人的日常生活、工作和社会活动中，从而使人们逐渐认识到了建立数学模型的重要性. 本章将对数学模型、数学建模、大学生数学建模竞赛作简要介绍.

1.1 数学模型的概念、分类及作用

1.1.1 数学模型的概念

模型化方法是人们解决问题的一种常用方法. 所谓模型化方法，是指通过抽象、概括和一般化，把关心和研究的现实世界中的对象或问题转化为本质（关系或结构）同一的另一对象或问题加以解决的思维方法. 通常把被研究的对象或问题称为原型，而把根据原型特有的内在规律，将原型所具有的本质属性的某一部分信息经过简化、浓缩、提炼而转化后的相对定型的模型化或理想化的对象或问题称为模型. 一个原型，为了不同的目的可以有多种不同的模型. 模型化思想强调事物的整体性和本质的同一性. 因此所建立的模型必须能真正反映原型的整体结构、关系或某一侧面的本质特征和变化规律. 模型化的主要作用在于使研究对象的处理具有典型性、精确性和可操作性.

数学解决科学技术和生产、生活实践中实际问题的重要方法就是模型化方法，即建立数学模型.

数学模型的具体定义是什么，尽管目前并没有统一的认识，但都认为是用数学描述实际问题. 通俗地讲，所谓数学模型，是指对于现实世界的某一特定对象，为了某个特定目的，进行一些必要的抽象、简化和假设，借助数学语言，运用数学工具建立起来的一个数学关系或结构. 具体来说，数学模型就是为一定的目的对原型所作的一种抽象模拟，它用数学公式、数学符号、程序及图表等刻画客观事物的本质属性与内在联系，是对现实世界的抽象、简化而又本质的数学描述. 它源于现实，又高于现实，它或者能解释特定事物现象的现实性态；或者能预测特定对象的将来的性态；或者能提供处理特定对象的最优决策或控制等，最终达到解决实际问题的目的.

数学模型是今天科学技术工作者常常谈论的名词. 其实，我们对于数学模型也并不陌生，如在力学中描述物体的力、质量和加速度之间关系的牛顿第二定律（ $F = ma$ ）就是一个典型的数学模型. 还有很多，如计算机自动控制的炼钢过程的数学模型，根据气压、雨量、风速等建立的预测天气的数学模型，根据人口、交通、能源、污染等建立的城市规划的数学模型等.

1.1.2 数学模型的分类

数学模型按照不同的分类标准有着多种分类. 因为分类问题不是本书的重点，故只列举

出几种常见的分类方法，以方便叙述和阅读.

按建立模型的数学方法分类：可分为几何模型、代数模型、图论模型、规划论模型、微分方程模型、最优控制模型、信息模型、随机模型、决策与对策模型及模拟模型等.

按模型的特征分类：可分为静态模型和动态模型、确定性模型和随机性模型、离散模型和连续模型、线性模型和非线性模型等.

按被研究对象的实际领域分类：可分为人口模型、环境模型、生态模型、资源模型、再生资源利用模型、交通模型、电气系统模型、通信系统模型、机电系统模型、传染病模型、污染模型、经济模型和社会模型等.

按人们对原型的认识过程分类：可分为描述性的数学模型和解释性的数学模型.描述性的模型是从特殊到一般，它是从分析具体客观事物及其状态开始，最终得到一个数学模型.客观事物之间量的关系通过数学模型被概括在一个具体的抽象的数学结构之中.解释性的模型是由一般到特殊，它是从一般的公理系统出发，借助于数学客体，对公理系统给出合理解释的一种数学模型.

按人们对事物发展过程的了解程度分类：可分为所谓的白箱模型、灰箱模型和黑箱模型.白箱模型主要指那些内部规律比较清楚的模型，如力学、热学、电学以及相关的工程技术问题，这些问题大多早已经转化为比较成熟的数学问题，解决这些问题大多注重数学方法的改进、优化设计和控制等；灰箱模型主要指那些内部规律尚不十分清楚、在建立和改善模型方面都还不同程度地有许多工作要做的问题，如生态学、气象学、经济学等领域中的模型；黑箱模型指一些其内部规律还很少为人们所知的问题，如生命科学、社会科学等领域的问题.

1.1.3 数学模型的作用

数学模型的根本作用在于它将客观原型化繁为简、化难为易，便于人们采用定量的方法，分析和解决实际问题.

回顾科学发展史，数学模型对很多科学概念的表达、科学规律的揭示以及科学体系的形成都起到了重要作用.例如，物理学中的很多重要概念，如瞬时速度、瞬时电流、物体受力沿曲线做功等，又如经济学中的边际、弹性等概念很难用语言描述清楚，而用导数、积分就清楚而准确地表达了这些概念的意义.

当代计算机科学的发展和广泛应用，使得数学模型的方法如虎添翼，加速了数学向各个学科的渗透，产生了众多的边缘学科.例如，生物数学，它是在生物科学研究中，由其各分支运用数学模型和数学方法产生的生态数学、遗传数学、生理数学、仿生数学等内容构成的.实际上，从家用电器到天气预报，从通信到广播电视、卫星遥感、航天技术，从新材料到生物工程，高科技的高精度、高速度、高安全、高质量、高效率等特点无一不是通过数学模型和数学方法，并借助计算机的计算、控制来实现的，就连计算机本身的产生和进步、计算机软件技术说到底实际上也是数学技术.

总之，数学模型在科学发展、科学预见、科学预测、科学管理、科学决策、社会生活、市场经济乃至个人高效工作和生活等众多方面发挥着越来越重要的作用.

1.2　数学建模的基本问题

1.2.1　数学建模

数学建模（mathematical modeling）是指对特定的客观对象建立数学模型的过程，是现实的现象通过心智活动构造出能抓住其重要且有用的特征的表示，常常是形象化的或符号的表示，是构造刻画客观事物原型的数学模型并用以分析、研究和解决实际问题的一种科学方法，运用这种科学方法，建模者必须从实际问题出发，遵循"实践—认识—再实践"的辩证唯物主义认识规律，紧紧围绕着建模的目的，运用观察力、想象力和逻辑思维能力，对实际问题进行抽象、简化，反复探索，逐步完善，直到建立起一个能合理、有效地用于分析、研究和解决实际问题的数学模型．顾名思义，"modeling"一词在英文中有"塑造艺术""立体感"的意思．而数学模型的建立带有一定的艺术特点，数学建模不仅是一种定量解决实际问题的科学方法，而且还是一种从无到有的创新活动过程，数学建模的成败与人的因素密切相关，人是数学建模的主体，事物原型是数学建模的客体，在数学建模的过程中，既要发挥人的聪明才智"改造"客体、解决实际问题，又要"改造"建模者自己，从中丰富智慧、增长才干．一个成功的数学模型总是主体的能动性与客体的规律性达到高度统一时的产物，因此人们常说，数学建模具有强烈的技艺性，建模者要像艺术家那样苦练内功，才能达到出神入化的境界．

1.2.2　数学建模的一般步骤

数学建模没有固定的模式，按照建模过程，其基本步骤如下所述．

1. 模型准备

数学建模是一项创新活动，它所面临的课题是人们在生产和科研活动中为了使认识和实践进一步发展必须解决的问题．什么是问题？问题就是事物的矛盾，哪里有没解决的矛盾，哪里就有问题．因此发现课题的过程就是分析矛盾的过程．贯穿生产和科技中的根本矛盾是认识和实践的矛盾，分析这些矛盾，从中发现尚未解决的矛盾，就是找到了需要解决的实际问题，如果这些实际问题需要给出定量的分析和解答，那么就可以把这些实际问题确立为数学建模的课题，模型准备就是要了解问题的实际背景，明确建模的目的，掌握研究对象（问题）的各种信息，弄清研究对象的特征，情况明才能方法对．

2. 模型假设

作为课题的原型一般都是抽象的、复杂的，是质和量、现象和本质、偶然和必然的统一体．这样的原型，如果不经过必要的、合理的简化，人们对其认识是困难的，也无法准确把握它的本质属性．模型假设就是根据实际对象的特征和建模的目的，在掌握必要资料的基础上，对原型进行抽象、简化，把那些反映问题本质属性的形态、量及其关系抽象出来，简化掉那些非本质的因素，使之摆脱原型的具体复杂形态，形成对建模有用的信息资源和前提条件，并且用精确的语言作出假设，这是数学建模的关键一步．

对原型的抽象、简化不是无条件的，一定要善于辨别问题的主要方面和次要方面，果断地抓住主要因素，抛弃次要因素，尽量将问题均匀化、线性化，并且要按照假设的合理性原则进行，假设的合理性原则有以下四点．

（1）目的性原则：从原型中抽象出与建模目的有关的因素，简化掉那些与建模目的无关的或关系不大的因素.

（2）简明性原则：所给出的假设条件要简单、准确，有利于构造模型.

（3）真实性原则：假设条件要符合情理，简化带来的误差应满足实际问题所能允许的误差范围.

（4）全面性原则：在对事物原型本身作出假设的同时，还要给出原型所处的环境条件.

3. 模型建立

在模型假设的基础上，进一步分析模型假设的各条件. 首先区分哪些是常量，哪些是变量，哪些是已知量，哪些是未知量；然后查明各种量所处的地位、作用和它们之间的关系，选择恰当的数学工具来刻画各个量之间的数学关系，建立相应的数学结构——数学模型.

在构造模型时究竟采用什么数学工具，要根据问题的特征、建模的目的要求以及建模者的数学特长而定. 可以这样讲，数学的任一分支在构造模型时都可能用到，而同一实际问题也可以构造出不同的数学模型. 一般地，在能够达到预期目的的前提下，所用的数学工具越简单越好.

在构造模型时究竟采用什么方法构造模型，要根据实际问题的性质和建模假设所给出的建模信息而定，以系统论中提出的机理分析法和系统辨识法来说，它们是构造数学模型的两种基本方法. 机理分析法是在对事物内在机理分析的基础上，利用模型假设所给出的建模信息或前提条件来构造模型；系统辨识法是对系统内在机理一无所知的情况下利用模型假设或实际对系统的测试数据所给出的事物系统的输入、输出信息来构造模型. 随着计算机科学的发展，计算机模拟有力地促进了数学建模的发展，也成为一种构造模型的基本方法. 这些构造模型的方法各有其优点和缺点，在构造模型时，可以同时采用，取长补短，达到建模的目的.

4. 模型求解

构造数学模型之后，再根据已知条件和数据分析模型的特征和结构特点，设计或选择求解模型的数学方法和算法，这其中包括解方程、画图形、证明定理、逻辑运算以及稳定性讨论等，特别是编写计算机程序或运用与算法相适应的软件包、并借助计算机完成对模型的求解. 在许多情况下往往需要纷繁的计算，有时还需要将系统运行情况用计算机模拟，因此熟悉数学软件甚至编程一般是不可或缺的.

5. 模型分析

根据建模的目的要求，对模型求解的数字结果，或进行变量之间的依赖关系分析，或进行稳定性分析，或进行系统参数的灵敏度分析，或进行误差分析等. 通过分析，如果不符合要求，则需修改或增减模型假设条件，重新建模，直到符合要求；通过分析，如果模型符合要求，还可以对模型进行评价、预测、优化等.

6. 模型检验

模型分析符合要求之后，还必须回到客观实际中去对模型进行检验，用实际现象、数据等检验模型的合理性和适用性，看它是否符合客观实际，若不符合，则需修改或增减假设条件、重新建模、循环往复、不断完善，直到获得满意结果. 目前计算机技术已为我们进行模型分析、模型检验提供了先进的手段，充分利用这一手段，可以节约大量的时间、人力和物力.

7. 模型应用

模型应用是数学建模的宗旨，也是对模型的最客观、最公正的检验. 因此，一个成功的数学模型，必须根据建模的目的，将其用于分析、研究和解决实际问题，充分发挥数学模型在生产和科研中的特殊作用.

以上介绍的数学建模基本步骤应该根据具体问题灵活掌握，或交叉进行，或平行进行，不拘一格地建立数学建模，有利于建模者发挥自己的聪明才干.

1.2.3　数学建模的基本方法

建立数学模型的方法没有固定的模式，但一个理想的模型应能反映系统的全部重要特征：模型的可靠性和模型的使用性. 数学建模的基本方法可以分为三类：机理分析、统计分析、计算机仿真.

机理分析方法：根据对现实对象特性的认识和了解，分析其因果关系，找出反映内部机理的数学规律. 所建立的模型常有明确的物理或现实意义，建立模型所采用的数学工具有初等数学方法、图解法、比例方法、代数方法、微分方程方法、组合方法、优化方法、线性规划方法、逻辑方法等.

统计分析方法：当我们对研究对象的机理不清楚，内部机理无法直接寻求的时候，可以将研究对象视为一个"黑箱"系统，通过测量系统的输入输出数据，并以此为基础运用统计分析方法，按照事先确定的准则在某一类模型中选出一个数据拟合得最好的模型. 建立模型所采用的数学工具有回归分析法、时间序列分析法等.

对于许多实际问题还常常将这两种方法结合起来使用，即用机理分析方法建立模型的结构，用统计分析方法来确定模型的参数，也是常用的建模方法.

计算机仿真方法：在计算机上模仿各种研究对象的运行过程，观察系统状态的变化，从而得到对系统基本性能的估计或认识. 当系统中存在众多随机因素，难以构造机理性的数学模型或难以用数据分析建模时，可以采用仿真的方法得到系统的动态特性，进而掌握系统的规律，但一般不可能得到解析解.

本书所涉及的数学建模方法主要是机理分析与数据分析中所涵盖的方法.

数学建模中常用的软件工具有：MATLAB，Lingo，Lindo，Mathematical，Maple，SPSS 等，本书主要用 MATLAB 软件求解.

1.2.4　数学建模中常用的计算方法

（1）数据拟合、参数估计、插值等数据处理算法——经常会遇到大量数据需要用这些方法进行处理.

（2）数值分析算法——微分方程求解、方程组求解、矩阵运算、函数积分等.

（3）数学规划算法——数学模型中的许多优化问题，如线性规划、整数规划、非线性规划等.

（4）蒙特卡罗算法——该算法又称随机模拟算法，是通过计算机仿真来解决问题的方法，同时可以通过模拟来检验模型的正确性.

（5）离散化方法——许多实际问题的数据可能是连续的，而计算机只能接受离散的数据，因此将其离散化、用差分代替微分、用求和代替积分是常用的手段.

（6）最优化理论的三大经典算法——模拟退火算法、遗传算法、神经网络，这类算法常常用来解决一些较困难的最优化问题.

（7）图论算法——这类算法有多种，如最短路、网络流、二分图等，涉及图论的问题可以用这些方法解决.

（8）数字图像处理——有些问题与图形有关，通常用 MATLAB 进行处理.

其他算法还有：分支定界算法、网格算法、穷举算法、Floyd 算法、概率算法、搜索算法、贪婪算法等.

1.2.5　大学生数学建模竞赛

教育必须反映社会的需要，数学建模进入大学课堂，既顺应时代发展的潮流，也符合教育改革的要求. 从某种意义上讲，数学建模是能力与知识的综合应用.

正是由于认识到了培养应用性、研究型科技人才的重要性，而传统的数学竞赛不能担当这个任务，从 1983 年起，美国就有一些有识之士探讨组织一项应用数学方面的竞赛的可能性. 经过论证，1985 年举办了第一届美国大学生数学建模竞赛，从 1985 年起每年一届. 竞赛以 3 名大学生组成一个队，专业不限，各参赛队从两个竞赛题目中任选一道题，在三天时间内，团结合作、奋力攻关，完成一篇数学建模全过程的论文. 竞赛题目一般来源于工程技术和管理科学等方面经过适当简化加工的实际问题，题目具有较大的灵活性供参赛者发挥其创造能力.

这项赛事自诞生起就引起了越来越多的国家关注，1989 年在几位教师的组织和推动下，我国几所大学的学生开始参加美国的大学生数学建模竞赛. 经过两三年的参与，师生们都认为这项赛事有利于学生的全面发展，由于数学建模课程的开设及数学建模竞赛在培养学生能力方面的重要作用，我国于 1992 年由中国工业与应用数学学会（CSIAM）举办了首届全国大学生数学建模竞赛（China Undergraduate Mathematical Contest in Modeling，CUMCM），1994 年国家教委正式将其列为全国大学生四大竞赛之一，每年的 9 月上旬举行，旨在培养大学生的创新意识和团队精神.

CUMCM 经过二十多年迅速、健康的发展，已成为我国高校规模最大的一项大学生科技创新活动，它已经在国内外产生了很大的影响，树立起了自己的品牌，这项活动必将在培养创新人才、提高学生素质、推动教育教学改革中取得更大的成绩.

第 2 章　MATLAB 基础

MATLAB 是 matrix laboratory（矩阵实验室）的缩写，由美国 Math Works 公司于 20 世纪 80 年代推出的一个可视化的数值计算软件，被广泛地使用于从个人计算机到超级计算机范围内的各种计算机上.

MATLAB 使用非常灵活，可以用命令操作，也可以编写程序，有上百个预先定义好的命令和函数，这些函数可以根据用户需要进一步扩展，以满足各种不同需求.

MATLAB 提供许多功能强大的命令. 例如，MATLAB 能够用一个单一的命令求解线性规划问题、完成高阶矩阵处理等.

MATLAB 有强有力的二维、三维图形工具. 例如，线性图、条形图、饼图、散点图、曲面图、表面图、三维等高线图和光照图，以及三维图形的旋转等.

MATLAB 具有良好的可展性，能与其他程序一起使用，利用 MATLAB 编译器可以生成独立的可执行程序，建立各种插件实现与 VB、VC 等程序的集成.

MATLAB 包含有两个部分：核心部分和可选工具箱. 核心部分含有基本命令和函数，以满足一般计算的需要；30 多个不同的 MATLAB 工具箱可应用于特殊的应用领域. 常用工具箱如下：

优化工具箱（Optimization Toolbox）：提供求解线性规划、二次规划、无约束非线性规划、非线性最小二乘、非线性方程和多目标规划等功能.

符号数学工具箱（Symbolic Math Toolbox）：提供了 100 多个符号函数来执行代数、微积分、积分变换等操作.

统计工具箱（Statistics Toolbox）：提供统计分析中数据处理分析的各种工具，以及统计学习与教学的交互式工具.

金融工具箱（Financial Toolbox）：提供投资组合优化分析、风险估计、金融时间序列数据处理等工具.

神经网络工具箱（Neural Network Toolbox）：提供已经封装好神经网络对象，用户只需要设置网路属性，就可以轻松工作. 一般用于模式识别、控制优化、智能信息处理与最优化问题求解等.

遗传算法与直接搜索工具箱（Genetic Algorithm and Direct Search Toolbox）：集成有遗传算法工具和直接搜索工具，可用于解决目标函数不连续、高度非线性、随机性及目标函数不可微的优化问题等.

2.1　MATLAB 基本操作

2.1.1　MATLAB 的启动与退出

1. 启动

MATLAB 提供了以下两种启动方式.

（1）单击【开始】菜单中的【程序】选项的 MATLAB 选项启动 MATLAB，进入 MATLAB 的视窗界面．

（2）如果安装 MATLAB 时，桌面上已建立了快捷方式，可以双击 MATLAB 图标，进入 MATLAB 的视窗界面．

2. 退出

MATLAB 退出，可以使用以下 3 种方式：

（1）在 MATLAB 的命令窗口输入 exit 命令．

（2）在 MATLAB 的命令窗口输入 quit 命令．

（3）在 MATLAB 的视窗界面单击 ✖ 按钮．

2.1.2　MATLAB 的视窗界面

MATLAB 的启动后，就会出现 MATLAB 的视窗界面，如图 2-1 所示．

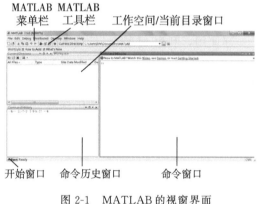

图 2-1　MATLAB 的视窗界面

1. 菜单栏

MATLAB 的菜单栏包括【File】、【Edit】、【Dedug】、【Desktop】、【Window】和【Help】菜单.

（1）File 菜单．使用 File 菜单选项可以对文件进行操作，包括新建、打开、输入数据、打印、退出 MATLAB 等．

（2）Edit 菜单．Edit 菜单选项可以在各窗口中进行剪切、复制、粘贴等编辑操作，或选择清除各窗口中的所有变量．

（3）Dedug 菜单．Dedug 菜单选项用于调试程序．

（4）Desktop 菜单．Desktop 菜单选项用于 MATLAB 工作界面中窗口的显示．

（5）Window 菜单．Window 菜单提供在已打开的各窗口间的切换功能．

（6）Help 菜单．Help 菜单用于进入 MATLAB 的不同帮助系统．

2. 工具栏

工具栏提供在编程环境下对常用命令的快速访问．

3. 工作空间/当前目录浏览器窗口

工作空间可以显示命令窗口中使用的每个变量的名称、值、数组大小、字节大小和类型，当前目录浏览器窗口用来设置当前路径，并显示当前目录下的 M 文件、MAT 文件等文件的信息，包括文件类型、文件大小、最后修改时间和文件说明信息等．

4. 命令历史窗口

命令历史窗口可以显示命令窗口中最近输入的所有语句，可以将命令历史窗口中的语句复制到命令窗口或其他窗口中，直接双击命令历史中的语句，可以再次执行该语句．

5. 命令窗口

命令窗口是 MATLAB 操作的核心窗口，用于输入命令和输出结果，在这里输入命令会立即得到执行并显示出执行结果．这非常适用于简单计算和编写短小程序，编写较长或复杂程序应采用 M 文件编程.

2.1.3　MATLAB 的基本管理

1. 设置当前路径

在 MATLAB 的视窗界面的 "Current Directory" 选项框中选择设置当前路径.

2. MATLAB 的文件格式

MATLAB 常用的文件有扩展名为 .m、.mat、.fig、.mdl、.mex、.p 等类型. 它们分别是程序文件 (.m)、数据文件 (.mat)、图形文件 (.fig)、模型文件 (.mdl)、可执行文件 (.mex) 和 p 码文件 (.p).

(1) 程序文件. 为实现特定的计算功能, 将 MATLAB 的一些特定语句按顺序组合在一起就得到程序文件, 由于其文件名的后缀为 .m, 故也称为 M 文件. MATLAB 提供了 M 文件的专用编辑/调试器, 在编辑器中, 会以字符的不同颜色表示不同的含义. 例如: 命令、关键字、不完整字符串和完整字符串等, 这样可以及时发现输入错误, 缩短程序调试时间. MATLAB的各工具箱中的大部分函数都是 M 文件. M 文件是 ASCII 码文件, 因此也可以在其他文本编辑器 (如 Word 或写字板) 中显示和输入.

(2) 数据文件. 数据文件即扩展名为 .mat 的文件, 用来保存工作空间的数据变量. 在使用中可以通过命令将工作空间的变量存入命令文件, 也可以通过命令从数据文件载入工作空间.

(3) 图形文件. 图形文件的扩展名为 .fig, 用来存放 MATLAB 命令执行后, 产生的各种图形文件.

(4) 模型文件. 图形文件的扩展名为 .mdl, 用来存放在 Simulink 环境中产生的各种模型.

(5) 可执行文件. 可执行文件的扩展名为 .mex, 由编译器对 M 文件进行编译后产生, 其执行速度比直接运行 M 文件快得多.

(6) p 码文件. p 码文件即伪码文件, 由 M 文件被调用后生成的内部伪码组成, 文件名与 M 文件名相同, 再次调用时不需进行语法分析, 进而提高了执行速度.

2.1.4　MATLAB 命令的运行

1. MATLAB 的两种运行方式

1) 命令行方式

在 MATLAB 的视窗界面的命令窗口提示符 ">>" 后, 直接输入命令后, 按回车键执行.

命令行语句格式为:

变量=表达式.

例 2.1　在命令窗口输入数值 2, 赋值给 x; 再给出表达式 $y = \sin(x\pi/180)$.

```
>> x= 2
x=
    2
>> y= sin(x * pi/180)
y=
```

　0.0349

程序分析：

pi 为圆周率 π.

MATLAB 命令窗口中常用的标点符号的功能，由表 2-1 给出.

表 2-1　MATLAB 中常用的标点符号

符　　号	功　　能
%	注释前的声明
空格	数组行元素间的分隔
,	数组行元素间的分隔；函数参数的分隔
;	不显示本行命令执行结果；数组行元素间的分隔
:	生成一维数值数组或表示数组的全部元素
' '	字符串范围
( )	引用数组元素或函数参数列表
[ ]	构成矩阵或向量
…	命令续行

2）M 文件方式

M 文件分为：脚本文件（Script File）和函数文件（Function File）两种类型.

脚本文件是按执行顺序排列的命令集，建立 M 文件的步骤：在 MATLAB 的视窗的【File】菜单中单击【M-File】选项，打开 M 文件编辑窗口，在窗口中编辑程序文件，并以 m 为扩展名存储. 执行 M 文件只需在编辑窗口的【Debug】菜单中单击【Run】即可.

例 2.2　创建函数 M 文件给出函数 $f(x) = ax^2 + bx + c$，并创建脚本 M 文件，输入 $a = 2$，$b = 4$，$c = 2$，并计算函数值 $f(-2)$.

在 M 文件编辑窗口输入：

```
% 二次函数计算
function y= fun1(a,b,c,x)
y= a*x^2+ b*x+ c;
```

以 fun1.m 将文件存盘，接着编辑窗口创建脚本 M 文件 mljc_2.m：

```
%输入 a，b，c，x，并计算函数值
s1= input('Input a please. ');
s2= input('Input b please. ');
s3= input('Input c please. ');
s4= input('Input x please. ');
f= fun1 (s1,s2,s3,s4)
```

以 mljc_2.m 将文件存盘，执行文件 mljc_2.m，在命令窗口中按提示分别输入 a，b，c，x 的值，命令窗口最终显示如下：

```
Input a please. 2
Input b please. 4
```

```
Input c please. 2
Input x please. - 2
```
执行结果：
```
f=
     2
```
程序分析：

（1）input（'提示信息'）是数据输入函数.

（2）函数 M 文件都以函数声明为起始行，函数声明格式如下：

function［输出参数列表］＝函数名（输入参数列表）.

函数名要与函数 M 文件的名称一致，一个函数 M 文件至少要定义一个函数，如果有多个函数，主函数应出现在函数 M 文件的最前端，一个函数 M 文件只能有一个主函数. 输入参数列表是函数接收的输入参数，多个参数间用','分隔，输出参数列表是函数的运算结果，多个参数间也用','分隔.

（3）在脚本 M 文件中调用函数 M 文件时，要注意函数参数之间的传递，传递关系如图 2-2 所示.

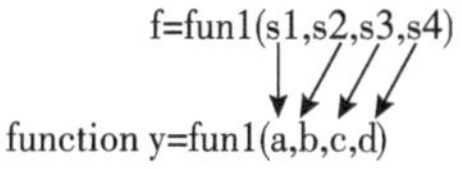

```
f=fun1(s1,s2,s3,s4)
        ↓ ↓ ↓ ↓
function y=fun1(a,b,c,d)
```

图 2-2　参数传递关系

在这种传递中，被调函数的输入参数存放在函数的工作空间中，与 MATLAB 的工作空间是独立的，当调用结束时函数的工作空间被清除，输入参数也被清除，而脚本 M 文件运行产生的变量都驻留在 MATLAB 的工作空间中，调试程序时，可以方便地查看.

（4）第一行加有注释声明'%'是帮助行，名为 H1 行，是由 lookfor 命令搜索的行.

（5）当函数有一个以上输出变量时，输出变量包含在括号内，如［V，D］＝fun1（X）.不要把这个句法与等号右边的［V，D］混淆. 右边的［V，D］是由数组 V 和 D 组成.

2. 函数 M 文件与脚本 M 文件的区别

（1）函数 M 文件名必须与函数名相同，脚本 M 文件名可以自主定义.

（2）函数 M 文件有输入和输出参数，而脚本 M 文件没有输入或输出参数. 对于函数 M 文件定义的函数可以有零个或多个输入或输出变量，运行时可以按少于函数 M 文件中规定的输入和输出变量的个数进行函数调用，但不能多于这个标称值.

（3）函数 M 文件中的所有变量除特殊声明外都是局部变量，而脚本 M 文件中的变量都是全局变量.

（4）函数 M 文件有基本标准格式：

function 输出形参表＝函数名（输入形参表）　　% 函数定义行

注释说明部分

函数体语句

其中以 function 开头的一行为引导行，表示该 M 文件是一个函数文件. 函数名的命名规则与变量名相同. 输入形参为函数的输入参数，输出形参为函数的输出参数. 当输出形参多于一个时，则应该用方括号括起来.

一个完整的函数 M 文件应该包括函数定义行、H1 行、帮助文本、函数体、注释和函数代码等方面的内容，其中函数定义行和函数代码是必需的. 例如：

function［x，y］＝myfun（a，b，c）　　% 函数定义行

% H1 行——用一行文字来综述函数的功能

％ 帮助文本——用一行或多行文本解释如何使用函数

％ 在命令行中键入 "help ＜functionname＞" 时可以使用它

％ 函数体一般从第一个空白行后开始

％ 注释——描述函数的行为，输入输出的类型等

％ 在命令行中键入 "help ＜functionname＞" 时不会显示这些文本

例 2.3　创建函数 M 文件求方程 $f(x) = ax^2 + bx + c = 0$ 的解.

```
function [x1,x2]= fun2(a,b,c)
% 功能：一元二次方程 ax^2+ bx+ c= 0 求解
%       [x1,x2]= fun2(a,b,c)
% 输入：a 二次项系数,b 是一次项系数,c 常数项
% 输出：x1,x2 分别是方程的两个根

% 用公式法求解
x1= (- b+ sqrt(b^2- 4 * a * c))/2 * a;
x2= (- b- sqrt(b^2- 4 * a * c))/2 * a;
```

命令窗口输入：

```
>> [x1,x2]= fun2(1,2,1)
```

执行结果：

```
x1=
    - 1
x2=
    - 1
```

2.1.5　MATLAB 的帮助系统

MATLAB 中可以用以下方法获得帮助.

1. help 命令

help 命令将根据命令名称显示具体命令的用法.

help 命令格式：

　　help 命令名称

例 2.4　分别查找命令 cd、函数 exp(x) 与函数 M 文件 fun1 的信息.

```
>> help cd
    CD      Change current working directory.
……

>> help fun2
```

功能：一元二次方程 ax^2＋bx＋c＝0 求解.

```
    [x1,x2]= fun2(a,b,c)
```

输入：a 二次项系数，b 是一次项系数，c 常数项.

输出：x1，x2 分别是方程的两个根.

2. Lookfor 命令

help 命令只能搜索出那些与关键字完全匹配的结果，而 Lookfor 命令条件比较宽松．

例 2.5　搜索关键字"二次函数"．

>> lookfor 二次函数

fun1.m：%二次函数计算

程序分析：

Lookfor 命令只对 M 文件的第一行进行关键字搜索．

3. 模糊查询

MATLAB 还提供了一种类似模糊查询的命令查询方法，用户只需要在命令窗口中输入命令的前几个字母，然后按 Tab 键，系统就会列出所有以这几个字母打头的命令．

4. Demos 演示

Demos 演示系统，为用户提供了大量的图文并茂的演示实例，是掌握 MATLAB 非常有效的学习途径，进入 Demos 有以下几种方法：

（1）在 MATLAB 的视窗的【Help】菜单中单击【Demos】选项．

（2）在 MATLAB 的命令窗口中，执行"Demos"命令．

（3）在 MATLAB 的命令窗口中，单击 按钮，然后单击【Demos】选项．

2.2　MATLAB 基本运算与函数

2.2.1　变量

1. 变量的命名规则

MATLAB 变量的命名规则如下：

（1）变量名必须是不含空格的字符串；

（2）变量名区分字母大小写；

（3）变量名不能超过 63 个字符；

（4）变量名必须字母打头，之后可以是字母、数字或下划线，但不能含有标点符号（如','和'.'等）；

（5）关键字（如 for、if 等）不能作为变量名．

在 MATLAB 中所有标识符，包括函数名、文件名都遵循变量名的命名规则．

2. 变量的数据类型

MATLAB 提供的数据类型有 10 多种，但所有的 MATLAB 变量，无论是什么类型，都以数组或矩阵形式保存，矩阵是数组的二维表示．

MATLAB 的数据类型分为：逻辑型、字符型、数值型（int8，uint8，single，double 等）、单元数组、结构数组等．

3. 特殊变量

MATLAB 有一些系统预定义特殊变量，可以直接使用，常见特殊变量如表 2-2 所示．

表 2-2　常见特殊变量表

特 殊 变 量	取　　值	特 殊 变 量	取　　值
ans	运算结果的默认变量	i 或 j	虚数单位
pi	圆周率 π	eps	误差容限，约 2^{-52}
inf 或 INF	无穷大，如 1/0	realmin	最小可用正实数
nan 或 NaN	不定值，如 0/0	realmax	小大可用正实数

2.2.2　数学运算

MATLAB 常用数学运算符号如表 2-3 所示.

表 2-3　常用数学运算符号表

运 算 符	运　　算	运 算 符	运　　算
+	加法运算	^	乘幂运算
−	减法运算	.*	点乘运算
*	乘法运算	./	点除运算
/	除法运算	.\	点左除运算
\	左除运算	.^	点乘幂运算

例 2.6　计算 5/2 与 5\2.

```
> > 5/2
ans=
    2.5000
> > 5\2   % 左除运算 5 为除数
ans=
    0.4000
```

2.2.3　常用数学函数

常用数学函数是数值计算函数中重要的部分，如表 2-4 所示.

表 2-4　常用数学函数表

函　　数	名　　称	函　　数	名　　称
sin（x）	正弦函数	sign（x）	符号函数
cos（x）	余弦函数	asin（x）	反正弦函数
tan（x）	正切函数	scos（x）	反余弦函数
abs（x）	绝对值	atan（x）	反正切函数
sum（x）	元素的总合	exp（x）	以 e 为底的指数
log（x）	自然对数	log10（x）	以 10 为底的对数
sqrt（x）	开平方	fix（x）	向 0 取整数
rem（x, y）	x 整除 y 求余数	round（x）	4 舍 5 入为整数

例 2.7　当 $x = \dfrac{\pi}{3}$，计算 $y = \cos(x)$.

```
>> y= cos(pi/3)
y=
    0.5000
```

例 2.8　求 2，3，5，9 中的最大数，并计算它们的和.

```
>> x= [2 3 5 9];   % x= [2 3 5 9]为一维数组
>> y= max(x)
y=
    9
>> sum(x)
ans=
    19
```

2.2.4　关系运算和逻辑运算

1. 关系运算

MATLAB 关系运算符如表 2-5 所示.

表 2-5　关系运算符表

运算符	<	>	==	<=	>=	~=
运算	小于	大于	等于	小于等于	大于等于	不等于

关系运算的结果是逻辑型的变量 1（true）或 0（false）.

例 2.9　比较 1，2 的大小，并输出比较结果.

```
>> y= 1< 2
y=
    1
>> y= 2< 1
y=
    0
```

2. 逻辑运算

逻辑操作符提供了一种组合或否定关系表达式. 在 MATLAB 中有四种逻辑运算符如表 2-6 所示.

表 2-6　逻辑运算符表

逻辑运算	&	~	|	xor
运算	与	非	或	异或

例 2.10　验证逻辑运算.

```
>> y= 1< 2&2< 3        % 1< 2,2< 3两者均为真
y=
    1
>> y= 2< 1|1< 2        % 1< 2,2< 3至少有一个为真
```

```
y=
    1
>> y= ~ 2< 1            % 2< 1 为假,然后作"非"运算
y=
    1
>> y= xor(2< 3,3> 4)   % 2< 3,3> 4 仅有一个为真
y=
    1
>> y= xor(2< 3,3< 4)   % 2< 3,3< 4 两者均为真
y=
    0
```

程序分析：

逻辑运算符'xor'和'|'之间的差别在于：表达式中至少有一个是真，那么'|'是真；'xor'是表达式中有一个是真但不能两者均为真时才为真．

2.2.5 运算的优先级

MATLAB 的表达式中如果出现了多种运算符，需要考虑各运算符的优先级．

逻辑运算符的运算优先级最低．在一个表达式中，关系运算符和算术运算符的运算级别要高于逻辑运算符．

各类运算的优先顺序为：

括号→算术运算符→关系运算符→逻辑运算符．

例 2.11 验证逻辑运算

```
>> y= 2< 2+ 1&2 * 2< 5  % 即 2< 3,4< 5 同时为真
y=
    1
```

2.2.6 符号运算

MATLAB 有强大的数值运算功能，同时还具有符号运算功能，数值运算的对象是数值，而符号运算的对象是非数值的符号，对于像公式化简、因式分解、同类项合并等代数运算，以及微积分运算、线性代数积分变换运算等都可以通过符号运算来解决．

MATLAB 的符号运算是通过符号数学工具箱（Symbolic Math Toolbox）实现的，在进行符号运算时，首先要定义符号对象和符号表达式．

1. 符号变量与符号表达式

创建符号变量与符号表达式使用以下函数来实现．

sym 函数的命令格式：

sym ('s') 或 syms

例 2.12 创建符号变量 x，符号表达式 $\sin(y)+\cos(y)$.

```
>> sym('x')
ans=
x
>> f= sym('sin(x)+ cos(x)')
```

```
f=
sin(x)+ cos(x)
```

创建多个符号对象可采用 syms 函数，

syms 函数的命令格式：

```
syms('s1','s2',…,'sn')  或 syms s1,s2,…,sn
```

例 2.13　创建符号变量 a，b，c，x，符号表达式 $f=ax^2+bx+c$，$g=2x+f$，并将 g 合并同类项.

```
> > syms a b c x
> > f= a * x^2+ b * x+ c
f=
a * x^2+ b * x+ c
> > g= 2 * x+ f
g=
2 * x+ a * x^2+ b * x+ c
> > collect(g)  %  collect 为合并同类项函数
ans=
a * x^2+ (2+ b) * x+ c
```

2. 符号微积分运算

1) 极限

符号表达式的极限运算用 limit 函数，命令格式：

limit（f）　％ 当符号变量 x→0 时函数 f 的极限

limit（f，t，a）　％ 当符号变量 t→a 时函数 f 的极限

例 2.14　求下列极限

$$\lim_{x\to 0}\frac{\sin x}{x}, \quad \lim_{t\to\infty}\left(1+\frac{x}{t}\right)^t, \quad \lim_{x\to 2^+}\sin\frac{\pi}{x}.$$

```
> > syms xt y
> > g= limit(sin(x)/x)
g=
1
> > f= limit((1+ x/t)^t,t,inf)
f=
exp(x)
> > h= limit(sin(pi/y),y,2,'left')  % 'left'为左极限参数
h=
1
```

2) 导数

符号表达式的导数运算用 diff 函数，命令格式：

diff（f，x，n）　％ 计算函数 f 对符号变量 x 的 n 阶导数

例 2.15　设 $y=e^x\sin x$，试证 $y''-2y'+2y=0$.

```
> > syms x
> > f1= exp(x) * sin(x)
```

```
f1=
exp(x) * sin(x)
> > f2= diff(exp(x) * sin(x))
f2=
exp(x) * sin(x)+ exp(x) * cos(x)
> > f3= diff(exp(x) * sin(x),2)
f3=
2 * exp(x) * cos(x)
> > g= f3- 2 * f2+ 2 * f1
g=
0
```

3）积分

符号表达式的积分运算用 int 函数，命令格式：

int（f，t）　　　％ 计算函数 f 对符号变量 t 的不定积分

int（f，t，a，b）　　％ 计算函数 f 对符号变量 t 在 [a，b] 上的定积分

例 2.16　求 $\int \sin(ax)\mathrm{d}x,\int_0^\pi \sin x\,\mathrm{d}x$．

```
> > syms x a
> > f1= int(sin(a * x))
f1=
- 1/a * cos(a * x)
> > f2= int(sin(x),0,pi)
f2=
2
```

4）级数和

符号表达式的级数和用 symsum 函数，命令格式：

symsum（f，x，a，b）　　％ 计算表达式 f 当 x 从 a 到 b 的级数和

例 2.17　求幂级数 $\sum_{n=1}^{\infty} nx^n$ 的和函数．

```
> > syms x n
> > sumf= symsum(n * x^n,n,1,inf)
sumf=
x/(x- 1)^2
```

3. 解方程

1）代数方程求解

代数方程的求解由函数 solvo 给出符号解，命令格式：

solvo（f，t）　　％ 对 f 中的符号变量 t 解方程 f＝0

例 2.18　求符号表达式 $ax^2+bx+c=0$，当 x,b 分别为符号变量时的解．

```
> > syms a b c x
> > s1= solve(a * x^2+ b * x+ c)    % 系统默认 x 是符号变量,其他为符号常量
s1=
- 1/2 * (b- (b^2- 4 * a * c)^(1/2))/a
- 1/2 * (b+ (b^2- 4 * a * c)^(1/2))/a
```

```
>> s2= solve(a* x^2+ b* x+ c,b)   % 指定 b 是符号变量,其他为符号常量
s2=
- (a* x^2+ c)/x
```

2）微分方程求解

微分方程的求解由函数 dsolvo 给出符号解，命令格式：

```
dsolvo('f','f1','f2',…,'x')   % f 为微分方程
```

其中 $f1$，$f2$，…为初始条件，x 是自变量．在方程 f 中，用 D 表示求导，D2，D3，…表示二阶、三阶等高阶导数．

例 2.19　已知某产品的净利润 P 与广告支出 x 有如下关系：

$$\frac{\mathrm{d}P(x)}{\mathrm{d}x} = b - a(x + P(x))$$

且 $P(0)=P_0$，求 $P=P(x)$．

```
>> syms a b p0
>> P= dsolve('Dp+ a* p+ a* x- b= 0','p(0)= p0','x')
P=
1/a+ 1/a* b- x+ exp(- a* x)* (p0- 1/a- 1/a* b)
```

即净利润函数 $P(x)=\left(P_0-\dfrac{1+b}{a}\right)\mathrm{e}^{-ax}-x+\dfrac{1+b}{a}$．

例 2.20　已知某商品的生产成本 $C=C(x)$ 随生产量 x 的增加而增加，其增长率为

$$\frac{\mathrm{d}C(x)}{\mathrm{d}x} = \frac{1+x+C(x)}{1+x}$$

且固定成本 $C(0)=C_0$，求该商品的生产成本函数 $C(x)$．

```
>> syms C C0
>> C= dsolve('(1+ x)* DC- C- (x+ 1)= 0','C(0)= C0','x')
C=
(log(1+ x)+ C0)* (1+ x)
```

即生产成本函数 $C(x) = (1+x)\left[C_0+\ln(1+x)\right]$．

4. 符号函数的可视化计算

1）符号函数计算器

对于符号函数运算 MATLAB 还提供了非常直观的可视化界面，只要在命令窗口输入命令"funtool"，就会进入符号函数计算器．

符号函数计算器由 3 个窗口组成，如图 2-3 所示，其中有两个图形窗口 Figure1、Figure2，用来显示函数 f 与函数 g 对应的曲线，任何时候 Figure1、Figure2 只有一个被激活．Figure3 是函数运算控制窗口，Figure3 中的操作仅对当前被激活的窗口起作用．

在图 2-3 中，输入 'f＝sin（x）'，'g＝cos（x）'，然后单击 ▢▢▢ 键．

2）泰勒级数计算器

泰勒级数计算器提供函数 $f(x)$ 在给定的期间内由泰勒级数逼近表达式及其图形显示，在命令窗口输入命令 'taylortool'，就会进入泰勒级数计算器窗口，如图 2-4 所示，图中函数 $f(x)$ 由曲线显示，对应的 N 阶泰勒级数 $T_N(x)$ 由点线显示．图中选项 N 为泰勒级数 $T_N(x)$ 展开的阶次；a 文本框为泰勒级数 $T_N(x)$ 的展开点的输入；x 两侧的文本框为自变量 x 取值范围的输入．

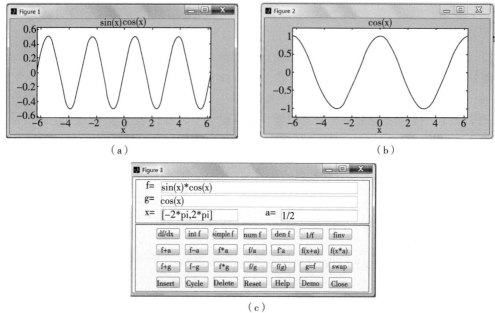

图 2-3 符号计算器的窗口

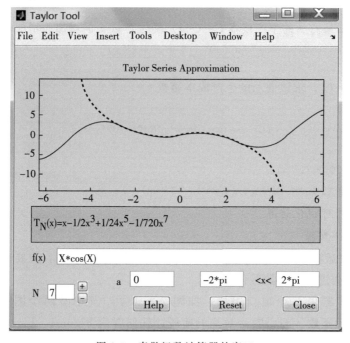

图 2-4 泰勒级数计算器的窗口

2.3 数组与矩阵

　　MATLAB 是以矩阵为基本运算单元的，所有数据都以数组或矩阵的形式保存，因此数组与矩阵的创建、引用和运算就显得十分重要．

　　与数组、矩阵名称有关的定义如下：

空数组（empty array）：没有元素的数组.

标量（scalar）：只含有一个数的矩阵.

向量（vector）：只有一行或一列元素的矩阵.

矩阵（matrix）：排成矩形的 $m \times n$ 个元素的数组.

数组（array）：形如 $m \times n \times k \times \cdots$ 的多维数组.

创建矩阵的基本规则：

（1）矩阵的元素必须在方括号 '［　］' 内；

（2）每行内的元素间用逗号 '，' 或空格隔开；

（3）行与行之间用分号 '；' 或回车键隔开；

（4）矩阵中的元素可以是数值或表达式.

2.3.1　数组

这里的数组指简单数组，即向量.

1. 数组的创建

创建数组的方法如下：

x＝［a b c d］ 或 x＝［a，b，c，d］　　％ 创建制定元素的行向量

x＝first：last　　％ 创建从 first 开始，加 1 计数到 last 结束的行向量

x＝first：step：last　　％ 创建从 first 开始，步长为 step 到 last 结束的行向量

linspace（first，last，n）　　％ 创建从 first 开始，last 结束的线性等分行向量

例 2.21　创建数组，编写 M 文件 mljc _ 3. m 如下：

```
％数组创建
x=［13 20 11 18 25 32 14］
y= 1:10
z= 1:0.5:5
s=［x y］  % 数组 x 与 y 拼接
t= linspace(5,9,10)
```

执行结果：

```
x=
    13  20  11  18  25  32  14
y=
     1   2   3   4   5   6   7   8   9   10
z=
    1.0000  1.5000  2.0000  2.5000  3.0000  3.5000  4.0000  4.5000  5.0000
s=
  Columns 1 through 15
    13   20   11   18   25   32    14  1  2  3  4  5  6  7  8
  Columns 16 through 17
    9 10
t=
  Columns 1 through 9
  5.0000  5.4444  5.8889  6.3333  6.7778  7.2222  7.6667  8.1111  8.5556
  Column 10
```

```
9.0000
```

2. 数组元素的引用

1）按元素编址序号引用数组中的元素

例 2.22　>> x=[13 20 11 18 25 32 14];

>> y= x(3)

y=

    11

2）定步长的引用元素

x（i：step：j）表示引用数组 x 从第 i 个元素开始，以步长为 step 到第 j 个元素，步长 step 可以为负数，缺省时 step=1.

例 2.23　>> x=[13 20 11 18 25 32 14];

>> s= x(2:2:7),t= x(6:- 1:3)

s=

   20　18　32

t=

   32　25　18　11

3. 数组的方向

数组可以以行方向的方式或列方向的方式创建，即行向量或列向量.

例 2.24　>> x=[2;1;3],y= x′　% x′是 x 的转置

x=

   2

   1

   3

y=

   2　1　3

4. 数组的运算

1）标量-数组运算

数组对标量的加、减、乘、除、乘方是数组的每个元素对该标量施加相应的加、减、乘、除、乘方运算.

设 a=[a1，a2，…，an]，c=标量，则运算规则如下：

a+ c=[a1+ c,a2+ c,…,an+ c]

a. * c=[a1 * c,a2 * c,…,an * c]

a. /c=[a1/c,a2/c,…,an/c]

a. \c=[c/a1,c/a2,…,c/an]　% 左除

a. ^c=[a1^c,a2^c,…,an^c]

c. ^a=[c^a1,c^a2,…,c^an]

例 2.25　标量-数组运算，编写 M 文件 mljc _ 4.m 如下：

% 标量-数组运算

a=[1 2 3 4]

c= 2

a1= a+ c

a2= a. * c

```
a3= a. /c
a4= a. \c
a5= a. ^c
a6= c. ^a
```

执行结果：

```
a=
    1   2   3   4
c=
    2
a1=
    3   4   5   6
a2=
    2   4   6   8
a3=
    0.5000  1.0000  1.5000  2.0000
a4=
    2.0000  1.0000  0.6667  0.5000
a5=
    1   4   9   16
a6=
    2   4   8   16
```

2) 数组-数组运算

当两个数组有相同维数时，加、减、乘、除、幂运算可按元素对元素方式进行的，不同大小或维数的数组是不能进行运算的．

设 a= [a1, a2, …, an]，b= [b1, b2, …, bn]，则运算规则如下：

```
a+ b= [a1+ b1,a2+ b2,…,an+ bn]
a. * b= [a1 * b1,a2 * b2,…,an * bn]
a. /b= [a1/b1,a2/b2,…,an/bn]
a. \b= [b1/a1,b2/a2,…,bn/an]
a. ^b= [a1^b1,a2^b2,…,an^bn]
```

例 2.26　数组-数组运算，编写 M 文件 mljc_5.m 如下：

```
%数组-数组运算
a= [2 2 2]
b= [4 4 4]
c1= a+ b
c2= a. * b
c3= a. /b
c4= a. \b
c5= a. ^b
```

执行结果：

```
a=
    2   2   2
b=
```

```
          4   4   4
c1=
          6   6   6
c2=
          8   8   8
c3=
      0.5000  0.5000  0.5000
c4=
          2   2   2
c5=
         16  16  16
```

2.3.2 矩阵

1. 矩阵的创建

矩阵是 m 行 n 列的二维数组，矩阵的创建一般按行输入元素，要求每行元素个数必须相等．格式如下：

m＝［1 2 3 4；2 4 6 8；2 4 6 8］

或

m＝［1 2 3 4 ％ 行结束时单击回车键
  2 4 6 8
  2 4 6 8］

对于特殊矩阵的创建，MATLAB 提供命令如下：

a＝［］ ％ 创建一个空矩阵，不含有任何元素，可用于数组声明、清空数组等．

b＝zeros（m，n） ％ 创建一个 m 行、n 列的零矩阵．

c＝ones（m，n） ％ 创建一个 m 行、n 列的元素全为 1 的矩阵．

d＝eye（m，n） ％ 创建一个 m 行、n 列对角线全为 1 的单位矩阵．

e＝rand（m，n） ％ 创建一个 m 行、n 列均匀分布随机数矩阵，随机数范围 0.0~1.0．

例 2.27 矩阵创建，编写文件 mljc_6.m 如下：

```
% 矩阵创建
m1=[1 2 3 4;2 4 6 8;1 3 5 7]
m2=[1:4;linspace(2,8,4);1:2:7]  % 等差行元素的输入
a=[]  % 空矩阵
b= zeros(2,3)  % 创建 2 行、3 列零矩阵
c= ones(2,3)  % 创建 2 行、3 列元素全为 1 的矩阵
d1= eye(2,3)  % 创建 2 行、3 列单位矩阵
d2= eye(3)  % 创建 3 行、3 列单位矩阵
e= rand(2,3)  % 创建 2 行、3 列均匀分布随机数矩阵
```

执行结果：

```
m1=
     1   2   3   4
     2   4   6   8
```

```
    1  3  5  7
m2=
    1  2  3  4
    2  4  6  8
    1  3  5  7
a=
    []
b=
    0  0  0
    0  0  0
c=
    1  1  1
    1  1  1
d1=
    1  0  0
    0  1  0
d2=
    1  0  0
    0  1  0
    0  0  1
e=
    0.9572  0.8003  0.4218
    0.4854  0.1419  0.9157
```

2. 矩阵元素的操作

矩阵元素的操作很灵活，需要使用'，''：''［］'和空格等符号，操作如下：

m（i,:)　　％提取矩阵 m 第 i 行

m（:，j)　　％提取矩阵 m 第 j 列

m（:)　　％依次提取矩阵 m 的每一列，拼成列向量

m（i1：i2，j1：j2)　　％依次提取矩阵 m 的第 i1～i2 行，第 j1～j2 列，拼成新矩阵

m（i1：i2,:) ＝ ［］　　％删除矩阵 m 的第 i1～i2 行，构成新矩阵

［m1 m2］；［m1；m2］　　％将矩阵 m1 和 m2 拼接成新矩阵

例 2.28　矩阵操作，编写文件 mljc_7.m 如下：

```
% 矩阵操作
m1= [1 2 3 4;2 4 6 8;1 3 5 7]
m2= [1:4;linspace(2,8,4);1:2:7]
s1= m1(2,:)   % 提取矩阵m1第2行构成矩阵s1
s2= m2(:,3)   % 提取矩阵m2第3列构成矩阵s2
s3= m2(:)'   % 依次提取矩阵m的每一列,拼成列向量,并转置为矩阵s3
s4= m1(1:2,2:3)   % 依次提取矩阵m1的第1~2行,第2~3列,拼成新矩阵s4
s5= m1;s5(2:3,:)= []   % 删除矩阵m1的第2~3行,构成新矩阵s5
s6= [m1 s2]   % 将矩阵m1和s2按行方向拼接成新矩阵s6
s7= [m1;s1]   % 将矩阵m1和s1按列方向拼接成新矩阵s7
```

执行结果：

m1=

   1 2 3 4

   2 4 6 8

   1 3 5 7

m2=

   1 2 3 4

   2 4 6 8

   1 3 5 7

s1=

   2 4 6 8

s2=

   3

   6

   5

s3=

   1 2 1 2 4 3 3 6 5 4 8 7

s4=

   2 3

   4 6

s5=

   1 2 3 4

s6=

   1 2 3 4 3

   2 4 6 8 6

   1 3 5 7 5

s7=

   1 2 3 4

   2 4 6 8

   1 3 5 7

   2 4 6 8

3. 数据统计操作

MATLAB 的数据统计分析是按矩阵的列进行的，操作如下：

```
max(m)     % 求矩阵 m 各列元素最大值
min(m)     % 求矩阵 m 各列元素最小值
mean(m)    % 求矩阵 m 各列元素的平均值
std(m)     % 求矩阵 m 各列元素的标准差
median(m)  % 求矩阵 m 各列元素的中位数
var(m)     % 求矩阵 m 各列元素的方差
```

例 2.29 数据统计操作，编写文件 mljc_8.m 如下：

```
%    数据统计操作
m=[1 2 3 4;2 4 6 8;1 3 5 7]
t1= max(m)   % 求矩阵 m 各列元素最大值
t2= min(m)   % 求矩阵 m 各列元素最小值
```

```
t3= mean(m)   % 求矩阵 m 各列元素的平均值
t4= std(m)    % 求矩阵 m 各列元素的标准差
t5= median(m)   % 求矩阵 m 各列元素的中位数
t6= var(m)    % 求矩阵 m 各列元素的方差
```

执行结果：

```
m=
    1  2  3  4
    2  4  6  8
    1  3  5  7
t1=
    2  4  6  8
t2=
    1  2  3  4
t3=
    1.3333   3.0000   4.6667   6.3333
t4=
    0.5774   1.0000   1.5275   2.0817
t5=
    1  3  5  7
t6=
    0.3333   1.0000   2.3333   4.3333
```

4. 矩阵的运算

标量与矩阵的运算，类似标量与数组的运算；矩阵与矩阵的运算，类似数组与数组的运算
在线性代数中，定义的矩阵运算，MATLAB 的相应命令如下：

A+B　　% 矩阵加法

A＊B　　% 矩阵乘法

det（A）　　% 方阵 A 的行列式值

inv（A）　　% 方阵 A 的逆矩阵

[V，D]＝eig（A）　　% 求方阵 A 的特征向量 V 和特征值 D

例 2.30　矩阵运算，编写文件 mljc_9.m 如下：

```
% 矩阵运算
a= [1 2 2;2 1 2;2 2 1]
b= [1 2;3 4; 5 6]
c1= b+ b   % 矩阵加法
c2= a * b   % 矩阵乘法
c3= det(a)   % 方阵 a 的行列式值
c4= inv(a)   % 方阵 a 的逆矩阵
[v,d]= eig(a)   % 求方阵 a 的特征向量 v 和特征值 d
```

执行结果：

```
a=
    1  2  2
    2  1  2
```

```
    2   2   1
b=
    1   2
    3   4
    5   6
c1=
    2   4
    6   8
    10  12
c2=
    17  22
    15  20
    13  18
c3=
    5
c4=
  - 0.6000    0.4000    0.4000
    0.4000  - 0.6000    0.4000
    0.4000    0.4000  - 0.6000
v=
    0.6015    0.5522  0.5774
    0.1775  - 0.7970  0.5774
  - 0.7789    0.2448  0.5774
d=
  - 1.0000         0         0
         0  - 1.0000         0
         0         0  5.0000
```

2.4 图 形 绘 制

2.4.1 二维图形绘制

1. 基本绘图步骤

MATLAB 的图形绘制基本步骤是：首先确定绘图范围，然后给出范围内平面上的点 $(xi, yi), i=1, 2, \cdots, n$，画出点间的连线形成图形，最后可以对图形作修饰. 因此在绘制曲线图前，必须先创建数组 $x=(x1, x2, \cdots, xn)$ 与数组 $x=(y1, y2, \cdots, yn)$，然后传给 MAT-LAB 的绘图函数，由函数完成图形绘制，数组 x 与 y 的长度必须相等.

2. 基本绘图函数

MATLAB 中二维绘图函数的命令格式如下：

plot（y，s）   % 绘制以 y 为纵坐标曲线，横坐标为由 1 开始的对应数

plot（x，y，s）   %绘制 x 为横坐标 y 为纵坐标的曲线

plot（x1，y1，s1，x2，y2，s2，…，xn，yn，sn）   %同一窗口绘制多条曲线

其中 s 或 si（$i=1$，2，$\cdots$，n）为字符串参数，用来设置曲线的颜色、线类型和点类型．具体含义如表 2-7 所示．

表 2-7　线型、颜色与数据点形参数表

颜　色		线　类　型		点　类　型	
类型	符号	类型	符号	类型	符号
黄色	y（Yellow）	实线（默认）	—	实点	.
品红色	m（Magenta）	点线	:	圆圈	o
红色	r（Red）	点划线	—.	×	x
绿色	g（Green）	虚线	— —	＋	＋
蓝色	b（Blue）			＊	＊
黑色	k（Black）			□	s
灰色	c			◇	d

例 2.31　绘制以 y 为纵坐标的锯齿波，所绘图形如图 2-5 所示．

```
>> y=[1 0 1 0 1 0 1 0];
>> plot(y)
```

程序分析：

图 2-5 中的横坐标自动为数组 $x=[1\ 2\ 3\ 4\ 5\ 6\ 7\ 8]$ 与纵坐标对应．

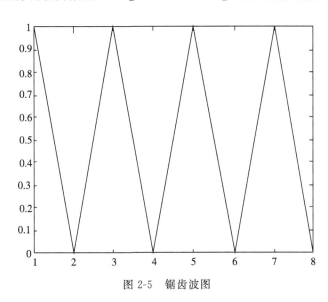

图 2-5　锯齿波图

例 2.32　绘制方波脉冲图，编写文件 mljc_10.m 如下，所绘图形如图 2-6 所示．

```
% 绘制方波脉冲图
x=[0 1 1 2 2 3 3 4 4];
y=[1 1 0 0 1 1 0 0 1];
plot(x,y,'ro-.')     % 线型设置为用红色圆圈标出关键点用点划线连接关键点
axis([0 4 0 2])      % 将横坐标轴与纵坐标轴的范围分别设为 0~4 和 0~2
```

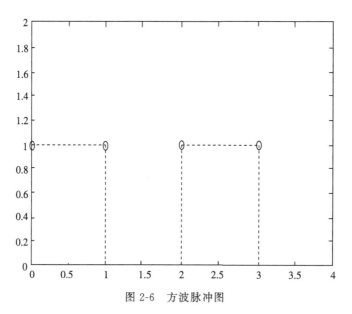

图 2-6 方波脉冲图

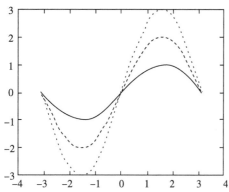

图 2-7 同一窗口中绘制三条曲线图

例 2.33 在同一窗口中绘制三条曲线图形，编写文件 mljc＿11. m 如下，所绘图形如图 2-7 所示.

```
% 同一窗口中绘制三条曲线
x= linspace(- pi,pi,40) ;
y= sin(x);
plot(x,y,x,2 * y,'g--',x,3 * y,'k:')   % 三条曲
线设置为实线、虚线、点线
```

3. 图形注释

1）坐标上加网格

通过在函数图形坐标上创建网格，可以更加便利地查看局部图形. 命令格式如下：

grid on/off　％坐标上画网格线/不画网格线

2）图形注释命令

title（'s'）　　％ 以字符串 s 作为图形标题

xlabel（'s'）　％ 以字符串 s 作为横坐标轴的标签

ylabel（'s'）　％ 以字符串 s 作为纵坐标轴的标签

legend（'s1'，'s2'，…，pos）　％在指定位置 pos 处建立图例，pos：自动取最佳位置，1 为右上角（默认），2 为左上角，3 为左下角，4 为右下角

3）在指定位置放置注释

gtext（'s'）　　％用鼠标把字符串放在指定位置

例 2.34 绘制函数 $f(x)=x^2$，$g(x)=x$ 的图形，并添加图形注释，编写文件 mljc＿12. m 如下，所绘图形如图 2-8 所示.

```
% 有图形注释的函数图
x= linspace(- 2,2,30);
plot(x,x.^2,x,x)
```

```
grid on    % 坐标上画网格线
axis([- 2,2,- 1,3])
xlabel('自变量 x');
ylabel('因变量 y');
title('函数图');
legend('f(x)= x^{2}','g(x)= x');   % 自动选
位建立图例,^{2}为将 2 取上标
gtext('f(x)= x^{2}');
gtext('f(x)= x');
```

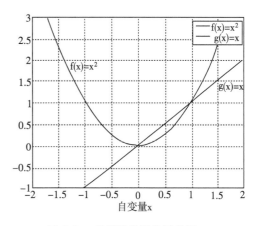

图 2-8　有图形注释的函数图

4. 多个图形绘制

1) 同一窗口绘多个子图

在同一窗口绘多个子图,便于多个图形间的对比.命令格式如下:

　　subplot (m, n, i)　　%在同一窗口中绘制 m×n 幅子图,第 i 幅子图为当前图

例 2.35　同一窗口分别绘制正弦、余弦、$y = \sin(4x)$ 和 $g = \sin(x)\cos(x)$ 函数曲线子图,编写文件 mljc_13.m 如下,所绘图形如图 2-9 所示.

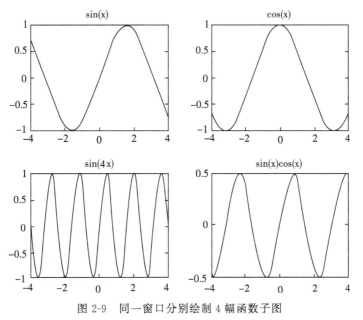

图 2-9　同一窗口分别绘制 4 幅函数子图

```
% 同一窗口分别绘制正弦、余弦、y= sin(4x)和 g= sin(x)cos(x)函数曲线子图
x= - 4:0.1:4;
subplot(2,2,1)
plot(x,sin(x));
title('sin(x)');
subplot(2,2,2)
plot(x,cos(x));
title('cos(x)');
subplot(2,2,3)
plot(x,sin(4. * x));
title('sin(4x)');
```

```
subplot(2,2,4)
plot(x,sin(x). * cos(x));
title('sin(x)cos(x)');
```

2) 同一窗口重叠绘图

在保持原有图形的基础上，添加新绘制的图形，命令格式如下：

hold on/off   %当前坐标系和图形保留/不保留

例 2.36   同一窗口重叠绘制 $y=\sin x$ 和 $g=\cos x$ 函数曲线图，编写文件 mljc_14.m 如下，所绘图形如图 2-10 所示.

```
% 同一窗口重叠绘制 y= sinx 和 g= cosx 函数曲线图
x= linspace(0,2 * pi,60);
plot(x,sin(x),'b');          % 绘制 sinx
hold on;                     % 设置图形保持状态
plot(x,cos(x),'g');          % 绘制 cosx
axis([0 2 * pi - 1 1]);      % 设置绘图坐标轴范围 0< x< 2 * pi,- 1< y< 1
legend('sinx','cosx');
title('y= sin(x),g= cos(x)')
hold off;                    % 关闭图形保持
```

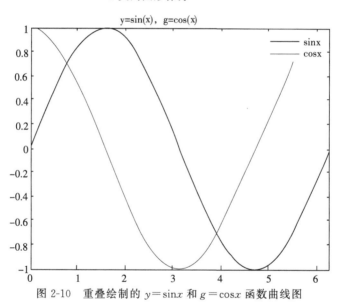

图 2-10   重叠绘制的 $y=\sin x$ 和 $g=\cos x$ 函数曲线图

5. 符号函数图形绘制

对用符号函数表示的显函数、隐函数和参数方程函数绘图函数的命令格式如下：

ezplot (f, [a, b])   %在区间 [a, b] 上绘制显函数 f=f (x) 的图形

ezplot (f, [a, b, c, d])   %在平面矩形区域 a<x<b, c<y<d 上绘制隐函数 f(x, y)=0 的图形

ezplot (x, y, [tnin, tmax])   %在指定范围 tnin<t<tmax 内绘制参数方程函数 x=x(t), y=y(t)的图形

例 2.37   分别绘制显函数、隐函数和参数方程函数曲线，编写文件 mljc_15.m 如下，所绘图形如图 2-11 所示.

```
% 分别绘制显函数、隐函数和参数方程函数曲线
subplot(2,2,1)
```

```
ezplot('sin(x)',[0,pi]);
subplot(2,2,2)
ezplot('x^2+ y^2- 16');
subplot(2,2,3)
ezplot('x^3+ y^3- 5 * x * y+ 1/5');
subplot(2,2,4)
ezplot('cos(t)^3','sin(t)^3',[0,2 * pi]);
```

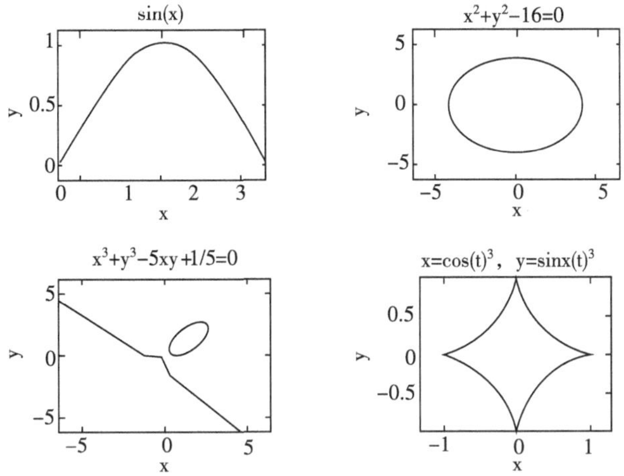

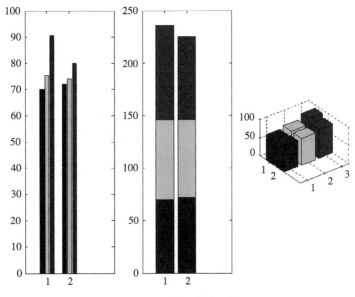

图 2-11　显函数、隐函数和参数方程函数曲线图

2.4.2　特殊图形绘制

1. 柱状图

bar（x，y）　　％画二维垂直柱状图

bar3（x，y）　　％画三维垂直柱状图

例 2.38　绘制柱状图显示两位学生 3 门功课的成绩. 编写文件 mljc_16. m 如下，所绘图形如图 2-12 所示.

图 2-12　学习成绩柱状图

```
% 绘制柱状图
s1=［70 75.5 90.5］;
s2=［72 74 80］;
s=［s1;s2］;
subplot(1,3,1)
bar(s)                    % 参数 grouped(分组式)可省略
subplot(1,3,2)
bar(s,'stacked')  % 参数 stacked(累加式)
subplot(1,3,3)
bar3(s)
```

2. 饼图

pie（x，explode，'label'）　　%画二维饼图

pie3（x，explode，'label'）　　%画三维饼图

例 2.39　绘制饼图显示一季度每月销售比例关系，编写文件 mljc_17.m 如下，所绘图形如图 2-13 所示．

```
% 绘制饼图显示一季度每月销售比例关系
x=［2,3,1］;
subplot(2,2,1)
pie(x,{'一月','二月','三月'})     % 加注一月、二月、三月文字标注
subplot(2,2,2)
pie(x,[1 0 0])                   % 把三月饼块分离
subplot(2,2,3)
x1= 0.1- x;                     % 显示 0.1 倍 x
pie(x1)
subplot(2,2,4)
pie3(x)
```

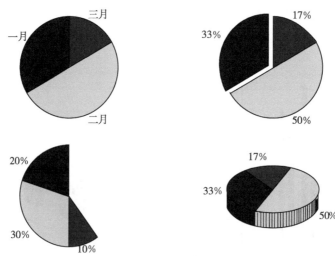

图 2-13　一季度每月销售比例关系图

3. 直方图

直方图和柱状图的形状相似，但功能不同．直方图的横坐标将数据范围划分为等距的若干小区间，每个柱的高度显示该区间内分布数据的个数，命令格式如下：

hist（x，n）　　％ 将数据范围分为 n 段，并绘制出直方图

例 2.40　产生 100 个标准正态分布的随机数，绘制其直方图编写文件 mljc＿18.m 如下，所绘图形如图 2-14 所示.

```
% 绘制直方图
x= randn(100,1);        % 产生 100 个标准正态分布的随机数
hist(x,10);             % 分 10 个小区间
```

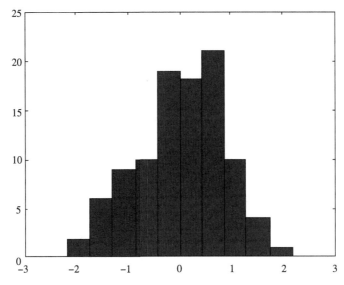

图 2-14　100 个标准正态分布的随机数

4. 极坐标图

polar（theta，rho，s）　　％theta 为极角，rho 为极径，s 为线型参数

例 2.41　当 $\theta \in [0, 2\pi]$ 时，绘制 $r_1 = \sin\theta$，$r_2 = \cos\theta$. 编写文件 mljc＿19.m 如下，所绘图形如图 2-15 所示.

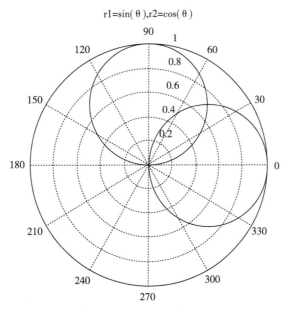

图 2-15　极坐标图

```
% 绘制极坐标图
theta= 0:0.1:2 * pi;
r1= sin(theta);
r2= cos(theta);
polar([theta,theta],[r1,r2],'r')
title('r1= sin(\theta),r2= cos(\theta)');   % \theta 为转义为相应的希腊字母
```

2.4.3 三维图形绘制

1. 三维曲线图

三维曲线是由三维坐标（x，y，z）的变化形成的，命令格式如下：

plot（x，y，z，s）   % s 为类型说明参数

例 2.42   绘制三维螺旋线，编写文件 mljc_20.m 如下，所绘图形如图 2-16 所示.

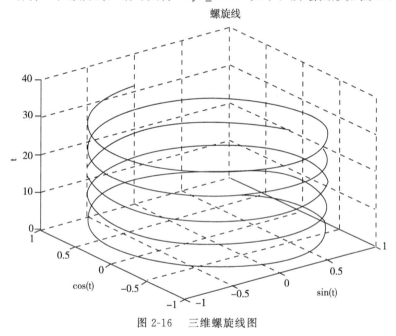

图 2-16   三维螺旋线图

```
% 绘制三维螺旋线
t= 0:pi/50:10* pi;
y1= sin(t),y2= cos(t);
plot3(y1,y2,t);
title('螺旋线'),text(0,0,0,'原点');
xlabel('sin(t)'),xlabel('cos(t)'),zlabel('t');
grid
```

2. 三维曲面图

三维曲面图包括三维网格图和三维曲面图，但都是以数据点矩阵为基础.

1) 数据点矩阵

meshgrid 用来产生平面上的数据点，命令格式如下：

[X，Y] ＝meshgrid（x，y）

例 2.43   产生平面上的数据点，并作出数据点图，编写文件 mljc_21.m 如下，所绘图形如图 2-17 所示.

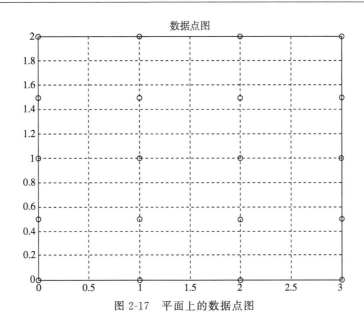

图 2-17　平面上的数据点图

```
% 产生平面上的数据点,作出数据点图
x= 0:3;
y= 0:0.5:2;
[X,Y]= meshgrid(x,y);
plot(X,Y,'Ok')
grid
title('数据点图')
```

2) 三维网格图

三维网格图是将平面上的数据点 (X, Y) 对应 Z 值画出，然后用线连接起来 . mesh 函数用来绘制三维网格图，命令格式如下：

mesh (X, Y, Z)　　% Z 为数据点 (X, Y) 对应的函数值

例 2.44　绘制三维网格图，编写文件 mljc _ 22. m 如下，所绘图形如图 2-18 所示 .

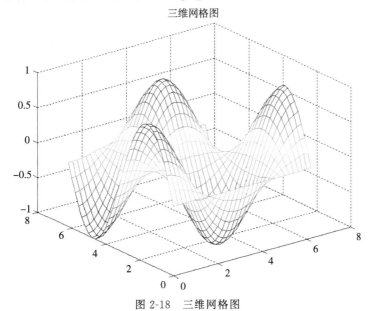

图 2-18　三维网格图

```
% 三维网格图
x= [0:0.2:2 * pi];
y= [0:0.2:2 * pi];
z= sin(y') * cos(x);   % 矩阵相乘
mesh(x,y,z);
title('三维网格图')
```

3) 三维曲面图

surf 函数用来绘制三维曲面图，命令格式如下：

surf（X，Y，Z）   %Z 为数据点（X，Y）对应的函数值

例 2.45 绘制三维曲面图，编写文件 mljc_23.m 如下，所绘图形如图 2-19 所示.

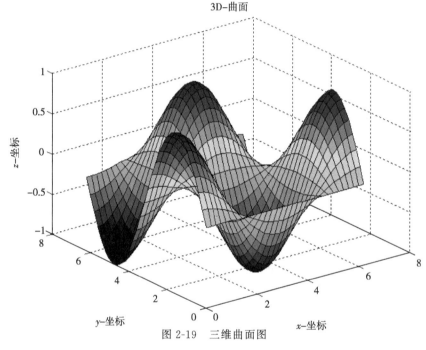

图 2-19 三维曲面图

```
% 三维曲面图
x= [0:0.2:2 * pi];y= [0:0.2:2 * pi];
z= sin(y') * cos(x);   % 矩阵相乘
surf(x,y,z);
xlabel('x-坐标'),ylabel('y-坐标'),zlabel('z-坐标');
title('3D-曲面')
```

4) 三维等高线图

contour3 函数用来绘制三维曲面图，命令格式如下：

contour3（X，Y，Z，n）   %n 为等高线的条数

例 2.46 绘制三维等高线图，编写文件 mljc_24.m 如下，所绘图形如图 2-20 所示.

```
% 三维等高线
x= [0:0.2:2 * pi];y= [0:0.2:2 * pi];
z= sin(y') * cos(x); % 矩阵相乘
contour3(x,y,z,20);
title('三维等高线图');
```

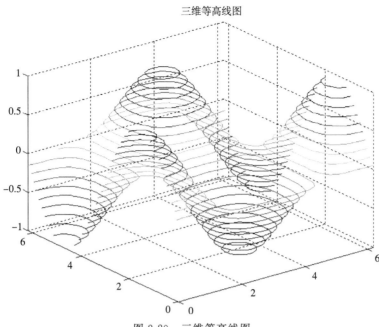

图 2-20　三维等高线图

5) 三维曲面的平面等高线图

contour 函数用来绘制三维曲面图，命令格式如下：

contour（X，Y，Z，n）　　% n 为等高线的条数

例 2.47　绘制三维曲面的平面等高线图，编写文件 mljc_25.m 如下，所绘图形如图 2-21所示．

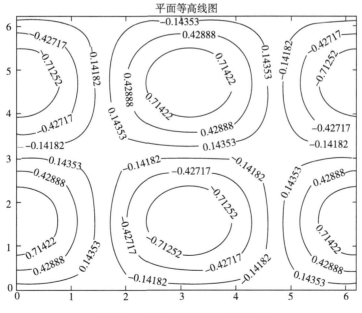

图 2-21　三维曲面的平面等高线图

```
% 平面等高线图
x= [0:0.2:2 * pi];y= [0:0.2:2 * pi];
z= sin(y') * cos(x);
```

```
[C,h]= contour(x,y,z,6);        % C 为平面等高线,h 为标签
clabel(C,h);                    %  函数 clabel 为等高线填标签
title('平面等高线图');
```

6）三维曲面的阴影图及等高线图

surfc 函数用来绘制三维曲面图，命令格式如下：

surfc（X，Y，Z）

例 2.48 绘制三维曲面的阴影图及等高线图，编写文件 mljc_26.m 如下，所绘图形如图 2-22 所示.

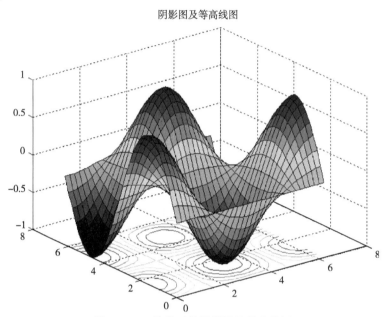

图 2-22 三维曲面的阴影图及等高线图

```
% 阴影图及等高线图
x= [0:0.2:2*pi];y= [0:0.2:2*pi];
z= sin(y') * cos(x);
surfc(x,y,z);
title('阴影图及等高线图');
```

7）三维曲面的光效果图

surfl 函数用来绘制三维曲面图的光效果图，命令格式如下：

surfl（X，Y，Z）

例 2.49 绘制三维曲面的光效果图，编写文件 mljc_27.m 如下，所绘图形如图 2-23 所示.

```
% 光效果图
x= [0:0.2:2*pi];y= [0:0.2:2*pi];
z= sin(y') * cos(x);
surfl(x,y,z);
shading interp    % 在每一网格曲面上显示不同的颜色
colormap(gray);   % 获取灰色色图
title('光效果图');
```

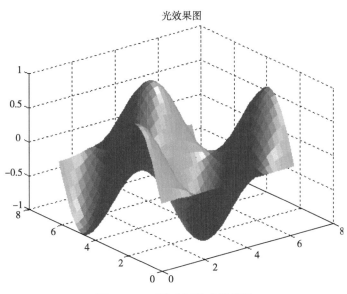

图 2-23　三维曲面的光效果图

2.5　MATLAB 程序设计

MATLAB 提供了结构化程序设计中程序流程控制的基本语句：条件控制语句、循环控制语句、错误控制语句和流程控制语句．

2.5.1　数据的保存与调用

MATLAB 所有程序设计都是在数据基础之上的，数据的保存与调用是程序设计中的重要环节．常用的方法有以下三种．

1．方法一

保存数据到数据文件的命令格式如下：

save data x y z　%将内存中的变量 x，y，z 保存为 data.mat 数据文件

调用数据文件命令格式如下：

load data　%将 data.mat 数据文件中的变量装入内存

例 2.50　某企业 1990～1999 年十年间企业投入的产品研发费用和净利润如表 2-8 所示．

表 2-8　企业研发费用和净利润数据表

年　份	1990	1991	1992	1993	1994	1995	1996	1997	1998	1999
研发费用/万元	10	10	8	12	12	15	16	18	20	25
净利润/万元	120	110	100	140	150	180	200	200	220	280

年份数据步长是 1，可以用以下格式生成：

> > t= 90:99

设研发费为 x，净利润为 y，以数组形式输入：

> > x=[10　10　8　12　12　15　16　18　20　25]

> > y=[120　110　100　140　150　180　200　200　220　280]

将数组变量保存到数据文件 data 中：

> > save data t x y　% 可以在当前目录下发现新建有数据文件 data.mat，调用数据文件

时用以下命令：

```
> > clear
> > load data
> >
```

2. 方法二

保存数据时，可以直接将数据写入一个 M 文件（data1. m），具体操作如下：

打开 M 文件编辑窗口，在窗口中编辑数据文件，输入每个数据之间需有空格如

90　91　92　93　94　95　96　97　98　99

10　10　8　12　12　15　16　18　20　25

120　110　100　140　150　180　200　200　220　280

存盘时文件名为 data1.

调用数据时，在程序中读入数据文件命令格式如下：

```
> > A= dlmread ('data1.m')
A=
    90   91   92   93   94   95   96   97   98   99
    10   10    8   12   12   15   16   18   20   25
    120  110  100  140  150  180  200  200  220  280
> > t= A(1,:),x= A(2,:),y= A(3,:)
t=
    90   91   92   93   94   95   96   97   98   99
x=
    10   10    8   12   12   15   16   18   20   25
y=
    120   110   100   140   150   180   200   200   220   280
```

3. 方法三

用 xlsread () 函数直接读取 Excel 数据文件.

(1) 打开 Excel 中数据文件（如 data3. xls，具体数据如图 2-24 所示），赋值给数组 A

A=xlsread ('data3. xls')

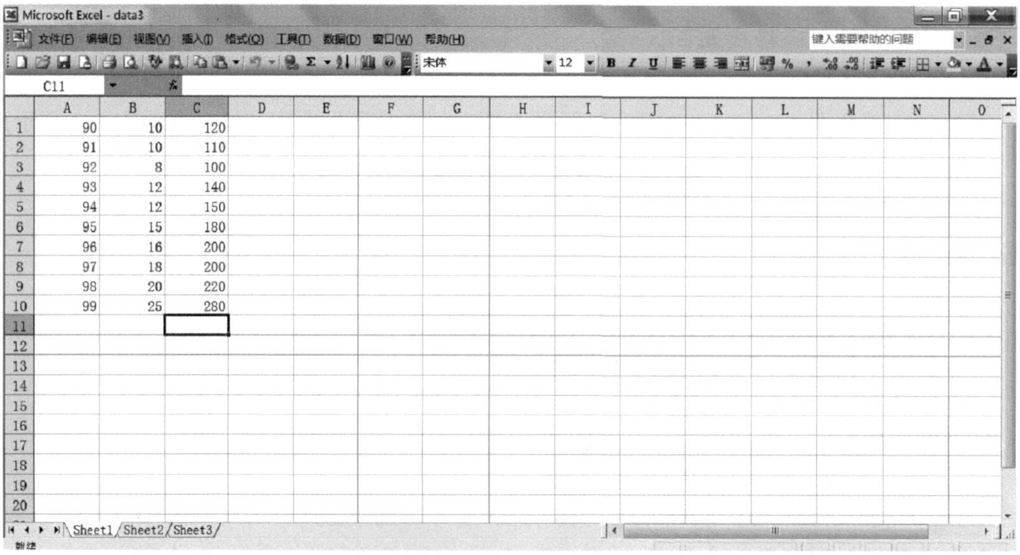

	A	B	C
1	90	10	120
2	91	10	110
3	92	8	100
4	93	12	140
5	94	12	150
6	95	15	180
7	96	16	200
8	97	18	200
9	98	20	220
10	99	25	280

图 2-24　Excel 中的数据文件

（2）调用数据时，用以下命令分别将矩阵 A 的第一、二、三列数据赋给变量 t，x，y：

```
>> t= A(:,1),x= A(:,2),y= A(:,3)
```

2.5.2　条件控制语句

1. if 语句

if 语句的基本格式如下：

if　表达式　　　％ 如果表达式为真，执行语句组 1；否则执行语句组 2
　　语句组 1
else　　　　　　％ else 可以缺省
　　语句组 2
end　　　　　　　％ if 和 end 必须配对使用

例 2.51　设

$$g(x) = \begin{cases} x^2, & x \geqslant 2, \\ x+2, & x < 2, \end{cases}$$

求 f（2），f（-2）.

先建立函数文件 fun3.m 如下：

```
% 分段函数
function g= fun3(x)
if x> = 2
    g= x^2;
else
    g= x+2;
end
```

在 MATLAB 命令窗口作如下操作：

```
>> g1= fun3(2),g2= fun3(- 2)
    g1=
        4
    g2=
        0
```

2. switch 语句

switch 语句的格式如下：

switch 表达式　　％ 表达式将依次与 case 后面的值进行比较
　case　值 1　　％ 满足值 1 就执行语句组 1
　　　语句组 1
　case　值 2　　％ 满足值 2 就执行语句组 2
　　　语句组 2
　…
　otherwise
　　　语句组 n　　％ 前面的 case 都不满足，则执行语句组 n
end　　％ switch 和 end 必须配对使用

例 2.52　某种电子产品使用寿命 t（2000）与产品等级 s 间的对应关系如表 2-9 所示.

表 2-9　产品使用寿命与产品等级间的对应关系表

使用寿命 t /h	$t \geqslant 1500$	$1200 \leqslant t < 1500$	$1000 \leqslant t < 1200$	$t < 1000$
产品等级 s	一等品	二等品	三等品	不合格

使用 switch 判断测试产品的等级.

创建脚本 M 文 mljc _ 28. m：

```
% 测试产品使用寿命与产品等级间的对应关系
t1= input('请输入测试产品寿命(0< t< 2000): ');
t= fix(t1/100);   %  fix 函数取十位数
switch t
  case {15,16,17,18,19}
      s= '一等品'
  case {12,13,14}
      s= '二等品'
  case {10,11}
      s= '三等品'
  otherwise
      s= '不合格'
end
```

执行结果：

```
请输入测试产品寿命(0< t< 2000):1856
s=
一等品
```

2.5.3　循环控制语句

1．for 循环语句

for 循环语句一般用于预先知道循环次数时，其语句的格式如下：

```
for   循环变量＝数组   % 数组可以是向量或矩阵
      循环体
end                   % for 和 end 必须配对使用
```

例 2.53　求自然数 $1 \sim 100$ 之和.

创建脚本 M 文件 mljc _ 29. m：

```
% 求自然数 1~ 100 之和
sum= 0;
for n= 1:100
    sum= sum+ n;
end
sum
```

执行结果：

```
sum=
    5050
```

2．while 循环语句

while 循环语句常用于预先知道循环条件或循环结束条件时，其语句的格式如下：

```
while 条件表达式    % 当条件表达式为真，就执行循环体，否则结束循环
      循环体
end                 % while 和 end 必须配对使用
```

例 2.54　求 10! .

创建脚本 M 文件 mljc _ 30. m：

```
% 求 10!
mu= 1;
i= 1;
while i< = 10
  mu= mu * i;
  i= i+ 1;
end
mu
```

执行结果：

```
mu=
   3628800
```

3. break 与 continue 控制语句

break 与 continue 控制语句用于控制循环流程. 在通常情况下，在循环语句中 break 总是和 if 语句连在一起使用，即满足条件时便跳出循环. break 语句的格式如下：

```
break
```

例 2.55　设函数 $f(x)=x^3$，x 取自然数，当 $f(x)>100$ 终止运算.

创建脚本 M 文件 mljc _ 31. m：

```
% break 语句的使用
x= 0:5;
for n= x
  f= n^3;
  if f> 100   % 当函数值大于 100 时,跳出 for 循环
    break
  end
end
x,f
```

执行结果：

```
x=
0  1  2  3  4  5
f=
   125
```

continue 语句用来结束本次循环，即跳过循环体中 continue 语句下面尚未执行的语句，只结束本次循环. continue 语句的格式如下：

```
continue
```

例 2.56　输出两位数中所有能同时被 3 和 5 整除的数.

创建脚本 M 文件 mljc _ 32. m：

```
% continue 语句的使用
```

```
x= [];　　% x 为空数组
i= 1;
for n= 10:100
    if (rem(n,3)~ = 0)|(rem(n,5)~ = 0)
        % rem 为求余函数,当不能被 3 和 5 整除时,结束本次循环
        continue
    end
    x(i)= n;
    i= i+ 1;
end
x
```

执行结果:

```
x=
15  30  45  60  75  90
```

2.5.4　错误控制语句

对于程序运行中可能会出现的错误,MATLAB 提供了 try-catch-end 错误控制命令,其格式如下:

```
try
    语句组 1
catch
    语句组 2
end　　　　%try 和 end 必须配对使用
```

例 2.57　测试. /运算符的使用.

创建脚本 M 文件 mljc _ 33. m:

```
% 测试 . /运算符的使用
a= 2;
A= [1 2 3];
try
    b= a. /A　　% . /运算符使用有误
catch
    b= a/A
end
[lastmsg,lastid]= laster
```

执行结果:

```
b=
2.0000  1.0000  0.6667
lastmsg=
Too many output arguments
lastid=
MATLAB:maxlhs
```

2.5.5　流程控制语句

1. return 命令

return 命令可使正常运行的函数正常退出，返回调用它的函数继续运行，经常用于函数的末尾来正常结束函数运行. 其格式如下：

```
return
```

例 2.58　return 命令的使用.

创建函数 M 文件 fun4.m：

```
% return 命令的使用
function d= fun4(A)
if isempty(A)   % 函数 isempty
    D= 1;
    return
else
    D= 3
end
```

在命令窗口输入：

```
>> A= [];
>> fun4(A)
```

执行结果：

```
D=
    1
```

2. pause 命令

pause 命令用来使程序暂停运行，当用户按任意键才继续执行. 其格式如下：

pause（n）　　%暂停 n 秒，n 秒后继续自动运行程序，缺省时按任意键继续执行

例 2.59　pause 命令的使用.

创建脚本 M 文件 mljc_34.m：

```
% pause 命令的使用
x= - 4:0.1:4;
plot(x,sin(x))
pause
plot(x,cos(x))
```

执行结果：

先出现 $\sin(x)$ 的图像，按任意键后出现 $\cos(x)$ 的图像.

2.5.6　程序设计的基本原则

根据前面的简单程序设计，可以归纳出 MATLAB 程序设计的基本原则.

（1）%后面的内容是程序的注释，要善于运用注释使程序更具可读性.

（2）养成在主程序开头用 clear 指令清除内存变量的习惯，以消除工作空间中其他变量对程序运行的影响. 但要注意在子程序中不要用 clear 指令.

（3）参数值要集中放在程序的开始部分，以便维护．要充分利用 MATLAB 工具箱提供的函数来执行所要进行的运算，在语句行之后输入分号使其及中间结果不在屏幕上显示，以提高执行速度．

（4）input 命令可以用来输入一些临时的数据；而对于大量参数，则通过建立一个存储参数的子程序，在主程序中用子程序的名称来调用．

（5）程序尽量模块化，也就是采用主程序调用子程序的方法，将所有的子程序合并在一起来执行全部操作．

（6）充分利用 Debugger 来进行程序的调试（设置断点、单步执行、连续执行），并利用其他工具箱或图形用户界面（GUI）的设计技巧，将结果集成到一起．

（7）设置好 MATLAB 的工作路径，以便程序运行．

第3章 微分方程

在研究实际问题时，常常不能直接得出变量之间的关系，而是易得到包含变量及导数在内的关系式，即得到变量所满足的微分方程，通过求解微分方程，对所研究的问题作进一步分析，预测事物的发展趋势．因此建立微分方程模型是利用机理分析方法研究问题的重要工具，已被广泛应用于经济、工程、医学等领域中．一般地，利用以下三种方法建立一个微分方程模型．

1. 根据规律建模

在数学、力学、物理学、化学等学科中已有许多经过实践检验的规律和定律，如 Newton 运动定律、物质的放射性规律、曲线的切线性质等，这些都涉及某些函数的变化率，因而可根据相应的规律以及

$$变化率＝输入率－输出率$$

的思想，列出微分方程．

2. 微元分析法建模

在数学、力学、物理学等教科书上常会见到用微元分析法建立微分方程模型的例子，它们实际上是应用一些已知的规律或定理寻求某些微元之间的关系式．

3. 模拟近似法建模

在社会科学、生物学、医学等学科的实践中，由于人们对上述领域的一些现象的规律性目前还不是很清楚，了解并不全面，所以可根据已知的一些经验数据，在不同的假设下应用微分方程模型去模拟实际现象．对如此所得到的微分方程进行数学上的求解或分析解的性质，然后再去与实际做对比，观察分析这个模型与实际现象的差异性，看能否在一定程度上反映实际问题，最后对模型的解作出解释．

对于大多数微分方程通常很难求出它的解析解，而需要用微分方程的稳定性理论进行分析，研究未来的变化趋势．对于数值解，可以采用数值分析的方法，或用数学软件求解．

3.1 微分方程的基本理论

3.1.1 微分方程基本概念

定义 3.1 一般地，凡表示未知函数、未知函数的导数与自变量之间关系的方程，称为微分方程．未知函数是一元函数的方程称为常微分方程；未知函数是多元函数的方程，称为偏微分方程．

微分方程中所出现的未知函数的最高阶导数的阶数，称为微分方程的阶．例如，方程 $\dfrac{\mathrm{d}y}{\mathrm{d}x}=2x+y$ 是一阶微分方程，方程 $y^{(4)}-4y'''+10y''-12y'+5y=\sin 2x$ 是四阶微分方程．一般地，n 阶微分方程的形式是

$$F(x,y,y',\cdots,y^{(n)})=0, \tag{3.1}$$

其中 F 是含 $n+2$ 个变量的函数.

从方程（3.1）中解出最高阶导数，得微分方程

$$y^{(n)} = f(x, y, y', \cdots, y^{(n-1)}) \tag{3.2}$$

称为 n 阶显式微分方程.

定义 3.2 设 $y = \varphi(x)$ 在区间 I 上有直到 n 阶的导数，若把 $y = \varphi(x)$ 代入方程（3.1）得到区间 I 上关于 x 的恒等式，则称 $y = \varphi(x)$ 为方程（3.1）在区间 I 上的解. 如果微分方程的解中含有任意常数，且任意常数的个数与微分方程的阶数相同，这样的解称为微分方程的通解. n 阶常微分方程（3.1）的通解可记为 $y = f(x, c_1, c_2, \cdots, c_n)$，其中 $c_1, c_2, \cdots, c_n$ 为 n 个独立的任意常数. 确定了通解中的任意常数以后，就得到了微分方程特解.

通常用来确定任意常数的条件是 $y|_{x=x_0} = y_0$，$y'|_{x=x_0} = y'_0$，$\cdots$，$y^{(n)}|_{x=x_0} = y_0^{(n)}$，称为初始条件. 求微分方程满足初始条件的解的问题，称为**初值问题**（或 **Cauchy 问题**），记作

$$\begin{cases} y^{(n)} = f(x, y', \cdots, y^{(n-1)}), \\ y|_{x=x_0} = y_0, y'|_{x=x_0} = y'_0, \cdots, y^{(n-1)}|_{x=x_0} = y_0^{(n-1)}. \end{cases}$$

特别地一阶微分方程的**初值问题**为

$$\begin{cases} y' = f(x, y), \\ y|_{x=x_0} = y_0. \end{cases} \tag{3.3}$$

式（3.3）的解可通过分离变量法、常数变易法等初等积分法得到. 对于高阶线性方程可化为等价的线性方程组或通过讨论解的结构来构造通解. 对于非线性方程（组），一般没有求解析解的通用方法，可通过定性理论研究解的性质，或求近似解或数值解.

3.1.2 微分方程的解析解

在 MATLAB 中，用函数 dsolve() 求解微分方程的解析解，使用格式如下：

　　r＝dsolve（'equ1, equ2, $\cdots$', 'cond1, cond2, $\cdots$', 'Dy, D2y, $\cdots$', 'v'）

其中 equ1, equ2 为微分方程的表达式，cond1, cond2 为微分方程的初始条件或边界条件，v 为自变量. 表达式中，Dy 表示 y 关于自变量的一阶导数，用 $D2y$ 表示 y 关于自变量的二阶导数，依此类推. 如果自变量 v 缺省，则表示方程的自变量为 t.

例 3.1 求解一阶微分方程 $\dfrac{\mathrm{d}y}{\mathrm{d}x} = 1 + y^2$.

解 命令

```
dsolve('Dy= 1+ y^2','x'),
```

结果

```
ans= tan(x+ C1)
```

即

$$y = \tan(x + C_1).$$

例 3.2 求解二阶微分方程 $x^2 y'' + xy' + (x^2 - n^2) y = 0$，$y\left(\dfrac{\pi}{2}\right) = 2$，$y'\left(\dfrac{\pi}{2}\right) = -\dfrac{2}{\pi}$，$n = \dfrac{1}{2}$.

解 命令

```
dsolve('D2y+ (1/x) * Dy+ (1- (1/2)^2/x^2) * y= 0','y(pi/2)= 2','Dy(pi/2)= - 2/pi','x')
```

结果

```
ans= (1/2)^2 * pi^(1/2) * sin(x)/x^(1/2)
```

化简结果为

$$y = \sqrt{\frac{2\pi}{x}}\sin x.$$

例 3.3 求微分方程组

$$\begin{cases} \dfrac{\mathrm{d}x}{\mathrm{d}t} = 2x - 3y + 3z, \\ \dfrac{\mathrm{d}y}{\mathrm{d}t} = 4x - 5y + 3z, \\ \dfrac{\mathrm{d}z}{\mathrm{d}t} = 4x - 4y + 2z \end{cases}$$

的通解.

解 命令

```
[x,y,z]= dsolve('Dx= 2 * x- 3 * y+ 3 * z','Dy= 4 * x- 5 * y+ 3 * z','Dz= 4 * x- 4 * y+ 2 * z
','t')
x= simple(x)
y= simple(y)
z= simple(z)
```

结果

```
x= C2 * exp(- t)+ C3 * exp(2 * t)
y= C2 * exp(- t)+ C3 * exp(2 * t)+ C1 * exp(- 2 * t)
z= C3 * exp(2 * t)+ C1 * exp(- 2 * t)
```

即

$$\begin{cases} x = C_2 \mathrm{e}^{-t} + C_3 \mathrm{e}^{2t}, \\ y = C_2 \mathrm{e}^{-t} + C_3 \mathrm{e}^{2t} + C_1 \mathrm{e}^{-2t}, \\ z = C_3 \mathrm{e}^{2t} + C_1 \mathrm{e}^{-2t}. \end{cases}$$

3.1.3 微分方程的数值解

只有一些典型的常微分方程能求解析解, 大多数的常微分方程是给不出解析解的. 另外, 有些初值问题虽然有解析解, 由于形式太复杂不便于应用. 因此, 需要求出数值解.

下面介绍的 MATLAB 函数主要针对微分方程初值问题 (3.3) 而言.

求微分方程初值的命令格式:

[t, x] ＝solver (odefun, xspan, y0)

[t, x] ＝solver (odefun, xspan, y0, options)

其中的 solver 为命令 ode45, ode23, ode113, ode15s, ode23s, ode23t, ode23tb 之一.

在命令中, 参数 odefun 是微分方程 (3.3) 中的 $f(x, y)$, xspan 是一个二维向量, 表示求数值解的区间, 即 xspan＝$[x_0, x_f]$. y0 为因变量的初值, 即 y0, options 用于设定某些可选参数.

1. 各种函数的特征

因为没有一种算法可以有效地解决所有的 ODE 问题, 为此, 对于不同的问题, MAT-

LAB 提供了多种求解器 Solver，表 3-1 列出了它们所解问题的类型、求解精度和使用方法.

表 3-1 不同求解器 Solver 的特点

求解器 Solver	ODE 类型	特　点	说　明
ode45	非刚性	单步算法；采用四、五阶 Runge-Kutta 方程；累计截断误差达 $(\Delta x)^3$	大部分场合的首选算法
ode23	非刚性	单步算法；二、三阶 Runge-Kutta 方程；累计截断误差达 $(\Delta x)^3$	适用于精度（10^{-3}）较低的情形
ode113	非刚性	多步法；Adams 算法；高低精度均可（$10^{-3} \sim 10^{-6}$）	计算时间比 ode45 短
ode23t	适度刚性	采用梯形算法	适度刚性
ode15s	刚性	多步法；Gear's 反向数值微分；精度中等	若 ode45 失效时，可尝试使用或存在质量矩阵时
ode23s	刚性	单步法；二阶 Rosebrock 算法；低精度	当精度较低时，计算时间比 ode15s 短
ode23tb	刚性	梯形算法；低精度	低精度时，比 ode15s 有效；或存在质量矩阵时

例 3.4　求微分方程初值问题

$$\begin{cases} y' = y - \dfrac{2t}{y}, \\ y(0) = 1, \end{cases} \quad 0 < t < 4 \tag{3.4}$$

的数值解.

解　先选择函数 ode45() 求其数值解. 输入

```
odefun= inline('y- 2 * t/y','t','y');
[t,y]= ode45(odefun,[0,4],1);
```

得到

```
ans= Columns 1 through 10
 0       0.0502  0.1005  0.1507  ···
 1.0000  1.0490  1.0959  1.1408  ···
 Columns 41 through 45
 3.8010  3.8507  3.9005  3.9502  4.0000  ···
 2.9333  2.9503  2.9672  2.9839  3.0006  ···
```

微分方程初值问题（3.4）的准确解为 $y = \sqrt{1+2t}$，$y(4)=3$，其误差为 0.0006. 再来比较一下几种算法的计算量和精确度. 下列结果中 n 为结点个数，反应计算量大小，e 为每个节点均方误差.

```
[t,y]= ode45(odefun,[0,4],1);n= length(t);e= sqrt(sum((sqrt(1+ 2 * t)- y)^2)/n);[n,e]
```

得

```
ans=
 45.0000   0.0002
[t,y]= ode23(odefun,[0,4],1);n= length(t);e= sqrt(sum((sqrt(1+ 2 * t)- y)^2)/n);[n,e]
ans=
```

```
    13. 0000    0. 1905
[t,y]= ode113(odefun,[0,4],1);n= length(t);e= sqrt(sum((sqrt(1+ 2 * t)- y)^2)/n);[n,e]
ans=
    18. 0000    0. 0097
[t,y]= ode23t(odefun,[0,4],1);n= length(t);e= sqrt(sum((sqrt(1+ 2 * t)- y)^2)/n);[n,e]
ans=
    13. 0000    0. 0392
[t,y]= ode23s(odefun,[0,4],1);n= length(t);e= sqrt(sum((sqrt(1+ 2 * t)- y)^2)/n);[n,e]
ans=
    81. 0000    2. 5437
[t,y]= ode23tb(odefun,[0,4],1);n= length(t);e= sqrt(sum((sqrt(1+ 2 * t)- y)^2)/n);[n,e]
ans=
    15. 0000    0. 2431
[t,y]= ode15s(odefun,[0,4],1);n= length(t);e= sqrt(sum((sqrt(1+ 2 * t)- y)^2)/n);[n,e]
ans=
    22. 0000    0. 4551
```

可见，ode45 精确度高，但计算量较大，计算量最小的 ode23 却误差大，ode113 适中. 用刚性方程组解法解非刚性问题不适合，特别是 ode23s，计算量和误差都大.

2. 刚性方问题与非刚性问题

如果线性系统

$$\frac{\mathrm{d}x}{\mathrm{d}t} = Ax(t) + g(t),\tag{3.5}$$

其中 x 与 g 为 n 维向量函数，A 为 n 阶矩阵. 若 A 的特征值 λ_i 满足 $\mathrm{Re}\lambda_i(t) < 0$ 且

$$s = \frac{\max\limits_{1\leqslant i\leqslant n}|\mathrm{Re}\lambda_i(t)|}{\min\limits_{1\leqslant i\leqslant n}|\mathrm{Re}\lambda_i(t)|} \gg 1,$$

则称系统（3.5）为刚性系统，称 s 为刚性比.

对于 n 维非线性常微分方程组

$$\frac{\mathrm{d}x}{\mathrm{d}t} = f(t,x(t)),\tag{3.6}$$

其中 x 与 g 为 n 维向量函数. 可以用 $f(t,x)$ 在 x 处的 Jacobi 矩阵 $J(t)=\frac{\partial f}{\partial x}$ 的特征值来定义系统的刚性.

例 3.5　用函数 ode45() 解 Lorenz 模型

$$\begin{cases} \dfrac{\mathrm{d}x}{\mathrm{d}t} = -\beta x + yz, \\[2mm] \dfrac{\mathrm{d}y}{\mathrm{d}t} = -\sigma(y-z), \\[2mm] \dfrac{\mathrm{d}z}{\mathrm{d}t} = -xy + \rho y - z. \end{cases}\tag{3.7}$$

其中 $\beta=8/3$，$\sigma=10$，$\rho=28$ 且初值 $x(0)=0, y(0)=0, z(0)=10^{-10}, t\in[0,100]$.

解　记向量 $[x1, x2, x3] = [x, y, z]$，首先创建 MATLAB 函数 wffc_1.m 来描述系统的动态模型，内容如下：

```
function xdot= lorenzq(t,x)
```

```
xdot= [- 8/3 * x(1)+ x(2) * x(3); - 10 * x(2)+ 10 * x(3); - x(1) * x(2)+ 28 * x(2)- x(3)];
```

再调用 ode45( ) 求解.输入

```
[t,x]= ode45(@ Lorenzq,[0,100],[0 0 1e- 10]);
plot3(x(:,1),x(:,2),x(:,3))
axis([0  40  - 20  20  - 20  20])
```

程序中,函数 plot3 ( ) 是画出三维曲线,函数 axis ( ) 是控制坐标轴的范围.运行后得相空间三维图曲线如图 3-1 所示.

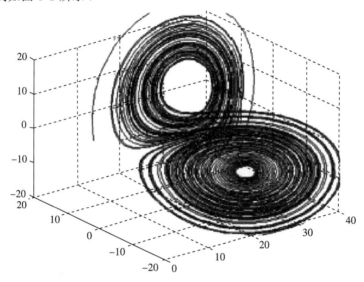

图 3-1　Lorenz 相空间三维曲线图

例 3.6　分别用函数 ode45( ) 和函数 ode15s( ) 求解刚性问题

$$\begin{cases} \dfrac{\mathrm{d}x_1}{\mathrm{d}t} = -2x_1 + x_2 + 2\sin t, \\ \dfrac{\mathrm{d}x_2}{\mathrm{d}t} = 998x_1 - 999x_2 + 999(\cos t - \sin t), \\ x_1(0) = 2, x_2(0) = 3, \end{cases} \tag{3.8}$$

分析两个函数的计算效率.

解　将方程组 (3.8) 转化为式 (3.5) 的形式,对应的系数矩阵 $A = \begin{bmatrix} -2 & 1 \\ 998 & 999 \end{bmatrix}$.矩阵的两个特征值分别为 $\lambda_1 = -1$ 和 $\lambda_2 = -1000$,其刚性之比 $s = 1000 \gg 1$,因此方程组 (3.8) 为刚性方程.

首先创建 MATLAB 函数 wffc_2.m:

```
function dx= stiff (t,x)
dx= [- 2 * x(1)+ x(2)+ 2 * sin(t); 998 * x(1)- 999 * x(2)+ 999 * (cos(t)- sin(t))];
```

下面分别用函数 ode45( ) 和函数 ode15s( ) 求方程在区间 [0, 10] 上的数值解,命令如下:

```
[t_45,x_45]= ode45(@ stiff,[0,10],[2 3]); n= length(t)
[t_15s,x_15s]= ode15s (@ stiff,[0,10],[2 3]); n= length(t)
```

对结果进行分析,length (x _ 45) =12061,而 length (x _ 15s) =49,后者的效率是前者的 246 倍.用适合解决非刚性问题得函数 ode45( ) 求解刚性问题效率是很低的.

3. 求解高阶微分方程

一般地，需要将高阶微分方程化为等价的一阶微分方程组，然后再去求等价微分方程组的数值解.

例 3.7　求解描述振荡器的经典的 Ver der Pol 微分方程

$$\frac{\mathrm{d}^2 y}{\mathrm{d}t^2} - \mu(1 - y^2)\frac{\mathrm{d}y}{\mathrm{d}t} + y = 0$$

在初始条件 $y(0)=1$，$y'(0)=0$ 的解（取 $\mu=7$）.

解　令 $x_1 = y$，$x_2 = \dfrac{\mathrm{d}x_1}{\mathrm{d}t}$，　　则有

$$\begin{cases} \dfrac{\mathrm{d}x_1}{\mathrm{d}t} = x_2, & x_1(0) = 1, \\[2mm] \dfrac{\mathrm{d}x_2}{\mathrm{d}t} = 7(1 - x_1^2)x_2 - x_1, & x_2(0) = 0. \end{cases}$$

先编写函数文件 wffc_3.m 来描述微分方程组：

```
function fy= vanderpol(t,x)
fy= [x(2);7 * (1- x(1)^2) * x(2)- x(1)];
```
再在窗口中执行以下语句：
```
y0= [1;0];
[t,x]= ode45(@ vanderpol,[0,40],[1;0]);
y= x(:,1);dy= x(:,2);
plot(t,y,'linewidth',5);
hold on;
plot(t,dy,'linewidth',2);
hold off;
```
得到 $y(t)$（粗线）与 $y'(t)$（细线）的关系，如图 3-2 所示.

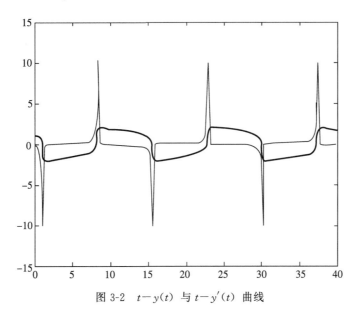

图 3-2　$t-y(t)$ 与 $t-y'(t)$ 曲线

3.2　应 用 实 例

3.2.1　产品销售量的增长

电饭锅这类的商品受广告的影响很大，经调查发现，电饭锅的销售速度与当时的销量成正比．建立一个数学模型来预测其销量．

设 $x(t)$ 表示 t 时刻的销量，x_0 为初始时刻 t_0 的销量，可得以下模型．

1. 指数增长模型

$$\frac{\mathrm{d}x}{\mathrm{d}t} = kx, \tag{3.9}$$

其中 k 为比例常数．求解得 $x(t) = x_0 \mathrm{e}^{k(t-t_0)}$，其中 x_0 为初始时刻 t_0 的销量．

当 $k>0$，$t \to \infty$ 时，$x(t) \to \infty$，$x(t)$ 随 t 的增长呈快速的指数增长，这对于销售初期可认为是合适的，但这一模型是在市场容量无限的前提下取得的，长期预测显然不合适．

设 $t_0 = 0$ （年），$x_0 = 1$ （万台），$k = 0.9$ （年$^{-1}$），下面命令给出 10 年内销量的预测图（图 3-3 模型 1）．

```
close; fplot('exp(0.9 * x)',[0,10]); hold on;
```

2. 阻滞增长模型

在市场容量有限制的条件下，设 x_∞ 为全部需求量，那么销售速度与潜在需要量 $\left(1 - \dfrac{x}{x_\infty}\right)$ 成正比，从而得

$$\frac{\mathrm{d}x}{\mathrm{d}t} = kx\left(1 - \frac{x}{x_\infty}\right), \tag{3.10}$$

其中 k 为比例常数．

在 $x_\infty = 1000$ （万台），其他参数与指数增长模型相同的条件下，也作出 10 年内销量的预测图（图 3-3 模型 2）．

```
[t,x]= ode45(inline('0.9 * x * (1- x/1000)','t','x'),[0 10],1);
plot(t,x);
axis([0 10 0 1500]);hold off;
```

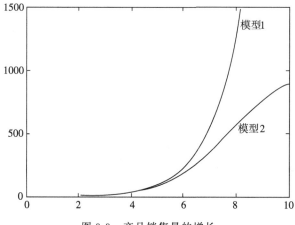

图 3-3　产品销售量的增长

可见短期预报两个模型相近，但作为长期预报，模型 2 较模型 1 合理. 当然，式（3.10）也有不尽合理之处，比如 x_∞ 难以确定，未考虑产品更新换代等.

3.2.2 草坪积水量问题

1. 问题提出

露天草地网球比赛极易受雨天的干扰. 常因下雨而被迫中断，由于防水层不一定有效，往往需要一段时间使草地的表层充分干后，才可继续比赛. 雨停之后，部分雨水直接渗入地下，部分蒸发到空气中. 虽然有一些机械装置可用来加速干燥过程，但为避免损伤草皮，常常让其自然干燥.

能否建立一个数学模型来描述这一干燥过程？即下过一场阵雨后，能否预测出何时可以恢复比赛？

2. 问题分析

突然下雨之前草地是干的，雨大约持续 l h，雨在草地中聚积了 h m 高的水，通过渗入、蒸发使草地的积水减少，最终自然变干恢复比赛. 由此可将研究对象视为草地单位面积积水量 Q，它随时间 t 而变化. 问题要求求出 $Q(t)$ 的关系式，并预测雨停之后多长时间能使 $Q(t)=0$.

3. 题假设和记号

由以上分析，将涉及此问题的相关因素列表如下（表 3-2）.

表 3-2 相关因素

对 象	变量类别	符 号	单 位
降雨速度	变量	$v(t)$	m/s
时间	变量	t	s
草坪面积	变量	D	m²
草坪厚度	变量	S	m
草坪积水的深度	变量	$Q(t)$	m
蒸发率	变量	$e(t)$	m/s
渗透率	变量	$p(t)$	m/s
比例系数		a, b	s⁻¹
雨停时间	参数	l	s

雨水深度 Q 的单位是 m，乘以草坪面积 D 后就是水的实际体积，e 和 p 的单位是 m/s，乘以 D 后就得到体积流速，是用 m³/s 来度量的.

基本假设：

（1）草坪开始是干燥的（即初始条件 $Q(0)=0$），在降雨过程中，蒸发几乎是不可能的，于是仅考虑渗透，雨停后水是通过渗透、蒸发排除的，其他因素不考虑.

（2）为简化模型，不考虑空气中的湿度与温度，渗透率、蒸发率与草地的水量成正比.

（3）降雨速度为常数.

4. 建立模型   考虑示意图 3-4：

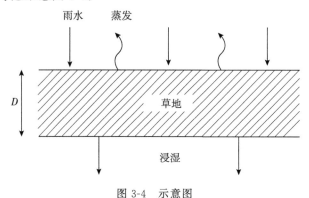

图 3-4   示意图

这是一个输入输出模型，草坪中的雨水量满足平衡式

$$\{草坪积水量的增量\} = \{流入量\} - \{流出量\}. \tag{3.11}$$

以下在 $[t, t+\Delta t]$ 内讨论式 (3.11)．草坪积水量的增量 $= \Delta Q(t)D$，显然，在时间 Δt 内的流入量是降雨速度与所考虑草坪面积及 Δt 的乘积，即

$$流入量 = v(t)D\Delta t.$$

对于流出量，先考虑水会怎样从草坪消失．当雨未停止时，只考虑渗透排水，由假设知渗透量与草地的水量成正比，比例系数为 a，则

$$\Delta t \ 内的渗透量 = p(t)D\Delta t = aQ(t)D\Delta t.$$

当雨停止时，水除了继续向地下渗透外，还会蒸发．由假设同理可得

$$\Delta t \ 内的蒸发量 = e(t)D\Delta t = bQ(t)D\Delta t \ (b \ 为比例系数)，$$

从而得

$$流入量 - 流出量 = \begin{cases} vD\Delta t - aQ(t)D\Delta t, & 0 < t < l, \\ -aQ(t)D\Delta t - bQ(t)D\Delta t, & t \geqslant l. \end{cases}$$

整理上述关系，令 $\Delta t \to 0$，可得微分方程

$$\frac{\mathrm{d}Q}{\mathrm{d}t} = \begin{cases} v - aQ(t), & 0 < t < l, \\ -aQ(t) - bQ(t), & t \geqslant l. \end{cases} \tag{3.12}$$

5. 模型求解

若给出有关草地进水的足够信息，就可以对式(3.12)进行积分求解 $Q(t)$ 了．若取 $l=1800\mathrm{s}$（即降雨 30min），草地水深 $h=0.018\mathrm{m}$，前面已假设降雨速度为常数，从而 $v=\dfrac{h}{l}=10^{-5}\mathrm{m/s}$，初始条件 $Q(0)=0$，对参数 a, b 可以通过参数辨识法得到，在此假设 $a=0.001\mathrm{s}^{-1}$，$b=0.0005\mathrm{s}^{-1}$，将所取数据代入方程 (3.12)，整理得

$$\frac{\mathrm{d}Q}{\mathrm{d}t} = \begin{cases} 10^{-5} - 10^{-3}Q(t), & 0 < t < 1800, \\ -10^{-3}Q(t) - 5 \times 10^{-4}Q(t), & t \geqslant 1800. \end{cases} \tag{3.13}$$

这是一个可分离变量的微分方程，当 $0 < t < 1800$ 时，分离变量再对两边积分得

$$Q(t) = 0.01(1 - \mathrm{e}^{-0.001t}) \tag{3.14}$$

也可以用 MATLAB 软件求得解析解．程序如下：

命令

```
dsolve('DQ= 10^- 5- 10^- 3* Q','t')
```

特别当 $t=1800$ 时成立,有 $Q(1800)\approx0.00835$. 同理,$t\geqslant1800$ 时,可求得

$$Q(t)=Ce^{-0.0015t},$$

C 是积分常数,由 $Q(1800)\approx0.00835$ 可得出 $C=0.1242$,命令如下:

```
clear
c= 0.00835/exp(- 0.0015 * 1800)
```

从而

$$Q(t)=0.124e^{-0.0015t}, \quad t>1800. \tag{3.15}$$

6. 模型说明

式 (3.15) 描述阵雨过后草坪积水量随时间的减少过程,问题是要确定恢复比赛的时间,即草坪变干的时间,亦即使 $Q=0$ 的时间. 然而 $Q(t)$ 是一个负指数函数,$Q(t)$ 的值实际上达不到零. 一般认为,当草坪积水量达到最大水量的 10% 时,就可以恢复比赛. 把 $Q(1800)\approx0.000835$ 代入方程 (3.15),即 $0.000835=0.124e^{-0.0015t}$,取对数后解得 $t=3342$s,程序如下:

```
syms t
q= 0.1242 * exp(- 0.0015 * t)
y= finverse(q)
answer1= subs(y,t,0.000825)- 1800
```

故阵雨后 1542s(大约 26 分钟)才可能恢复比赛. 这里选择 10% 是任意的,根据实际可选择其他情况,如 5%,此时 $t=3804$ s,就需要多等大约 8min 了.

3.2.3 油气产量和可采储量的预测

1. 问题提出

为了能够充分地享用地球的不可再生资源,准确预测油气田产量和可采储量对油气田的科学开发决策至关重要. 1995 年,有人通过对国内外一些油田开发资料的研究得出:油气田的产量与累积产量之比 $r(t)$ 与其开发时间 t 存在着较好半对数关系

$$\ln r(t)=A-Bt, \tag{3.16}$$

其中 $A>0$,$B>0$.

根据某油气田 1957~1976 年共 20 个年度的产气量数据(表 3-3),建立该油气田的产量预测模型,并将预测值与实际值进行比较.

表 3-3 1957~1976 年的产气量数据表

年 份	1957	1958	1959	1960	1961	1962	1963
产量 ($10^8 m^3$)	19	43	59	82	92	113	138
年 份	1964	1965	1966	1967	1968	1969	1970
产量 ($10^8 m^3$)	148	151	157	158	155	137	109
年 份	1971	1972	1973	1974	1975	1976	
产量 ($10^8 m^3$)	89	79	70	60	53	45	

2. 模型假设与建立

(1) 假设油气田的累积产量为 N,当开采开发时间为 t 时,油气田产量增长率为 $r(t)$,即 r 是 t 的函数;

（2）假设油气田的产量与累积产量之比与其开发时间存在着半对数关系（3.16）.

将指数增长模型用于油气产的量预测，从而得到油气田的累积产量 N 与开发时间 t 的关系

$$\frac{\mathrm{d}N}{\mathrm{d}t} = r(t)N. \tag{3.17}$$

如果开发时间 t 以年为单位，则油气田的年产量 $Q = \frac{\mathrm{d}N}{\mathrm{d}t}$，方程可改写成

$$\frac{Q}{N} = r(t),$$

问题的关键是寻找油气产量的增长率 $r(t)$. 由假设（2）得

$$\ln\frac{Q}{N} = A - Bt \tag{3.18}$$

或

$$\frac{Q}{N} = \mathrm{e}^{A-Bt} = \mathrm{e}^{A} \cdot \mathrm{e}^{-Bt} = a\mathrm{e}^{-bt}, \tag{3.19}$$

其中 $a = \mathrm{e}^{A}$，$b = B$.

设油气田的可采储量为 N_r，相对应的开发时间为 t_r，由此得到预测油气产量的微分方程

$$\begin{cases} \dfrac{\mathrm{d}N}{\mathrm{d}t} = a\mathrm{e}^{-bt}N, \\ N(t_r) = N_r, \end{cases} \tag{3.20}$$

这是一个可分离变量的微分方程，其解析解为

$$N = N_r \exp\left[\frac{a}{b}(\exp(-bt_r) - \exp(-bt))\right].$$

当然，可以用 MATLAB 软件求其解析解，相应的命令如下：

```
N= dsolve('DN= a * exp(- b * t) * N','N(tr)= Nr','t')
Simplify(N)
```

因为 t_r 很大，即 $a\mathrm{e}^{-bt_r} \approx 0$，所以得到预测油气田累积产量的模型为

$$N = N_r \exp\left[-\frac{a}{b}\exp(-bt)\right]. \tag{3.21}$$

对式（3.21）两边求导，注意到 $Q = \frac{\mathrm{d}N}{\mathrm{d}t}$，由此可得油气田年产量的预测模型为

$$Q = a \cdot N_r \exp\left[-\frac{a}{b}\exp(-bt) - bt\right]. \tag{3.22}$$

为确定油气田的可采储量 N_r，对式（3.21）两边取常用对数得

$$\ln N = \ln N_r - \frac{a}{b}\exp(-bt)$$

令 $\alpha = \ln N_r$，$\beta = -\dfrac{a}{b}$，$x = \exp(-bt)$，则有

$$\ln N = \alpha + \beta x, \tag{3.23}$$

显然 $\ln N$ 与 x 呈线性关系.

3. 模型求解

第一步：根据油气田实际生产数据，利用线性回归由式（3.18）求得截距 A 和斜率 B，进而计算出 a 和 b 的值.

文件

```
% 输入数据
t= [1:20]
data= [19 43 59 82 92 113 138 148 151 157 158 155 137 109 89 79 70 60 53 45];
% 计算积累积产量和产量与累积产量之比
N (1)= data(1);r(1)= 1
for i= 2:20
N(i)= N(i- 1)+ data1(i);
r(i)= data(i)/ N(i);
end
% 计算截距 A 和斜率 B
n= 1;
for i= 2:20
p= polyfit(t,log(r),1)
A= p(2);B= p(1);
% 计算系数 a 和 b
a= exp(A);b= B;
```

在上式程序中 p＝polyfit（x，y，n）为曲线拟合命令，其中 x 是自变量，y 为因变量，n 为要拟合的阶数，p 对应阶的系数，由高往低排. 这里，$n＝1$ 表示线性拟合.

第二步：计算出不同时间的 $x＝\exp(-bt)$ 和 $\ln N$，并由式（3.23）进行 $\ln N_p$ 与 x 的线性回归，求得截距 α 和斜率 β，再计算出油气田的可采储量 $N_r＝e^{\alpha}$.

```
X= exp(- b* t);z= log(N)
P1= polyfit(x,z,1);
alpha= p1(2); beta= p1(1);
Nr= exp(alpha);
```

第三步：然后将 a，b 和 N_r 的值代入式（3.21）和式（3.22），即得预测油气田的累积产量和年产量的计算公式.

```
% 预测累积产量
  YN= Nr* exp(- a/b* exp(- b* t));
% 预测年产量
  YQ= a* Nr* exp(- a/b* exp(- b* t)- bt);
% 累积产量预测值(实线)与实际值(点线)
  Plot(t,YN,'b- ',t,N,'r--')
% 年产量预测值(实线)与实际值(点线)
  Figure; Plot(t,YQ,'b- ',t,data,'r--')
```

所绘曲线如图 3-5 和图 3-6 所示，可以看出预测结果是令人满意的.

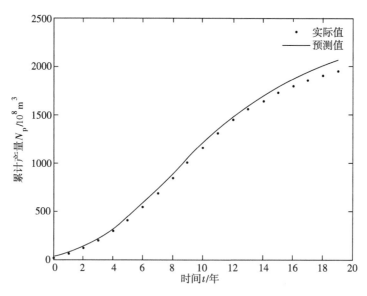

图 3-5　累积产量预测值（实线）与实际线（点线）

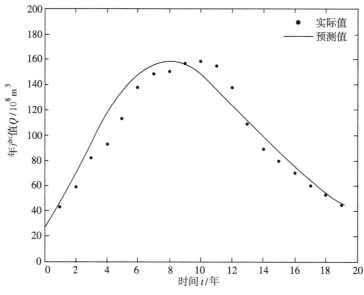

图 3-6　年产量预测值（实线）与实际值（点线）

3.2.4　导弹追踪问题

1. 问题提出

设位于坐标原点的甲舰向位于 x 轴上点 A（1，0）处的乙舰发射导弹，导弹头始终对准乙舰．如果乙舰以最大的速度 v_0（是常数）沿平行于 y 轴的直线行驶，导弹的速度是 $5v_0$，求导弹运行的曲线方程．又乙舰行驶多远时，导弹将它击中？

2. 模型建立

模型 1：建立二阶微分方程求解．

设导弹在 t 时刻的位置为 P（x（t），y（t）），乙舰位于 Q（1，v_0t）．由于导弹头始终

对准乙舰，故此时直线 PQ 就是导弹的轨迹曲线弧 OP 在点 P 处的切线（图 3-7）. 即有 $y = \dfrac{v_0 t - y}{1 - x}$，化简得

$$v_0 t = (1 - x)y' + y. \tag{3.24}$$

又根据题意，弧 OP 的长度为 $|AQ|$ 的 5 倍，可得

$$\int_0^x \sqrt{1 + y'^2}\, \mathrm{d}x = 5 v_0 t, \tag{3.25}$$

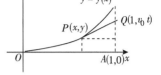

图 3-7　导弹运行示意图

由式（3.24）和（3.25）消去 t 整理得模型：

$$\begin{cases} (1 - x)y'' = \dfrac{1}{5}\sqrt{1 + y'^2}, \\ y(0) = 0,\ y'(0) = 0. \end{cases} \tag{3.26}$$

模型 2：建立微分方程组求数值解.

设时刻 t 乙舰的坐标为 $(X(t), Y(t))$，导弹的坐标为 $(x(t), y(t))$.

（1）设导弹速度恒为 w，则

$$\left(\frac{\mathrm{d}x}{\mathrm{d}t}\right)^2 + \left(\frac{\mathrm{d}y}{\mathrm{d}t}\right)^2 = w^2. \tag{3.27}$$

（2）由于弹头始终对准乙舰，故导弹的速度平行于乙舰与导弹头位置的差向量，即有

$$\begin{pmatrix} \dfrac{\mathrm{d}x}{\mathrm{d}t} \\ \dfrac{\mathrm{d}y}{\mathrm{d}t} \end{pmatrix} = \lambda \begin{pmatrix} X - x \\ Y - y \end{pmatrix}, \quad \lambda > 0, \tag{3.28}$$

消去 λ 得

$$\begin{cases} \dfrac{\mathrm{d}x}{\mathrm{d}t} = \dfrac{w}{\sqrt{(X-x)^2 + (Y-y)^2}}(X - x), \\ \dfrac{\mathrm{d}y}{\mathrm{d}t} = \dfrac{w}{\sqrt{(X-x)^2 + (Y-y)^2}}(Y - y). \end{cases}$$

（3）乙舰以速度 v_0 沿直线 $x=1$ 运动，设 $v_0 = 1$，则 $w = 5$，$X = 1$，$Y = t$，因此导弹运动轨迹的参数方程为

$$\begin{cases} \dfrac{\mathrm{d}x}{\mathrm{d}t} = \dfrac{5}{\sqrt{(1-x)^2 + (t-y)^2}}(1 - x), \\ \dfrac{\mathrm{d}y}{\mathrm{d}t} = \dfrac{5}{\sqrt{(1-x)^2 + (t-y)^2}}(t - y), \\ x(0) = 0,\ y(0) = 0. \end{cases} \tag{3.29}$$

3. 模型求解

1）模型 1 求解

解法 1（解析法）对式（3.26）求其解析解，得

$$y = -\frac{5}{8}(1-x)^{\frac{4}{5}} + \frac{5}{12}(1-x)^{\frac{6}{5}} + \frac{5}{24},$$

上式即为导弹的运行轨迹.

当 $x = 1$ 时 $y = \dfrac{5}{24}$，即当乙舰航行到点 $\left(1, \dfrac{5}{24}\right)$ 处时被导弹击中. 被击中时间为：$t = \dfrac{y}{v_0} = \dfrac{5}{24 v_0}$. 若 $v_0 = 1$，则在 $t = 0.21$ 处被击中.

解法 2（数值解）　　令 $y_1 = y$，$y_2 = y'_1$，将式（3.26）化为一阶微分方程组.

$$\begin{cases} y'_1 = y_2, \\ y'_2 = \dfrac{1}{5}\sqrt{1+y_1^2}/(1-x). \end{cases}$$

建立文件 wffc_4.m.

```
function dy= eq1(x,y)
dy= zeros(2,1);
dy(1)= y(2);
dy(2)= 1/5* sqrt(1+ y(1)^2)/(1- x);
```

取 $x0=0$，$xf=0.9999$，建立主程序 chase1.m 如下：

```
x0= 0,xf= 0.9999
[x,y]= ode15s('eq1',[x0 xf],[0 0]);
plot(x,y(:,1),'b.')
hold on
y= 0:0.01:2;
plot(1,y,'b*')
```

运行得结论：导弹大致在（1，0.2）处击中乙舰. 轨迹图如图 3-8 所示.

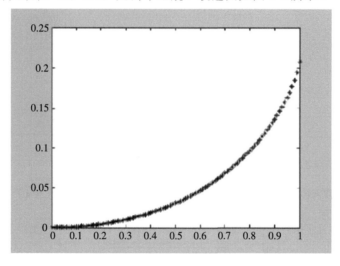

图 3-8　导弹运动的轨迹图

2）模型 2 求解

求导弹运动轨迹的参数方程组式（3.29）的数值解.

建立文件 wffc_5.m 如下：

```
function dy= eq2(t,y)
dy= zeros(2,1);
dy(1)= 5* (1- y(1))/sqrt((1- y(1))^2+ (t- y(2))^2);
dy(2)= 5* (t- y(2))/sqrt((1- y(1))^2+ (t- y(2))^2);
```

取 $t0=0$，$xf=2$，建立主程序 chase2.m 如下：

```
[x,y]= ode45('eq2',[0 2],[0 0]);
Y= 0:0.01:2;
plot(x,y,'- '),
```

```
hold on
plot(y(:,1),y(:,2),'*')
```

运行得导弹运动的轨迹图 3-9.

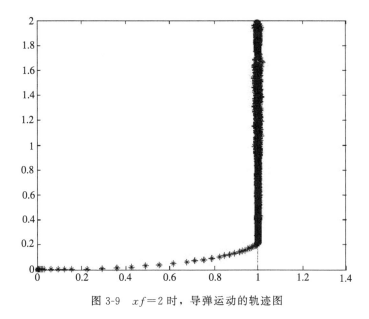

图 3-9 $xf=2$ 时，导弹运动的轨迹图

在 chase2. m 中，按二分法逐步修改 xf，即分别取 $xf=1$，0.5，0.25，$\cdots$，直到 $xf=0.21$ 时，得图 3-10.

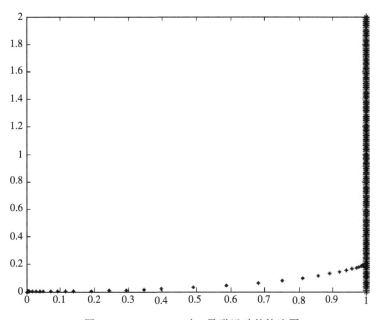

图 3-10 $xf=0.21$ 时，导弹运动的轨迹图

也可得出结论：在时刻 $t=0.21$ 时，导弹在 $(1,0.21)$ 处击中乙舰.

习 题 3

3.1 某人食量 10467J/天，假设其中 5038J/天因基本新陈代谢而自动消耗，其他活动如健身等所消耗的热量是 69/（kg·天）与他体重的乘积。假设以脂肪形式储存的热量 100％有效，且 1kg 脂肪含热量 41868J。试研究此人体重随时间变化的规律。

3.2 美国原子能委员会以往处理浓缩的放射性废料的方法，一直是把它们装入密封的圆桶里，然后扔到水深为 90 多米的海底。生态学家和科学家们表示担心，怕圆桶下沉到海底时与海底碰撞而发生破裂，从而造成核污染。原子能委员会分辩说这是不可能的。为此工程师们进行了碰撞实验，发现当圆桶下沉速度超过 12.2 m/s 与海底相撞时，圆桶就可能发生碰裂。这样为避免圆桶碰裂，需要计算一下圆桶沉到海底时速度是多少？已知圆桶质量为 239.46 kg，体积为 0.2058m³，海水密度为 1035.71kg/m³，如果圆桶速度小于 12.2 m/s 就说明这种方法是安全可靠的，否则就要禁止使用这种方法来处理放射性废料。假设水的阻力与速度大小成正比例，其正比例常数 $k=0.6$。现要求建立合理的数学模型，解决如下实际问题：

（1）判断这种处理废料的方法是否合理？

（2）一般情况下，v 大，k 也大；v 小，k 也小。当 v 很大时，常用 kv 来代替 k，那么这时速度与时间关系如何？并求出当速度不超过 12.2 m/s，圆桶的运动时间和位移应不超过多少？

第4章 差分方程

第 3 章讨论的问题都是用连续变量来描述研究对象的变化规律,而在实际中有些对象涉及的变量本身就是离散的,自然要用离散模型来描述.也有些对象虽然涉及的变量是连续的,但是从建模的目的出发,把连续变量离散化会更简洁,更合适.差分方程就是一种离散性的数学模型.

4.1 差分方程的基本理论

4.1.1 差分方程基本概念

定义 4.1 以 k 表示时间,规定 k 只取非负整数.$t=0$ 表示第一周期初,$t=1$ 表示第二周期初等.记 x_k 为变量 x 在时刻 k 的取值,则称 $\Delta x_k = x_{k+1} - x_k$ 为 x_k 的一阶差分,称 $\Delta^2 x_k = \Delta(\Delta x_k) = x_{k+2} - 2x_{k+1} + x_k$ 为 x_k 的二阶差分.类似可以定义 x_k 的 n 阶差分 $\Delta^n x_k$.

定义 4.2 由 k,x_k 及 x_k 的差分给出的方程称为差分方程,其中 x_k 的最高阶差分的阶数称为该差分方程的阶.差分方程也可以写成不显含差分形式.例如,二阶差分方程 $\Delta^2 x_k + \Delta x_k + x_k = 0$ 也可以写成 $x_{k+2} - x_{k+1} + x_k = 0$.

定义 4.3 满足差分方程的序列 x_k 称为差分方程的解.类似于微分方程情况,若解中含有的独立常数的个数等于差分方程的阶数时,称此解为差分方程的通解,若解中不含有任意常数,则称此解为满足某些初始值的特解.例如,考察二阶差分方程

$$x_{k+2} + x_k = 0,$$

易见 $x_k = \sin\dfrac{k\pi}{2}$ 与 $x_k = \cos\dfrac{k\pi}{2}$ 均是它的特解,而 $x_k = c_1 \sin\dfrac{k\pi}{2} + c_2 \sin\dfrac{k\pi}{2}$ 则为它的通解,其中 c_1,c_2 为两个任意常数.

常系数线性差分方程的一般形式

$$x_{n+k} + a_1 x_{n+k-1} + a_2 x_{n+k-2} + \cdots + a_n x_k = f(k), \tag{4.1}$$

其中,n 为差分方程的阶数,a_i($i=1, 2, \cdots, n$)称为差分方程的系数.当 $f(k) \equiv 0$ 时,方程(4.1)称为齐次线性差分方程;$f(k) \neq 0$ 时,方程(4.1)称为非齐次线性差分方程.

4.1.2 常系数线性差分方程通解结构

1. 常系数齐次线性差分方程通解结构

与方程(4.1)对应的代数方程

$$\lambda^n + a_1 \lambda^{n-1} + \cdots + a_n = 0 \tag{4.2}$$

称为齐次线性差分方程的特征方程,特征方程的根称为特征根.

常系数齐次线性差分方程的解根据相应的特征根的不同情况有不同的形式.下面分别根据特征根的三种情况给出差分方程通解的形式.

(1)特征根为单根.设特征方程(4.2)有 n 个单特征根 λ_1,λ_2,$\cdots$,λ_n,则齐次差分方程的通解为

$$x_k^* = C_1\lambda_1^k + C_2\lambda_2^k + \cdots + C_n\lambda_n^k,$$

其中，C_1，C_2，$\cdots$，C_n 为任意常数，且当给定初始条件 $x_i = x_i^0$（$i=1$，2，$\cdots$，n）时，可以唯一确定一个特解.

（2）特征根为重根. 特征方程（4.2）有 l 个相异特征根 λ_1，λ_2，$\cdots$，λ_l（$1 \leqslant l \leqslant n$），重数分别为 m_1，m_2，$\cdots$，m_l，且 $\sum\limits_{i=1}^{l} m_i = n$，则齐次差分方程的通解为

$$x_k^* = \sum_{i=1}^{m_1} C_{1i}k^{i-1}\lambda_1^k + \sum_{i=1}^{m_2} C_{2i}k^{i-1}\lambda_2^k + \cdots + \sum_{i=1}^{m_l} C_{li}k^{i-1}\lambda_l^k,$$

其中，C_{11}，C_{12}，$\cdots$，C_{lm_l} 为任意常数，且当给定初始条件 $x_i = x_i^0$（$i=1$，2，$\cdots$，n）时，可以唯一确定一个特解.

（3）特征根为复根. 特征方程（4.2）有一对共轭复根 $\lambda_{1,2} = \alpha \pm \beta \mathrm{i}$（$\mathrm{i}^2 = -1$）和相异的 $n-2$ 个单特征根 λ_3，λ_4，$\cdots$，λ_n，则齐次差分方程的通解为

$$x_k^* = C_1\rho^k\cos k\theta + C_2\rho^k\sin k\theta + \sum_{i=3}^{n} C_i\lambda_i^k,$$

其中 $\rho = \sqrt{\alpha^2 + \beta^2}$，$\theta = \arctan(\beta/\alpha)$，且当给定初始条件 $x_i = x_i^0$（$i=1$，2，$\cdots$，n）时，可以唯一确定一个特解.

对于有多个共轭复根和相异实根，或共轭复根和重根的情况，都可以类似地给出差分方程通解形式.

2. 常系数非齐次线性差分方程的通解形式

首先求出对应的常系数齐次差分方程通解 x_k^*，再用观察法，或根据方程（4.1）右端函数项 $f(k)$ 特征用待定系数法求出非齐次差分方程的一个特解 $x_k^{(0)}$，则

$$x_k = x_k^* + x_k^0 \tag{4.3}$$

为非齐次差分方程的通解.

4.2 应 用 实 例

4.2.1 商品销售量预测

在利用差分方程建模研究实际问题时，常常需要根据统计数据并用最小二乘法来拟合出差分方程的系数. 其系统稳定性讨论要用到代数方程的求根. 对问题的进一步研究又常需考虑到随机因素的影响，从而用到相应的概率统计知识.

已知某商品前五年的销售量（表 4-1）. 现希望根据前五年的统计数据预测第六年起该商品在各季度中的销售量.

表 4-1   商品销售量表   单位：百台

季度 \ 年份	第一年	第二年	第三年	第四年	第五年
1	11	12	13	15	16
2	16	18	20	24	25
3	25	26	27	30	32
4	12	14	15	15	17

从表 4-1 中可以看出，该商品在前五年相同季节里的销售量呈增长趋势，而在同一年中销售量先增后减，第一季度的销售量最小而第三季度的销售量最大．预测该商品以后的销售情况，根据本例中数据的特征，可以用回归分析方法按季度建立四个经验公式，分别用来预测以后各年同一季度的销售量．例如，如认为第一季度的销售量大体按线性增长，可设销售量 $y_t^{(1)} = at + b$，编写 MATLAB 程序：cffc＿1.m.

```
x= [[1:5]',ones(5,1)];
y= [11 12 13 15 16];
z= x\y
```

求得 $a = z$ （1） ＝1.3，$b = z$ （2） ＝9.5．

根据 $y_t^{(1)} = 1.3t + 9.5$，预测第六年起第一季度的销售量为 $y_6^{(1)} = 17.3$，$y_7^{(1)} = 18.6$，…．由于数据少，用回归分析效果不一定好．

如认为销售量并非逐年等量增长而是按前一年或前几年同期销售量的一定比例增长的，则可建立相应的差分方程模型．仍以第一季度为例，为简单起见不再引入上标，以 y_t 表示第 t 年第一季度的销售量，建立形式如下的差分公式：
$$y_t = a_1 y_{t-1} + a_2$$
或
$$y_t = a_1 y_{t-1} + a_2 y_{t-2} + a_3 \tag{4.4}$$
等．上述差分方程中的系数不一定能使所有统计数据吻合，较为合理的办法是用最小二乘法求一组总体吻合较好的数据．以建立二阶差分方程 $y_t = a_1 y_{t-1} + a_2 y_{t-2} + a_3$ 为例，选取 a_1，a_2，a_3 使
$$\sum_{t=3}^{5} [y_t - (a_1 y_{t-1} + a_2 y_{t-2} + a_3)]^2 \tag{4.5}$$
最小．编写 MATLAB 程序如下：cffc＿2.m.

```
y0= [11 12 13 15 16]';
y= y0(3:5);
x= [y0(2:4),y0(1:3),ones(3,1)];
z= x\y
```

求得 $a_1 = z$ （1） ＝ -1，$a_2 = z$ （2） ＝3，$a_3 = z$ （3） ＝ -8，即所求二阶差分方程为
$$y_t = -y_{t-1} + 3y_{t-2} - 8a_3.$$

虽然这一差分方程恰好使所有统计数据吻合，但这只是一个巧合．根据这一方程，可迭代求出以后各年第一季度销售量的预测值 $y_6 = 21$，$y_7 = 19$，…．

上述为预测各年第一季度销售量而建立的二阶差分方程，虽然其系数与前五年第一季度的统计数据完全吻合，但用于预测时预测值与事实不符．凭直觉，第六年估计值明显偏高，第七年销售量预测值甚至小于第六年．稍作分析，不难看出，如分别对每一季度建立一差分方程，则根据统计数据拟合出的系数可能会相差甚大，但对同一种商品，这种差异应当是微小的，故应根据统计数据建立一个共用于各个季度的差分方程．为此，将季度编号为 $t = 1$，2，…，20，令 $y_t = a_1 y_{t-4} + a_2$ 或 $y_t = a_1 y_{t-4} + a_2 y_{t-8} + a_3$ 等，利用全体数据来拟合，求拟合得最好的系数．以二阶差分方程为例，为求 a_1，a_2，a_3 使得
$$Q(a_1, a_2, a_3) = \sum_{t=9}^{20} [y_t - (a_1 y_{t-4} + a_2 y_{t-8} + a_3)]^2 \tag{4.6}$$
最小，编写 MATLAB 程序如下：cffc＿3.m.

```
y0= [11 16 25 12 12 18 26 14 13 20 27 15 15 24 30 15 16 25 32 17]';
y= y0(9:20);
x= [y0(5:16),y0(1:12),ones(12,1)];
z= x\y
```

求得 $a_1 = z(1) = 0.8737$，$a_2 = z(2) = 0.1941$，$a_3 = z(3) = 0.6957$，故求得二阶差分方程

$$y_t = 0.8737y_{t-4} + 0.1941y_{t-8} + 0.6957, \quad t \geqslant 21. \tag{4.7}$$

根据此式迭代，可求得第六年和第七年第一季度销售量的预测值为

$$y_{21} = 17.5869, \quad y_{25} = 19.1676,$$

还是较为可信的.

4.2.2　养老保险

1. 问题提出

某保险公司的一份材料指出：在每月交费 200 元至 59 岁年底，60 岁开始领取养老金的约定下，男子若 25 岁起投保，届时月养老金 2282 元；假定人的寿命为 75 岁，试求出保险公司为了兑现保险责任，每月至少应有多少投资收益率（也就是投保人的实际收益率）？

2. 模型假设与建立

设投保人在投保后第 k 个月所交保险费及利息的累计总额为 F_k，那么易得到数学模型为分段表示的差分方程

$$F_{k+1} = F_k(1+r) + p, \quad k = 0,1,\cdots,N-1, \tag{4.8}$$
$$F_{k+1} = F_k(1+r) - q, \quad k = N,N+1,\cdots,M-1, \tag{4.9}$$

其中 p，q 分别为 60 岁前所交月保险费和 60 岁起所领月养老金的数目（元），r 是所交保险金获得的利率，N，M 分别是自投保起至停交保险费和至停领养老金的时间（月）. 这里 $p=200$，$q=2282$，$N=420$，$M=600$. 可推出差分方程的解（这里 $F_0 = F_M = 0$）.

$$F_k = [(1+r)^k - 1]\frac{p}{r}, \quad k = 0,1,2,\cdots,N, \tag{4.10}$$
$$F_k = \frac{q}{r}[1 - (1+r)^{k-M}], \quad k = N+1,\cdots,M, \tag{4.11}$$

由式 (4.10) 和 (4.11) 得

$$F_N = [(1+r)^N - 1]\frac{p}{r}, \tag{4.12}$$

$$F_{N+1} = \frac{q}{r}[1 - (1+r)^{N+1-M}]. \tag{4.13}$$

由于 $F_{N+1} = F_N(1+r) - q$，可以得到如下的方程：

$$\frac{q}{r}[1 - (1+r)^{N+1-M}] = [(1+r)^N - 1]\frac{p}{r}(1+r) - q,$$

化简得

$$(1+r)^M - \left(1 + \frac{q}{p}\right)(1+r)^{N-M} + \frac{q}{p} = 0.$$

记 $x=1+r$，代入数据得

$$x^{600} - 12.41x^{180} + 11.41 = 0.$$

利用 MATLAB 程序 cffc _ 4. m.

solve（'x^600－12.41 * x^180＋11.41'）

求得 $x＝1.0049$，因而投资收益率 $r＝0.49\%$.

习　题　4

4.1　设第一月初有雌雄各一的一对小兔 . 假定两月后长成成兔，同时（即第三月）开始每月初产雌雄各一的一对小兔，新增小兔也按此规律繁殖 . 设第 n 月末共有 F_n 对兔子，试建立关于 F_n 的差分方程，并求 F_n 的通项公式 .

4.2　某夫妇计划贷款 20 万购买一套房子，他们打算用 20 年的时间还清贷款 . 目前，银行的贷款利率是 $0.6\%/$月 . 他们采用等额本息还款的方式（即每月的还款额相同）偿还贷款 .

（1）在上述条件下，他们每月的还款额是多少？共计付多少利息？

（2）在贷款满 5 年后，他们认为有经济能力还完余下贷款额，于是提前还贷，那么在第 6 年年初，应一次付给银行多少钱，才能将余下全部的贷款还清？

（3）如果在第 6 年年初，银行的贷款利率是 $0.6\%/$月调到 $0.8\%/$月，而他们仍然采用等额本息还款的方式，在余下的 15 年内将贷款还清，那么在第 6 年后，每月的还款额应是多少？

第 5 章　插值与数据拟合

在建立数学模型的过程中，通常要处理由实验、测量得到的大量数据或得到一些过于复杂而不便于计算但又需要计算的函数表达式．面对这种情况，很自然的想法就是构造一个简单的函数作为要考察的数据或函数的近似．插值与拟合就可以解决这样的问题．给一组数据点，需确定满足特定要求的曲线（面）．如果要求所求曲线（面）通过所给有限个数据点，这就是插值．当数据较多时，插值函数是一个次数很高的函数，比较复杂，同时给定的数据一般是由观察测量所得，往往带有随机误差，因而，求曲线（面）通过所有数据点就既不现实也不必要．如果不要求曲线（面）通过所有数据点，而是要求它反映对象整体的变化趋势，可得到更简单实用的近似函数，这就是曲线拟合．插值和拟合都是要根据一组数据构造一个函数作为近似，但近似要求不同，所采用的数学方法也会不同．

5.1　插　值　方　法

例 5.1　已经测得在北纬 32.3°海洋不同深度处的温度如表 5-1 所示．

表 5-1　所测温度

深度 x/m	466	714	950	1422	1634
水温 y/℃	7.04	4.28	3.40	2.54	2.13

根据这些数据，我们希望能合理地估计出其他深度（如 500m、600m、1000m 等）处的水温．

解决这个问题，可以通过构造一个与给定数据相适应的函数来解决，这是一个被称为插值的问题．

5.1.1　插值问题的提出

对于给定的函数表如表 5-2 所示.

表 5-2　函数表

x	x_0	x_1	…	x_n
$y=f(x)$	y_0	y_1	…	y_n

其中 $f(x)$ 在区间 $[a,b]$ 上连续，x_0，x_1，…，x_n 为 $[a,b]$ 上 $n+1$ 个互不相同的点，要求在一个性质优良、便于计算的函数类 $\{P(x)\}$ 中，选出一个使

$$P(x_i)=y_i, \quad i=0,1,\cdots,n \tag{5.1}$$

成立的函数 $P(x)$ 作为 $f(x)$ 的近似，如图 5-1 所示，这就是最基本的插值问题．

为便于叙述，通常称区间 $[a,b]$ 为插值区间，称点 x_0，x_1，…，x_n 为插值节点，称函数类 $\{P(x)\}$ 为插值函数类，称式 (5.1) 为插值条件，称函数 $P(x)$ 为插值函数，称

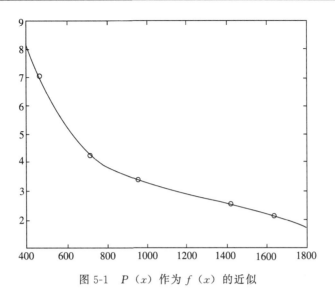

图 5-1 $P(x)$ 作为 $f(x)$ 的近似

$f(x)$ 为被插函数. 求插值函数 $P(x)$ 的方法称为插值法.

插值函数类的取法很多, 可以是代数多项式, 也可以是三角多项式或有理函数; 可以是 $[a, b]$ 上任意光滑函数, 也可以是分段光滑函数. 这里只介绍部分一维插值方法.

5.1.2 一维插值方法

1. 分段多项式插值

对于给定的一组数据如表 5-3 所示.

表 5-3 给定的数据

x	x_0	x_1	⋯	x_n
$y = f(x)$	y_0	y_1	⋯	y_n

分段多项式插值就是求一个分段 (共 n 段) 多项式 $P(x) = a_0 + a_1 x + \cdots + a_n x^n$, 使其满足 $P(x_i) = y_i (i = 0, 1, \cdots, n)$ 或更高的要求. 一般地, 分段多项式插值中的多项式都是低次多项式.

1) Lagrange 插值

如果插值多项式为 $P(x) = \sum_{i=0}^{n} l_i(x) y_i$, 其中 $l_i(x) = \prod_{\substack{j=0 \\ j \neq i}}^{n} \dfrac{x - x_j}{x_i - x_j}$, 则称该插值多项式为 Lagrange 插值多项式. 由 $l_i(x)(i = 0, 1, \cdots, n)$, 所表示的 n 次多项式称为以 $x_0, x_1, \cdots, x_n$ 为节点的 Lagrange 插值基函数.

2) 分段线性插值

分段线性插值函数 $P_1(x)$ 是一个分段一次多项式 (分段线性函数). 在几何上就是用折线代替曲线 $y = f(x)$, 如图5-2 所示, 故分段线性插值也称为折线插值. 其插值公式为

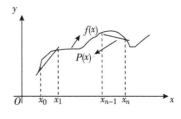

$$P_1(x) = \frac{x - x_i}{x_{i+1} - x_i} y_{i+1} + \frac{x - x_{i+1}}{x_i - x_{i+1}} y_i, \qquad (5.2)$$

其中 $x \in [x_i, x_{i+1}] (i = 0, 1, \cdots, n-1)$.

图 5-2 分段插值函数

注 当 $i=1$ 时，分段线性插值就为一次 Lagrange 插值.

例 5.2 给定 $\sin 11°=0.190809$，$\sin 12°=0.207912$，求分段线性插值，并计算 $\sin 11°30'$ 和 $\sin 10°30'$.

解 设 $x_0=11°$，$x_1=12°$，$y_0=0.190809$，$y_1=0.207912$，则

$$P_1(x) = \frac{x-x_0}{x_1-x_0}y_1 + \frac{x-x_1}{x_0-x_1}y_0 = (12-x)y_0 + (x-11)y_1,$$

解得 $\sin 11°30' \approx P_1(11.5) = 0.199361$，$\sin 10°30' \approx P_1(10.5) = 0.182258$.

注 真实值 $\sin 11°30'=0.199368$，$\sin 10°30'=0.182236$. 还可以进一步讨论其误差.

3）分段二次插值

分段二次插值函数 $P_2(x)$ 是一个分段二次多项式. 在几何上就是分段抛物线代替曲线 $y=f(x)$，故分段二次插值又称为分段抛物插值. 其插值公式

$$P_2(x) = \frac{(x-x_i)(x-x_{i+1})}{(x_{i-1}-x_i)(x_{i-1}-x_{i+1})}y_{i-1} + \frac{(x-x_{i-1})(x-x_{i+1})}{(x_i-x_{i-1})(x_i-x_{i+1})}y_i + \frac{(x-x_{i-1})(x-x_i)}{(x_{i+1}-x_{i-1})(x_{i+1}-x_i)}y_{i+1}$$

$$= \sum_{k=i-1}^{i+1}\Big[\prod_{\substack{j=i-1\\j\neq k}}^{i+1}\Big(\frac{x-x_j}{x_k-x_j}\Big)y_k\Big], \tag{5.3}$$

其中 $x\in[x_i, x_{i+1}]$ $(i=0, 1, \cdots, n-1)$.

注 当 $i=2$ 时，分段抛物插值就为二次 Lagrange 插值.

4）三次 Hermite 插值

如果对插值函数，不仅要求它在节点处与函数同值，而且要求它与函数有相同的一阶、二阶甚至更高阶的导数值，这就是 Hermite 插值问题.

本部分主要讨论在节点处插值函数与函数的值以及一阶导数值均相等的 Hermite 插值.

设已知函数 $y=f(x)$ 在 $n+1$ 个互异节点 $x_0, x_1, \cdots, x_n$ 上的函数值 $y_i=f(x_i)$ $(i=0, 1, \cdots, n)$ 和导数值 $y_i'=f'(x_i)$ $(i=0, 1, \cdots, n)$，要求一个至多 $2n+1$ 次的多项式 $H(x)$，使得 $H(x_i)=y_i$，$H'(x_i)=y_i'$ $(i=0, 1, \cdots, n)$. 满足上述条件的多项式 $H(x)$ 称为 Hermite 插值多项式. 当 $n=1$ 时，就为三次 Hermite 插值.

（1）三次 Hermite 插值问题的基本提法之一.

已知一维数据如表 5-4 所示.

表 5-4 一维数据

x	x_0	x_1
$y=f(x)$	y_0	y_1
$y'=f'(x)$	m_0	m_1

求一个三次多项式 $P_3(x)$，使之满足 $P_3(x_i)=y_i$，$P_3'(x_i)=m_i$，$i=0, 1$. 其插值公式为

$$P_3(x) = \alpha_0(x)y_0 + \alpha_1(x)y_1 + \beta_0(x)m_0 + \beta_1(x)m_1, \tag{5.4}$$

其中

$$\alpha_0(x) = \Big[1+2\Big(\frac{x-x_0}{x_1-x_0}\Big)\Big]\Big(\frac{x-x_1}{x_0-x_1}\Big)^2, \quad \alpha_1(x) = \Big[1+2\Big(\frac{x-x_1}{x_0-x_1}\Big)\Big]\Big(\frac{x-x_0}{x_1-x_0}\Big)^2,$$

$$\beta_0(x) = (x-x_0)\Big(\frac{x-x_1}{x_0-x_1}\Big)^2, \quad \beta_1(x) = (x-x_1)\Big(\frac{x-x_0}{x_1-x_0}\Big)^2.$$

（2）三次 Hermite 插值问题的基本提法之二．

已知一维数据如表 5-5 所示．

表 5-5　一维数据

x	x_0	x_1	x_2
$y=f(x)$	y_0	y_1	y_2
$y'=f'(x)$	m_0	m_1	m_2

求一个三次多项式 $P_3(x)$，使之满足 $P_3(x_i)=y_i$，$P_3'(x_1)=m_1$，$i=0$，1，2. 其插值公式为

$$P_3(x)=\alpha_0(x)y_0+\alpha_1(x)y_1+\alpha_2(x)y_2+\beta_1(x)m_1,\tag{5.5}$$

其中

$$\alpha_0(x)=\frac{(x-x_1)^2(x-x_2)}{(x_0-x_1)^2(x_0-x_2)},$$

$$\alpha_1(x)=\frac{(x-x_0)(x-x_2)}{(x_1-x_0)^2(x_1-x_2)}\left[1-(x-x_1)\left(\frac{1}{x_1-x_0}+\frac{1}{x_1-x_2}\right)\right],$$

$$\alpha_2(x)=\frac{(x-x_0)(x-x_1)^2}{(x_2-x_0)(x_2-x_1)^2},\quad \beta_1(x)=\frac{(x-x_0)(x-x_1)(x-x_2)}{(x_1-x_0)(x_1-x_2)}.$$

分段多项式插值的优点为计算简单、稳定性好、收敛性有保证，且易于在计算机上实现．但它也明显存在着缺陷．它只能保证在每个小区间段 $[x_i,x_{i+1}](i=0,1,\cdots,n-1)$ 内光滑，在各小区间连接点 x_i 处连续，却不能保证整条曲线的光滑性，难以满足某些工程的要求．对于像高速飞机的机翼形线，船体放样等型值线往往要求有二阶光滑度，即有二阶连续导数．而由 20 世纪 60 年代开始，首先起源于因航空、造船业等工程设计的实际需要而发展起来的样条插值，既保留了分段多项式插值的各种优点，又提高了插值函数的光滑度．

在此，仅介绍应用最广的样条插值方法．

2. 样条插值方法

所谓样条（spline）本来是工程设计中适用的一种绘图工具，它是富有弹性的细木条或细金属条，绘图员利用它把一些已知点连接成一条光滑曲线（称为样条曲线），并使连接点处有连续的曲率．

数学上将具有一定光滑性的分段多项式称为样条函数．具体地说，给定区间 $[a,b]$ 的一个分划

$$\Delta:a=x_0<x_1<\cdots<x_{n-1}<x_n=b.$$

如果函数 $s(x)$ 满足：

（1）在每个小区间 $[x_i,x_{i+1}]$ $(i=0,1,\cdots,n-1)$ 上 $s(x)$ 是 k 次多项式；

（2）$s(x)$ 在 $[a,b]$ 上具有 $k-1$ 阶连续导数．则称 $s(x)$ 为关于分划 Δ 的 k 次样条函数，其图形称为 k 次样条曲线，x_0，x_1，$\cdots$，x_n 称为样条节点，x_1，x_2，$\cdots$，x_{n-1} 称为内节点，x_0、x_n 称为边界点．k 次样条函数一般形式为

$$s_k(x)=\sum_{i=0}^{k}\frac{\alpha_i x^i}{i!}+\sum_{j=1}^{n-1}\frac{\beta_j}{k!}(x-x_j)_+^k,$$

其中，$(x-x_j)_+^k=\begin{cases}(x-x_j)\ k,&x\geqslant x_j,\\0,&x<x_j,\end{cases}$ $\alpha_i(i=0,1,\cdots,k)$ 和 $\beta_j(j=1,2,\cdots,n-1)$ 均

为任意常数.

利用样条函数进行插值,即插值函数为样条函数,就称为样条插值. 一次样条插值就为分段线性插值.

下面介绍最常用的二次样条插值和三次样条插值.

1) 二次样条插值

首先,对区间 $[a, b]$ 的分划 Δ:$a=x_0<x_1<\cdots<x_{n-1}<x_n=b$,二次样条函数为

$$s_2(x) = \alpha_0 + \alpha_1 x + \frac{\alpha_2}{2!}x^2 + \sum_{j=1}^{n-1} \frac{\beta_j}{2!}(x-x_j)_+^2,$$

其中

$$(x-x_j)_+^2 = \begin{cases} (x-x_j)^2, & x \geqslant x_j, \\ 0, & x < x_j. \end{cases}$$

注意到 $s_2(x)$ 中含有 $n+2$ 个待定常数,故需要 $n+2$ 个插值条件,因此二次样条插值问题可以分两类:

(1) 已知插值节点 x_i 和相应的函数值 $y_i(i=0, 1, \cdots, n)$ 以及端点 x_0(或 x_n)处的导数值 $y_0{}'$(或 $y_n{}'$),求 $s_2(x)$ 使得 $\begin{cases} s_2(x_i) = y_i(i=0,1,\cdots,n), \\ s_2{}'(x_0) = y_0{}'(\text{或 } s_2'(x_n) = y_n'); \end{cases}$　(5.6)

(2) 已知插值节点 x_i 和相应的导数值 $y'_i(i=0, 1, \cdots, n)$ 以及端点 x_0(或 x_n)处的函数值 y_0(或 y_n),求 $s_2(x)$ 使得

$$\begin{cases} s'_2(x_i) = y'_i(i=0,1,\cdots,n), \\ s_2(x_0) = y_0(\text{或 } s_2(x_n) = y_n). \end{cases} \quad (5.7)$$

可以证明这两类插值问题是唯一可解的.

对问题(1),由条件(5.6)可得

$$\begin{cases} s_2(x_0) = \alpha_0 + \alpha_1 x_0 + \dfrac{\alpha_2}{2}x_0^2 = y_0, \\ s_2(x_1) = \alpha_0 + \alpha_1 x_1 + \dfrac{\alpha_2}{2}x_1^2 = y_1, \\ s_2(x_i) = \alpha_0 + \alpha_1 x_i + \dfrac{\alpha_2}{2}x_i^2 + \sum_{j=1}^{n-1} \dfrac{\beta_j}{2!}(x_i-x_j)_+^2 \ (i=2,3,\cdots,n), \\ s'_2(x_0) = \alpha_1 + \alpha_2 x_0 = y'_0, \end{cases}$$

引入记号,$X=(\alpha_0, \alpha_1, \alpha_2, \beta_1, \cdots, \beta_{n-1})^{\mathrm{T}}$ 为未知向量,$C=(y_0, y_1, \cdots, y_n, y_0')^{\mathrm{T}}$ 为已知向量.

$$A = \begin{pmatrix} 1 & x_0 & \frac{1}{2}x_0^2 & 0 & \cdots & 0 \\ 1 & x_1 & \frac{1}{2}x_1^2 & 0 & \cdots & 0 \\ 1 & x_2 & \frac{1}{2}x_2^2 & \frac{1}{2}(x_2-x_1)^2 & \cdots & 0 \\ \vdots & \vdots & \vdots & \vdots & & \vdots \\ 1 & x_n & \frac{1}{2}x_n^2 & \frac{1}{2}(x_n-x_1)^2 & \cdots & \frac{1}{2}(x_n-x_{n-1})^2 \\ 0 & 1 & x_0 & 0 & \cdots & 0 \end{pmatrix}.$$

于是，问题转化为求方程组 $AX = C$ 的解 $X = (\alpha_0, \alpha_1, \alpha_2, \beta_1, \cdots, \beta_{n-1})^{\mathrm{T}}$ 的问题，即可得到二次样条函数 $s_2(x)$ 的表达式.

同样讨论问题（2）.

2）三次样条插值

对区间 $[a, b]$ 的分划 Δ：$a = x_0 < x_1 < \cdots < x_{n-1} < x_n = b$，三次样条函数为

$$s_3(x) = \alpha_0 + \alpha_1 x + \frac{\alpha_2}{2!} x^2 + \frac{\alpha_3}{3!} x^3 + \sum_{j=1}^{n-1} \frac{\beta_j}{3!} (x - x_j)_+^3,$$

其中

$$(x - x_j)_+^3 = \begin{cases} (x - x_j)^3, & x \geqslant x_j, \\ 0, & x < x_j. \end{cases}$$

由于 $s_3(x)$ 中含有 $n+3$ 个待定常数，故需要 $n+3$ 个插值条件. 已知插值节点 x_i 和相应的函数值 $y_i (i = 0, 1, \cdots, n)$，这里提供了 $n+1$ 个条件，还需要两个边界条件.

常用的三次样条函数的边界条件有 3 类.

（1）$s_3'(a) = y_0'$，$s_3'(b) = y_n'$，由这种边界条件建立的样条插值函数称为 $f(x)$ 的完备三次样条插值函数. 特别地，当 $y_0' = y_n' = 0$ 时，样条曲线在端点处呈水平状态；

（2）$s_3''(a) = y_0''$，$s_3''(b) = y_n''$. 特别地，当 $y_0'' = y_n'' = 0$ 时，称为自然边界条件；

（3）当 $s_3(a+0) = s_3(b-0)$ 时，$s_3'(a+0) = s_3'(b-0)$，$s_3''(a+0) = s_3''(b-0)$，则此条件称为周期条件.

三次样条插值的解法与二次样条插值解法一样. 在不同边界条件下，转化为相应的关于 $\alpha_0, \alpha_1, \alpha_2, \alpha_3, \beta_1, \cdots, \beta_{n-1}$ 方程组，得到三次样条函数 $s_3(x)$ 的表达式.

除了上述介绍的一维插值方法外，还有 Newton 插值法、B 样条插值方法等.

5.1.3 二维插值方法简介

对于二维数据的插值，首先要考虑两个问题：一是二维区域是任意区域还是规则区域，二是给定的数据是有规律分布的还是散乱的、随机分布的.

第一个问题比较容易处理. 目前的插值方法基本上是基于规则区域的，对于不规则区域，只需将其划分为规则区域或扩充为规则区域来讨论即可. 对于第二个问题，当给定的数据是有规律分布时，方法较多也较成熟；而给定的数据是散乱的、随机分布时，没有固定的方法，但一般的处理思想是：从给定的数据出发，依据一定的规律恢复出规则分布点上的数据，转化为数据分布有规律的情形来处理.

二维数据插值的方法也有很多. 在此，针对给定数据有规律分布和散乱分布两种情形，简单介绍双三次样条插值方法和改进的 Shepard 方法（反距离平方法）的基本概念和基本思想.

1. 双三次样条插值方法

双三次样条插值方法，是用来解决规则区域上给定数据有规律分布的插值问题的常用方法.

实际上，双三次样条函数是由两个一维三次样条函数作直积产生的. 对任意固定的 $y_0 \in [c, d]$，$s(x, y_0)$ 是关于 x 的三次样条函数，同理，对任意固定的 $x_0 \in [a, b]$，$s(x_0, y)$ 是关于 y 的三次样条函数. 从而，根据一维三次样条函数的算法可以设计出 $s(x, y)$ 的具体算法.

2. 改进的 Shepard 方法

改进的 Shepard 方法，也称反距离加权平均法，这是解决规则区域上给定数据散乱、随机分布的插值问题的一个常用的方法.

问题：设 $T = [a, b] \times [c, d]$ 上散乱分布 n 个点 $V_1, V_2, \cdots, V_n$，其中 $V_k = (x_k, y_k)$ 处给出数据 f_k，$k = 1, 2, \cdots, n$. 要寻求 T 上的二元函数 $F(x, y)$，使 $F(x_k, y_k) = f_k$.

一个典型的容易想到的方法是"反距离加权平均"方法，又称为 Shepard 方法. 这方法的基本思想是，在非给定数据的点处，定义其函数值由已知数据点与该点距离的近或远作加权平均决定.

按照上述的思想，可从给定的数据恢复出规则分布点上的数据，接下来就可应用双三次样条插值或其他的二维数据插值方法来处理.

5.2 数据拟合方法

例 5.3 在某化学反应中，已知生成物的浓度与时间有关. 今测得一组数据如表 5-6 所示.

表 5-6 生成物的浓度与时间关系

时间 t/min	1	2	3	4	5	6	7	8
浓度 y/10^{-3}	4.00	6.40	8.00	8.80	9.22	9.50	9.70	9.86
时间 t/min	9	10	11	12	13	14	15	16
浓度 y/10^{-3}	10.00	10.20	10.32	10.32	10.50	10.55	10.58	10.60

根据这些数据，我们希望寻找一个 $y = f(t)$ 的近似表达式（如建立浓度 y 与时间 t 之间的经验公式等）. 在几何上，就是希望根据给定的一组点 $(1, 400)$，$\cdots$，$(16, 10.6)$，求函数 $y = f(t)$ 的图像的一条拟合曲线.

5.2.1 曲线拟合问题的提出

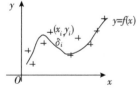

已知一组二维数据点，即平面上 n 个点 (x_i, y_i)（$i = 1, 2, \cdots, n$），x_i 互异，寻求一个函数（曲线）$y = f(x)$，使 $f(x)$ 在某一准则下与所有的数据点最为接近，即曲线拟合的最好，如图 5-3 所示.

图 5-3 $f(x)$ 拟合点 (x_i, y_i)

线性最小二乘法是解决曲线拟合最常用的方法.

5.2.2 曲线拟合的线性最小二乘法

对于给定的一组测量数据，如表 5-7 所示.

表 5-7 测量数据

x	x_1	x_2	$\cdots$	x_n
y	y_1	y_2	$\cdots$	y_n

设 $y=f(x)$ 是拟合函数，记 $\delta_i=f(x_i)-y_i(i=1,2,\cdots,n)$，则称 δ_i 为拟合函数 $f(x)$ 在 x_i 点处的偏差或残差.

基本思路是：设 $f(x)=a_1r_1(x)+a_2r_2(x)+\cdots+a_mr_m(x)$，其中 $r_k(x)(k=1,2,\cdots,m)$ 是事先选定的一组线性无关的函数，称为拟合基函数，a_k 是待定常系数. n 个点 (x_i,y_i) 与拟合函数 $f(x)$ 在 x_i 点处的偏差的平方和最小，即 δ_i^2 最小，就称为**最小二乘准则**. 根据最小二乘原则确定拟合函数 $f(x)$ 的方法称为**最小二乘法**.

当拟合基函数选取为幂函数类 $1,x,\cdots,x^m$ 时，相应的拟合称为多项式拟合；当拟合基函数选取为指数函数类 $e^{\lambda_1 x},e^{\lambda_2 x},\cdots,e^{\lambda_m x}$，相应的拟合称为指数函数拟合；当拟合基函数选取为三角类 $\sin x,\cos x,\sin 2x,\cos 2x,\cdots,\sin mx,\cos mx$，相应的拟合称为三角函数拟合.

1. 系数 a_k 的确定

设 $g(a_1,a_2,\cdots,a_m)=\sum_{i=1}^{n}\delta_i^2=\sum_{i=1}^{n}(f(x_i)-y_i)^2$，为求 $a_1,a_2,\cdots,a_m$ 使 g 最小，由多元函数极小值求法，令 $\dfrac{\partial g(a_1,a_2,\cdots,a_m)}{\partial a_k}=0\ (k=1,2,\cdots,m)$，得到方程组

$$\sum_{k=1}^{m}a_k\Big[\sum_{i=1}^{n}r_j(x_i)r_i(x_i)\Big]=\sum_{i=1}^{n}r_j(x_i)y_i\ (j=1,2,\cdots,m),$$

记 $R=\begin{pmatrix}r_1(x_1) & \cdots & r_m(x_1)\\ \vdots & & \vdots\\ r_1(x_n) & \cdots & r_m(x_n)\end{pmatrix}_{n\times m}$，$A=(a_1,a_2,\cdots,a_m)^{\mathrm{T}}$，$Y=(y_1,y_2,\cdots,y_n)^{\mathrm{T}}$，上述方程组可表示为 $R^{\mathrm{T}}RA=R^{\mathrm{T}}Y$.

当 $r_1(x),\cdots,r_m(x)$ 线性无关时，R 列满秩，$R^{\mathrm{T}}R$ 可逆，则方程组有唯一解 $A=(R^{\mathrm{T}}R)^{-1}R^{\mathrm{T}}Y$.

2. 函数 $r_k(x)$ 的选取

最小二乘法中，拟合函数的选择是很重要的. 可以通过对给定数据的分析来选择，也可以直接由实际问题给定. 最常用的是多项式和样条函数，尤其是当不知道该选择什么样的拟合函数时，通常可以考虑选择样条函数.

而对同一问题，也可选择不同的函数进行最小二乘拟合，比较各自误差的大小，从中选出误差较小的作为拟合函数.

一般常用的曲线有以下四种.

（1）直线：$y=a_1+a_2x$；

（2）多项式：$y=a_1+a_2x+a_3x^2+\cdots+a_{m+1}x^m$；

（3）双曲线（一支）：$y=a_1+\dfrac{a_2}{x}$；

（4）指数曲线：$y=ae^{bx}$.

另外，也可通过数据点呈现的状态判断确定拟合函数 $f(x)$，如图 5-4 所示.

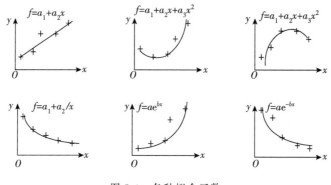

图 5-4　各种拟合函数

例 5.4　求出例 5.3 中的拟合曲线.

解　（1）选择拟合曲线. 作出给定数据的散点图如图 5-5 所示.

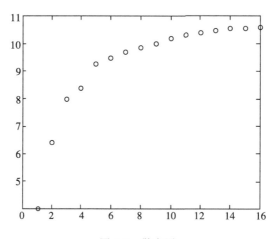

图 5-5　散点图

通过对散点图的分析可以看出，数据点的分布为一条单调上升的曲线. 具有这种特性的曲线很多，可以选取如下三种函数来拟合：

多项式 $\varphi(x) = a_0 + a_1 x + \cdots + a_m x^m$，$m$ 为适当选取的正整数；

$\varphi(x) = \dfrac{x}{ax + b}$；

$\varphi(x) = a e^{\frac{b}{x}} \ (a > 0, b < 0)$.

（2）拟合运算. 首先，分别用二、三、六次多项式拟合，得到的拟合函数分别为

$\varphi_1(x) = -0.0445 + 1.0711x + 4.3252x^2$；

$\varphi_2(x) = 0.0060 - 0.1963x + 2.1346x^2 + 2.5952x^3$；

$\varphi_3(x) = 0.0004x - 0.0103x^2 + 0.1449x^3 - 1.1395x^4 + 4.9304x^5 + 0.0498x^6$.

其次，用有理分式 $\varphi(x) = \dfrac{x}{ax + b}$，得到的拟合函数为 $\varphi(x) = \dfrac{t}{0.0841t + 0.1392}$.

最后，用指数函数 $\varphi(x) = a e^{\frac{b}{x}}$ 拟合，得到的拟合函数为 $\varphi(x) = 11.3578 e^{\frac{-1.0873}{t}}$.

三种函数五种方式的拟合曲线如图 5-6（a）～（c）所示.

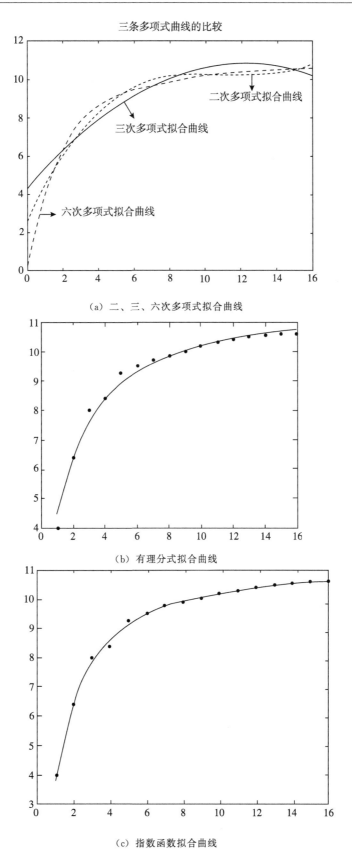

（a）二、三、六次多项式拟合曲线

（b）有理分式拟合曲线

（c）指数函数拟合曲线

图 5-6　三种函数五种方式的拟合曲线

（3）误差分析．和给定的 16 组数据比较，三种函数五个方式拟合的误差如表 5-8 所示．

表 5-8　拟合误差

拟合方式	偏差平方和	平均偏差平方和	最大偏差
二次多项式拟合	4.4416	0.2776	1.3518
三次多项式拟合	1.2292	0.0768	0.6067
六次多项式拟合	0.1169	0.0073	0.2684
有理分式拟合	0.5732	0.0358	0.4772
指数函数拟合	0.1777	0.0111	0.2544

其中，偏差平方和及平均偏差平方和为

$$\sum_{i=1}^{n}\delta_i{}^2=\sum_{i=1}^{n}\left[\varphi(x_i)-y_i\right]^2,\quad \frac{1}{16}\sum_{i=1}^{n}\delta_i{}^2=\frac{1}{16}\sum_{i=1}^{n}\left[\varphi(x_i)-y_i\right]^2.$$

从表 5-8 中求得的误差情况来看，好似六次多项式函数拟合得最好，指数函数拟合次之，然后分别是有理分式函数拟合、三次多项式函数拟合和二次多项式函数拟合．但是，就这个实际问题的本质来说，化学反应中生成物的浓度到一定时间后应基本稳定，即当 $t\to\infty$ 时，浓度 $y=f(t)\to$ 常数．于是有

$$\lim_{t\to\infty}\frac{t}{0.0841t+0.1392}=11.8906,$$

$$\lim_{t\to\infty}11.3578e^{\frac{-1.0873}{t}}=11.3578.$$

三个多项式函数拟合曲线的趋势也可从图 5-7 看出．

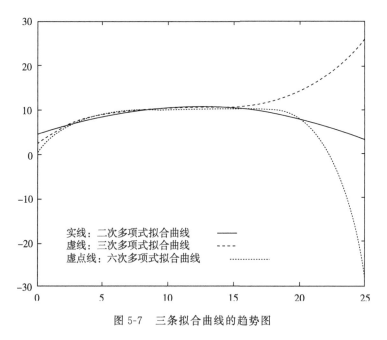

图 5-7　三条拟合曲线的趋势图

（4）结论　通过以上的计算和分析，我们得出如下结论：本问题可用指数函数或有理分式函数来拟合，其拟合函数分别为

$$\varphi(x)=11.3578e^{\frac{-1.0873}{t}},$$

$$\varphi(x)=\frac{t}{0.0841t+0.1392}.$$

5.3　插值与数据拟合的联系与区别

5.3.1　插值与数据拟合的基本理论依据

插值方法与数据拟合的基本理论依据，就是数学分析中的 Weierstrass 定理，设函数 $f(x)$ 在区间 $[a,b]$ 上连续，则对 $\forall \varepsilon > 0$，存在多项式 $P(x)$，使得

$$\max_{x \in [a,b]} \left| f(x) - P(x) \right| < \varepsilon,$$

即：有界区间上的连续函数被多项式一致逼近.

5.3.2　实际应用中两种方法的选择

在实际应用中，究竟选择哪种方法比较恰当？总的原则是根据实际问题的特点来决定采用哪一种方法. 具体说来，可从以下两方面考虑.

（1）如果给定的数据是少量的且被认为是精确的，那么宜选择插值方法. 采用插值方法可以保证插值函数与被插函数在插值节点处完全相等.

（2）如果给定的数据是大量的测试或统计的结果，并不是必须严格遵守的，而是起定性的控制作用的，那么宜选用数据拟合的方法. 这是因为，一方面测试或统计数据本身往往带有测量误差，如果要求所得的函数与所给数据完全吻合，就会使所求函数保留着原有的测量误差；另一方面，测试或统计数据通常很多，如果采用插值方法，不仅计算麻烦，而且逼近效果往往较差.

5.4　插值与数据拟合的 MATLAB 语言与应用

5.4.1　MATLAB 插值与数据拟合工具箱简介

1. 数据预处理

在曲线拟合之前必须对数据进行与处理，去除界外值、不定值和重复值，以减少人为误差，提高拟合的精度.

2. 曲线拟合

MATLAB 提供的曲线拟合方法是以函数的形式，使用命令对数据进行拟合. 这种方法比较烦琐，需要对拟合函数有比较好的了解；也可以用图形窗口进行操作，具有简便、快速、可操作性强的优点.

1）多项式拟合函数

（1）Polyfit 函数　P＝polyfit（x，y，n）——用最小二乘法对数据进行拟合，返回 n 次多项式的系数，并用降序排列的向量表示，长度为 $n+1$. $p(x) = p_1 x^n + p_2 x^{n-1} + \cdots + p_n x + p_{n+1}$.

[p，s]＝polyfit（x，y，n）返回多项式系数向量 p 和矩阵 s. s 与 polyval 函数一起用时，可以得到预测值的误差估计. 如数据 y 的误差服从方差为常数的独立正态分布，polyval 函数将生成一个误差范围，其中包含至少 50％的预测值.

[p，s，mu] ＝polyfit（x，y，n）返回多项式的系数，mu 是一个二维向量［u1，u2］，
u1＝mean（x），u2＝std（x），对数据进行预处理 $x=(x-u1)/u2$.

（2）Polyval 函数　利用该函数进行多项式曲线拟合评价.

y＝polyval（p，x）返回 n 阶多项式在 x 处的值，x 可以是一个矩阵或者是一个向量，
向量 p 是 $n+1$ 个以降序排列的多项式的系数.

y＝polyval（p，x，[]，mu）用 $x=(x-u1)/u2$ 代替 x，其中 mu 是一个二维向量
［u1，u2］，u1＝mean（x），u2＝std（x），通过这样处理数据，使数据合理化.

［y，delta］＝polyval（p，x，s）.

［y，delta］＝polyval（p，x，s，mu）产生置信区间 $y\pm$delta. 如果误差结果服从标准
正态分布，则实测数据落在 $y\pm$delta 区间内的概率至少为 50％.

2）曲线的参数拟合

第一步　在命令行键入 Cftool 打开 curve fitting tool 对话框；

第二步　在 curve fitting tool 对话框中单击 Data 按钮打开 data 对话框指定要分析的
（预先存在工作区间）数据；

第三步　在 curve fitting tool 对话框中单击 fitting 按钮打开 fitting 对话框，进行设置，
实现曲线拟合.

拟合的类型，包括参数拟合和非参数拟合两种. 参数拟合具体包括以下几种.

（1）Custom Equations　自定义拟合的线性或非线性方程；

（2）New equation　使用 Custom Equations 按钮前，必须单击 New equation 按钮选择
合适的方程；

（3）Exponential　指数拟合包括两种形式：
$$y＝a * \exp（b * x），$$
$$y＝a * \exp（b * x）+c * \exp（d * x）.$$

（4）Fourier（傅里叶）拟合，正弦和余弦之和（共 8 个多项式）：
$$a_0+a_1\cos(x * w)+b_1\sin(x * w)，$$
$$a_0+a_1\cos(x * w)+b_1\sin(x * w)+a_2\cos(2x * w)+b_2\sin(2x * w)，$$
$$\cdots$$
$$a_0+a_1\cos(x * w)+b_1\sin(x * w)+\cdots+a_8\cos(8x * w)+b_8\sin(8x * w).$$

（5）Gauss（高斯）法，包括 8 个公式：
$$a_1 * \exp(-((x-b_1)/c_1)\text{^}2)，$$
$$\cdots$$
$$a_1 * \exp(-((x-b_1)/c_1)\text{^}2)+\cdots+a_8 * \exp(-((x-b_8)/c_8)\text{^}2).$$

（6）Interpolant　内插法，包括线性内插、最近邻内插、三次样条内插和 shape-preser-
ving 内插；

（7）Polynomial　多项式，从一次到九次；

（8）Rational　有理拟合，两个多项式之比，分子与分母都是多项式；

(9) Power 指数拟合，包括两种形式：
$$y=a*x\hat{}b,$$
$$y=a*x\hat{}b+c.$$

（10）Smoothing spline 平滑样条拟合，默认的平滑参数由拟合的数据集来决定，参数是 0 产生一个分段的线性多项式拟合，参数是 1 产生一个分段三次多项式拟合；

（11）Sum of Sin Functions 正弦函数的和，采用以下 8 个公式：
$$a_1*\sin(b_1*x+c_1),$$
$$\cdots$$
$$a_1*\sin(b_1*x+c_1)+\cdots+a_8*\sin(b_8*x+c_8).$$

（12）Weibull 两个参数的 Weibull 分布，表达式如下：
$$y=a*b*x\hat{}(b-1)*\exp(-a*x\hat{}b)$$

（13）Degree of Freedom Adjusted R-Square 调整自由度以后的残差的平方，数值越接近 1，曲线的拟合效果越好；

（14）Root Mean Square Error 根的均方误差.

3）非参数拟合

有时我们对拟合参数的提取或解释不感兴趣，只想得到一个平滑的通过各数据点的曲线，这种拟合曲线的形式称为非参数拟合.

非参数拟合的方法包括：

（1）插值法 Interpoants.

（2）平滑样条内插法 Smoothing spline.

内插法是在已知数据点之间估计数值的过程，包括：

Linear 线性内插，在每一队数据之间用不同的线性多项式拟合；

Nearest neighbor 最近邻内插，内差点在最相邻的数据点之间；

Cubic spline 三次样条内插，在每一队数据之间用不同的三次多项式拟合；

Shape-preserving 分段三次埃尔米特内插.

平滑样条内插法是对杂乱无章的数据进行平滑处理，可以用平滑数据的方法来拟合，平滑的方法在数据的预处理中已经介绍.

（3）lsqcurvefit 命令 lsqcurvefit 是求解最小二乘意义上的非线性曲线拟合问题，其简单使用格式为

x＝lsqcurvefit（fun，x0，xdata，ydata）

[x，resnorm]＝lsqcurvefit（fun，x0，xdata，ydata）

其功能是根据给定的数据 xdata，ydata（对应点的横、纵坐标），按函数文件 fun 给定的函数，以 $x0$ 为初值作最小二乘拟合，返回函数 fun 中的系数向量 x 和残差的平方和范数 resnorm.

3. 插值计算

MATLAB 软件进行插值运算的命令有 interp1（一维插值），interp2（二维插值），interp3（三维插值），interpn（n 维插值）和 spline（样条插值）等.

1）interp1 的使用格式

yb＝interp1（x，y，xb，'method'）

命令中 x，y 是同维数据向量，分别表示插值点的横、纵坐标，如果 x 是一个向量，y 是有一维与 x 相同的矩阵，则对矩阵 y 的每一列与 x 配对进行插值，xb 是待求函数值的插

值结点向量，可以缺省．'method'是可选项，说明插值使用的方法，MATLAB 提供可选的方法是：nearest，linear，cubic 即是上面介绍的内插法．命令返回值 yb 是插值曲线在结点向量 xb（横坐标）处的纵坐标向量．

2）interp2 的使用格式

zb＝interp2（x，y，z，xb，yb，'method'）

命令中 x，y，z 是同维数据向量，分别表示差插值点的横、纵、竖坐标，按 method 指定的方法来作插值运算，命令返回值 zb 是插值曲线在以 xb（横坐标）、yb（纵坐标）处的竖坐标向量（插值函数的函数值）．该命令还有以下几种省略格式．

zb＝interp2（z，xb，yb）

zb＝interp2（x，y，z，xb，yb）

zb＝interp2（z，ntimes）

3）interp3 的使用格式

vb＝interp2（x，y，z，v，xb，yb，zb，'method'）

4）spline 的使用格式

yb＝spline（x，y，xb）．

该命令等同于命令

yb＝interp1（x，y，xb，'cubic'）

5.4.2　插值与数据拟合模型的 MATLAB 实现

例 5.5　人口预测模型．

1971～1990 年我国人口数的统计数据如表 5-9 所示．

表 5-9　我国人口统计数字

年份	1971	1972	1973	1974	1975	1976	1977	1978	1979	1980
人口数/亿	8.523	8.718	8.921	9.086	9.242	9.372	9.497	9.626	9.754	9.871
年份	1981	1982	1983	1984	1985	1986	1987	1988	1989	1990
人口数/亿	10.007	10.165	10.301	10.436	10.585	10.751	10.930	11.103	11.27	11.433

注：港澳台数据未统计．

试根据以上数据，建立我国人口增长的近似曲线，并预测 2000 年，2005 年，2010 年的人口数．

1. 问题分析

图 5-8 给出了 1971 年至 1990 年我国人口数量图．

```
x= 1971:1:1990;
y= [8.523,8.718,8.921,9.086,9.242,9.372,9.497,9.626,9.754,9.871,10.007,10.165,
10.301,10.436,10.585,10.751,10.930,11.103,11.27,11.433];
plot(x,y,'r*')
```

人口增长的预测问题大致可归属为生物种群繁殖问题．对于生物种群繁殖的规律具有何种特征，需要从理论上去探讨、分析和研究，从而建立生物种群繁殖的数学模型．下面介绍两种简单的生物种群模型．

Malthus 模型：

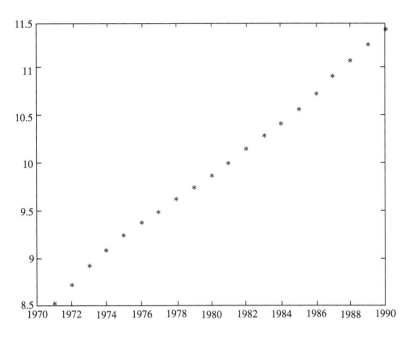

图 5-8　　1971~1990 年我国人口数量图

$$x(t) = x_0 e^{rt}, \tag{5.8}$$

其中，x_0 为初始种群个体数量，t 时刻种群个体数量为 $x(t)$，r 为相对增长率（个体的平均生育率－个体的平均死亡率）.

Logistic 模型：

$$x(t) = \frac{kx_0}{(k-x_0)e^{-rt} + x_0} \tag{5.9}$$

基本条件与 Malthus 模型一致，增加了种群个体的数量将最终稳定在环境的容纳量 k.

2. 问题求解

1）根据 Malthus 模型预测人口数量

设人口数量 $N(t)$ 和时间 t 的关系为 $N(t) = x_0 e^{rt} = e^{a+bt}$，$a$，$b$ 为参数. 为了便于计算，两边取对数得，$\ln N(t) = a + bt$，按照最小二乘法，问题归结为求参数 a 和 b，使得偏差平方和

$$\varphi(a,b) = \sum_{i=1}^{n}(a + bt_i - N_i)^2$$

为最小，其中 t_i 为年份，N_i 为 t_i 年人口的统计数.

利用极值的必要条件 $\begin{cases} \dfrac{\partial \varphi}{\partial a} = 2\sum\limits_{i=1}^{n}(a + bt_i - \ln N_i) = 0, \\ \dfrac{\partial \varphi}{\partial b} = 2\sum\limits_{i=1}^{n}(a + bt_i - \ln N_i)t_i = 0, \end{cases}$ 解此方程组得到函数

$\varphi(a,b)$ 的唯一驻点 $a = -26.7798$，$b = 0.01147$. 从而得到我国人口数量符合 Malthus 模型的最佳拟合曲线为

$$N(t) = e^{-26.7798 + 0.01147t}. \tag{5.10}$$

表 5-10 给出由式（5.10）预测出相应年份的人口数.

表 5-10　Malthus 模型预测 5 个年份的人口数

年份	2000	2005	2010	2015	2020
人口数/亿	13.2399	14.2484	15.3337	16.5016	17.7586

编写 MATLAB 程序 cznh_1.m.

```
clear;clf
t= 1971:1990;
N = [8.523, 8.718, 8.921, 9.086, 9.242, 9.372, 9.497, 9.626, 9.754, 9.871, 10.007, 10.165,
10.301,10.436,10.585,10.751,10.930,11.103,11.27,11.433];
plot(t,N,'k.','markersize',20);
axis([1971 2010 6 20]);
grid; hold on
pause(0.5)
n= 15;
a= sum(t(1:n));
b= sum(t(1:n).*t(1:n));
c= sum(log(N(1:n)));
d= sum(t(1:n).*log(N(1:n)));
A= [n a;a b];
B= [c;d];
p= inv(A)*B;
x= 1971:2010;
y= exp(p(1)+ p(2)*x);
plot(x,y,'r-','linewidth',2)
p(1),p(2)
```

程序运行后显示

ans= -26.9361,ans= 0.0148,

即 $a=-26.9361$，$b=0.0148$. 最佳拟合曲线为 $N(t)=e^{-26.9361+0.0148t}$.

图 5-9 中的曲线是我国人口数符合 Malthus 模型的最佳拟合曲线，黑点表示自 1971～1990 年我国的实际人口数. 从图中可以看出，在 1971 年至 1990 年之间二者较为吻合.

2）根据 Logistic 模型（5.9）预测人口数量

假设我国可容纳的人口总数为 $k=18$ 亿，Logistic 模型（5.9）变形后得

$$\frac{1}{x(t)}-\frac{1}{k}=\left(\frac{1}{x_0}-\frac{1}{k}\right)e^{-rt}\Rightarrow\frac{1}{N(t)}-\frac{1}{k}=e^{-a-bt},$$

$$N(t)=\frac{1}{k^{-1}+e^{-a-bt}}.$$

同 1）的处理方法一样，求得我国人口数量符合 Logistic 模型的最佳拟合曲线为

$$N(t)=\frac{1}{18^{-1}+e^{62.3378-0.033t}}.\tag{5.11}$$

表 5-11 给出了由式（5.11）预测出相应年份的人口数.

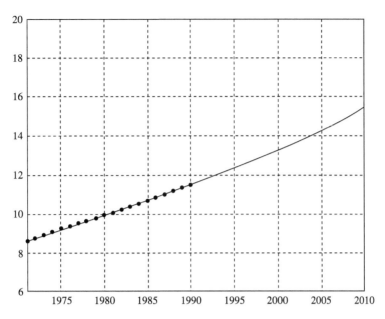

图 5-9　Malthus 模型的最佳拟合曲线

表 5-11　Logistic 模型预测 5 个年份的人口数

年份	2000	2005	2010	2015	2020
人口数/亿	12.6665	13.2652	13.8188	14.3256	14.7853

编写 MATLAB 程序 cznh_2.m.

```
clear;clf
t= 1971:1990;
N = [8.523,8.718,8.921,9.086,9.242,9.372,9.497,9.626,9.754,9.871,10.007,10.165,
10.301,10.436,10.585,10.751,10.930,11.103,11.27,11.433];
k= 18;
M= N.^(- 1)- k.^(- 1);
plot(t,N,'k.','markersize',20);
axis([1971 2010 6 20]);
grid; hold on
pause(0.5)
n= 15;
a= sum(t(1:n));
b= sum(t(1:n).* t(1:n));
c= sum(log(M(1:n)));
d= sum(t(1:n).* log(M(1:n)));
A= [n a;a b];
B= [c;d];
p= inv(A)* B;
x= 1971:2010;
y= 1./(k.^(- 1)+ exp(p(1)+ p(2).* x));
```

```
plot(x,y,'r- ','linewidth',2)
p(1),p(2)
```
程序运行后显示

 ans= 59.4440,ans= - 0.0316,

即 $a=59.4440$，$b=-0.0316$. 最佳拟合曲线为 $N(t)=\dfrac{1}{18^{-1}+e^{59.4440-0.0316t}}$.

图 5-10 中的曲线是我国人口数量符合 Logistic 模型的最佳拟合曲线，黑点表示自 1971 年至 1990 年我国的实际人口数. 从图中可以看出，在 1971 年至 1990 年之间二者较为吻合.

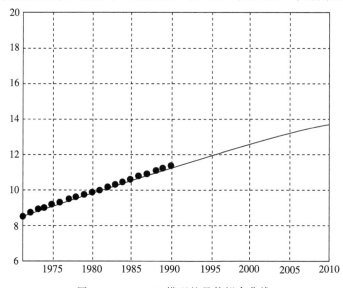

图 5-10　Logistic 模型的最佳拟合曲线

例 5.6　水塔水流量估计模型.

某一地区的用水管理机构要求各社区提供以每小时多少加仑计的用水量以及每天所用水的总量. 许多社区没有测量流入或流出水塔水量的装置，他们只能通过测量水塔每小时的水位高度来代替，其误差不超过 0.05. 但是，当水塔中的水位下降到最低水位 L 时水泵就自动启动向水塔输水直到最高水位 H，在此期间无法测量水泵的供水量. 这样，当水泵正在输水时就不容易建立水塔中水位和用水量之间的关系. 水泵每天输水一次或两次，每次约两小时. 当水位降至约 27.00ft（英尺）时，水泵开始启动向水塔供水，当水位升到 35.50ft 时，水泵自动停止工作.

已知某一小镇的水塔是高为 40ft，直径为 57ft 的正圆柱，表 5-12 记录的是某一天水塔水位的真实数据（注：1ft=0.3024m）.

表 5-12　某小镇某一天水塔水位统计表

时间/s	水位/0.01ft	时间/s	水位/0.01ft
0	3175	13937	2947
3316	3110	17921	2892
6635	3054	21240	2850
10619	2994	25223	2795

时间/s	水位/0.01ft	时间/s	水位/0.01ft
28543	2752	60574	3012
32284	2697	64554	2927
35932	水泵开动	68535	2842
39332	水泵开动	71854	2767
39435	3550	75021	2697
43318	3445	79254	水泵开动
46636	3350	82649	水泵开动
49953	3260	85968	3475
53936	3167	89953	3397
57254	3087	93270	3340

试估计任何时刻（包括水泵正在输水时间）从水塔流出的水流量和一天的用水总量.

1. 问题分析

流量是单位时间内流出水的体积，由于水塔是正圆柱形，横截面积是常数，所以在水泵不工作时段，流量很容易根据水位相对时间的变化率算出. 问题的难点在于如何估计水泵供水时段的流量.

水泵供水时段的流量只能依据供水时段前后的流量经插值得到. 作为用于差值的原始数据，希望水泵不工作时段的流量越准确越好. 事实上，水泵不工作时段的用水量可以由测量记录直接得到，由表 5-12 中记录的下降水位乘以水塔的横截面积就是该时段的用水量. 这个数值可以用来检验数据插值的结果.

为了表示方便，将表 5-12 中的数据全部化为国际标准单位如表 5-13 所示，时间用小时（h），高度用米（m）.

表 5-13　一天内水塔水位记录

时间/h	水位/m	时间/h	水位/m
0	9.68	9.98	水泵开动
0.92	9.45	10.93	水泵开动
1.84	9.31	10.95	10.82
2.95	9.13	12.03	10.50
3.87	8.98	12.95	10.21
4.98	8.81	13.88	9.94
5.90	8.69	14.98	9.65
7.00	8.52	15.90	9.41
7.93	8.39	16.83	9.18
8.97	8.22	17.93	8.92

时间/h	水位/m	时间/h	水位/m
19.04	8.66	22.96	水泵开动
19.96	8.43	23.88	10.59
20.84	8.22	24.99	10.35
22.02	水泵开动	25.91	10.18

2. 模型假设

(1) 流量只取决于水位差，与水位本身无关．因为水塔的最低和最高水位分别为 8.1648m（27×0.3024）和 10.7352m（35.50×0.3024）（设出口的水位为零），而且 $\sqrt{10.7352/8.1648}\approx1.1467$，约为 1，所以依据物理学中 Torricelli 定律：从小孔流出液体的流速正比于水面高度的平方根，可忽略水位对流速的影响．

(2) 将流量看做是时间的连续函数．为计算简单，不妨将流量定义成单位时间流出水的高度，即水位对时间变化率的绝对值（水位是下降的）．得到结果后再乘以水塔横截面积 S 即可．

(3) 水塔横截面积 $S=(57\times0.3048)^2\times\dfrac{\pi}{4}=237.8$（$m^2$）.

3. 流量估计方法

首先根据表 5-5 的数据，用 MATLAB 软件作出水位-时间散点图 5-11.

x= [0 0.92 1.84 2.95 3.87 4.98 5.90 7.00 7.93 8.97 10.95 12.03 12.95 13.88 14.98 15.90 16.83 17.93 19.04 19.96 20.84 23.88 24.99 25.91];

y= [9.68 9.45 9.31 9.13 8.98 8.81 8.69 8.52 8.39 8.22 10.82 10.50 10.21 9.94 9.65 9.41 9.18 8.92 8.66 8.43 8.22 10.59 10.35 10.18];

plot(x,y,'r * ')

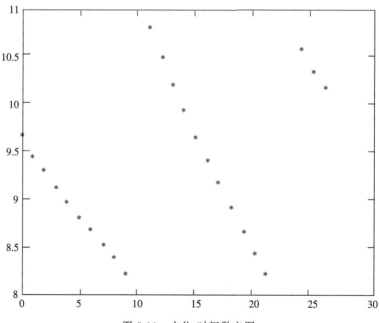

图 5-11　水位-时间散点图

下面计算流量与时间的关系．根据散点图 5-11，一种简单的处理方法是先将表 5-5 中的数据分为三段，然后对每一段的数据做如下处理：设某段数据为 $\{(x_0, y_0), (x_1, y_1), \cdots, (x_n, y_n)\}$，相邻数据中点的平均流速采用公式：

$$\text{流速} = (\text{左端点的水位} - \text{右端点的水位})/\text{区间长度}$$

算得，即

$$v\left(\frac{x_{i+1} + x_i}{2}\right) = \frac{y_i - y_{i+1}}{x_{i+1} - x_i}.$$

每段数据首尾点的流速采用下面的公式计算，

$$v(x_0) = \frac{3y_0 - 4y_1 + y_2}{x_2 - x_0},$$

$$v(x_n) = \frac{-3y_n + 4y_{n-1} - y_{n-2}}{x_n - x_{n-2}}.$$

用以上公式算得流速与时间之间的数据表 5-14 如下．

表 5-14　流速与时间关系数据表

时间/h	流速/（cm/h）	时间/h	流速/（cm/h）
0	29.89	13.42	29.03
0.46	21.74	14.43	26.36
1.38	18.48	15.44	26.09
2.395	16.22	16.37	24.73
3.41	16.30	17.38	23.64
4.425	15.32	18.49	23.42
5.44	13.04	19.50	25.00
6.45	15.45	20.40	23.86
7.465	13.98	20.84	22.17
8.45	16.35	22.02	水泵开动
8.97	19.29	22.96	水泵开动
9.98	水泵开动	23.88	27.09
10.93	水泵开动	24.43	21.62
10.95	33.50	25.45	18.48
11.49	29.63	25.91	13.30
12.49	31.52		

由表 5-6 作出流速-时间散点图 5-12.

```
x=[0 0.46 1.38 2.395 3.41 4.425 5.44 6.45 7.465 8.45 8.97 10.95 11.49 12.49 13.42 14.43
15.44 16.37 17.38 18.49 19.50 20.40 20.84 23.88 24.43 25.45 25.91];
y=[29.89 21.74 18.48 16.22 16.30 15.32 13.04 15.45 13.98 16.35 19.29 33.50 29.63 31.52
29.03 26.36 26.09 24.73 23.64 23.42 25.00 23.86 22.17 27.09 21.62 18.48 13.30];
plot(x,y,'r*')
```

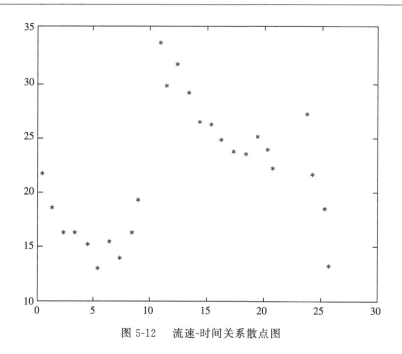

图 5-12　流速-时间关系散点图

现在利用数据插值来估计水塔水流量.

由表 5-6，对水泵不工作时段 1 和水泵不工作时段 2 采用插值方法，可以得到任意时刻的流速，从而可以知道任意时刻的流量. 对于水泵工作时段 1 应用前后时期的流速进行插值. 由于最后一段水泵不工作时段数据太少，将它与水泵工作时段 2 合并一同进行插值处理（该段以下简称混合时段）. 这样，总共需要对四段数据（第 1，2 未供水时段，第 1 供水时段，混合时段）进行插值处理. 下面以第 1 未供水时段数据为例，分别用 Lagrange 插值、分段线性插值以及三次样条插值三种方法算出流量函数和用水量（用水高度）. 以表 5-6 数据为例，编写 MATLAB 程序.

首先编写实现拉格朗日插值的函数文件，命名为 cznh_3.m.

```
function y= lglrcz(x0,y0,x)
n= length(x0);
m= length(x);
for i= 1:m
    z= x(i);
  s= 0.0;
  for k= 1:n
    p= 1.0;
    for j= 1:n
     if j~ = k
     p= p* (z- x0(j))/(x0(k)- x0(j));
      end
    end
    s= p* y0(k)+ s
  end
  y(i)= s;
end
```

接下来编写下面的程序完成插值运算.

```
clear;clf
t= [0 0.46 1.38 2.395 3.41 4.425 5.44 6.45 7.465 8.45 8.97];
v= [29.89 21.74 18.48 16.22 16.30 15.32 13.04 15.45 13.98 16.35 19.27];
t0= 0:0.1:8.97;
lglr= lglrcz(t,v,t0);
lglrjf= 0.1*trapz(lglr);
fdxx= interp1(t,v,t0);
fdxxjf= 0.1*trapz(fdxx);
scyt= interp1(t,v,t0,'spline');
sancytjf= 0.1*trapz(scyt);
plot(t,v,'*',t0,lglr,'r',t0,fdxx,'g',t0,scyt,'b');
gtext('lglr')
gtext('fdxx')
gtext('scyt')
```

程序运行后显示结果：

```
lglrjf= 145.6231
fdxxjf= 147.1430
sancytjf= 145.6870
```

以上三个数据分别表示用 Lagrange 插值法、分段线性插值法和三次样条插值法算得的第 1 未供水时段的用水高度，同实际值 146（=968−822）相比都比较接近.

图 5-13 中曲线 lglr、fdxx 和 scyt 分别表示 Lagrange 插值法、分段线性插值法和三次样条插值法对第 1 未供水时段数据插值得到的流速曲线.

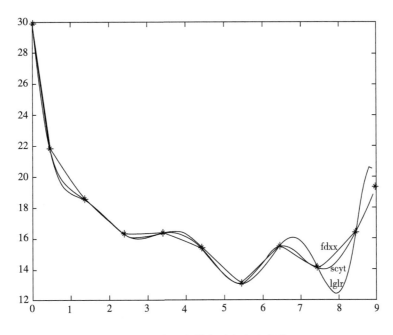

图 5-13 第 1 未供水时段流速曲线

其他三段的处理方法与上述方法类似，得到相应结果，如表 5-15 所示．

表 5-15　插值法算得各时段及全天的用水总量（以高度计）

时段 方法	1　未供水段	2　未供水段	1　供水段	混合时段	全天
Lagrange 插值法	145.6231	258.8664	49.6050	85.3492	537.4437
分段线性插值法	147.1430	258.9697	49.6052	87.4815	543.1994
三次样条插值法	145.6870	258.6547	49.6050	87.4425	541.3892

图 5-14 是用分段线性及三次样条插值方法算得全天水塔水流速与时间的关系曲线，图中曲线 scyt 表示三次样条插值曲线，曲线 fdxx 表示分段线性插值曲线．

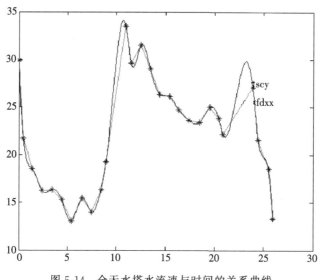

图 5-14　全天水塔水流速与时间的关系曲线

表 5-16 给出的是分别用三种方法算得任意四个时刻 6.88，10.88，15.88，22.88 的水流速度．

表 5-16　四个时刻的水流速度

时刻 方法	6.88	10.88	15.88	22.88
Lagrange 插值法	10.7804	34.1523	24.8084	24.5907
分段线性插值法	14.8272	32.9969	25.4466	25.4716
三次样条插值法	15.0325	33.8034	25.5473	29.3086

习　题　5

5.1　在用外接电源给电容器充电时，电容器两端的电压 V 将会随着充电时间 t 发生变化. 已知在某一次实验时，通过测量得到下列观测值.

t/s	1	2	3	4	6.5	9	12
V/V	6.2	7.3	8.2	9.0	9.6	10.1	10.4

分别用拉格朗日插值法、分段线性插值法、3 次样条插值法画出电压 V 随时间 t 变化的曲线图，分别计算当时间 $t=7\text{s}$ 时，三次插值法各自对应的电容器两端电压的近似值.

5.2　由于地球围绕太阳公转，所以气温具有周期性（定性分析）. 某地气象台测得当地月平均气温如下：

月份	1	2	3	4	5	6	7	8	9	10	11	12
平均气温/℃	3.1	3.8	6.9	12.7	16.8	20.5	24.5	25.9	22	16.1	10.7	5.4

第6章 线性规划

优化问题，一般是指"最好"的方式，使用或分配有限的资源，即劳动力、原材料、机器、资金等，使得费用最小或者利润最大.

建立优化问题的数学模型，首先要确定问题的决策变量，用 n 维向量 $x = (x_1, x_2, \cdots, x_n)^{\mathrm{T}}$ 表示，然后建立模型的目标函数 $f(x)$ 和允许取值的范围 $x \in \Omega$，Ω 称可行域，常用一组不等式(或等式)$g_i(x) \leqslant 0 (i=1, 2, \cdots, m)$ 来界定，称为**约束条件**. 一般地，这类模型可表述为如下形式：

$$\min_{x} z = f(x),$$

$$\text{s. t. } g_i(x) \leqslant 0 \ (i = 1, 2, \cdots, m).$$

由以上两个式子组成的模型属于约束优化，若只有第一个式子就是**无约束优化**. $f(x)$ 称为目标函数，$g_i(x) \leqslant 0$ 称为**约束条件**.

在优化模型中，如果目标函数 $f(x)$ 和约束条件中的 $g_i(x)$ 都是线性函数，则该模型称为**线性规划**.

6.1 线性规划模型

6.1.1 线性规划概述

线性规划是辅助人们进行科学管理的一种数学方法. 在经济管理、交通运输、工农业生产等经济活动中，提高经济效果是人们不可缺少的要求，而提高经济效果一般通过两种途径实现：一是技术方面的改进，如改善生产工艺，使用新设备和新型原材料；二是生产组织与计划的改进，即合理安排人力、物力资源. 线性规划研究的是：在一定条件下，合理安排人力，物力等资源，使经济效果达到最好. 一般地，求线性目标函数在线性约束条件下的最大值或最小值的问题统称为线性规划问题. 满足线性约束条件的解称为可行解，由所有可行解组成的集合称为可行域. 决策变量、约束条件、目标函数是线性规划的三要素. 根据实际问题建立数学模型一般有以下三个步骤：

(1)根据影响所要达到的因素找到决策变量；

(2)根据决策变量和所要达到目的之间的函数关系确定目标函数；

(3)根据决策变量所受的限制条件确定决策变量所要满足的约束条件.

所建立的数学模型具有以下特点：

(1)每个模型都有若干个决策变量 $(x_1, x_2, \cdots, x_n)^{\mathrm{T}}$，其中 n 为决策变量个数. 决策变量的一组值表示一种方案，同时决策变量一般是非负的；

(2)目标函数是决策变量的线性函数，根据具体问题可以是最大化(max)或最小化(min)，二者统称为最优化(opt)；

(3)约束条件也是决策变量的线性函数.

当得到的数学模型的目标函数为线性函数且约束条件为线性等式或不等式时，称此数学模型为线性规划模型.

6.1.2　线性规划模型

例 6.1　奶制品的生产加工计划.

一奶制品加工厂用牛奶生产 A_1，A_2 两种奶制品，1 桶牛奶可以在设备甲上用 12 小时加工成 3 千克 A_1，或者在设备乙上用 8 小时加工成 4 千克 A_2. 根据市场需求，生产的 A_1，A_2 全部能售出，且每千克 A_1 获利 24 元，每千克 A_2 获利 16 元. 现在加工厂每天能得到 50 桶牛奶的供应，每天正式工人总的劳动时间为 480 小时，并且设备甲每天至多加工 100 千克 A_1，设备乙的加工能力没有限制. 试为该厂制定一个生产计划，使每天获利最大.

问题分析　这个优化问题的目标是使每天的获利最大，要做的是生产计划，即每天用多少桶牛奶生产 A_1，用多少桶生产 A_2（也可以是每天生产多少千克 A_1，多少千克 A_2），决策受到 3 个条件的限制：原料（牛奶）供应、劳动时间、设备甲的加工能力. 按照题目所给，将决策变量、目标函数和约束条件用数学符号及式子表示出来，就可以得到下面的模型.

基本模型　决策变量：设每天用 x_1 桶牛奶生产 A_1，用 x_2 桶牛奶生产 A_2.

目标函数：设每天获利为 z 元，x_1 桶牛奶可生产 $3x_1$ 千克 A_1，获利 $24 \times 3x_1$，x_2 桶牛奶可生产 $4x_2$ 千克 A_2，获利 $16 \times 4x_2$，故 $z = 72x_1 + 64x_2$.

约束条件：

原料供应：生产 A_1，A_2 的原料（牛奶）总量不得超过每天的供应，即 $x_1 + x_2 \leqslant 50$ 桶；

劳动时间：生产 A_1，A_2 的总加工时间不得超过每天正式工人总的劳动时间，即 $12x_1 + 8x_2 \leqslant 480$ 小时；

设备能力：A_1 的产量不得超过设备甲每天的加工能力，即 $3x_1 \leqslant 100$；

非负约束：x_1，x_2 均不能为负值，即 $x_1 \geqslant 0$，$x_2 \geqslant 0$.

综上可得

$$\max z = 72x_1 + 64x_2,$$

$$\text{s. t.} \begin{cases} x_1 + x_2 \leqslant 50, \\ 12x_1 + 8x_2 \leqslant 480, \\ 3x_1 \leqslant 100, \\ x_1 \geqslant 0, x_2 \geqslant 0. \end{cases}$$

这就是该问题的基本模型. 由于目标函数和约束条件对于决策变量都是线性的，所以称为线性规划（Linear Programming，LP）.

模型分析与假设　从本章下面的实例可以看到，许多实际的优化问题的数学模型都是线性规划（特别是在像生产计划这样的经济管理领域），这不是偶然的. 下面分析线性规划具有哪些特征，或者说：实际问题有什么性质，其模型才是线性规划.

比例性：每个决策变量对目标函数的"贡献"，与该决策变量的取值无关；每个决策变量对每个约束条件右端项的"贡献"，与该决策变量的取值成正比.

可加性：各个决策变量对目标函数的"贡献"，与其他决策变量的取值无关；各个决策变量对每个约束条件右端项的"贡献"，与其他决策变量的取值无关.

连续性：每个决策变量的取值是连续的.

比例性和可加性保证了目标函数和约束条件对于决策变量的线性，连续性则容许得到决策变量的实数最优解.

对于本例，能建立上面的线性规划模型，实际上是事先做了如下的假设：

（1）A_1，A_2 两种奶制品每千克的获利是与他们各自产量无关的常数，每桶牛奶加工出的 A_1，A_2 数量和所需的时间是与它们相互产量无关的常数；

（2）A_1，A_2 每千克的获利是与他们相互间产量无关的常数，每桶牛奶加工出的 A_1，A_2 的数量和所需的时间是与它们相互产量无关的常数；

（3）加工 A_1，A_2 的牛奶的桶数可以是任意实数.

这三条假设恰好保证了上面的三条性质. 当然，在现实生活中这些假设只是近似成立，比如，A_1，A_2 的产量很大时，自然会使他们每千克的获利有所减少.

由于这些假设对于书中给出的，经过简化的实际问题是如此明显的成立，本章下面的例题就不再一一列出类似的假设了. 不过读者在打算用线性规划模型解决现实生活中的实际问题时，应该考虑上面三条性质是否近似地满足.

例 6.2　奶制品的生产销售计划.

例 6.1 给出的 A_1，A_2 两种奶制品的生产条件，利润及工厂的"资源"限制全都不变. 为增加工厂的获利，开发了奶制品的深加工技术：用 2 小时和 3 元加工费，可将 1 千克 A_1 加工成 0.8 千克高级奶制品 B_1，1 千克 A_2 加工成 0.75 千克高级奶制品 B_2，每千克 B_1 能获利 44 元，每千克 B_2 能获利 32 元. 试为该厂制定一个生产销售计划，使每天的净利润最大.

问题分析　要求制定生产销售计划，决策变量可以像例 6.1 那样，取作每天用多少桶牛奶生产 A_1，A_2，再添上用多少千克 A_1 加工 B_1，用多少千克 A_2 加工 B_2，但是由于问题要分析 B_1，B_2 的获利对生产销售计划的影响，所以决策变量取作 A_1，A_2，B_1，B_2 每天的销售量更方便. 目标函数是工厂每天的净利润——A_1，A_2，B_1，B_2 的获利之和扣除深加工费. 约束条件基本不变，只是要添上 A_1，A_2 深加工时间的约束. 在与例 6.1 类似的假定下用线性规划模型解决这个问题.

基本模型　决策变量：设每天销售 x_1 千克 A_1，x_2 千克 A_2，x_3 千克 B_1，x_4 千克 B_2，x_5 千克 A_1 加工 B_1，x_6 千克 A_2 加工 B_2（增设 x_5，x_6 可以使下面的模型简单）.

目标函数：设每天净利润为 z，$z = 24x_1 + 16x_2 + 44x_3 + 32x_4 - 3x_5 - 3x_6$.

约束条件：

原料供应：A_1 每天生产 $x_1 + x_5$ 千克，用牛奶 $(x_1 + x_5)/3$ 桶，A_2 每天生产 $x_2 + x_6$ 千克，用牛奶 $(x_2 + x_6)/4$ 桶，二者之和不超过每天的供应量 50 桶；

劳动时间：每天生产 A_1，A_2 的时间分别为 $4(x_1 + x_5)$ 和 $2(x_2 + x_6)$，加工 B_1，B_2 的时间分别为 $2x_5$ 和 $2x_6$，二者之和不得超过总的劳动时间 480 小时；

设备能力：A_1 的产量 $x_1 + x_5$ 不得超过设备甲每天的加工能力 100 千克；

非负约束：x_1，x_2，$\cdots$，x_6 均为非负；

附加约束：1 千克 A_1 加工成 0.8 千克 B_1，故 $x_3 = 0.8x_5$，类似地 $x_4 = 0.75x_6$.

由此得基本模型：

$$\max z = 24x_1 + 16x_2 + 44x_3 + 32x_4 - 3x_5 - 3x_6,$$

$$\text{s. t.} \begin{cases} (x_1 + x_5)/3 + (x_2 + x_6)/4 \leqslant 50, \\ 4(x_1 + x_5) + 2(x_2 + x_6) + 2x_5 + 2x_6 \leqslant 480, \\ x_1 + x_5 \leqslant 100, \\ x_3 = 0.8x_5, \\ x_4 = 0.75x_6, \\ x_1, x_2, \cdots, x_6 \geqslant 0. \end{cases}$$

这仍然是一个线性规划模型.

例 6.3 连续投资问题.

某部门在今后 5 年内考虑给下列项目投资,现已知:

项目 A:从第 1 年年初到第 4 年年初投资,并于次年年底回收本利 115%;

项目 B:第 3 年年初投资,到第 5 年年底回收本利 125%,投资额不超过 4 万元;

项目 C:第 2 年年初投资,到第 5 年年底回收本利 140%,投资额不超过 3 万元;

项目 D:5 年内每年年初购公债,于当年年底归还本利,年利率 6%.

该部门现有资金 10 万元,问应如何确定每年各项目的投资额,使得到第 5 年年底,该部门拥有资金总额最大?

解 (1) 确定变量:这是一个连续投资问题,与时间有关. 但这里设法用线性规划方法,静态地处理. 设 x_{ij} 为第 i 年年初投资项目 j 的资金数($i=1,2,3,4,5$;$j=1,2,3,4$ 分别表示 A,B,C,D),它们都是待定的未知变量. 根据给定的条件,将决策变量列于表 6-1 中.

表 6-1 第 i 年年初投资项目 j 的资金数

项目	第 1 年	第 2 年	第 3 年	第 4 年	第 5 年
项目 A	x_{11}	x_{21}	x_{31}	x_{41}	
项目 B			x_{32}		
项目 C		x_{23}			
项目 D	x_{14}	x_{24}	x_{34}	x_{44}	x_{54}

(2) 投资额应等于手中拥有的资金额:由于项目 D 每年都可以投资,并且当年年末即能回收本息,所以该部门每年应把资金全部投出去,手中不应当有剩余的呆滞资金. 因此有以下分析.

第 1 年:将所有的 10 万元全用来投资,可投资的项目有项目 A 和项目 D,故满足条件:
$$x_{11} + x_{14} = 100000.$$

第 2 年:因第 1 年给项目 A 的投资要到第 2 年年末才能回收. 所以该部门在第 2 年年初拥有资金额仅为项目 D 在第 1 年回收的本息 $x_{14}(1+6\%)$. 于是第 2 年的投资分配是
$$x_{21} + x_{23} + x_{24} = 1.06x_{14}.$$

第 3 年:第 3 年年初的资金额是从项目 A 第 1 年投资及项目 D 第 2 年投资中回收的本利总和:$x_{11}(1+15\%)$ 及 $x_{24}(1+6\%)$. 于是第 3 年的投资分配是
$$x_{31} + x_{32} + x_{34} = 1.15x_{11} + 1.06x_{24}.$$

第 4 年:同以上分析,可得
$$x_{41} + x_{44} = 1.15x_{21} + 1.06x_{34}.$$

第 5 年:
$$x_{54} = 1.15x_{31} + 1.06x_{44}.$$

另据投资计划,对项目 B,C 的投资有限额的规定,即
$$x_{32} \leqslant 40000,$$
$$x_{23} \leqslant 30000.$$

(3) 目标函数:通过上述连续投资方式,在第 5 年年末可以获得的资金本利总和为
$$z = 1.15x_{41} + 1.25x_{32} + 1.4x_{23} + 1.06x_{54}.$$

(4) 数学模型:我们的目的就是选择最佳的投资策略,极大化目标函数 z. 建立部门投资计划的数学模型
$$\max z = 1.15x_{41} + 1.25x_{32} + 1.4x_{23} + 1.06x_{54},$$

$$\text{s. t.} \begin{cases} x_{11} + x_{14} = 100000, \\ 1.06x_{14} - x_{21} - x_{23} - x_{24} = 0, \\ 1.15x_{11} + 1.06x_{24} - x_{31} - x_{32} - x_{34} = 0, \\ 1.15x_{21} + 1.06x_{34} - x_{41} - x_{44} = 0, \\ 1.15x_{31} + 1.06x_{44} - x_{54} = 0, \\ x_{23} \leqslant 30000, \\ x_{32} \leqslant 40000, \\ x_{ij} \geqslant 0 \ (i = 1,2,\cdots,5; j = 1,2,3,4). \end{cases}$$

例 6.4 投资问题.

某单位有一批资金用于 4 个工程项目投资,各工程项目所得到的净收益如表 6-2 所示.

表 6-2　各工程项目所得到的净收益　　　　　　　　单位:万元

工程项目	A	B	C	D
净收益	15	10	8	12

由于某些原因,决定用于项目 A 的投资不大于其他各项目投资之和,而用于项目 B 和 C 的投资之和不小于项目 D 投资. 试确定使该单位收益最大的投资分配方案.

解 设 x_1, x_2, x_3, x_4 为项目 A,B,C,D 的投资百分数. 由 x_1, x_2, x_3, x_4 为各项目的投资百分数,故有

$$x_1 + x_2 + x_3 + x_4 = 1.$$

因用于项目 A 的投资不大于其他各项目投资之和,故有

$$x_1 \leqslant x_2 + x_3 + x_4.$$

因用于项目 B 和 C 的投资之和不小于项目 D 的投资,故有

$$x_2 + x_3 \geqslant x_4.$$

依题意,我们得到上述投资问题的数学模型为

$$\max z = 0.15x_1 + 0.1x_2 + 0.08x_3 + 0.12x_4,$$

$$\text{s. t.} \begin{cases} x_1 - x_2 - x_3 - x_4 \leqslant 0, \\ -x_2 - x_3 + x_4 \leqslant 0, \\ x_1 + x_2 + x_3 + x_4 = 1, \\ x_j \geqslant 0, j = 1,2,3,4. \end{cases}$$

例 6.5 运输问题.

设有两个沙厂 A1 和 A2,每年沙石的产量分别为 35 万吨和 55 万吨,这些沙石需要供应到 B1、B2 和 B3 三个建筑工地,每个建筑工地对沙石的需求量分别为 26 万吨、38 万吨和 26 万吨,各沙厂到建筑工地之间的运费(单元:万元/万吨)如表 6-3 所示,问题是应当怎么调运才能使得总运费最少?

表 6-3　沙厂到建筑工地之间的运费

沙厂 ＼ 工地	B1	B2	B3
A1	10	12	9
A2	8	11	13

解　问题分析：显而易见两个沙厂的总产量等于三个工地的总需求量．

假设 x_{ij} 代表沙厂 Ai 运往建筑工地 Bj 的数量（单位：万吨），则各沙厂和工地之间的运量可以用表 6-4 来表示．

表 6-4　沙石运送分配方案

工地 沙厂	B1	B2	B3	输出总量
A1	x_{11}	x_{12}	x_{13}	35
A2	x_{21}	x_{22}	x_{23}	55
接收总量	26	38	26	90

目标函数即为总运费：
$$f = 10x_{11} + 12x_{12} + 9x_{13} + 8x_{21} + 11x_{22} + 13x_{23}.$$

从沙厂 A1 运往各个工地的沙石的输出量应为沙厂 A1 的产量，从沙厂 A2 运往各个工地的沙石的输出量应为沙厂 A2 的产量，故而有约束条件：
$$x_{11} + x_{12} + x_{13} = 35,$$
$$x_{21} + x_{22} + x_{23} = 55.$$

各个工地的沙石需求量应当为从各沙厂接收到沙石的总量，故而有约束条件：
$$x_{11} + x_{21} = 26,$$
$$x_{12} + x_{22} = 38,$$
$$x_{13} + x_{23} = 26.$$

运输量 x_{ij} 为一非负值，即 $x_{ij} \geqslant 0$.

综合以上分析，建立数学模型：
$$\min f = 10x_{11} + 12x_{12} + 9x_{13} + 8x_{21} + 11x_{22} + 13x_{23},$$
$$\text{s. t.} \begin{cases} x_{11} + x_{12} + x_{13} = 35, \\ x_{21} + x_{22} + x_{23} = 55, \\ x_{11} + x_{21} = 26, \\ x_{12} + x_{22} = 38, \\ x_{13} + x_{23} = 26, \\ x_{ij} \geqslant 0 \ (i = 1,2; j = 1,2,3). \end{cases}$$

将上述问题推广到一般形式可以描述为以下形式．

有某种物资需要调运，这种物资的计量单位可以是重量、包装单位或其他．已知有 m 个地点可以供应该种物资（以后通称产地，用 $i=1, 2, \cdots, m$ 表示），有 n 个地点需要该种物资（以后通称销地，用 $j=1, 2, \cdots, n$ 表示），又知这 m 个产地的可供量（以后通称产量）为 a_1，a_2，$\cdots$，a_m，n 个销地的需要量（以后通称销量）为 b_1，b_2，$\cdots$，b_n，从第 i 个产地到第 j 个销地的单位物资运价为 c_{ij}．上面这些数据通常用产销平衡表（表 6-5）和单位运价表（表 6-6）来表示，有时候把两个表合写在一起．

表 6-5　产销平衡表

产地 ＼ 销地	1	2	⋯	n	产量
1					a_1
2					a_2
⋮					⋮
m					a_m
销量	b_1	b_2	⋯	b_n	

表 6-6　单位运价表

产地 ＼ 销地	1	2	⋯	n
1	c_{11}	c_{12}	⋯	c_{1n}
2	c_{21}	c_{22}	⋯	c_{2n}
⋮	⋮	⋮		⋮
m	c_{m1}	c_{m2}	⋯	c_{mn}

如果用 x_{ij} 代表从第 i 个产地调运给第 j 个销地的物资的单位数量，那么在产销平衡的条件下，使总的运费支出最小，可以建立以下数学模型：

$$\min f = \sum_{i=1}^{m} \sum_{j=1}^{n} c_{ij} x_{ij},$$

$$\text{s. t.} \begin{cases} \sum_{j=1}^{n} x_{ij} = a_i \ (i = 1, 2, \cdots, m), \\ \sum_{i=1}^{m} x_{ij} = b_j \ (j = 1, 2, \cdots, n), \\ x_{ij} \geqslant 0 \ (i = 1, \cdots, m; j = 1, \cdots, n). \end{cases}$$

这显然是一个线性规划问题．

例 6.6　工作人员计划安排问题．

某昼夜服务的公共交通系统每天各时间段（每 4 小时为一个时段）所需的值班人数如表 6-7 所示．这些值班人员在某一时段开始上班后要连续工作 8 小时（包括轮流用餐时间）．问该公交系统至少需要多少名工作人员才能满足值班的需要？

表 6-7　各时间段所需的值班人数

班次	时间段	所需人数
1	6：00～10：00	60
2	10：00～14：00	70
3	14：00～18：00	60
4	18：00～22：00	50
5	22：00～2：00	20
6	2：00～6：00	30

解 设 x_i 为第 i 时开始上班的人员数（$i=1,2,\cdots,6$）. 依题意，得到所述问题的数学模型：

$$\min f = x_1 + x_2 + x_3 + x_4 + x_5 + x_6,$$

$$\text{s. t.}\begin{cases} x_6 + x_1 \geqslant 60, \\ x_1 + x_2 \geqslant 70, \\ x_2 + x_3 \geqslant 60, \\ x_3 + x_4 \geqslant 50, \\ x_4 + x_5 \geqslant 20, \\ x_5 + x_6 \geqslant 30, \\ x_i \geqslant 0, i=1,\cdots,6. \end{cases}$$

6.2 线性规划问题的标准型

线性规划的目标函数可以是求最大值，也可以是求最小值，约束条件的不等号可以是小于号可以是大于号. 为了避免这种形式多样性带来的不便，一般采用统一的标准型进行描述. 如果遇到非标准型的线性规划问题，可以采用相应的方法将其改写成与其等价的线性规划标准型.

6.2.1 一般标准型

根据线性规划问题的定义，线性规划问题即求取变量 $x=[x_1,x_2,\cdots,x_n]^{\mathrm{T}}$ 的值，在线性约束条件下使得线性目标函数达到最大. 由此可得线性规划问题的标准形式如下：

$$\max f = c_1 x_1 + c_2 x_2 + \cdots + c_n x_n,$$

$$\text{s. t.}\begin{cases} a_{11}x_1 + a_{12}x_2 + \cdots + a_{1n}x_n = b_1, \\ a_{21}x_1 + a_{22}x_2 + \cdots + a_{2n}x_n = b_2, \\ \quad\quad\cdots\cdots \\ a_{m1}x_1 + a_{m2}x_2 + \cdots + a_{mn}x_n = b_m, \\ x_j \geqslant 0, j=1,2,\cdots,n. \end{cases}$$

其中，c_j（$j=1,2,\cdots,n$），a_{ij}（$i=1,2,\cdots,m; j=1,2,\cdots,n$），$b_i$（$i=1,2,\cdots,m$）均为给定的常数.

6.2.2 矩阵标准型

利用向量或矩阵符号，线性规划问题的标准型还可以用矩阵形式表示：

$$\min f = cx,$$

$$\text{s. t.}\begin{cases} Ax \leqslant b, \\ x \geqslant 0. \end{cases}$$

通常 $A=(a_{ij})_{m\times n}\in \mathbf{R}^{m\times n}$ 为约束矩阵，$c=(c_1,c_2,\cdots,c_n)\in \mathbf{R}^n$ 为目标函数系数矩阵；$b=(b_1,b_2,\cdots,b_m)^{\mathrm{T}}\in \mathbf{R}^m$ 称为资源系数向量，$x=(x_1,x_{2,\cdots,n})^{\mathrm{T}}\in \mathbf{R}^n$ 称为决策向量.

6.2.3 向量标准型

有时还将线性规划问题用向量的形式表示，此时线性规划的向量标准型为

$$\max f = cx,$$
$$\text{s. t.} \begin{cases} [P_1, P_2, \cdots, P_n]x = b, \\ x \geqslant 0, \end{cases}$$

式中，P_j 为矩阵 A 的第 j 列向量，如

$$P_j = (a_{1j}, a_{2j}, \cdots, a_{mj})^{\mathrm{T}}.$$

6.2.4　非标准型的标准化

根据实际应用问题建立的线性规划模型在形式上未必是标准型，对于不同类型的非标准型，可以采用相应的方法，通过以下方式将所建立的模型转换为线性规划的标准型．

1. 目标函数为极小化

设原有线性规划问题为极小化目标函数：$\min f = c_1 x_1 + c_2 x_2 + \cdots + c_n x_n$. 此时，可设 $f' = -f$，则极小化目标函数问题转化为极大化目标函数问题，即如下所示：

$$\max f' = -(c_1 x_1 + c_2 x_2 + \cdots + c_n x_n).$$

2. 约束条件为不等式

如果原有线性规划问题的约束条件为不等式，则可增加或减去一个非负变量，使约束条件变为等式，增加或减去的非负变量称为松弛变量．

例如，约束为 $a_{i1}x_1 + a_{i2}x_2 + \cdots + a_{in}x_n \leqslant b_i$，可在左边增加一个非负变量 x_{n+1}，使其变为等式：$a_{i1}x_1 + a_{i2}x_2 + \cdots + a_{in}x_n + x_{n+1} = b_i$；

如果约束条件为 $a_{i1}x_1 + a_{i2}x_2 + \cdots + a_{in}x_n \geqslant b_i$，可在左边减去一个非负变量 x_{n+1}，使其变为等式：$a_{i1}x_1 + a_{i2}x_2 + \cdots + a_{in}x_n - x_{n+1} = b_i$.

3. 模型中的有些变量无非负限制

如果对某个变量 x_j 的非负并无限制，可设两个非负变量 x'_j 和 x''_j，令

$$x_j = x'_j - x''_j.$$

注意　因为对原决策变量进行了代换，还需要将上式代入目标函数和其他约束条件做相应的代换，这样即可满足线性规划标准型对变量非负的要求．

例 6.7　将下列线性规划模型标准化．

$$\min f = x_1 - 2x_2 + x_3,$$
$$\text{s. t.} \begin{cases} x_1 + x_2 + x_3 \leqslant 5, \\ x_1 + x_2 - 2x_3 \geqslant 2, \\ -x_1 + 2x_2 + 3x_3 = 6, \\ x_1, x_2 \geqslant 0. \end{cases}$$

解　将上述问题转化为等价的线性规划标准型．原问题的目标函数为求极小值，将目标函数两边乘以（-1）转换为求极大值，即求解目标为

$$\max f = -x_1 + 2x_2 - x_3.$$

原问题约束条件中的前两个均为不等式，在第一个不等式的左边加上一个松弛变量 x_4，在第二个不等式的左边减去一个松弛变量 x_5，将两者转换为等式约束，即有

$$x_1 + x_2 + x_3 + x_4 = 5,$$
$$x_1 + x_2 - 2x_3 - x_5 = 2.$$

原问题对决策变量 x_3 没有非负限制，因此，可引入非负变量 x_3^1 和 x_3^2，令

$$x_3 = x_3^1 - x_3^2,$$

并将上式代入到目标函数和各约束条件中，最后整理可得与原问题等价的线性规划的标准型为

$$\max f = -x_1 + 2x_2 - x_3,$$

$$\text{s. t.} \begin{cases} x_1 + x_2 + x_3 + x_4 = 5, \\ x_1 + x_2 - 2x_3 - x_5 = 2, \\ -x_1 + 2x_2 + 3x_3^1 - 3x_3^2 = 6, \\ x_1, x_2, x_3^1, x_3^2, x_4, x_5 \geqslant 0. \end{cases}$$

6.3 线性规划的解法

线性规划问题的求解主要有图形解法和单纯形解法．图解法主要应用于二维问题的求解，这种方法的优点是直观性强，计算方便，但缺点是只适用问题中有两个变量的情况．单纯形法是求解一般线性规划问题的基本方法．

6.3.1 线性规划模型的图解法

图解法既简单又便于直观地把握线性规划的基本性质．图解法的步骤是：建立直角坐标系，将约束条件在图上表示；确立满足约束条件的解的范围；绘制出目标函数的图形；确定最优解．

例 6.8 对例 6.1 建立的模型用图解法来求解．

解 例 6.1 的模型为

$$\max z = 72x_1 + 64x_2, \qquad\qquad ①$$

$$\text{s. t.} \begin{cases} x_1 + x_2 \leqslant 50, & ② \\ 12x_1 + 8x_2 \leqslant 480, & ③ \\ 3x_1 \leqslant 100, & ④ \\ x_1 \geqslant 0, x_2 \geqslant 0. & ⑤ \end{cases}$$

将约束条件②～⑤中的不等号改为等号，可知它们是 $x_1 O x_2$ 平面上的 5 条直线，依次记为 $L_1 \sim L_5$，如图 6-1 所示，其中 L_4，L_5 分别是 x_1 轴和 x_2 轴，并且不难判断，②～⑤式界定的可行域是 5 条直线上的线段所围成的 5 边形 $OABCD$．容易算出，5 个顶点的坐标为

$$O\,(0,0),\ A\,(0,50),\ B\,(20,30),$$
$$C\,(100/3,10),\ D\,(100/3,0).$$

目标函数①中的 z 取不同数值时，在图 6-1 中表示一组平行直线（虚线），称等值线族．如 $z=0$ 是过 O 点的直线，$z=2400$ 是过 D 点的直线，$z=$ 3040 是过 C 点的直线，…．可以看出，当这族平行线向右上方移动到过 B 点时，$z=3360$，达到最大值，所以 B 点的坐标（20，30）即为最优解：

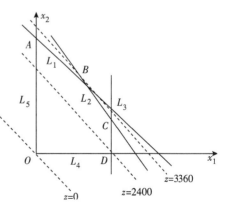

图 6-1　例 6.1 模型的图解法

$$x_1 = 20, x_2 = 30, z = 3360.$$

我们直观地看到，由于目标函数和约束条件都是线性函数，在二维情形，可行域为直线段围成的凸多边形，目标函数的等值线为直线，于是最优解一定在凸多边形的某个顶点取得.

推广到 n 维情形，可以猜想，最优解会在约束条件所界定的一个凸多面体（可行域）的某个顶点取得. 线性规划的理论告诉我们，这个猜想是正确的.

6.3.2　线性规划模型的单纯形法

图解法虽然直观、简便，但不适用于变量数多于三个以上时，无法用图解法求解，所以我们给出一种代数法——单纯形法. 下面就举例说明单纯形法计算步骤.

例 6.9　用单纯形法求解下列线性规划问题.

$$\max f = 4x_1 + 3x_2,$$

$$\text{s. t.} \begin{cases} 3x_1 - 4x_2 \leqslant 12, \\ 3x_1 + 3x_2 \leqslant 10, \\ 4x_1 + 2x_2 \leqslant 8, \\ x_1, x_2 \geqslant 0. \end{cases}$$

解　先将上述线性规划模型化为标准型，由于约束条件均为不等式，因此加入非负松弛变量 x_3、x_4 和 x_5，将其转换为等式，得转化后的标准型为

$$\max f = 4x_1 + 3x_2,$$

$$\text{s. t.} \begin{cases} 3x_1 + 4x_2 + x_3 = 12, \\ 3x_1 + 3x_2 + x_4 = 10, \\ 4x_1 + 2x_2 + x_5 = 8, \\ x_1, x_2, x_3, x_4, x_5 \geqslant 0. \end{cases}$$

此时，约束方程组构成的矩阵 A 为

$$A = \begin{bmatrix} 3 & 4 & 1 & 0 & 0 \\ 3 & 3 & 0 & 1 & 0 \\ 4 & 2 & 0 & 0 & 1 \end{bmatrix},$$

各个设计变量对应的列向量为

$$P_1 = \begin{bmatrix} 3 \\ 3 \\ 4 \end{bmatrix}, P_2 = \begin{bmatrix} 4 \\ 3 \\ 2 \end{bmatrix}, P_3 = \begin{bmatrix} 1 \\ 0 \\ 0 \end{bmatrix}, P_4 = \begin{bmatrix} 0 \\ 1 \\ 0 \end{bmatrix}, P_5 = \begin{bmatrix} 0 \\ 0 \\ 1 \end{bmatrix}.$$

此时线性规划问题有 5 个变量，3 个独立约束方程，即 $m=3$，$n=5$，矩阵的秩为 3，因此可以选取 3 个线性无关的列向量作为线性规划问题的一个基矩阵. 不难发现，由松弛变量对应的列向量构成的矩阵 A 的子矩阵为一个单位矩阵，此 3 个列向量显然线性无关，于是选择 x_3、x_4 和 x_5 作为初始基变量，即 $x_B = [x_3, x_4, x_5]$.

此时，由列向量 P_3，P_4 和 P_5 所构成的基矩阵可表达为

$$B_1 = [P_3, P_4, P_5] = \begin{bmatrix} 1 & 0 & 0 \\ 0 & 1 & 0 \\ 0 & 0 & 1 \end{bmatrix}$$

此时的非基变量为 $x_N = [x_1, x_2]$，令非基变量 $x_1 = x_2 = 0$，易得到一个基本解为

$$x_{B_1} = B^{-1}b = b = \begin{bmatrix} 12 \\ 10 \\ 8 \end{bmatrix}.$$

可见，上述基本解的各个分量均为非负，因此该基本解为线性规划的一个基本可行解．B 为线性规划问题的一个可行基，因此单纯形法的第一步工作已经完成，下面开始迭代，即寻找新的非基变量来代替现有的一个基本变量，使得目标函数值有所增加，直到找到最优解．

这个过程可以通过构建单纯形表来完成．

针对例 6.9 中的线性规划问题，构建初始单纯形表如表 6-8 所示．从行的角度讲，给出的每一行代表一个约束方程（把目标函数也看成约束方程放在第一行）；从列的角度讲，对于约束方程而言，表中的第一列即为约束方程右边的值，而对于目标函数 f 则填写根据当前基计算出来的目标函数值．其他的每一列在对应于一个变量．

表 6-8　初始单纯形表

	value（值）	x_1	x_2	x_3	x_4	x_5
f	0	−4	−3	0	0	0
x_3	12	3	4	1	0	0
x_4	10	3	3	0	1	0
x_5	8	4	2	0	0	1

由求初始基可行解的过程可知，如果线性规划标准型的向量 b 的每一个分量均为正，当令所有的松弛变量为基时，总是可以找到一组基可行解．这时每个基变量的值等于其方程右端的常数．由于此时目标函数的系数全为 0，所以对应的目标函数值也为零．此处的目的就是要使用单纯形法，通过交换运算，在每次迭代的最后，使得当前基变量对应的矩阵 B 形成一个单位阵，并且目标函数中对应于基变量的系数变为零．

以下对单纯形表进行迭代，寻找该线性规划问题的最优解．

1）对基于 B_1 的初始单纯形表的操作

（1）对单纯形法进行判别．

单纯形表如表 6-8 所示，检验数存在负数，即 $b_{01} = -4$，$b_{03} = -3$，可知基 B_1 对应的解不满足最优解条件，又 b_{01}，b_{03} 对应的列向量中的分量有非负数，所以需要进行换基迭代．

（2）确定进基变量、出基变量和枢点项．

在两个非负检验数中，取最小值，即 $b_{01} = -4$，b_{01} 对应变量 x_1 所在的列，因此 x_1 为进基变量，标记进基变量所在列的符号 $s=1$．接着确定出基变量和枢点项．

变量对应的列向量为

$$P_1 = \begin{bmatrix} 3 \\ 3 \\ 4 \end{bmatrix},$$

P_1 中的 3 个分量均为正数，即 $b_{11}=3$，$b_{21}=3$，$b_{31}=4$，此时需要分别计算单纯形表中 $\frac{b_{i0}}{b_{i1}}$ （$i=1$，2，3）的值，即将除第一行外 value 列的值和对应变量 x_1 列的值相除，然后取其最小值，这样即可以确定出基变量和枢点项，于是，有

$$\min\left(\frac{b_{10}}{b_{11}}, \frac{b_{20}}{b_{21}}, \frac{b_{30}}{b_{31}}\right) = \min\left(\frac{12}{3}, \frac{10}{3}, \frac{8}{4}\right) = \min\left(4, \frac{10}{3}, 2\right) = 2,$$

即选择的是$\dfrac{b_{30}}{b_{31}}$，于是 $r=3$，枢点项为 b_{31}，枢点项所在行对应的变量为 x_5，因此出基变量为 x_5．把枢点项用括号括起来，如表 6-9 所示．

表 6-9　标记枢点项

	value（值）	x_1	x_2	x_3	x_4	x_5
f	0	-4	-3	0	0	0
x_3	12	3	4	1	0	0
x_4	10	3	3	0	1	0
x_5	8	(4)	2	0	0	1

（3）调换基变量，构造新的基矩阵 B_2 和单纯形表．

由以上推导得，出基变量为 x_5，进基变量为 x_1，因此在 B_1 中加入 P_1，换出 P_5，得到线性规划问题的新的基矩阵 B_2：

$$B_2 = [P_3, P_4, P_1] = \begin{bmatrix} 1 & 0 & 3 \\ 0 & 1 & 3 \\ 0 & 0 & 4 \end{bmatrix}.$$

下一步就是使当前基变量对应的矩阵 B_2 形成一个单位阵，并且目标函数中对应于基变量的系数变为零．为此，采用 Gauss-Jordan 消去法，这个方法分为两个阶段．

首先为了使 $b_{rs}=1$，需将枢点项所在行的所有数值除以枢点项的值，即用 b_{rs} 去除第 r 行的各数，得到新表，第 r 行各数如表 6-10 所示．

表 6-10　Gauss-Jordan 消元 1

	value（值）	x_1	x_2	x_3	x_4	x_5
f	0	-4	-3	0	0	0
x_3	12	3	4	1	0	0
x_4	10	3	3	0	1	0
x_1	28	(1)	1/2	0	0	1/4

然后是使得 b_{rs} 所在列的元素除了 b_{rs} 以外，其他的数值均为零，即形成单位阵的一个列向量，并且目标函数中对应于基变量的系数变为零．在此采用的方法是将某一行的元素加上或减去枢点项行对应元素的若干倍．例如，为了使 f 所在行、新基变量 x_1 所在列的元素变为零，由表 6-10 可知，应当用 f 所在行的元素减去枢点项所在行的元素的 4 倍．

注意　对应元素采用同样的法则．同时，需要对枢点项行以外的所有进行类似的操作，即：

（1）原表中第 0 行各数减去第 3 行相应数 $b_{01}/b_{31}=-4$ 倍，得新表第 0 行的数；

（2）原表中第 1 行各数减去第 3 行相应数 $b_{11}/b_{21}=3$ 倍，得新表第 1 行的数；

（3）原表中第 2 行各数减去第 3 行相应数 $b_{21}/b_{31}=3$ 倍，得新表第 2 行的数．

经过以上变换，新的基矩阵变成单位矩阵，且目标函数对应于基变量的系数为零，即建立了基于新的基矩阵 B_2 的单纯形表. 至此，完成了一次迭代，如表 6-11 所示.

表 6-11　Gauss-Jordan 消元 2

	value（值）	x_1	x_2	x_3	x_4	x_5
f	8	0	-1	0	0	1
x_3	6	0	5/2	1	0	$-3/4$
x_4	4	0	3/2	0	1	$-3/4$
x_1	2	1	1/2	0	0	1/4

在得到新的单纯形表后，需要判断是否进行再次迭代，采用的方法和上一次的迭代完全相同.

2）对基的单纯形表的操作

（1）对单纯形表进行判别.

单纯形表 6-11 的检验数存在负数，即 $b_{02}=-1$，可知基 B_2 对应的解不满足最优解条件，又 b_{02} 对应的列向量中的分量有非负数，因此还需要进行换基迭代.

（2）确定进基变量、出基变量和枢点项.

由于 b_{02} 对应设计变量 x_2 所在列，因此 x_2 为进基变量，标记进基变量所在列的符号 $s=2$. 以下确定出基变量和枢点项.

设计变量 x_2 对应的列向量为 $P'_2=\begin{bmatrix}5/2\\3/2\\1/2\end{bmatrix}$ 中的 3 个分量均为正数，则分别计算单纯形表

中 $\frac{b_{i0}}{b_{i2}}(i=1，2，3)$ 的值，可知

$$\min\left(\frac{b_{10}}{b_{12}},\frac{b_{20}}{b_{22}},\frac{b_{30}}{b_{32}}\right)=\min\left(\frac{12}{5},\frac{8}{3},4\right)=\frac{12}{5}.$$

于是 $r=1$，枢点项为 b_{12}，枢点项所在行对应的变量为 x_3，因此出基变量为 x_3. 把枢点项用括号括起来，如表 6-12 所示.

表 6-12　标记枢点项

	value（值）	x_1	x_2	x_3	x_4	x_5
f	8	0	-1	0	0	1
x_3	6	0	(5/2)	1	0	$-3/4$
x_4	4	0	3/2	0	1	$-3/4$
x_5	2	1	1/2	0	0	1/4

（3）调换基变量，构造新的基矩阵 B_3 和单纯形表.

出基变量为 x_3，进基变量为 x_2，因此在 B_1 中加入 P_1 得到线性规划问题新的基矩阵 B_3：

$$B_3=[P_2,P_4,P_1]=\begin{bmatrix}4&0&3\\3&1&3\\2&0&4\end{bmatrix}.$$

对表 6-9 采用 Gauss-Jordan 消元法，使得括号中的元素 $b_{rs}=1$，即将枢点项所在行的所有元素均除以 b_{rs}，结果如表 6-13 所示．

表 6-13　Gauss-Jordan 消元法 1

	value（值）	x_1	x_2	x_3	x_4	x_5
f	8	0	-1	0	0	1
x_2	12/5	0	(1)	2/5	0	$-3/10$
x_4	4	0	3/2	0	1	$-3/4$
x_1	2	1	1/2	0	0	1/4

然后对表继续做行变换，可得到基于矩阵的单纯形表，如表 6-14 所示．

表 6-14　Gauss-Jordan 消元法 2

	value（值）	x_1	x_2	x_3	x_4	x_5
f	52/5	0	0	2/5	0	7/10
x_2	12/5	0	1	2/5	0	$-3/10$
x_4	2	0	0	$-3/5$	1	$-3/10$
x_1	4/5	1	0	$-1/5$	0	2/5

线性规划问题的单纯形表中，检验数已没有负数，即所有的 $b_{0i}>0\,(i=1,2,3)$，因此基矩阵 B_3 对应的基本可行解是线性规划问题的最优解．此时线性规划问题的最优解为

$$X^* = \begin{bmatrix} x_2 \\ x_4 \\ x_1 \end{bmatrix} = \begin{bmatrix} 12/5 \\ 2/5 \\ 4/5 \end{bmatrix}.$$

对应的目标函数极值为 $f^* = \dfrac{52}{5}$．

6.4　应用 MATLAB 解线性规划问题

6.4.1　线性规划问题的 MATLAB 标准型

线性规划问题的 MATLAB 标准型为

$$\min f = cx,$$
$$\text{s. t.} \begin{cases} Ax \leqslant b, \\ \mathrm{Aeq} \cdot x = \mathrm{beq}, \\ \mathrm{vlb} \leqslant x \leqslant \mathrm{vub}. \end{cases}$$

在上述模型中，有一个需要极小化的目标函数 f，以及需要满足的约束条件．

假设 x 为 n 维变量，且线性规划问题具有不等式约束 m_1 个、等式约束 m_2 个，那么：c 为 n 维行向量，x，vlb 和 vub 均为 n 维列向量，b 为 m_1 维列向量，beq 为 m_2 维列向量，A 为 $m_1 \times n$ 矩阵，Aeq 为 $m_2 \times n$ 矩阵．

需要注意以下两点：

（1）在该 MATLAB 标准型中，目的是对目标函数求极小值，如果遇到是对目标函数求

极大的问题，在使用 MATLAB 求解时，需要在函数前面加一个负号转化为对目标函数求极小的问题．

（2）MATLAB 标准型中的不等式约束形式为"$\leqslant$"，如果在线性规划问题中出现"$\geqslant$"形式的不等式约束，则我们需要在两边乘以（-1）使其转化为 MATLAB 中的"$\leqslant$"形式．如果在线性规划问题中出现了"$<$"或者"$>$"的约束形式，则我们需要通过添加松弛变量使得不等式约束变为等式约束．

例 6.10 对如下线性规划问题

$$\max f = -5x_1 + 5x_2 + 13x_3,$$
$$\text{s. t.} \begin{cases} -x_1 + x_2 + 3x_3 \leqslant 20, \\ 12x_1 + 4x_2 + 10x_3 \geqslant 90, \\ x_1, x_2, x_3 \geqslant 0, \end{cases}$$

要转化为 MATLAB 标准形式，则需要经过如下几个步骤．

（1）原问题是目标函数求极大值，因此添加负号使问题目标为 $f = 5x_1 - 5x_2 - 13x_3$；

（2）原问题中存在"$\geqslant$"形式的不等式约束，在两边乘以（-1）使其转变为 $-12x_1 - 4x_2 - 10x_3 \leqslant -90$．

于是不等式组合约束写成矩阵形式为

$$\begin{bmatrix} 1 & -1 & -3 \\ 12 & 4 & 10 \end{bmatrix} \begin{bmatrix} x_1 \\ x_2 \\ x_3 \end{bmatrix} \leqslant \begin{bmatrix} 20 \\ -90 \end{bmatrix}.$$

6.4.2 MATLAB 函数调用

MATLAB 优化工具箱中求解线性规划问题的命令为 linprog，其函数调用方法有多种形式．

1. x＝linprog (f，A，b)

用于求解下面形式的线性规划模型：

$$\min f = cx,$$
$$\text{s. t. } Ax \leqslant b.$$

2. x＝linprog (f，A，b，Aeq，beq)

用于求解下面形式的线性规划模型：

$$\min f = cx,$$
$$\text{s. t.} \begin{cases} Ax \leqslant b, \\ \text{Aeq} \cdot x = \text{beq}. \end{cases}$$

若没有不等式约束 $Ax \leqslant b$ 存在，则只需令 $A =$ [ ]，$b =$ [ ]．

3. x＝linprog (f，A，b，Aeq，beq，vlb，vub)

用于求解模型：

$$\min f = cx,$$
$$\text{s. t.} \begin{cases} Ax \leqslant b, \\ \text{Aeq} \cdot x = \text{beq}, \\ \text{vlb} \leqslant x \leqslant \text{vub}. \end{cases}$$

若没有等式约束：$Aeq \cdot x = beq$，则令 Aeq＝[ ]，beq＝[ ].

4. x＝linprog（f，A，b，Aeq，beq，vlb，vub，x_0）

也用于求解模型 3，将初值设置为 x_0.

5. x＝linprog（f，A，b，Aeq，beq，vlb，vub，x_0，options）

解命令求解的线性规划问题，将初值设置为 x_0，options 为指定的优化参数. 在线性规划问题中可以用到的设置参数如表 6-15 所示.

表 6-15 linprog 中的控制参数设置

参 数 名 称	参 数 设 置
iagnostics	设置是否显示函数优化中的诊断信息，可以选择 on 或者 off（默认值），该功能主要显示一些退出信息，即 linprog 函数运算终止的原因
isplay	设置显示信息的级别，当该参数值为 off 时，不显示任何输出信息；当参数值为 iter 时，将显示每一步迭代的输出信息，iter 参数值仅对大型规模算法和中型规模的单纯形算法有效；当参数值为 final 时，仅显示最终的输出信息
Simplex	当参数值为 on 时，函数采用单纯形算法求解（仅适用于中小规模算法）
LargeScale	设置是否采用大型规模算法，当参数值为 on（默认值）时，使用大型规模算法；当参数值为 off 时，使用中型规模算法
MaxIter	算法运行中的最大迭代次数，对于大型规模算法，默认值为 85，对于单纯形算法，其默认值为 10×设计变量的个数，对于中型有效集算法为 10×max（变量的个数，不等式约束的个数＋边界约束的个数）
TolFun	函数计算终止的误差限，对于大型规模算法其默认值为 10^{-8}，该控制参数对于中型规模的有效集算法无效

[x，fval]＝linprog（…）：除了返回线性规划的最优解 x 外，还返回目标函数最优值 fval，即 fval＝cx.

[x，fval，exitflag]＝linprog（…）：除了返回线性规划的最优解 x 最优值 fval 外还返回终止迭代的条件信息 exitflag. 下面来看 linprog 函数的输出参数.

linprog 函数返回的输出参数有 x，fval，exitflag，lambda 和 output.

输出参数 x 为线性规划问题的最优解；

输出参数 fval 为线性规划问题在最优解 x 处的函数值；

输出参数 exitflag 返回的是优化函数计算终止时的状态指示，说明算法终止的原因，其取值及相应的说明如表 6-16 所示.

表 6-16 exitflag 的值及说明

exitflag 值	说　　明
1	表示函数收敛到解 x
0	表示达到最大迭代次数限制 options. MaxIter
−2	表示没有找到问题的可行解
−3	表示所求解的线性规划问题是无界的
−4	表示在算法执行过程中遇到了 NaN 值
−5	表示原线性规划问题和其对偶问题均不可行
−7	没有找到问题的可行解

$[x，fval，exitflag，output]＝linprog（…）$：在上个命令的基础上，输出关于优化算法的信息变量 output，其结构及说明如表 6-17 所示.

表 6-17　output 的结构及说明

属性名称	属性含义
output. iterations	优化过程的实际迭代次数
output. algorithm	优化过程中所采用的具体算法
output. cgiterations	0（仅用于大型规模算法，为了后向兼容性而设置的参数）
output. message	退出信息

输出参数 lambda 是返回线性规划问题最优解 x 处的拉格朗日乘子的一个结构变量，其总维数等于约束条件的个数，其非零分量对应于起作用的约束条件，其属性如表 6-18 所示.

表 6-18　lambda 的属性

属性名称	属性含义
ineqlin	线性不等式约束对应的 Lagrange 乘子向量
eqlin	线性等式约束对应的 Lagrange 乘子向量
upper	上界约束对应的 Lagrange 乘子向量
lower	下界约束对应的 Lagrange 乘子向量

6.4.3　已建立模型的 MATLAB 求解

例 6.11　用 MATLAB 软件求解例 6.1 的线性规划模型：

$$\max z = 72x_1 + 64x_2,$$

$$\text{s. t.} \begin{cases} x_1 + x_2 \leqslant 50, \\ 12x_1 + 8x_2 \leqslant 480, \\ 3x_1 \leqslant 100, \\ x_1 \geqslant 0, x_2 \geqslant 0. \end{cases}$$

解　用命令 3，编写 M 文件 xxgh_1.m 如下：

```
c= [- 72 - 64];
A= [1 1;12 8;3 0];
b= [50;480;100];
Aeq= [ ];
beq= [ ];
vlb= [0;0];
vub= [ ];
[x,fval]= linprog(c,A,b,Aeq,beq,vlb,vub);
```

运行结果：

```
x=
    20.0000
    30.0000
fval=
```

```
- 3.3600e+ 03
```

例 6.12　用 MATLAB 软件求解例 6.2 的线性规划模型.

解　用命令 3，编写 M 文件 xxgh＿2. m 如下：

```
c= [- 24 - 16 - 44 - 32 3 3];
A= [4 3 0 0 4 3;4 2 0 0 6 4;1 0 0 0 1 0];
b= [600;480;100];
Aeq= [0 0 1 0 - 0.8 0;0 0 0 1 0 - 0.75];
beq= [0;0];
vlb= [0;0;0;0;0;0];
vub= [];
[x,fval]= linprog(c,A,b,Aeq,beq,vlb,vub)
```

运行结果：

```
x=
        0.0000
      168.0000
       19.2000
        0.0000
       24.0000
        0.0000
fval=
- 3.4608e+ 003
```

例 6.13　用 MATLAB 软件求解例 6.3 的线性规划模型.

解　编写 M 文件 xxgh＿3. m 如下：

```
% 目标函数,为转化为极小,故取目标函数中决策变量的相反数
c= [0;0;0;- 1.40;0;0;- 1.25;0;- 1.15;0;- 1.06];
% 线性等式约束
Aeq= [1 1 0 0 0 0 0 0 0 0 0;
    0 1.06 - 1 - 1 - 1 0 0 0 0 0 0;
    1.15 0 0 0 1.06 - 1 - 1 - 1 0 0 0;
    0 0 1.15 0 0 0 1.06 - 1 - 1 0;
    0 0 0 0 0 1.15 0 0 0 1.06 - 1];
beq= [100000;0;0;0;0];
% 变量的边界约束
vlb= [0;0;0;0;0;0;0;0;0;0;0];
vub= [Inf;Inf;Inf;30000;Inf;Inf;40000;Inf;Inf;Inf;Inf];
% 求最优解 x 和目标函数值 fval,由于无不等式约束,故设置 A= [],b= []
[x,fval,ex]= linprog(c,[],[],Aeq,beq,vlb,vub)
```

上述程序执行后，输出结果为

```
x=
    1.0e+ 004 *
        5.7033
        4.2967
        1.5545
```

```
         3.0000
         0.0000
         1.4900
         4.0000
         1.0689
         2.9206
         0.0000
         1.7135
   fval=
   - 1.4375e+ 005
   ex=
        1
```

由运行结果可得

ex＝1，fv＝－143750，及 x＝[57033，42967，15545，30000，0，14900，40000，10689，29206，0，17135].

参照表 6-1，得到最优投资方案为：

第 1 年项目 A 投资 57033 元，项目 D 投资 42967 元；

第 2 年项目 A 投资 15545 元，项目 C 投资 30000 元，项目 D 不投资；

第 3 年项目 A 投资 14900 元，项目 B 投资 40000 元；项目 D 投资 10689 元；

第 4 年项目 A 投资 29206 元，项目 D 不投资；

第 5 年项目 D 投资 17135 元.

到第 5 年年底收回本利和 143750 元为最佳收益.

例 6.14　用 MATLAB 软件求解例 6.4 的线性规划模型.

解　编写 M 文件 xxgh _ 4. m 如下：

```
f= - [0.15,0,1,0.08,0.12]';
a= [1,- 1,- 1,- 1;0,- 1,- 1,1];
b= [0,0]';
Aeq= [1,1,1,1];
beq= 1;
vlb= zeros(4,1);
[x,fval,exit]= linprog(f,a,b,Aeq,beq,vlb,[]);
```

上述程序执行后得到

```
exit= 1,fval= - 0.13,及 x= [0.5,0.25,0,0.25].
```

这表示 4 个项目的投资比例分别为 0.5，0.25，0，0.25 时，为该单位收益最大的投资方案，其最大收益为 13％.

例 6.15　用 MATLAB 软件求解例 6.5 的线性规划模型.

解　编写 M 文件 xxgh _ 5. m 如下：

```
% 目标函数
c= [10;12;9;8;11;13];
% 线性等式约束
Aeq= [1 1 1 0 0 0;
      0 0 0 1 1 1
```

```
     1 0 0 1 0 0
     0 1 0 0 1 0
     0 0 1 0 0 1];
beq= [35;55;26;38;26];
% 决策变量的边界约束,由于无上界约束,故设置 vub= [Inf;Inf;Inf;Inf;Inf;Inf]
vlb= [0;0;0;0;0;0];
vub= [Inf;Inf;Inf;Inf;Inf;Inf];
% 求最优解 x 和目标函数值 fval,由于无不等式约束,故设置 A= [],b= []
[x,fval]= linprog(c,[],[],Aeq,beq,vlb,vub)
```

上述程序执行后，求得

```
x=
    0. 0000
    9. 0000
   26. 0000
   26. 0000
   29. 0000
    0. 0000
fval=
     869. 0000
```

例 6.16   用 MATLAB 软件求解例 6.6 的线性规划模型.

解   编写 M 文件 xxgh_6.m 如下：

```
f= ones(6,1);
z₂= zeros(1,2);z₃= zeros(1,3);z₄= zeros(1,4);
a= [1,z₄,1;1,1,z₄;0,1,1,z₃];
a= [a;z₂,1,1,z₂;z₃,1,1,0; z₄,1,1];
a= - a;vlb= zeros(6,1);
b= - [60,70,60,50,20,30]';
[x,fv,ex]= linprog(f,a,b,[],[],vlb,[])
```

上述程序执行后，输出如下：

```
x=
   41. 9176
   28. 0824
   35. 0494
   14. 9506
    9. 8606
   20. 1394
fv=
     150. 0000
ex=
     1
```

即求得

ex＝1,fv＝150,及 x＝[41.9176,28.0824,35.0494,14.9506,9.8606,20.1394].

因为决策变量 x 为人数，应考虑整数解，为此作

```
> > p= round(x')
p=
    42    28    35    15    10    20
```

下面可在命令窗口作如下运算,

```
> > a * p'
ans=
  - 62
  - 70
  - 63
  - 50
  - 25
  - 30
```

不难得到

a * p'≤b, 又 p'≥vlb, 这表明 p 为可行解. 又有 p * f=150, 由此可见, p = [42,28, 35, 15, 10, 20] 也是最优解. 这样得到该公司在 6 个时间段的最优解安排为:

1 时段安排 42 人; 2 时段安排 48 人; 3 时段安排 35 人; 4 时段安排 15 人; 5 时段安排 10 人; 6 时段安排 20 人. 总计安排人员 150 人.

6.5　建模案例: 投资的收益和风险

1. 问题的提出

市场上有 n 种资产 S_i (i=1, 2, $\cdots$, n) 可以选择作为投资项目, 现用数额为 M 的相当大的资金作一个时期的投资. 这 n 种资产在这一时期内购买 S_i 的平均收益率为 r_i, 风险损失率为 q_i. 投资越分散, 总的风险越小, 总体风险可用投资的 S_i 中最大的一个风险来度量.

购买 S_i 时要付交易费 (费率 p_i), 当购买额不超过给定值 u_i 时, 交易费按购买 u_i 计算. 另外, 假定同期银行存款利率是 r_0 (r_0=5%), 既无交易费又无风险.

已知 n=4 时相关数据如表 6-19 所示.

表 6-19　不同资产的收益率、风险损失率、交易费率与限额

S_i	$r_i/\%$	$q_i/\%$	$p_i/\%$	$u_i/$元
S_1	28	2.5	1	103
S_2	21	1.5	2	198
S_3	23	5.5	4.5	52
S_4	25	2.6	6.5	40

试给该公司设计一种投资组合方案, 即用给定的资金 M, 有选择地购买若干种资产或存银行生息, 使净收益尽可能大, 且总体风险尽可能小.

2. 基本假设和符号规定

基本假设

(1) 投资数额 M 相当大, 为了便于计算, 假设 M=1;

(2) 投资越分散, 总的风险越小;

(3) 总体风险用投资项目 S_i 中最大的一个风险来度量；

(4) n 种资产 S_i 之间是相互独立的；

(5) 在投资的这一时期内，r_i，p_i，q_i，r_0 为定值，不受意外因素影响；

(6) 净收益和总体风险只受 r_i，p_i，q_i 影响，不受其他因素干扰.

符号规定

S_i：第 i 种投资项目，如股票，债券；

r_i，p_i，q_i：分别为 S_i 的平均收益率、交易费率、风险损失率；

u_i：S_i 的交易定额；

r_0：同期银行利率；

x_i：投资项目 S_i 的资金；

a：投资风险度；

Q：总体收益；

ΔQ：总体收益的增量.

3. 问题分析与模型建立

(1) 总体风险用所投资的 S_i 中最大的一个风险来衡量，即 $\max \{q_i x_i \mid i=1, 2, \cdots, n\}$.

(2) 购买 S_i 所付交易费是一个分段函数，即

$$\text{交易费} = \begin{cases} p_i x_i, & x_i > u_i, \\ p_i u_i, & x_i \leqslant u_i. \end{cases}$$

而题目所给定的定值 u_i(单位：元)相对总投资 M 很小，$p_i u_i$ 更小，可以忽略不计，这样购买 S_i 的净收益为 $(r_i - p_i)x_i$.

(3) 要使净收益尽可能大，总体风险尽可能小，这是一个多目标规划模型

$$\text{目标函数}: \begin{cases} \max \sum_{i=0}^{n} (r_i - p_i)x_i, \\ \min\{\max\{q_i x_i\}\}, \end{cases}$$

$$\text{约束条件}: \begin{cases} \sum_{i=0}^{n} (1+p_i)x_i = M, \\ x_i \geqslant 0, i = 0,1,\cdots,n. \end{cases}$$

(4) 模型简化　a. 在实际投资中，投资者承受风险的程度不一样，若给定风险一个界限 a，使最大的一个风险 $q_i x_i / M \leqslant a$，可以找到相应的投资方案. 这样把多目标规划变成一个目标的线性规划.

模型 1　固定风险水平，优化收益

$$\text{目标函数}: Q = \max \sum_{i=0}^{n} (r_i - p_i)x_i,$$

$$\text{约束条件}: \begin{cases} \dfrac{q_i x_i}{M} \leqslant a, \\ \sum_{i=0}^{n} (1+p_i)x_i = M, \quad x_i \geqslant 0, i = 0,1,\cdots,n. \end{cases}$$

b. 若投资者希望总盈利至少达到水平 k 以上，在风险最小的情况下寻找相应的投资

组合.

模型 2　固定盈利水平，极小化风险

目标函数: $R = \min\{\max\{q_i x_i\}\}$,

约束条件:
$$\begin{cases} \sum_{i=0}^{n}(r_i - p_i)x_i \geqslant k, \\ \sum_{i=0}^{n}(1 + p_i)x_i = M, \quad x_i \geqslant 0, i = 0,1,\cdots,n. \end{cases}$$

c. 投资者在权衡资产风险和预期收益两方面时，希望选择一个令自己满意的投资组合. 因此对风险，收益赋予权重 S（$0 < S \leqslant 1$），S 称为投资偏好系数.

模型 3　目标函数: $\min S\{\max\{q_i x_i\}\} - (1 - S)\sum_{i=0}^{n}(r_i - p_i)x_i$,

约束条件: $\sum_{i=0}^{n}(1 + p_i)x_i = M, x_i \geqslant 0, i = 0,1,2,\cdots,n.$

4. 模型 1 的求解

对表 6-19 中给定的数据，模型 1 为

$$\min f = -0.05x_0 - 0.27x_1 - 0.19x_2 - 0.185x_3 - 0.185x_4,$$

$$\text{s. t.}\begin{cases} x_0 + 1.01x_1 + 1.02x_2 + 1.045x_3 + 1.065x_4 = 1, \\ 0.025x_1 \leqslant a, \\ 0.015x_2 \leqslant a, \\ 0.055x_3 \leqslant a, \\ 0.026x_4 \leqslant a, \\ x_i \geqslant 0 \ (i = 0,1,2,3,4). \end{cases}$$

由于 a 是任意给定的风险度，到底怎样给定没有一个准则，不同的投资者有不同的风险度. 我们从 $a = 0$ 开始，以步长 $\Delta a = 0.001$ 进行循环搜素，编写 M 文件 xxgh_7. m 如下:

```
a= 0;
while(1.1- a)> 1
c= [- 0.05 - 0.27 - 0.19 - 0.185 - 0.185];
Aeq= [1 1.01 1.02 1.045 1.065];
beq= [1];
A= [0 0.025 0 0 0;0 0 0.015 0 0;0 0 0 0.055 0;0 0 0 0 0.026];
b= [a; a; a; a];
vlb= [0;0;0;0;0];
vub= [ ];
[x,val]= linprog(c,A,b,Aeq,beq,vlb,vub);
a
Q= - val
x= x'
Q= - val
plot(a,Q,'.')
axis([0 0.1 0 0.5])
```

```
hold on
a= a+ 0.001;
end
xlabel('a'),ylabel('Q')
```

5. 结果分析

由计算结果及图 6-2，可得以下结论：

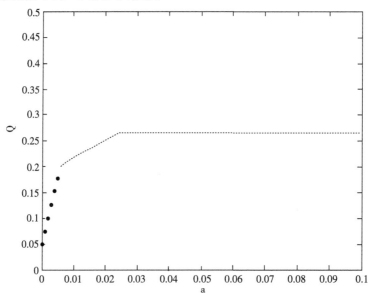

图 6-2　投资组合的收益-风险

（1）风险大，收益也大．

（2）当投资越分散时，投资者承担的风险越小，这与题意一致．即：冒险的投资者会出现集中投资的情况，保守的投资者则尽量分散投资．

（3）图 6.2 曲线上的任一点都表示该风险水平的最大可能收益和该收益要求的最小风险．对于不同风险的承受能力，选择该风险水平下的最优投资组合．

（4）在 $a=0.006$ 附近有一个转折点，在这一点左边，风险增加很少时．利润增长很快；在这一点右边，风险增加很大时．利润增长很缓慢．所以对于风险和收益没有特殊偏好的投资者来说，应该选择曲线的拐点作为最优投资组合，大约是 $a^*=0.6\%$，$Q^*=20\%$，所对应投资方案如表 6-20 所示．

表 6-20　最优投资组合方案

风险度	收益	x_0	x_1	x_2	x_3	x_4
0.0060	0.2019	0	0.2400	0.400	0.1091	0.2212

习　题　6

6.1　某工厂需要生产 A 和 B 两种产品以满足市场的需求．这两种产品的生产均需要经过两道工艺流程．每生产 1kg 的 A 产品在第一道工艺流程耗时 4 小时，在第二道工艺流程耗时 6 小时；每生产 1kg 的 B 产品在第一道工艺流程耗时 6 小时，在第二道工艺流程耗时 8 小时；按生产计划的要求，可供用的第一道工艺流程工时为 240 小时，第二道工艺流程工时为 480 小时.

　　在化学品生产的过程中一般会伴随着副产品的产生，该工厂在生产 B 产品的同时，会产出副产品 C，每生产 1kg 的 B 产品会产生 2kg 的副产品 C，而不需外加任何费用，由于副产品 C 的利用率问题，使得产品 C 中的一部分可盈利，其他部分只能报废.

　　根据核算，出售 1kg 的 A 产品可以盈利 600 元，出售 1kg 的 B 产品可以盈利 1000 元，出售 1kg 的 C 产品可以盈利 300 元，而报废 1kg 的 C 产品亏损 200 元. 经市场预测，在计划期内，产品 C 最大销售量为 50kg，此时，应当如何安排 A 和 B 两种产品的产量，使该工厂的预计总盈利达到最大？

　　6.2　某种作物在全部生产过程中至少需要 32kg 氮，磷以 24kg 为宜，钾不得超过 42kg. 现有甲、乙、丙、丁 4 种肥料，各种肥料的单位价格及氮、磷、钾的含量如表 6-21 所示.

表 6-21　各种肥料的单位价格及氮、磷、钾的含量

各种元素	甲	乙	丙	丁
氮	0.03	0.3	0	0.15
磷	0.05	0	0.2	0.10
钾	0.14	0	0	0.07
价格	0.04	0.15	0.10	0.125

　　问应如何配合使用这些肥料，使得既能满足作物对氮、磷、钾的需要，又能使施肥成本最低？

　　6.3　一架货机有三个货舱：前舱、中舱和后舱. 三个货舱所能装载的货物最大重量和体积的限制如表 6-22 所示. 并且为了飞机的平衡，三个货舱装载的货物重量必须与其最大的容许量成比例.

表 6-22　三个货舱装载货物的最大容许质量和体积

	前舱	中舱	后舱
重量限制/t	10	16	8
体积限制/m³	6800	8700	5300

　　现有四种货物供该货机本次飞行装运，其有关信息如表 6-23 所示，最后一列指装运后所获得的利润.

表 6-23　四种装运货物的信息

	质量/t	体积/（m³·t⁻¹）	利润/（元·t⁻¹）
货物 1	18	480	3100
货物 2	15	650	3800
货物 3	23	580	3500
货物 4	12	390	2850

　　应如何安排装运，使该货机本次飞行获利最大？

第7章 整 数 规 划

在讨论线性规划问题时,其中的变量 x_j 是非负实数,它可以是整数,也可以是分数、小数.但是,在实际问题中,常常要求问题中全部或部分变量只能取整数值.例如,在研究经济管理问题时,装货的车辆数,工人看管的机器数,完成工作的人员数等,都要求取非负整数值.此外还有一些问题,如要不要在某地建设工厂,可选用一个逻辑变量 x,令 $x=1$ 表示在该地建厂,$x=0$ 表示不在该地建厂,逻辑变量也是只允许取整数值的一类变量.这就需要我们研究整数规划问题.整数规划是在 1958 年由 R.E. 戈莫里提出割平面法之后形成独立分支的,几十多年来发展出很多方法以解决各种问题.

0-1 规划在整数规划中占有重要地位:一方面,许多实际问题,如指派问题、选址问题、送货问题都可归结为此类规划;另一方面,任何有界变量整数规划都与 0-1 规划等价,用 0-1 规划方法还可以把多种非线性规划问题表示成整数规划问题,所以不少人致力于这个方向的研究.

7.1 整数规划模型

7.1.1 整数规划的定义

如果一个数学规划的某些决策变量或全部决策变量要求必须取整数,则这样的问题称为整数规划问题.其模型称为整数规划模型.

如果整数规划的目标函数和约束条件都是线性的,则称此问题为整数线性规划问题.在这里我们只就整数线性规划问题进行讨论,整数线性规划的一般模型为

$$\max(\min)z = \sum_{j=1}^{n} c_j x_j,$$

$$\text{s.t.} \begin{cases} \sum_{j=1}^{n} a_{ij} x_j \leqslant (=, \geqslant) b_i \ (i=1,2,\cdots,m), \\ x_j \geqslant 0, x_j \ \text{为整数}(j=1,2,\cdots,n). \end{cases} \tag{7.1}$$

7.1.2 整数规划的分类

整数规划问题根据对设计变量的取值要求的不同可以分为四类:

(1) 纯(完全)整数规划:所有决策变量全限制为整数的整数规划;

(2) 混合整数规划:部分决策变量限制为整数的整数规划;

(3) 0-1 整数规划:所有决策变量全限制为 0-1 的整数规划;

(4) 混合 0-1 整数规划:部分决策变量限制为 0-1 的整数规划.

7.1.3 整数规划模型

例 7.1(背包问题) 有一辆最大货运量为 10t 的货车,用它装载 3 种货物,每种货物的

单位重量及相应单位价值如表 7-1 所示. 问应如何装载, 可使得价值最大.

表 7-1　每种货物的单位重量及相应单位价值表

货物编号 i	1	2	3
单位重量（t）	3	4	5
单位价值 C_i	4	5	6

解　设第 i 种货物装载件的数量为 x_i $(i=1, 2, 3)$, 则所述问题可表为

$$\max z = 4x_1 + 5x_2 + 6x_3,$$

$$\mathrm{s.\,t.} \begin{cases} 3x_1 + 4x_2 + 5x_3 \leqslant 10, \\ x_i \geqslant 0, x_i \text{ 为整数 } (i=1,2,3). \end{cases}$$

例 7.2（二维装包问题）　有一船能装的货物有 5 种, 各种货物的单位重量 w_i 和单位体积 v_i 以及它们相应的价值 R_i 如表 7-2 表示.

表 7-2　各种货物的单位重量、单位体积及它们相应的价值表

货物 i	w_i	v_i	R_i
1	5	1	4
2	8	8	7
3	3	6	6
4	2	5	5
5	7	4	4

货物的最大载重和体积分别 $w=112$, $v=109$. 现要确定怎样装运这些货物, 使装运价值最大.

解　设第 i 种货物装载件数为 x_i $(i=1, 2, 3, 4, 5)$. 则所述问题为

$$\max z = 4x_1 + 7x_2 + 6x_3 + 5x_4 + 4x_5,$$

$$\mathrm{s.\,t.} \begin{cases} 5x_1 + 8x_2 + 3x_3 + 2x_4 + 7x_5 \leqslant 112, \\ x_1 + 8x_2 + 6x_3 + 5x_4 + 4x_5 \leqslant 109, \\ x_i \geqslant 0, x_i \text{ 为整数 } (i=1,\cdots,5). \end{cases}$$

7.1.4　整数规划求解思想和方法分类

对于实际中的某些整数规划问题, 我们有时候可以想到先略去整数约束的条件, 即视为一个线性规划问题, 求得线性规划问题的最优解后, 对其进行取整处理. 实际上, 这样得到的解未必是原整数规划问题的最优解, 因此不能按照线性规划问题实数最优解简单取整而获得. 但可借鉴这种思想.

整数规划求解方法总的基本思想是: 去掉整数规划问题 (7.1) 中的整数约束, 使构成易于求解的新问题: 松弛问题 A, 如果这个问题 A 的最优解是原问题 (7.1) 的可行解, 则就是原问题 (7.1) 的最优解; 否则, 在保证不改变松弛问题 A 的可行性的条件下, 修正松弛问题 A 的可行域 (增加新的约束), 变成新的问题 B, 再求问题 B 的解, 重复这一过程直到修正问题的最优解在原问题 (7.1) 的可行域内为止, 即得到了原问题的最优解.

注　如果每个松弛问题的最优解不是原问题的可行解，则这个解对应的目标函数值 $\bar{z}$ 一定是原问题最优值 z^* 的上界（最大化问题），即 $z^* \leqslant \bar{z}$；或下界（最小化问题），即 $z^* \geqslant \bar{z}$.

整数规划求解方法分类：

（1）分枝定界法：可求纯或混合整数线性规划；

（2）割平面法：可求纯或混合整数线性规划；

（3）隐枚举法：求解 0-1 整数规划，有过滤隐枚举法和分枝隐枚举法；

（4）匈牙利法：解决指派问题（0-1 规划特殊情形）；

（5）蒙特卡罗法：求解各种类型规划.

下面将简要介绍常用的几种求解整数规划的方法.

7.2　分枝定界法

对于求解整数规划问题，大家往往会有如下两种想法.

（1）通过枚举法对结果进行比较总能求出最好方案这种想法对于维数很低的整数规划问题行得通，但是随着决策变量维数的增加，该方法的计算量是不可想象的，因而此种想法不可行.

（2）考虑先忽略整数约束，解一个线性规划问题，然后用四舍五入法取得其整数解，事实证明，这样经过四舍五入的结果甚至不是问题的可行解. 下面看一个例子.

例 7.3　求解如下整数规划问题：

$$
\begin{aligned}
&\max f = 5x_1 + 8x_2, \\
&\text{s. t.}\begin{cases} x_1 + x_2 \leqslant 6, \\ 5x_1 + 9x_2 \leqslant 45, \\ x_1, x_2 \geqslant 0, \text{且取整数值}. \end{cases}
\end{aligned}
\tag{7.2}
$$

若忽略整数约束，可得最优解和目标函数值为 $x^* = [9/4,\ 15/4]^T$；$f^* = 165/4$，对其进行四舍五入，可得一组整数解 $x^{(1)} = [2,\ 4]^T$，发现其不满足 $5x_1 + 9x_2 \leqslant 45$，故不是整数规划式（7.2）的可行解；我们再尝试一下舍位归整，得到另一组整数解 $x^{(2)} = [2,\ 3]^T$，它是原整数规划的可行解，目标函数值 $f^{(2)} = 34$，但 $x^{(2)}$ 不是最优解，因为若令 $x^{(3)} = [0,\ 5]^T$，可以验证 $x^{(3)}$ 为原整数规划的可行解，且 $f^{(3)} = 40 > f^{(2)}$ 所以上述两种想法均不可行.

下面给出求解整数规划的一般方法：分枝定界法.

对有约束条件的最优化问题（其可行解为有限数）的可行解空间恰当地进行系统搜索，这就是分枝与定界内容. 通常，把全部可行解空间反复地分割为越来越小的子集，称为分枝；并且对每个子集内的解集计算一个目标下界（对于最小值问题），这称为定界. 在每次分枝后，凡是界限不优于已知可行解集目标值的那些子集不再进一步分枝，这样，许多子集可不予考虑，这称剪枝. 这就是分枝定界法的主要思路.

分枝定界法可用于解纯整数或混合整数规划问题. 在 20 世纪 60 年代初由 Land Doig 和 Dakin 等提出. 由于这方法灵活且便于用计算机求解，所以现在它已是解整数规划的重要方法. 目前已成功地应用于求解生产进度问题、旅行推销员问题、工厂选址问题、背包问题及分配问题等.

设有最大化的整数规划问题 A，与它相应的线性规划为问题 B，从解问题 B 开始，若其

最优解不符合 A 的整数条件，那么问题 B 的最优目标函数值必是整数规划问题 A 的最优目标函数值 z^* 的上界，记作 $\bar{z}$；而 A 的任意可行解的目标函数值将是 z^* 的一个下界 $\underline{z}$. 分枝定界法就是将 B 的可行域分成子区域再求其最大值的方法. 逐步减小 $\bar{z}$ 和增大 $\underline{z}$，最终求到 z^*. 现用下例来说明.

例 7.4　用分枝定界法求解下述整数规划问题

$$\max z = 40x_1 + 90x_2,$$
$$\text{s. t.} \begin{cases} 9x_1 + 7x_2 \leqslant 56, \\ 7x_1 + 20x_2 \geqslant 70, \\ x_1, x_2 \geqslant 0 \text{ 且为整数}. \end{cases}$$

解　（1）记原整数规划问题为 A，去掉 x_1，x_2 为整数的约束，得到松弛问题 B，求解得 B 的最优解为：$x_1 = 4.8092$，$x_2 = 1.8168$，$z_0 = 355.8779$，可见它不符合整数条件. 这时 z_0 是问题 A 的最优目标函数值 z^* 的上界，记作 $\bar{z}$. 而 $x_1 = 0$，$x_2 = 0$ 显然是问题 A 的一个整数可行解，这时 $z = 0$，是 z^* 的一个下界，记作 $\underline{z}$，即 $0 \leqslant z^* \leqslant 356$.

（2）分枝：因为 x_1，x_2 当前均为非整数，故不满足整数要求，任选一个进行分枝. 设选 x_1 进行分枝，把可行集分成 2 个子集：$x_1 \leqslant [4.8092] = 4$，$x_1 \geqslant [4.8092] + 1 = 5$，因为 4 与 5 之间无整数，故这两个子集内的整数解必与原可行集整数解一致. 这样将 B 分为两个子问题 B_1 和 B_2.

问题 B_1：

$$\max z = 40x_1 + 90x_2,$$
$$\text{s. t.} \begin{cases} 9x_1 + 7x_2 \leqslant 56, \\ 7x_1 + 20x_2 \leqslant 70, \\ 0 \leqslant x_1 \leqslant 4, x_2 \geqslant 0. \end{cases}$$

最优解为：$x_1 = 4.0$，$x_2 = 2.1$，$z_1 = 349$.

问题 B_2：

$$\max z = 40x_1 + 90x_2,$$
$$\text{s. t.} \begin{cases} 9x_1 + 7x_2 \leqslant 56, \\ 7x_1 + 20x_2 \geqslant 70, \\ x_1 \geqslant 5, x_2 \geqslant 0. \end{cases}$$

最优解为：$x_1 = 5.0$，$x_2 = 1.57$，$z_1 = 341.4$.

再定界：$0 \leqslant z^* \leqslant 349$.

（3）对问题 B_1 再进行分枝得问题 B_{11} 和 B_{12}，它们的最优解为

B_{11}：$x_1 = 4$，$x_2 = 2$，$z_{11} = 340$；

B_{12}：$x_1 = 1.43$，$x_2 = 3.00$，$z_{12} = 327.14$.

再定界：$340 \leqslant z^* \leqslant 341$，并将 B_{12} 剪枝.

（4）对问题 B_2 再进行分枝得问题 B_{21} 和 B_{22}，它们的最优解为

B_{21}：$x_1 = 5.44$，$x_2 = 1.00$，$z_{21} = 308$；

B_{22}：无可行解.

将 B_{21}，B_{22} 剪枝.

于是可得原整数问题 A 的最优解为

$$x_1 = 4, x_2 = 2, z^* = 340.$$

从以上解题过程可得用分枝定界法求解整数规划（最大化）问题的步骤．

开始，将要求解的整数规划问题称为问题 A，将与它相应的线性规划问题称为问题 B.

（1）解问题 B 可能得到以下情况之一：

①B 没有可行解，这时 A 也没有可行解，则停止．

②B 有最优解，并符合问题 A 的整数条件，B 的最优解即为 A 的最优解，则停止．

③B 有最优解，但不符合问题 A 的整数条件，记它的目标函数值为 $\bar{z}$.

（2）用观察法找问题 A 的一个整数可行解，一般可取 $x_j = 0$，$j = 1, \cdots, n$，试探，求得其目标函数值，并记作 $\underline{z}$. 以 z^* 表示问题 A 的最优目标函数值；这时有

$$\underline{z} \leqslant z^* \leqslant \bar{z}$$

进行迭代．

第一步　分枝，在 B 的最优解中任选一个不符合整数条件的变量 x_j，其值为 b_j，以 $[b_j]$ 表示小于 b_j 的最大整数．构造两个约束条件

$$x_j \leqslant [b_j] \text{ 和 } x_j \geqslant [b_j] + 1.$$

将这两个约束条件，分别加入问题 B，求两个后继规划问题 B_1 和 B_2. 不考虑整数条件求解这两个后继问题．

定界，以每个后继问题为一分枝标明求解的结果，与其他问题的解的结果中，找出最优目标函数值最大者作为新的上界 $\bar{z}$. 从已符合整数条件的各分支中，找出目标函数值为最大者作为新的下界 $\underline{z}$，若无则用 $\underline{z} = 0$.

第二步　比较与剪枝，各分枝的最优目标函数中若有小于 $\underline{z}$ 者，则剪掉这枝，即以后不再考虑了．若大于 $\underline{z}$，且不符合整数条件，则重复第一步骤．一直到最后得到 $z^* = \underline{z}$ 为止．得最优整数解 x_j^*，$j = 1, \cdots, n$.

7.3　0-1 整数规划

0-1 整数规划是整数规划中的特殊情形，它的变量 x_j 仅取 0 或 1 两个数值．这时 x_j 称为 0-1 变量，或称二进制变量．x_j 仅取值 0 或 1 这个条件可由下述约束条件：

$$0 \leqslant x_j \leqslant 1, \text{且为整数}$$

所代替，是和一般整数规划的约束条件形式一致的．在实际问题中，如果引入 0-1 变量，就可以把有各种情况需要分别讨论的线性规划问题统一在一个问题中讨论了．我们先介绍 0-1 变量在建立数学模型中的作用，再研究解法．

7.3.1　0-1 变量在建立数学模型中的作用

1. m 个约束条件中只有 k 个起作用

设 m 个约束条件可表为

$$\sum_{j=1}^{n} a_{ij} x_j \leqslant b_i, \quad i = 1, 2, \cdots, m. \tag{7.3}$$

定义

$$y_i = \begin{cases} 1, & \text{假定第 } i \text{ 个约束条件不起作用,} \\ 0, & \text{假定第 } i \text{ 个约束条件起作用,} \end{cases}$$

又 M 为任意大的正数，则

$$\begin{cases} \sum_{j=1}^{n} a_{ij}x_j \leqslant b_i + My_i, \\ \sum_{i=1}^{m} y_i = m - k. \end{cases}$$

表明约束条件（7.3）的 m 个约束条件中只有 $(m-k)$ 个的右端项为 (b_i+M)，不起约束作用，因而只有 k 个约束条件真正起到约束作用.

2. 约束条件的右端项可能是 r 个值 b_1，b_2，$\cdots$，b_r 中的某一个，即

$$\sum_{j=1}^{n} a_{ij}x_j \leqslant b_1 \text{ 或 } b_2 \text{ 或 } \cdots \text{ 或 } b_r. \tag{7.4}$$

定义

$$y_i = \begin{cases} 1, & \text{假定约束右端项为 } b_i, \\ 0, & \text{否则}. \end{cases}$$

由此，上述约束条件（7.4）可表示为

$$\begin{cases} \sum_{j=1}^{n} a_{ij}x_j \leqslant \sum_{i=1}^{r} b_i y_i, \\ \sum_{i=1}^{r} y_i = 1. \end{cases}$$

3. 两组条件中满足其中一组

若 $x_1 \leqslant 4$，则 $x_2 \geqslant 2$，否则（即 $x_1 > 4$ 时），$x_2 \leqslant 3$.

定义

$$y_i = \begin{cases} 1, & \text{第 } i \text{ 组条件不起作用}, \\ 0, & \text{第 } i \text{ 组条件起作用}, \end{cases} \quad i = 1, 2.$$

又 M 为任意大的正数，则问题可表达为

$$\begin{cases} x_1 \leqslant 4 + y_1 M, \\ x_2 \geqslant 2 - y_1 M, \\ x_1 > 4 - y_2 M, \\ x_2 \leqslant 3 + y_2 M, \\ y_1 + y_2 = 1. \end{cases}$$

4. 关于固定费用的问题（fixed cost problem）

在讨论线性规划时，有些问题是要求使成本为最小. 那时总设固定成本为常数，并在线性规划的模型中不必明显列出. 但有些固定费用（固定成本）的问题不能用一般线性规划来描述，但可改变为混合整数规划来解决，见下例.

例 7.5　某工厂为了生产某种产品，有几种不同的生产方式可供选择，如选定的生产方式投资高（选购自动化程度高的设备），由于产量大，因而分配到每件产品的变动成本就降低；反之，如选定的生产方式投资低，将来分配到每件产品的变动成本可能增加. 所以必须全面考虑. 今设有三种方式可供选择，令

x_j 表示采用第 j 种方式时的产量；

c_j 表示采用第 j 种方式时每件产品的变动成本；

K_j 表示采用第 j 种方式时的固定成本.

为了说明成本的特点，暂不考虑其他约束条件. 采用各种生产方式的总成本分别为

$$C_j(x_j) = \begin{cases} K_j + c_j x_j, & x_j > 0, \\ 0, & x_j = 0, \end{cases} \quad j = 1, 2, 3, \tag{7.5}$$

式中 K_j 是同产量无关的生产准备费用. 问题的目标是使所有产品的总生产成本为最小. 即

$$\min z = (k_1 y_1 + c_1 x_1) + (k_2 y_2 + c_2 x_2) + (k_3 y_3 + c_3 x_3). \tag{7.6}$$

在构成目标函数时，为了统一在一个问题中讨论，现引入 0-1 变量 y_j，令

$$y_j = \begin{cases} 1, & \text{当采用第 } j \text{ 种生产方式,即 } x_j > 0 \text{ 时,} \\ 0, & \text{当不采用第 } j \text{ 种生产方式,即 } x_j = 0 \text{ 时.} \end{cases}$$

于是将式（7.5）和（7.6）表达为

$$\min z = (k_1 y_1 + c_1 x_1) + (k_2 y_2 + c_2 x_2) + (k_3 y_3 + c_3 x_3),$$
$$\text{s. t. } \begin{cases} 0 \leqslant x_j \leqslant M y_j, \\ y_j = 0 \text{ 或 } 1, \end{cases} \quad j = 1, 2, 3, \tag{7.7}$$

其中 M 是个充分大的常数. 式（7.7）说明，当 $x_j > 0$ 时，y_j 必须为 1；当 $x_j = 0$ 时，为使 z 极小化，应有 $y_j = 0$.

5. 投资场所的选定——相互排斥的计划

例 7.6 某公司拟在市东、西、南三区建立门市部. 有 7 个位置（点）A_i（$i = 1$, 2，…，7）可供选择. 规定

在东区：由 A_1，A_2，A_3 三个点中至多选两个；

在西区：由 A_4，A_5 两个点中至少选一个；

在南区：由 A_6，A_7 两个点中至少选一个.

如选用 A_i 点，设备投资估计为 b_i 元，每年可获利润估计为 c_i 元，但投资总额不能超过 B 元. 问应选择哪几个点可使年利润为最大？

解题时先引入 0-1 变量 x_i（$i = 1$, 2，…，7）. 令

$$x_i = \begin{cases} 1, & \text{当 } A_i \text{ 点被选中,} \\ 0, & \text{当 } A_i \text{ 点没被选中,} \end{cases} \quad i = 1, 2, \cdots, 7.$$

于是问题可列写成

$$\max z = \sum_{i=1}^{7} c_i x_i,$$

$$\text{s. t. } \begin{cases} \sum_{i=1}^{7} b_i x_i \leqslant B, \\ x_1 + x_2 + x_3 \leqslant 2, \\ x_4 + x_5 \geqslant 1, \\ x_6 + x_7 \geqslant 1, \\ x_i = 0 \text{ 或 } 1. \end{cases}$$

6. 相互排斥的约束条件

（1）有两个相互排斥的约束条件 $5x_1 + 4x_2 \leqslant 24$ 或 $7x_1 + 3x_2 \leqslant 45$. 为了统一在一个问题中，引入 0-1 变量 y，则上述约束条件可改写为

$$\begin{cases} 5x_1 + 4x_2 \leqslant 24 + yM, \\ 7x_1 + 3x_2 \leqslant 45 + (1-y)M, \\ y = 0 \text{ 或 } 1, \end{cases}$$

其中 M 是充分大的正数.

(2) 约束条件 $x_1 = 0$ 或 $500 \leqslant x_1 \leqslant 800$ 可改写为 $\begin{cases} 500y \leqslant x_1 \leqslant 800y, \\ y = 0 \text{ 或 } 1. \end{cases}$

(3) 如果有 m 个互相排斥的约束条件：

$$a_{i1}x_1 + \cdots + a_{in}x_n \leqslant b_i, \quad i = 1, 2, \cdots, m. \tag{7.8}$$

为了保证这 m 个约束条件只有一个起作用，我们引入 m 个 0-1 变量 y_i $(i=1, 2, \cdots, m)$ 和一个充分大的正数数 M，则问题可表达为

$$\begin{cases} a_{i1}x_1 + \cdots + a_{in}x_n \leqslant b_i + y_iM, \quad i = 1, 2, \cdots, m, \\ y_1 + \cdots + y_m = m - 1. \end{cases} \tag{7.9}$$

7.3.2 0-1 整数规划的应用

例 7.7（资金分配问题） 某企业在今后 3 年内有 5 项工程考虑施工，每项工程的期望收入和年度费用如表 7-3 所示. 假定每一项已经批准的工程要在整个 3 年内完成. 企业应如何选择工程，使企业总收入最大？

表 7-3　每项工程的期望收入和年度费用表

工　程	费用/千元			收入/千元
	第一年	第二年	第三年	
1	5	1	8	20
2	4	7	10	40
3	3	9	2	20
4	7	4	1	15
5	8	6	10	30
最大可用基金数	25	25	25	

解　作决策变量 x_1, x_2, x_3, x_4, x_5：

$$x_i = \begin{cases} 1, & \text{选择第 } i \text{ 项工程,} \\ 0, & \text{放弃第 } i \text{ 项工程,} \end{cases} \quad i = 1, 2, 3, 4, 5.$$

这样，所述问题的数学模型为

$$\max z = 20x_1 + 40x_2 + 20x_3 + 15x_4 + 30x_5,$$

$$\text{s. t.} \begin{cases} 5x_1 + 4x_2 + 3x_3 + 7x_4 + 8x_5 \leqslant 25, \text{可用基金限制,} \\ x_1 + 7x_2 + 9x_3 + 4x_4 + 6x_5 \leqslant 25, \text{可用基金限制,} \\ 8x_1 + 10x_2 + 2x_3 + x_4 + 10x_5 \leqslant 25, \text{可用基金限制,} \\ x_i = 0 \text{ 或 } 1 (i = 1, 2, 3, 4, 5). \end{cases}$$

例 7.8（选课策略） 某大学规定，运筹学专业硕士生毕业时必须至少学习过两门数学类课程，两门运筹学类课程和两门计算机类课程. 课程中有些只归属某一类，如微积分归属数学类，计算机程序归属计算机类，但有些课程是跨类的，如运筹学可以归为运筹学类和数

学类，数据结构归属计算机类和数学类，管理统计归属数学类和运筹学类，计算机模拟归属计算机类和运筹学类，预测归属运筹学类和数学类．凡归属两类的课程选学后可认为两类中各学一门课．此外有些课程要求先学习某些基础课程，如学计算机模拟或数据结构必须先修计算机程序，学管理统计必须先修微积分，学预测必须先修管理统计．问一个硕士生最少应学几门，哪几门，才能满足上述要求？

解 对微积分、运筹学、数据结构、管理统计、计算机模拟、计算机程序、预测 7 门课程分别编号为 1，2，…，7. 设

$$x_i = \begin{cases} 1, & \text{选学第 } i \text{ 门课程,} \\ 0, & \text{不选学第 } i \text{ 门课程,} \end{cases} \quad i = 1, \cdots, 7.$$

至此可得本题的数学模型如下：

$$\min z = x_1 + x_2 + x_3 + x_4 + x_5 + x_6 + x_7,$$

$$\text{s. t.} \begin{cases} x_1 + x_2 + x_3 + x_4 + x_7 \geqslant 2, \\ x_2 + x_4 + x_5 + x_7 \geqslant 2, \\ x_3 + x_5 + x_6 \geqslant 2, \\ x_1 \geqslant x_4, x_6 \geqslant x_5, \\ x_6 \geqslant x_3, x_4 \geqslant x_7, \\ x_i = 0 \text{ 或 } 1, i = 1, \cdots, 7. \end{cases}$$

例 7.9（集装箱装载问题） 今有一集装箱，拟运装物品 A_1，A_2，A_3，A_4，A_5．A_1，A_3 由于体积大，集装箱内只能装其中之一；A_4，A_5 由于重量大也只能装一件；A_1 是食品不能与化工产品 A_4 放在一起；A_2 与 A_5 是配套产品，必须一起运输．A_1 的运费是 1500 元，A_2 的运费是 2000 元，A_3 的运费是 1300 元，A_4 的运费是 2300 元，A_5 的运费是 2800 元．问集装箱应如何装箱才能使运费收入最大？

解 设 $A_1 \sim A_5$ 是否装运的控制变量是 $x_1 \sim x_5$，$x_i = 0$，表示 A_i 不装，$x_i = 1$，表示 A_i 装箱运输．由此可知所述问题的数学模型

$$\max z = 1.5 x_1 + 2 x_2 + 1.3 x_3 + 2.3 x_4 + 2.8 x_5,$$

$$\text{s. t.} \begin{cases} x_1 + x_3 \leqslant 1, & \text{二者取一,} \\ x_4 + x_5 \leqslant 1, & \text{二者取一,} \\ x_2 - x_5 = 0, & \text{同时装箱或同时不装箱,} \\ x_1 + x_4 = 1, & \text{二者取一,但必装其一,} \\ x_i = 0 \text{ 或 } 1 & (i = 1, \cdots, 5). \end{cases}$$

例 7.10（当决策变量是连续变量时的选择） Good Products 公司的研究与发展部开发了三种可行的新产品．然而，为了使产品的生产线不至于过分多样化，管理层决定实施以下限制.

限制 1 在三种新产品中，至多有两个被投入生产．每一种产品可能由两个工厂中的任何一个生产，出于管理的考虑，管理层实施了第二条限制：

限制 2 两个工厂中，仅有一个能作为新产品的唯一生产者.

对于两个工厂来说，每种新产品的单位生产成本都是相同的．然而，由于两个工厂的生产设备不同，对每种产品的单位生产时间可能是不同的．数据在表 7-4 中给出，还有一些其他信息，包括在投产后每周每种新产品的预期销售数量．目标是选择新产品、工厂和生产新

产品的生产率，以使总利润最大化.

表 7-4　例 7.9 的数据（Good Products 公司的问题）

	单位产品的生产时间/小时			每周可用生产时间/小时
	产品 1	产品 2	产品 3	
工厂 1	3	4	2	30
工厂 2	4	6	2	40
单位利润/千美元	5	7	3	
销售量/每周	7	5	9	

在某种程度上，这个问题类似一个标准的产品混合问题，实际上，如果我们去掉两个约束条件并且满足表 7-4 列出的两个工厂（所以这两个工厂生产产品的工艺是不同的）生产每种新产品所用的时间，那么原问题就变成了此类问题. 特别地，令 x_1，x_2，x_3 分别代表新产品的生产率，那么模型变为

$$\max z = 5x_1 + 7x_2 + 3x_3,$$
$$\text{s.t.}\begin{cases}3x_1 + 4x_2 + 2x_3 \leqslant 30,\\ 4x_1 + 6x_2 + 2x_3 \leqslant 40,\\ x_1 \leqslant 7,\\ x_2 \leqslant 5,\\ x_3 \leqslant 9,\\ x_1 \geqslant 0, x_2 \geqslant 0, x_3 \geqslant 0.\end{cases}$$

对于实际问题，必然会给模型加入约束：

严格大于零的决策变量（x_1，x_2，x_3）数必须 $\leqslant 2$.

这个约束条件无法用一个线性或整数规划模型，所以关键问题是怎样把它转化成此类模型，以便使用相应的算法求解总体模型. 如果决策变量是 0-1 变量，那么约束条件就可以表达为 $x_1 + x_2 + x_3 \leqslant 2$. 然而，我们需要一个更为复杂的模型，不仅涉及辅助 0-1 变量，还包含连续变量. 第二个约束要求前两个约束条件 $3x_1 + 4x_2 + 2x_3 \leqslant 30$ 与 $4x_1 + 6x_2 + 2x_3 \leqslant 40$ 被下述约束条件代替：

$$3x_1 + 4x_2 + 2x_3 \leqslant 30$$

或

$$4x_1 + 6x_2 + 2x_3 \leqslant 40.$$

至于哪个约束条件被保留，对应于选择哪个工厂来生产新产品，我们在前面的已讨论了怎样把或约束转化为一个线性或整数规划形式，我们再次用到一个辅助 0-1 变量.

使用辅助 0-1 变量建模

为了处理第一个要求，我们引入三个辅助 0-1 变量（y_1，y_2，y_3），它们的含义如下

$$y_j = \begin{cases}1, & \text{如果 } x_j > 0 \text{ 被保留（生产成品 } j），\\ 0, & \text{如果 } x_j = 0 \text{ 被保留（不生产成品 } j），\end{cases}$$

$j = 1$，2，3. 为了把该含义融入模型中，我们把 M（一个非常大的正数）加到约束条件当中

$$x_1 \leqslant My_1,$$
$$x_2 \leqslant My_2,$$
$$x_3 \leqslant My_3,$$
$$y_1 + y_2 + y_3 \leqslant 2,$$
$$y_j \text{ 是 0-1 变量}, j = 1,2,3,$$

或约束与非负约束使决策变量的可行域是有限的（每个 $x_j \leqslant M$）. 因此，在每个约束条件 $x_j \leqslant My_j$ 中，$y_j = 1$ 使 x_j 能取到可行域中的任何值，而 $y_j = 0$ 强迫 $x_j = 0$（反过来，$x_j > 0$ 强迫 $y_j = 1$，而 $x_j = 0$ 是允许 y_j 等于 0 或 1）. 结果，因为第四个约束条件令至多能有两个 y_j 等于 1，所以它等价于至多能有两种新产品被投入生产.

为了处理第二个要求，我们引入第二个辅助 0-1 变量 y_4，其含义如下

$$y_4 = \begin{cases} 1, & \text{如果 } 4x_1 + 6x_2 + 2x_3 \leqslant 40 \text{ 被保留（选择第二个工厂），} \\ 0, & \text{如果 } 3x_1 + 4x_2 + 2x_3 \leqslant 30 \text{ 被保留（选择第一个工厂）.} \end{cases}$$

正如本节所论述的，通过加上如下约束条件来表达该含义，

$$3x_1 + 4x_2 + 2x_3 \leqslant 30 + My_4,$$
$$4x_1 + 6x_2 + 2x_3 \leqslant 40 + M(1 - y_4),$$

y_4 是 0-1 变量.

结果，在我们把所有变量移到约束条件的左边后，完整的模型是

$$\max z = 5x_1 + 7x_2 + 3x_3,$$

$$\text{s. t.} \begin{cases} x_1 \leqslant 7, \\ x_2 \leqslant 5, \\ x_3 \leqslant 9, \\ x_1 - My_1 \leqslant 0, \\ x_2 - My_2 \leqslant 0, \\ x_3 - My_3 \leqslant 0, \\ y_1 + y_2 + y_3 \leqslant 2, \\ 3x_1 + 4x_2 + 2x_3 - My_4 \leqslant 30, \\ 4x_1 + 6x_2 + 2x_3 + My_4 \leqslant 40 + M, \\ \text{且 } x_1 \geqslant 0, x_2 \geqslant 0, x_3 \geqslant 0, \\ y_j \text{ 是 0-1 变量}, j = 1,2,3,4. \end{cases}$$

现在这是一个 MIP 模型，三个变量 x_j 不要求是整数，四个 0-1 变量，所以可以用 MIP 算法来求解这个模型. 求得结果是（在用一个相当大的数替换 M 之后），最优解是 $y_1 = 1$，$y_2 = 0$，$y_3 = 1$，$y_4 = 1$，$x_1 = 5\frac{1}{2}$，$x_2 = 0$ 和 $x_3 = 9$；也就是，选择生产第一和第三个新产品，选择第二个工厂生产新产品，并且第一个产品的生产率是每周 $5\frac{1}{2}$ 个，第三个产品的生产率是每周 9 个. 结果总利润是每周 54500 美元.

7.4　指派问题

在生产管理上，为了完成某项任务，总是希望把有关人员最合理地分派，以发挥其最大

工作效率，创造最大的价值.

例 7.11 设某单位有 5 个人，每个人都有能力去完场 5 项科研任务中的任一项，由于 5 个人的能力和经验不同，所需完成各项任务的时间如表 7-5 所示. 问分配何人去完成何项任务使完成所有任务的总时间最少?

表 7-5 各人完成各项任务时间表

人员 \ 项目	A	B	C	D	E
甲	3	8	2	10	3
乙	8	7	2	9	7
丙	6	4	2	7	5
丁	8	4	2	3	5
戊	9	10	6	9	10

解 设决策变量 x_{ij} 表示第 i 个人去完成第 j 项任务，即

$$x_{ij} = \begin{cases} 1, & \text{当第 } i \text{ 个人去完成第 } j \text{ 项任务时,} \\ 0, & \text{当第 } i \text{ 个人不去完成第 } j \text{ 项任务时,} \end{cases} \quad 1 \leqslant i,j \leqslant 5.$$

每个人去完成一项任务的约束为

$$\begin{cases} x_{11} + x_{12} + x_{13} + x_{14} + x_{15} = 1, \\ x_{21} + x_{22} + x_{23} + x_{24} + x_{25} = 1, \\ x_{31} + x_{32} + x_{33} + x_{34} + x_{35} = 1, \\ x_{41} + x_{42} + x_{43} + x_{44} + x_{45} = 1, \\ x_{51} + x_{52} + x_{53} + x_{54} + x_{55} = 1. \end{cases}$$

每一项任务必有一个人去完成的约束为

$$\begin{cases} x_{11} + x_{21} + x_{31} + x_{41} + x_{51} = 1, \\ x_{12} + x_{22} + x_{32} + x_{42} + x_{52} = 1, \\ x_{13} + x_{23} + x_{33} + x_{43} + x_{53} = 1, \\ x_{14} + x_{24} + x_{34} + x_{44} + x_{54} = 1, \\ x_{15} + x_{25} + x_{35} + x_{45} + x_{55} = 1. \end{cases}$$

目标函数为完成任务的总时间最少:

$$\begin{aligned} \min z = \ & 3x_{11} + 8x_{12} + 2x_{13} + 10x_{14} + 3x_{15} + 8x_{21} + 7x_{22} + 2x_{23} + 9x_{24} + 7x_{25} \\ & + 6x_{31} + 4x_{32} + 2x_{33} + 7x_{34} + 5x_{35} + 8x_{41} + 4x_{42} + 2x_{43} + 3x_{44} + 5x_{45} \\ & + 9x_{31} + 10x_{32} + 6x_{33} + 9x_{34} + 10x_{35}. \end{aligned}$$

记系数矩阵为

$$C = (c_{ij}) = \begin{bmatrix} 3 & 8 & 2 & 10 & 3 \\ 8 & 7 & 2 & 9 & 7 \\ 6 & 4 & 2 & 7 & 5 \\ 8 & 4 & 2 & 3 & 5 \\ 9 & 10 & 6 & 9 & 10 \end{bmatrix},$$

称为效益矩阵或价值矩阵，c_{ij} 表示第 i 个人去完成第 j 项任务时有关的效益 (时间、费用、价值等). 故该问题为一个 0-1 规划模型:

$$\min z = \sum_{i=1}^{5} \sum_{j=1}^{5} c_{ij} x_{ij},$$

$$\text{s. t.} \begin{cases} \sum_{j=1}^{5} x_{ij} = 1 (i = 1, 2, \cdots, 5), \\ \sum_{i=1}^{5} x_{ij} = 1 (j = 1, 2, \cdots, 5), \\ x_{ij} = 0 \text{ 或 } 1 (i, j = 1, 2, \cdots, 5). \end{cases}$$

一般的指派（或分配）问题：设某单位有 n 个人，有 n 项任务需要完成，由于各项任务的性质和每人的专长不同，如果分配每个人仅能完成一项任务，应如何分派才能使完成 n 项任务的总效益最高？

设该指派问题的效益矩阵 $C = (c_{ij})_{n \times n}$，其元素 c_{ij} 表示分配第 i 个人去完成第 j 项任务时的效益．或者说：以 c_{ij} 表示给定的第 i 单位资源分配用于第 j 项活动时的有关效益．

设问题的决策变量为 x_{ij} 是 0-1 变量，即

$$x_{ij} = \begin{cases} 1, & \text{当第 } i \text{ 个人去完成第 } j \text{ 项任务时,} \\ 0, & \text{当第 } i \text{ 个人不去完成第 } j \text{ 项任务时,} \end{cases} \quad i, j = 1, 2, \cdots, n.$$

其数学模型为

$$\min z = \sum_{i=1}^{n} \sum_{j=1}^{n} c_{ij} x_{ij},$$

$$\text{s. t.} \begin{cases} \sum_{j=1}^{n} x_{ij} = 1 (i = 1, 2, \cdots, n), \\ \sum_{i=1}^{n} x_{ij} = 1 (j = 1, 2, \cdots, n), \\ x_{ij} = 0 \text{ 或 } 1 (i, j = 1, 2, \cdots, n). \end{cases}$$

7.5　应用 MATLAB 解整数规划问题

在本节中，将主要讲解如何用 MATLAB 求解一般整数规划中的问题，其中包括一般混合整数规划问题和 0-1 规划问题．

7.5.1　整数规划枚举法

整数规划的解法有分枝定界法和割平面法等，7.2 节介绍了分枝定界法，割平面法有兴趣的读者可参考有关运筹学著作．现在介绍整数规划枚举法，它利用计算机运算速度快，存储量大，而把所有可能的整型点的函数值都计算出来，再从中选取最优的方法．

整数规划枚举法计算步骤如下：

（1）用线性规划函数 linprog 求出最优解和最优值，其最优解可作为选取整数变化范围的参考；

（2）用 for-end 语句作决策变量的整数型参数变化的循环，有多少个非决策变量，就要实施多少重循环；

（3）用 if-end 语句作不等式和等式结束满足的判断；

（4）对符合约束条件的一组决策变量，进行目标函数计算并储存，否则滑过；

（5）用指令 max 和 min，搜索目标函数的最大值和最小值及相应决策变量．

例 7.12 用整数规划枚举法求解例 7.1．

解 先取消整数限制，求出最优值和最优解．

```
> > clear all;
f= [4,5,6];
f1= - f;
a= [3,4,5];
b= [10];
vlb= [0,0,0]';
[w,fval,exitflag]= linprog(f1,a,b,[],[],vlb,[])
```

此处求得 $fv=13.3333$ 和 $w= [3.3333，0，0]'$.

由以上结果定出决策变量 x_1，x_2，x_3 的取值范围如下：

x_1：$0\sim5$；x_2：$0\sim2$；x_3：$0\sim2$.

下面用枚举法求解．编写 M 文件 zsgh_1.m.

```
k= 1;
for x1= 0:5
  for x2= 0:2
    for x3= 0:2
      q= [x1,x2,x3]';
        p= a * q;
        if p< = b
          z(k)= f * q;
          v(k,:)= q';
          k= k+ 1;
        end
      end
    end
end
[zm,mi]= max(z)
x= v(mi,:)
zv= [z',v]
```

当程序 zsgh_1.m 执行后，输出如下：

```
zm=
    13
mi=
    11
x=
    2    1    0
zv=
    0    0    0    0
    6    0    0    1
    12    0    0    2
```

5	0	1	0
11	0	1	1
10	0	2	0
4	1	0	0
10	1	0	1
9	1	1	0
8	2	0	0
13	2	1	0
12	3	0	0

这说明所述整数解的最大值为 13，其最优解为 $x_1 = 2$，$x_2 = 1$，$x_3 = 0$.

可以看到，取消整数时，其最大值为 13.3333. 这样，我们得到最优方案为：第一种货物装 2 件，第二种货物装 1 件，其总价值为 13.

7.5.2　用 MATLAB 求解一般混合整数规划问题

由于 MATLAB 优化工具箱中并未提供纯整数规划和混合整数规划的函数，因此需要自行根据需求和设定相关算法来实现，这里给出开罗大学的 Sherif 和 Tawfik 在 MATLAB Central 上发布的一个用于求解一般混合整数规划的程序，在此命为 intprog. 笔者在源程序的基础上做了简单的修改，将其选择用分枝变序的算法由自然序改造成按本章 7.2 节中所述分枝变量选择原则中的一种，即选择与整数值相差最大的非整数变量首先进行分枝，intprog 函数的调用格式如下.

[x, fval, exitflag] = intprog (c, a, b, Aeq, Beq, lb, ub, M, TolXInteger)

该函数所解决的整数规划问题为

$$\min f = cx,$$
$$\text{s. t.} \begin{cases} Ax \leqslant b, \\ \text{Aeq}x = \text{beq}, \\ \text{vlb} \leqslant x \leqslant \text{vub}, \\ x_j \geqslant 0 \text{ 且取整数值}. \end{cases}$$

在上述标准问题中，假设 x 为 n 维设计变量，且线性规划问题具有不等式约束 m_1 个，等式约束 m_2 个，则：c 为 n 维行向量 $(c_1, c_2, \cdots, c_n)$，x 为 n 维列向量 $(x_1, x_2, \cdots, x_n)^{\mathrm{T}}$，$b$ 为 m_1 维列向量，beq 为 m_2 维列向量，A 为 $m_1 \times n$ 矩阵，Aeq 为 $m_2 \times n$ 矩阵.

在该函数中，输入参数有 c，A，b，Aeq，beq，vlb，vub，M 和 TolXInteger. 其中，c 为目标函数所对应设计变量的系数，A 为整数规划对应的不等式约束条件方程组构成的系数矩阵，b 为不等式约束条件方程组右边的值构成的向量，Aeq 为整数规划对应的等式约束方程组构成的系数矩阵，beq 为等式约束方程组右边的值构成的向量. vlb 和 vub 为设计变量对应的上界和下界，M 为具有整数约束条件限制的设计变量的序号. 例如，问题设计变量为 x_1，x_2，$\cdots$，x_n，要求 x_2，x_3 和 x_6 为整数，则 M = [2; 3; 6]；若要求全为整数，则 M = 1: 6，或者 M = [1; 2; 3; 4; 5; 6]. TolXInteger 为判定整数的误差值，即若某数 x 和最临近整数相差小于该误差值，则认为 x 即为该整数.

该函数的输出参数有 x，fval 和 exitflag. 其中 x 为整数规划问题的最优解向量，fval 为整数规划问题的目标函数在最优解向量 x 处的函数值，exitflag 为函数计算终止时的状态指示变量.

在 MATLAB 中实现 intporg 的代码和分析如下.

```
% 整数规划的 MATLAB 实现
% Originally Designed By Sherif A. Tawfik,Faculty of Engineering,Cairo
% University Revised By LiMing,2009- 12- 29
% 函数调用形式[x,fval,exitflag]= intprog(f,A,b,Aeq,beq,lb,ub,M,TolXInteger)
% 函数求解如下形式的整数规划问题
% min f'* x
% subject to
%            A * x< = b
%            Aeq * x= beq
%            lb< = x< = ub
%            M存储有整数约束的变量编号的向量
%            TolXInteger 是判定整数的误差限
%
% 函数返回变量
% x:整数规划的最优解
% fval:目标函数在最优解处的函数值
% exitflag= 1 收敛到解 x
%            0 达到线性规划的最大迭代次数
%            - 1 无解
%
function [x,fval,exitflag]= intprog(f,A,b,Aeq,beq,lb,ub,M,TolXInteger)
% 设置不显示求解线性规划过程中的提示信息
options= optimset('display','off');
% 上界的初始值
bound= inf;
% 求解原问题 P0 的松弛线性规划 Q0,首先获得问题的初始解
[x0,fval0]= linprog(f,A,b,Aeq,beq,lb,ub,[],options);
% 利用递归法进行二叉树的遍历,实现分枝定界法对整数规划的求解.
[x,fval,exitflag,b]= rec_BranchBound(f,A,b,Aeq,beq,lb,ub,x0,fval0,M,TolXInteger,bound);

% 分枝定界法的递归算法
% x 为问题的初始解,v 是目标函数在 x 处的取值
function [xx,fval,exitflag,bb]= rec_BranchBound(f,A,b,Aeq,beq,lb,ub,x,v,M,
TolXInteger,bound)
options= optimset('display','off');
% 求解不考虑整数约束的松弛线性规划
[x0,fval0,exitflag0]= linprog(f,A,b,Aeq,beq,lb,ub,[],options);
% 如果算法结束状态指示变量为负值,即表示无可行解,返回初始输入
% 或者所目标函数值大于已经获得的上界,返回初始输入
if exitflag0< = 0 | fval0> bound
    xx= x;
    fval= v;
    exitflag= exitflag0;
```

```
        bb= bound;
        return;
    end


% 确定所有变量是否均为整数,如是,则返回
% 该条件表示 x0(M)不是整数
ind= find(abs(x0(M)- round(x0(M)))> TolXInteger);
% 如果都是整数
if isempty(ind)
    exitflag= 1;
% 如果当前的解优于已知的最优解,则将当前解作为最优解
    if fval0< bound
        x0(M)= round(x0(M));
        xx= x0;
        fval= fval0;
        bb= fval0;
% 否则,返回原来的解
    else
        xx= x;
        fval= v;
        bb= bound;
    end
    return;
end


% 程序运行至此,说明松弛线性规划的解是一个可行解且目标函数值比当前记录的上界要小,只是某
些变量的值并非整数,于是在此选择合适的变量进行分枝形成两个子问题,分别进行递归求解


% 该处选择与整数值相差最大的非整数变量首先进行分枝形成两个子问题
% 第一个非整数变量的序号,且记录该变量与其最邻近的整数之差的绝对值
[row col]= size(ind);
br_var= M(ind(1));
br_value= x(br_var);
flag= abs(br_value- floor(br_value)- 0.5);
% 用于查找非整数设计变量中整数值相差最大的设计变量,即每当遇到与其最邻近的整数差别更大的
非整数设计变量之时,即记录下该设计变量的序号,直至遍历完所有非整数变量
for i= 2:col
    tempbr_var= M(br_var);
    tempbr_value= x(br_var);
    temp_flag= abs(tempbr_value- floor(tempbr_value)- 0.5);
    if temp_flag> flag
        br_var= tempbr_var;
        br_value= tempbr_value;
        flag= temp_flag;
```

```
        end
    end

    if isempty(A)
        [r c]= size(Aeq);
    else
        [r c]= size(A);
    end
```

% 分枝后第一个子问题的参数设置
% 添加约束条件 Xi < = floor(Xi),i 即为上面找到的设计变量的序号

```
    A1= [A;zeros(1,c)];
    A1(end,br_var)= 1;
    b1= [b;floor(br_value)];
```

% 分枝后第二个子问题的参数设置
% 添加约束条件 Xi > = ceil(Xi),i 即为上面找到的设计变量的序号

```
    A2= [A;zeros(1,c)];
    A2(end,br_var)= - 1;
    b2= [b;- ceil(br_value)];
```

% 分枝后的第一个子问题的递归求解

```
    [x1,fval1,exitflag1,bound1]= rec_BranchBound(f,A1,b1,Aeq,beq,lb,ub,x0,fval0,M,
    TolXInteger,bound);
    exitflag= exitflag1;
    if exitflag1> 0 & bound1< bound
        xx= x1;
        fval= fval1;
        bound= bound1;
        bb= bound1;
    else
        xx= x0;
        fval= fval0;
        bb= bound;
    end
```

% 分枝后的第二个子问题的递归求解

```
    [x2,fval2,exitflag2,bound2]= rec_BranchBound(f,A2,b2,Aeq,beq,lb,ub,x0,fval0,M,
    TolXInteger,bound);
    if exitflag2> 0 & bound2< bound
        exitflag= exitflag2;
        xx= x2;
        fval= fval2;
        bb= bound2;
    end
```

例 7. 13　例 7.1 背包问题 MATLAB 程序求解.

解　编写 M 文件 zsgh _ 2. m.

```
% 目标函数所对应的设计变量的系数,为求极小,故取原目标函数系数的相反数
c= [- 4;- 5;- 6];
% 不等式约束
A= [3 4 5];
b= [10];
% 设计变量的边界约束,无上界约束
lb= [0;0];
% 均要求为整数变量
M= [1;2;3];
% 判断是否整数的误差限
Tol= 1e- 8;
% 求解原问题松弛线性规划的最优解 x 和在 x 处的目标函数值
[x,fval]= linprog(c,A,b,[],[],lb,[])
% 求最优解整数解 x1 和目标函数在 x1 处的值,结果为原问题最优值的相反数
[x1,fval1]= intprog(c,A,b,[],[],lb,[],M,Tol)
```

当程序 ch7 _ 2. m 执行后，输出如下：

```
> >  Optimization terminated successfully.
x=
    3. 3333
    0. 0000
    0. 0000
fval=
  - 13. 3333
x1=
    2
    1
    0
fval1=
  - 13. 0000
```

可求得：fv= 13. 3333 和 x= [3. 3333,0,0]′以及 zm= 13,x1= [2,1,0],

这说明所述整数解的最大值为 13，其最优解为 $x_1=2$，$x_2=1$，$x_3=0$. 这样，得到最优方案为：第一种货物装 2 件，第二种货物装 1 件，其总价值为 13.

例 7. 14　例 7.2 二维装包问题 MATLAB 程序求解.

解　编写 M 文件 zsgh _ 3. m.

```
% 目标函数所对应的决策变量的系数,为求极小,故取原目标函数系数的相反数
c= [- 4;- 7;- 6;- 5;- 4];
% 不等式约束
A= [5 8 3 2 7;1 8 6 5 4];
b= [112;109];
% 设计变量的边界约束,无上界约束
```

```
lb= [0;0;0;0;0];
% 均要求为整数变量
M= 1:5
% 判断是否整数的误差限
Tol= 1e- 8;
% 求解原问题松弛线性规划的最优解 x 和在 x 处的目标函数值
[x,fval]= linprog(c,A,b,[],[],lb,[])
% 求最优解整数解 x1 和目标函数在 x1 处的值,结果为原问题最优值的相反数
[x1,fval1]= intprog(c,A,b,[],[],lb,[],M,Tol)
```

当程序 zsgh _ 3. m 执行后，输出如下：

```
Optimization terminated successfully.
x=
    14. 8696
     0. 0000
     0. 0000
    18. 8261
     0. 0000
fval=
- 153. 6087
x1=
    15
     0
     1
    17
     0
fval1=
- 151. 0000
```

这样，我们得到最优方案为：第一种货物装 15 件，第三种货物装 1 件，第四种货物装 17 件，其总价值为 151.

例 7.15 例 7.3 MATLAB 程序求解.

解 编写 M 文件 zsgh _ 4. m.

```
% 目标函数所对应的设计变量的系数,为求极小,故取原目标函数系数的相反数
c= [- 5;- 8];
% 不等式约束
A= [1 1; 5 9];
b= [6;45];
% 设计变量的边界约束,无上界约束
vlb= [0;0];
% 均要求为整数变量
M= [1;2];
% 判断是否整数的误差限
Tol= 1e- 8;
% 求解原问题松弛线性规划的最优解 x 和在 x 处的目标函数值
```

```
[x,fval]= linprog(c,A,b,[],[],vlb,[])
```

% 求最优解整数解 x1 和目标函数在 x1 处的值,结果为原问题最优值的相反数

```
[x1,fval1]= intprog(c,A,b,[],[],lb,[],M,Tol)
```

当程序 zsgh＿4.m 执行后，输出如下：

```
> > Optimization terminated successfully.
x=
     2.2500
     3.7500
fval=
  - 41.2500

x1=
     0
     5
fval1=
  - 40.0000
```

得到例 7.3 的最优解为 $x_1=0$，$x_2=5$，最优解的目标函数值 $f^*=40$.

例 7.16 例 7.4 MATLAB 程序求解.

解 编写 M 文件 zsgh＿5.m.

% 目标函数所对应的决策变量的系数,为求极小,故取原目标函数系数的相反数

```
c= [- 40;- 90];
```

% 不等式约束

```
A= [9 7; 7 20];
b= [56;70];
```

% 决策变量的边界约束,无上界约束

```
vlb= [0;0];
```

% 均要求为整数变量

```
M= [1;2];
```

% 判断是否整数的误差限

```
Tol= 1e- 8;
```

% 求解原问题松弛线性规划的最优解 x 和在 x 处的目标函数值

```
[x,fval]= linprog(c,A,b,[],[],vlb,[])
```

% 求最优解整数解 x1 和目标函数在 x1 处的值,结果为原问题最优值的相反数

```
[x1,fval1]= intprog(c,A,b,[],[],vlb,[],M,Tol)
```

当程序 zsgh＿5.m 执行后，输出如下：

```
> > Optimization terminated successfully.
x=
     4.8092
     1.8168
fval=
  - 355.8779
x1=
     4
```

```
     2
fval1=
  - 340.0000
```

得到例 7.4 的最优解为 $x_1 = 4$，$x_2 = 2$，最优解的目标函数值 $z^* = 340$.

7.5.3 用 MATLAB 求解 0-1 规划问题

在 MATLAB 优化工具箱中，提供了专门用于求解 0-1 规划问题的函数 bintprog，其算法基础即为我们在前面章节讨论过的分枝定界法. 在 MATLAB 中调用 bintprog 函数求解 0-1 规划时，需要遵循 MATLAB 中对 0-1 规划标准型的要求.

0-1 规划问题的 MATLAB 的标准型为

$$\min f = cx,$$
$$\text{s. t.} \begin{cases} Ax \leqslant b, \\ Aeqx = \text{beq}, \\ x = 0, 1. \end{cases} \tag{7.10}$$

在上述模型中，有一个需要极小化的目标函数 f，以及需要满足的约束条件.

假设 x 为 n 维决策变量，其线性规划问题具有不等式约束 m_1 个，等式约束 m_2 个，则：c 为 n 维行向量（c_1, c_2, $\cdots$, c_n），x 为 n 维列向量 $(x_1, x_2, \cdots, x_n)^{\mathrm{T}}$，$b$ 为 m_1 维列向量，beq 为 m_2 维列向量，A 为 $m_1 \times n$ 矩阵，Aeq 为 $m_2 \times n$ 矩阵.

与在 MATLAB 中使用 intprog 求解线性规划问题相类似，对于非 MATLAB 标准型，要采用相应的方法将其转化成标准型之后才能将相关参数传递给 bintprog 进行求解. 需要注意的有两点，一点是要对目标函数求极小，另一点是不等式约束为 "$\leqslant$"，如果不满足这两点要求，则需要对原问题进行转化.

1. 输入参数

MATLAB 工具箱中的 bintprog 函数在求解 0-1 规划问题时，提供的参数为模型参数，初始解参数和算法控制参数. 模型参数 x，c，b，beq，A 和 Aeq 在 5.4.1 节的 MATLAB 标准型中已经介绍过.

$x0$ 为线性规划问题的初始解，options 为包含算法控制参数的结构变量，我们可以通过 optimset 命令对这些具体的控制参数进行设置. 针对本章中 0-1 规划问题的求解函数 bintprog，介绍其特有的一些参数及其设置方法，如表 7-6 所示.

表 7-6 参数及其设置方法

参 数 名 称	参 数 设 置
BranchStrategy	设置算法中分枝变量的选择策略，当该参数值为 mininfeas 时，选择最可能为整数的变量进行分枝，即分枝变量最接近 0 或 1，但不等于 0 或 1；当该参数值为 maxinfeas（默认）时，选择最不可能为整数的变量进行分枝，即分枝变量最接近 0.5
MaxIter	设置算法运行中的最大迭代次数，默认值为 100000 * 设计变量的个数
MaxNodes	设置算法搜索的最大节点数，默认值为 1000 * 设计变量的个数
MaxRLPIter	设置算法在求解各个节点的松弛线性规划问题时的最大迭代次数，默认值为 100 * 设计变量的个数

续表

参 数 名 称	参 数 设 置
MaxTime	设置算法运行的最大 CPU 时间,以秒为单位,默认值为 7200s
NodeDisplayInterval	设置节点显示区间.即在每次显示迭代报告之前搜索节点的数目.默认值为 20
NodeSearchStrategy	设置算法中分枝节点的选择策略,当该参数值为 df 时为深度优先搜索,即选择最下层的孩子节点进行分枝;当该参数值为 bn(默认)时为广度优先搜索,即选择目标函数值最优的节点进行分枝
TolFun	函数计算终止的误差限,其默认值为 1×10^{-3}
TolXInteger	设置判断一个数值是否为正整数的误差限,默认值为 1.0×10^{-8},即如果一个数和与其最邻近的正整数之差小于 1.0×10^{-8},则被认为是该正整数
TolRLPFun	设置求解松弛线性规划问题的目标函数计算终止误差限,默认值为 1.0×10^{-6}
Diagnostics	设置是否显示函数优化中的诊断信息,可以选择 on 或者 off(默认值),该功能主要显示一些退出信息,即 bintprog 函数运算终止的原因
Display	设置显示信息的级别,当该参数值为 off 时,不显示任何输出信息;当参数值为 iter 时,将显示每一步迭代的输出信息,iter 参数值仅对大型规模算法和中型规模的单纯形算法有效;当参数值为 final 时,仅显示最终的输出信息

2. 输出参数

Bintprog 函数返回的输出参数有 x,fval,exitflag 和 output、x 和为 0-1 问题的最优解,fval 为 0-1 规划问题在最优解 x 处的函数值.

Exitflag 返回的是 bintprog 计算终止时的状态指示,说明算法终止的原因,其取值和其代表的具体原因如表 7-7 所示.

表 7-7 参数 exitflag 的物理意义

值	物理意义
1	已经收敛到解 x
0	已经达到最大迭代次数限制 options.MaxIter
−2	优化问题无可行解
−4	搜索节点数超过设置的最大节点数
−5	搜索时间超过设置的最大 CPU 时间 options.MaxTime
−6	在求解某节点的线性松弛问题时进行迭代的次数超过算法设置的在求解各个节点的松弛线性规划问题时的最大迭代次数 options.MaxRLP

输出参数 output 是一个返回优化过程中的相关信息的结构变量,它所包含的属性及属性代表的意义如表 7-8 所示.

表 7-8 参数 output 所包含的信息

属 性 名 称	属 性 含 义
output.iterations	优化过程的实际迭代次数
output.algorithm	优化过程中所采用的具体算法
output.nodes	优化过程中搜索过的节点数目

属 性 名 称	属 性 含 义
output. time	优化过程中执行算法消耗的 CPU 时间
output. branchStrategy	优化过程中选择分枝变量的策略
output. nodeSearchStrategy	优化过程中选择分枝节点的策略
output. message	退出信息

3. 命令译解

下面结合 bintprog 函数的调用方式和具体参数的含义，说明在 MATLAB 中如何使用 bintprog 函数求解线性规划问题.

（1）x＝bintprof（f）　该函数用格式求解如下的 0-1 规划问题：

$$\min f = cx,$$
$$\text{s. t. } x = 0,1.$$

（2）x＝bintprog（c，A，b）　该函数用格式求解如下的 0-1 规划问题：

$$\min f = cx,$$
$$\text{s. t. } \begin{cases} Ax \leqslant b, \\ x = 0,1, \end{cases}$$

即在求解（1）的基础上添加了不等式约束 $Ax \leqslant b$ 的 0-1 规划问题.

（3）x＝bintprog（c，A，b，Aeq，beq）　该函数用格式求解如下的 0-1 规划问题：

$$\min f = cx,$$
$$\text{s. t. } \begin{cases} Ax \leqslant b, \\ \text{Aeq} \cdot x = \text{beq}, \\ x = 0,1, \end{cases}$$

即在求解（2）的基础上添加了等式约束 $\text{Aeq} \cdot x = \text{beq}$ 的 0-1 规划问题.

（4）x＝bintprog（c，A，b，Aeq，beq，x0）　该函数调用格式求解如下形式的 0-1 规划问题：

$$\min f = cx,$$
$$\text{s. t. } \begin{cases} Ax \leqslant b, \\ \text{Aeq} \cdot x = \text{beq}, \\ x = 0,1. \end{cases}$$

同时设置求解算法的初始解为 $x0$，如果初始解 $x0$ 不在 0-1 规划问题的可行域中，算法将采用默认的初始解.

（5）x＝bintprog（c，A，b，Aeq，beq，x0，options）　用 options 指定的优化参数进行最小化. 可以使用 optimset 来设置这些参数，其中常用的可设置参数如表 7-6 所示.

上面的函数调用格式仅设置了最优解这一个输出参数，如果需要更多的输出参数，则可以参照下面的调用格式：

［x，fval］＝bintprog（…）

在优化计算结束之时返回整数规划问题在解 x 处的目标函数值 fval.

［x，fval，exitflag］＝bintprog（…）

在优化计算结束之时返回 exitflag 值，描述函数计算的退出条件. exitflag 的意义如表 7-7 所示.

$$[x，fval，exitflag，output]＝bintprog（…）$$

在优化计算结束之时返回结构变量 output，output 的意义如表 7-8 所示.

0-1 规划 bintprog 的使用要点与线性规划函数 linprog 的使用要点相同，不重述.

函数 bintprog 是为求目标函数的最小值而设置的，如需求目标函数 f 的最大值，则需用函数 bintprog 求 $（-f）$ 的最小值，它给出的是 f 的最大值.

例 7.17 求解下述 0-1 规划问题

$$\max z = x_1 + 2x_2 + 2x_3 - 6x_4 - 4x_5,$$

$$\text{s. t.}\begin{cases}3x_1 + 2x_2 - x_3 + x_4 + 2x_5 \leqslant 5,\\ 2x_1 + 4x_2 - 2x_3 - x_4 - 2x_5 \leqslant 5,\\ x_i = 0 \text{ 或 } 1(i = 1,\cdots,5).\end{cases}$$

解 编写 M 文件 zsgh＿6.m.

```
f= [- 1,- 2,- 2,6,4]';
A= [3,2,- 1,1,2;2,4,- 2,- 1,- 2];
b= [5;5];
[x,fval,exitflag,output]= bintprog(f,A,b,[],[])
```

上述程序执行之后,求得

```
ex= 1,fv= - 5,
x= [1,1,1,0,0]
```

由此得到例 7.17 的解为

$$x_1＝1，x_2＝1，x_3＝1，x_4＝0，x_5＝0.$$

目标函数取最大值 5.

例 7.18 求解下述 0-1 规划的问题

$$\min z = 3x_1 + 7x_2 - x_3 + x_4,$$

$$\text{s. t.}\begin{cases}2x_1 - x_2 + x_3 - x_4 \geqslant 1,\\ x_1 - x_2 + 6x_3 + 4x_4 \geqslant 8,\\ 5x_5 + 3x_2 + x_4 \geqslant 5,\\ x_i = 0 \text{ 或 } 1 \quad (i = 1,2,3,4).\end{cases}$$

解 先将约束写成标准形式：

$$-2x_1 + x_2 - x_3 + x_4 \leqslant -1,$$
$$-x_1 + x_2 - 6x_3 - 4x_4 \leqslant -8,$$
$$-5x_1 - 3x_2 - x_4 \leqslant -5.$$

下面给出本题的计算程序 zsgh＿7.m.

```
f= [3,7,- 1,1]';
a= [- 2,1,- 1,1;- 1,1,- 6,- 4];
a= [a;- 5,- 3,0,- 1];
b= - [1,8,5]';
[x,fv,ex]= bintprog(f,a,b,[],[]);
ex= 1,fv= 3,以及
x= [1,0,1,1]'
```

由此得到例 7.18 的解为

$$x_1＝1，x_2＝0，x_3＝1，x_4＝1,$$

目标函数取最小值 3.

例 7.19 例 7.7 资金分配问题 MATLAB 程序求解.

解 编写 M 文件 zsgh _ 8. m.

```
f= - [20,40,20,15,30]';
a= [5,4,3,7,8;1,7,9,4,6;8,10,2,1,10];
b= [25,25,25]';
[x,fv,ex]= bintprog(f,a,b,[],[]);
```

上述的程序执行后，求得

```
ex= 1,fv= - 95,
x= [1,1,1,1,0]'
```

上述计算结果表明，企业选择第一、第二、第三、第四项工程，能获最大收入 95 千元.

例 7.20 例 7.8 选课策略 MATLAB 程序求解.

解 编写 M 文件 zsgh _ 9. m.

```
f= ones(7,1);
A= [1,1,1,1,0,0,1;0,1,0,1,1,0,1];
A= [A;0,0,1,0,1,1,0;1,0,0,- 1,0,0,0,0];
A= [A;0,0,0,1,0,0,- 1];
A= - A;
b= [- 2,- 2,- 2,0,0,0,0]';
[x,fval,exitflag,output]= bintprog(f,A,b[],[])
```

程序执行后，输出如下：

```
Optimization terminated.
x=
    0
    1
    1
    0
    1
    1
    0
fval=
    4
exitflag=
    1
```

上述计算结果表明，fval$=4$，$x_2=1$，$x_3=1$，$x_5=1$，$x_6=1$，即硕士生最少应学 4 门课，它们是运筹学、数据结构、计算机模拟、计算机程序，其中

数学类：运筹学、数据结构.

运筹学：运筹学、计算机模拟.

计算机类：计算机程序、数据结构.

说明这种选学方案满足每类必修两门课程的要求. 而且不难验明，其先修和后修的要求也是满足的.

例 7.21   例 7.9 集装箱装载问题 MATLAB 程序求解.

解   编写 M 文件 zsgh _ 10. m.

```
f= - [1,5,2,1,3,2,3,2,8]';
a= [1,0,1,0,0;0,0,0,1,1];
b= [1,1]';
aeq= [0,1,0,0,- 1;1,0,0,1,0];
beq= [0,1]'
[x,fv,ex]= bintprog(f,a,b,aeq,beq);
```

上述程序执行后，求得

```
ex= 1,fv= - 6.3,
x= [1,1,0,0,1]'.
```

上述计算结果表明，最佳装箱方案为：装 A_1，A_2，A_3，其最大收入为 6.3 千元.

例 7.22   例 7.11 指派问题 MATLAB 程序求解.

解法程序 1   编写 M 文件 zsgh _ 11. m.

```
% 目标函数所对应的设计变量的系数
c= [3;8;2;10;3;8;7;2;9;7;6;4;2;7;5;8;4;2;3;5;9;10;6;9;10];
% 等式约束
Aeq= [1 1 1 1 1 0 0 0 0 0 0 0 0 0 0 0 0 0 0 0 0 0 0 0 0;
      0 0 0 0 0 1 1 1 1 1 0 0 0 0 0 0 0 0 0 0 0 0 0 0 0;
      0 0 0 0 0 0 0 0 0 0 1 1 1 1 1 0 0 0 0 0 0 0 0 0 0;
      0 0 0 0 0 0 0 0 0 0 0 0 0 0 0 1 1 1 1 1 0 0 0 0 0;
      0 0 0 0 0 0 0 0 0 0 0 0 0 0 0 0 0 0 0 0 1 1 1 1 1;
      1 0 0 0 0 1 0 0 0 0 1 0 0 0 0 1 0 0 0 0 1 0 0 0 0;
      0 1 0 0 0 0 1 0 0 0 0 1 0 0 0 0 1 0 0 0 0 1 0 0 0;
      0 0 1 0 0 0 0 1 0 0 0 0 1 0 0 0 0 1 0 0 0 0 1 0 0;
      0 0 0 1 0 0 0 0 1 0 0 0 0 1 0 0 0 0 1 0 0 0 0 1 0;
      0 0 0 0 1 0 0 0 0 1 0 0 0 0 1 0 0 0 0 1 0 0 0 0 1];
beq= ones(1,10);
% 求最优解 x 和目标函数在 x 处的值 fval
[x,fval]= bintprog(c,[],[],Aeq,beq);
% 由于 x 是一列元素,为了使结果更加直观,故排成与效率矩阵 E 相对应的形式
B= reshape(x,5,5);
B'
Fval
```

程序执行后，输出如下：

```
Optimization terminated.
ans=
   0  0  0  0  1
   0  0  1  0  0
   0  1  0  0  0
   0  0  0  1  0
   1  0  0  0  0
fval =
```

21

解法程序 2　编写 M 文件 zsgh_12.m.

```
c= [3 8 2 10 3;8 7 2 9 7;6 4 2 7 5;8 4 2 3 5;9 10 6 9 10];
c= c(:);
a= zeros(10,25);
for i= 1:5
   a(i,(i- 1)* 5+ 1:5 * i)= 1;
   a(5+ i,i:5:25)= 1;
end
b= ones(10,1);
[x,y]= linprog(c,[],[],a,b,zeros(25,1),ones(25,1))
```

程序执行后，输出如下：

```
Optimization terminated successfully.
x=
      0.0000
      0.0000
      0.0000
      0.0000
      1.0000
      0.0000
      0.0000
      1.0000
      0.0000
      0.0000
      0.0000
      1.0000
      0.0000
      0.0000
      0.0000
      0.0000
      0.0000
      0.0000
      1.0000
      0.0000
      1.0000
      0.0000
      0.0000
      0.0000
      0.0000
   y=
      21.0000
```

即求得最优指派方案为 $x_{15} = x_{23} = x_{32} = x_{44} = x_{51} = 1$，最优值为 21.

7.6　建模案例：两辆平板车的装载问题

两辆平板车的装载问题（1988 年美国大学生数学建模竞赛 B 题）

1. 问题的提出

有七种规格的包装箱要装到两辆铁路平板车上去，包装箱的宽和高是一样的，但厚度 t（单位：cm）及重量 w（单位：kg）是不同的．如表 7-9 所示给出了每种包装箱的厚度、重量及数量．每辆平板车有 $1020\,\mathrm{cm}$ 长的地方可用来装包装箱（像面包片那样），载重为 40 吨．由于当地货运的限制，对 $C5$，$C6$，$C7$ 类的包装箱的总数有一个特别的限制：这类箱子所占的空间（厚度）不能超过 $302.7\,\mathrm{cm}$．试把包装箱装到平板车上去使得浪费的空间最小．

表 7-9　各种包装箱规格表

	C1	C2	C3	C4	C5	C6	C7
t	48.7	52.0	61.3	72.0	48.7	52.0	64.0
w	2000	3000	1000	500	4000	2000	1000
件数	8	7	9	6	6	4	8

2. 问题的分析

这是一个典型的整数规划模型，如果将同类型的各个箱子区别开来，则成为 0-1 规划模型．

从题目可得出约束条件有：

（1）每辆车载重不超过 40t；

（2）每辆车上载货厚度不超过 1020cm；

（3）$C5$，$C6$，$C7$ 类包装箱总厚度不能超过 $302.7\,\mathrm{cm}$．

从表中数据可得所有箱子的总重量为 89t，厚度总和为 2749.5cm，而两辆车的最大载重为 80t，最大载货空间为 2040cm，因此不能全部装下．

3. 模型建立及求解

设装在第一辆车上的箱子件数为 x_i，装在第二辆车上的箱子件数为 y_i．令

$\{t_1, t_2, t_3, t_4, t_5, t_6, t_7\} = \{48.7, 52.0, 61.3, 72.0, 48.7, 52.0, 64.0\}$,

$\{w_1, w_2, w_3, w_4, w_5, w_6, w_7\} = \{2, 3, 1, 0.5, 4, 2, 1\}$,

$\{n_1, n_2, n_3, n_4, n_5, n_6, n_7\} = \{8, 7, 9, 6, 6, 4, 8\}$,

$x = \{x_1, x_2, x_3, x_4, x_5, x_6, x_7\}$,

$y = \{y_1, y_2, y_3, y_4, y_5, y_6, y_7\}$,

则可得此整数规划的数学模型为

$$\max z = \sum_{i=1}^{7} t_i(x_i + y_i),$$

$$\text{s. t.}\begin{cases} x_i + y_i \leqslant n_i, i = 1, 2, \cdots, 7, \\ \sum_{i=1}^{7} w_i x_i \leqslant 40, \\ \sum_{i=1}^{7} w_i y_i \leqslant 40, \\ \sum_{i=1}^{7} t_i x_i \leqslant 1020, \\ \sum_{i=1}^{7} t_i y_i \leqslant 1020, \\ \sum_{i=5}^{7} t_i (x_i + y_i) \leqslant 302.7, \\ x_i, y_i \text{ 为整数,且 } x_i, y_i \geqslant 0, i = 1, 2, \cdots, 7. \end{cases}$$

本题可以用分枝定界法求解,得出最优解和最优值为
$$x = \{4, 7, 4, 3, 0, 0, 0\}, \quad y = \{4, 0, 5, 3, 3, 3, 0\}, \quad z = 2039.4,$$
即总使用空间为 2039.4cm,浪费 0.6cm.

若将第三个条件理解为:对 $C5$,$C6$,$C7$ 类的包装箱在每一辆车的空间(厚度)不能超过 302.7cm,则模型变为

$$\max z = \sum_{i=1}^{7} t_i (x_i + y_i),$$

$$\text{s. t.}\begin{cases} x_i + y_i \leqslant n_i, i = 1, 2, \cdots, 7, \\ \sum_{i=1}^{7} w_i x_i \leqslant 40, \\ \sum_{i=1}^{7} w_i y_i \leqslant 40, \\ \sum_{i=1}^{7} t_i x_i \leqslant 1020, \\ \sum_{i=1}^{7} t_i y_i \leqslant 1020, \\ \sum_{i=5}^{7} t_i x_i \leqslant 302.7, \\ \sum_{i=5}^{7} t_i y_i \leqslant 302.7, \\ x_i, y_i \text{ 为整数,且 } x_i, y_i \geqslant 0, i = 1, 2, \cdots, 7. \end{cases}$$

MATLAB 程序 zsgh_13. m.

```
clc;
clear all;
jianshu=[8,7,9,6,3,3,0];
houdu_t=[48.7,52.0,61.3,72.0,48.7,52.0,64.0]; zhongliang_w=[2000,3000,500,4000,
```

```
2000,2000,1000];
first_che= zeros(10,7);
second_che= zeros(10,7);
n= 0;
for i1= 1:8
  for i2= 1:7
    for i3= 1:9
      for i4= 1:6
        for i5= 1:3
          for i6= 1:3
i11= jianshu(1,1)- i1;
i22= jianshu(1,2)- i2;
i33= jianshu(1,3)- i3;
i44= jianshu(1,4)- i4;
i55= jianshu(1,5)- i5;
i66= jianshu(1,6)- i6;
wx1= i1 * zhongliang_w(1,1)+ i2 * zhongliang_w(1,2)+ i3 * zhongliang_w(1,3)+ i4 *
zhongliang_w(1,4)+ i5 * zhongliang_w(1,5)+ i6 * zhongliang_w(1,6);
wx2= i11 * zhongliang_w(1,1)+ i22 * zhongliang_w(1,2)+ i33 * zhongliang_w(1,3)+ i44 *
zhongliang_w(1,4)+ i55 * zhongliang_w(1,5)+ i66 * zhongliang_w(1,6); % 重量约束
tx1= i1 * houdu_t(1,1)+ i2 * houdu_t(1,2)+ i3 * houdu_t(1,3)+ i4 * houdu_t(1,4)+
i5 * houdu_t(1,5)+ i6 * houdu_t(1,6);
tx2= i11 * houdu_t(1,1)+ i22 * houdu_t(1,2)+ i33 * houdu_t(1,3)+ i44 * houdu_t(1,4)+
i55 * houdu_t(1,5)+ i66 * houdu_t(1,6); % 长度约束
tx_tebie1= i5 * houdu_t(1,5)+ i6 * houdu_t(1,6);
tx_tebie2= i55 * houdu_t(1,5)+ i66 * houdu_t(1,6); % 特别约束
if wx1< = 40000&&wx2< = 40000&&tx1< = 1020&&tx2< = 1020&&tx_tebie1< = 302.7&&tx_te-
bie2< = 302.7  % 是否满足约束
  tx_max0= tx1+ tx2;
  if tx_max0= = 2.039400000000000e+ 03% 以求解出最大空间为 max= 2.039400000000000e+ 03
n= n+ 1;
first_che(n,1)= i1;
first_che(n,2)= i2;
first_che(n,3)= i3;    % 记录满足条件的方案
first_che(n,4)= i4;
first_che(n,5)= i5;
first_che(n,6)= i6;
first_che(n,7)= 0;
second_che(n,1)= i11;
second_che(n,2)= i22;
second_che(n,3)= i33;
```

```
        second_che(n,4)= i44;

        second_che(n,5)= i55;

        second_che(n,6)= i66;

        second_che(n,7)= 0;

                        end

                      end

                    end

                  end

                end

              end

            end

    end

    zongzhong1= zeros(5,1);

    zongzhong2= zeros(5,1);

    zongzhong= zeros(5,1);

    zhongliang_chazhi= zeros(5,1);

    for i= 1:5

      for j= 1:7

      zongzhong1(i,1)= zongzhong1(i,1)+ first_che(i,j)* zhongliang_w(1,j);

      zongzhong2(i,1)= zongzhong2(i,1)+ second_che(i,j)* zhongliang_w(1,j);

        end

    zongzhong(i,1)= zongzhong2(i,1)+ zongzhong1(i,1);

    zhongliang_chazhi(i,1)= abs(zongzhong1(i,1)- zongzhong2(i,1));

    end

    zongkongjian1= zeros(5,1);

    zongkongjian2= zeros(5,1);

    zongkongjian= zeros(5,1);

    zongkongjian_chazhi= zeros(5,1);

    for i= 1:5

      for j= 1:7

      zongkongjian1(i,1)= zongkongjian1(i,1)+ first_che(i,j)* houdu_t(1,j);

      zongkongjian2(i,1)= zongkongjian2(i,1)+ second_che(i,j)* houdu_t(1,j);

        end

    zongkongjian(i,1)= zongkongjian2(i,1)+ zongkongjian1(i,1);

    zongkongjian_chazhi(i,1)= abs(zongkongjian1(i,1)- zongkongjian2(i,1));

    end
```

得出最优解和最优值为

$x= \{6, 2, 6, 0, 0, 0, 4\}$, $y= \{0, 5, 2, 5, 2, 1, 2\}$, $z= 2040$,

即总使用空间为 2040cm，没有浪费空间.

习　题　7

7.1　用分枝定界法解：

$$\max z = x_1 + x_2,$$

$$\text{s. t.} \begin{cases} x_1 + \dfrac{9}{14}x_2 \leqslant \dfrac{51}{14}, \\ -2x_1 + x_2 \leqslant \dfrac{1}{3}, \\ x_1, x_2 \geqslant 0, \ x_1, x_2 \text{ 整数}. \end{cases}$$

7.2　试将下述非线性的 0-1 规划问题转换成线性的 0-1 规划问题

$$\max z = x_1 + x_1 x_2 - x_3,$$

$$\text{s. t.} \begin{cases} -2x_1 + 3x_2 + x_3 \leqslant 3, \\ x_j = 0 \text{ 或 } 1, \quad j = 1,2,3. \end{cases}$$

7.3　某钻井队要从以下 10 个可供选择的井位中确定 5 个钻井探油，使总的钻探费用为最小．若 10 个井位的代号为 $s_1, s_2, \cdots, s_{10}$，相应的钻探费用为 $c_1, c_2, \cdots, c_{10}$，并且井位选择上要满足下列限制条件：

(1) 或选择 s_1 和 s_7，或选择钻探 s_9；

(2) 选择了 s_3 或 s_4 就不能选 s_5，或反过来也一样；

(3) 在 s_5, s_6, s_7, s_8 中最多只能选两个；试建立这个问题的整数规划模型．

第 8 章　非线性规划

非线性规划（nonlinear programming）指的是具有非线性约束条件或目标函数的数学规划，是运筹学的一个重要分支．非线性规划研究一个 n 元实函数在一组等式或不等式的约束条件下的极值问题，且目标函数和约束条件至少有一个是未知量的非线性函数．而目标函数和约束条件都是线性函数的情形就属于线性规划．

8.1　问题的提出

例 8.1　为了使位于河边的城市免受洪水侵害，采取了两项措施：①筑堤；②在河的上游修一水库以调节下泄流量，欲使防洪的总费用最小，建立数学模型．

设修水库后可将洪峰流量 Q_0 调节到 x，这是需筑堤拦洪 x，并将其余水量存储在水库中．x 越大，筑堤费用越大，但可减少水库建设投资；减少 x，可减少筑堤费，但将使水库建设费增大．可记筑堤费为 $f_1 = bx$，相应的水库建设费为 $f_2 = \dfrac{a}{x}$，其中 a，b 均为正数．则防洪优化问题归结为当 x 取何值时，防洪的总费用 $z = f(x) = \dfrac{a}{x} + bx$ 最小，即求解问题：

$$\min f(x) = \frac{a}{x} + bx.$$

显然，这是一个无约束的非线性规划问题．

例 8.2　在科学实验、工程设计和管理工作中，常常会遇到一些问题：通过实验或实测得到 n 组数据 (t_i, y_i)，$i = 1, 2, \cdots, n$，它们可被视为平面上的 n 个点，期望确定一组参数 $x = (x_1, \cdots, x_m)^{\mathrm{T}}$，使曲线 $y = f(x; t)$ 最佳逼近这 n 个点．这一问题可归结为如下的优化问题：

$$\min z = \sum_{i=1}^{n} \left[f(x; t_i) - y_i \right]^2.$$

这是一个曲线拟合问题．

例 8.3　设有 V 立方米的砂、石要由甲地送到乙地，运输前需先装入一个有底无盖并在底部装有滑行器的木箱中，砂、石运到乙地后，从箱中倒出，再继续用空箱装运，不论箱子大小，设装运一箱需 0.1 元，箱底和两端的材料费为 20 元/m^2，箱底的两个滑行器与箱子同长，材料费为 2.5 元/m，问木箱的长、宽、高应为多少米，才能使运费与箱子的成本费用总和最小．

设木箱的长、宽、高分别为 x_1，x_2，x_3，运费与成本总和为 z，则上述问题归结为如下的优化问题：

$$\min z = 0.1V/(x_1 x_2 x_3) + 20x_1 x_2 + 10x_1 x_3 + 40x_2 x_3 + 5x_1,$$
$$\mathrm{s.\,t.\ } x_i > 0, \quad i = 1, 2, 3.$$

如果要求箱子底和两侧使用废料，而废料只有 $4\mathrm{m}^2$，其他与上述问题相同，这时问题归结为

$$\min z = 0.1V/(x_1 x_2 x_3) + 40 x_2 x_3 + 5 x_1,$$

$$\text{s. t.} \begin{cases} 2x_1 x_3 + x_1 x_2 \leqslant 4, \\ x_i > 0, \quad i = 1, 2, 3. \end{cases}$$

这是非线性规划中的几何规划问题.

例 8.4　某地区有 3 个泵站：A_1，A_2，A_3，第 i 个泵站的抽水费用为 $f_i(x)$（$i=1$，2，3），其中 x 为抽水量，泵站与各灌溉地块 B_1，B_2，B_3，B_4 用渠道连接. 在一个灌溉周期中，地块 B_j（$j=1$，2，3，4）需流量 $b_j \mathrm{m}^3/\mathrm{h}$，泵站 A_i 的最大抽水能力为 Q_i，由于渗透和蒸发，从第 i 个泵站输送到第 j 个地块的水量要有损耗，即水的利用系数 c_{ij}，问应如何确定每一泵站对每块地的输水流量，方能使总的抽水费用最省（图 8-1）？

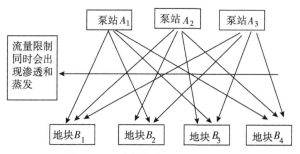

图 8-1　泵站与各灌溉地块关系图

设第 i 个泵站输送到第 j 个地块的流量为 x_{ij}，抽水总费用为 z，则此问题的数学模型为

$$\min z = \sum_{i=1}^{3} f_i \left(\sum_{j=1}^{4} x_{ij} \right),$$

$$\text{s. t.} \begin{cases} \sum_{j=1}^{4} x_{ij} \leqslant Q_i, \quad i = 1, 2, 3, \\ \sum_{i=1}^{3} c_{ij} x_{ij} \geqslant b_j, \quad j = 1, 2, 3, 4, \\ x_{ij} \geqslant 0, \quad i = 1, 2, 3; j = 1, 2, 3, 4. \end{cases}$$

这是一个有约束的非线性规划问题.

这里只是简单地介绍一些关于非线性规划问题的例子，而对于非线性规划问题模型的建立和求解，还需要进一步地了解. 下面先介绍非线性规划的一些基本概念.

8.2　非线性规划的基本概念

8.2.1　非线性规划的标准形式和解

1. 标准形式

8.1 节的例题均为非线性规划问题，可将非线性规划问题简记为 NP（或 NLP），其一般形式为

$$\min f(x),$$

$$\text{s. t.} \begin{cases} g_i(x) \leqslant 0, \quad i = 1, 2, \cdots, m, \\ h_j(x) = 0, \quad j = 1, 2, \cdots, r, \\ x \in \mathbf{R}^n, \end{cases} \tag{8.1}$$

其中，$x=(x_1,x_2,\cdots,x_n)^{\mathrm{T}}$ 称为模型（NP）的决策变量，$f(x)$ 为目标函数，$g_i(x)$，$h_j(x)$ 为约束条件，且 $f(x)$，$g_i(x)$，$h_j(x)$ 中至少有一个是非线性函数.

2. 可行解

把满足问题（8.1）中约束条件的解 x 称为非线性规划问题（8.1）的**可行解**，所有可行解的集合称为**可行域**（或**可行集**），记为 D，即
$$D=\{x\mid g_i(x)\leqslant 0,i=1,2,\cdots,m;h_j(x)=0,j=1,2,\cdots,r;x\in\mathbf{R}^n\}.$$
因此问题（8.1）可简写成
$$\min_{x\in D}f(x).$$

3. 全局最优解和局部最优解

所谓**最优解**是指满足问题（8.1）的所有约束条件，又使 $f(x)$ 取得最小值的 x^*，则 $f(x^*)$ 称为问题（8.1）的最优值.

若 $x^*\in D$，使得 $\forall x\in D$，均有 $f(x^*)\leqslant f(x)$，则称 x^* 为问题（8.1）的**整体最优解**，$f(x^*)$ 就为问题（8.1）的整体最优值；

若 $x^*\in D$，使得 $\forall x\in D$，$x\neq x^*$，均有 $f(x^*)<f(x)$，则称 x^* 为问题（8.1）的**严格整体最优解**，$f(x^*)$ 就为问题（8.1）的严格整体最优值.

设 $x^*\in D$，如果存在 x^* 的 $\varepsilon(\varepsilon>0)$ 邻域 $N(x^*,\varepsilon)=\{x\mid \|x-x^*\|<\varepsilon\}$（$\|\cdot\|$ 为向量模），使得 $\forall x\in D\cap N(x^*,\varepsilon)$，均有 $f(x^*)\leqslant f(x)$，则称 x^* 为问题（8.1）的**局部最优解**，$f(x^*)$ 就为问题（8.1）的局部最优值；

设 $x^*\in D$，如果存在 x^* 的 $\varepsilon(\varepsilon>0)$ 邻域 $N(x^*,\varepsilon)=\{x\mid \|x-x^*\|<\varepsilon\}$（$\|\cdot\|$ 为向量模），使得 $\forall x\in D\cap N(x^*,\varepsilon)$，$x\neq x^*$，均有 $f(x^*)<f(x)$，则称 x^* 为问题（8.1）的**严格局部最优解**，$f(x^*)$ 就为问题（8.1）的严格局部最优值.

显然，问题（8.1）的一个整体最优解就是它的一个局部最优解，但局部最优解不一定是整体最优解.

4. 非线性规划最优解与线性规划最优解的区别

线性规划的最优解只能在可行域的边界上达到（特别是可行域的顶点上达到），而非线性规划的最优解可能在其可行域的任一点达到.

8.2.2 非线性规划问题的分类

由于非线性规划问题由目标函数和约束条件两部分构成，所以，可以做以下的分类.

1. 根据约束条件

根据约束条件有无，分为无约束非线性规划和有约束线性规划

无约束非线性规划
$$\min f(x),$$
如例 8.1.

有约束非线性规划
$$\min f(x),$$
$$\text{s.t.}\begin{cases}g_i(x)\leqslant 0, & i=1,2,\cdots,m,\\ h_j(x)=0, & j=1,2,\cdots,r,\\ x\in\mathbf{R}^n,\end{cases}$$

如例 8.4.

而有约束非线性规划又可以分为等式约束非线性规划

$$\min f(x),$$
$$\text{s. t.} \begin{cases} h_j(x) = 0, & j = 1,2,\cdots,r, \\ x \in \mathbf{R}^n \end{cases}$$

和不等式约束非线性规划

$$\min f(x)$$
$$\text{s. t.} \begin{cases} g_i(x) \leqslant 0, & i = 1,2,\cdots,m, \\ x \in \mathbf{R}^n. \end{cases}$$

2. 根据目标函数 $f(x)$ 和约束条件 $g_i(x)$, $h_j(x)$ 的特性

(1) 如果目标函数 $f(x)$ 是凸函数,所有的 $g_i(x)$ 都是凸函数,所有的 $h_j(x)$ 都是一次函数,则称为**凸规划**. 所谓 $f(x)$ 是凸函数,是指 $f(x)$ 有如下性质:它的定义域是凸集,且对于定义域中任意两点 x 和 y 及 $\forall\, 0 < \alpha < 1$,$\alpha \in \mathbf{R}$,下式成立:

$$f((1-\alpha)x + \alpha y)\alpha \leqslant (1-\alpha)f(x) + \alpha f(y).$$

将上述不等式中的不等号反向即得凹函数的定义. 所谓凸集,是指具有如下性质的集合:连结集合中任意两点的直线段上的点全部属于该集合. 对于一般的非线性规划问题,局部解不一定是整体解. 但凸规划的局部解必为整体解,而且凸规划的可行集和最优解集都是凸集. 当凸规划的目标函数 $f(x)$ 是严格凸函数时,其最优解必定唯一(假定最优解存在). 由此可见,凸规划是一类比较简单而又具有重要理论意义的非线性规划.

(2) 如果目标函数 $f(x)$ 是二次函数,约束条件是线性的,则称为**二次规划**. 其一般形式为

$$\min f(x) = \frac{1}{2}x^{\mathrm{T}}Hx + c^{\mathrm{T}}x,$$
$$\text{s. t.} \ Ax \leqslant b,$$

其中 c,A,b 与线性规划相同,$H \in \mathbf{R}^{n \times n}$ 为对称矩阵. 特别地,当 H 正定时目标函数为凸函数,线性约束下可行域为凸集,则称为凸二次规划.

(3) 如果目标函数 $f(x)$ 和约束条件 $g_i(x)$ 都是广义多项式的非线性规划

$$\min f(x)$$
$$\text{s. t.} \begin{cases} g_i(x) \leqslant 1, & i = 1,2,\cdots,m, \\ x > 0, x \in \mathbf{R}^n, \end{cases} \tag{8.2}$$

称为**几何规划**. 如例 8.3,当 $g_i(x)$ 都是正项时,则称 (8.2) 为正项几何规划;当 $g_i(x)$ 中至少有一个函数的系数可正可负时,称为符号几何规划或带负系数的几何规划. 几何规划本身一般不是凸规划,但经适当变量替换,即可变为凸规划. 几何规划的局部最优解必为整体最优解. 求解几何规划的方法有两类. 一类是通过对偶规划去求解;另一类是直接求解原规划,这类算法大多建立在根据几何不等式将多项式转化为单项式的思想上.

8.3 非线性规划的解法

目前,没有适合各种非线性规划的一般算法,方法种类繁多,而且各个方法都有其特定的适用范围.

8.3.1　解法的分类

一般情况非线性规划求解方法有三大类.

1. 一维最优化方法

一维最优化方法指寻求一元函数在某区间上的最优值点的方法. 这类方法不仅有实用价值, 而且大量多维最优化方法都依赖于一系列的一维最优化. 常用的一维最优化方法有黄金分割法、切线法和插值法.

(1) 黄金分割法: 又称 0.618 法. 它适用于单峰函数. 其基本思想是: 在初始区间中设计一列点, 通过逐次比较其函数值, 逐步缩小寻查区间, 以得出近似最优值点.

(2) 切线法: 又称牛顿法. 它也是针对单峰函数的. 其基本思想是: 在一个猜测点附近将目标函数的导函数线性化, 用此线性函数的零点作为新的猜测点, 逐步迭代去逼近最优点.

(3) 插值法: 又称多项式逼近法. 其基本思想是: 用多项式 (通常用二次或三次多项式) 去拟合目标函数.

此外, 还有斐波那契法、割线法、有理插值法、分批搜索法等.

2. 无约束最优化方法

无约束最优化方法指的是寻求 n 元实函数 $f(x)$ 在整个 n 维向量空间 $\mathbf{R}^n$ 上的最优值点的方法. 这类方法的意义在于, 虽然实用规划问题大多是有约束的, 但许多约束最优化方法可将有约束问题转化为若干无约束问题来求解.

无约束最优化方法大多是逐次一维搜索的迭代算法. 这类迭代算法可分为两类, 一类需要用目标函数的导函数, 称为解析法; 另一类不涉及导数, 只用到函数值, 称为直接法. 这些迭代算法的基本思想是: 在一个近似点处选定一个有利搜索方向, 沿这个方向进行一维寻查, 得出新的近似点, 然后对新点施行同样手续, 如此反复迭代, 直到满足预定的精度要求为止. 根据搜索方向的取法不同, 可以有各种算法.

属于解析型的算法有: ①梯度法: 又称最速下降法, 这是早期的解析法, 收敛速度较慢; ②牛顿法: 收敛速度快, 但不稳定, 计算也较困难; ③共轭梯度法: 收敛较快, 效果较好; ④变尺度法: 这是一类效率较高的方法, 其中达维登-弗莱彻-鲍威尔变尺度法, 简称 DFP 法, 是最常用的方法.

属于直接型的算法有交替方向法 (又称坐标轮换法)、模式搜索法、旋转方向法、鲍威尔共轭方向法和单纯形加速法等.

3. 约束最优化方法

这是一般非线性规划模型的求解方法.

常用的约束最优化方法有以下四种.

(1) 拉格朗日乘子法: 它是将原问题转化为求拉格朗日函数的驻点.

(2) 制约函数法: 又称系列无约束最小化方法, 简称 SUMT 法. 它又分两类, 一类叫惩罚函数法, 或称外点法; 另一类叫障碍函数法, 或称内点法. 它们都是将原问题转化为一系列无约束问题来求解.

(3) 可行方向法: 这是一类通过逐次选取可行下降方向去逼近最优点的迭代算法. 如佐坦迪克法、弗兰克-沃尔夫法、投影梯度法和简约梯度法都属于此类算法.

（4）近似型算法：这类算法包括序贯线性规划法和序贯二次规划法. 前者将原问题化为一系列线性规划问题求解，后者将原问题化为一系列二次规划问题求解.

除此之外，二维非线性规划问题具有明显的几何意义，其图形易于画出，因此可用图解法求解.

由于非线性规划问题的广泛性，因此在每一类解法中选取几种常用的解法进行介绍.

8.3.2 非线性规划的常用解法

1. 二维非线性规划问题的图解法

例 8.5 用图解法求解

$$\min f(x) = x_1^2 + x_2^2,$$

$$\text{s. t.} \begin{cases} 1 - x_1 - x_2 = 0, \\ x_1 - 1 \leqslant 0, \\ x_2 - 1 \leqslant 0. \end{cases}$$

显然，这是一个有约束非线性规划.

首先，绘出相应的图形，如图 8-2 所示.

（1）画出目标函数的等值线，这是一族以坐标原点为圆心的同心圆；

（2）约束条件所确定的区域为图 8-2 中的阴影部分，即该问题的可行域是一个三角形.

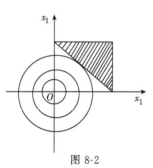

图 8-2

由图 8-2 得，问题的整体最优解为 $x^* = \left(\dfrac{1}{2}, \ \dfrac{1}{2} \right)$，此时 $f(x^*) = \dfrac{1}{2}$.

三维和三维以上的非线性规划问题已不便画出图形，图解法就会失效，于是采用其他方法.

2. 黄金分割法

首先介绍一维最优化问题求解的迭代方式. 考虑一维极小化问题

$$\min_{a \leqslant x \leqslant b} f(x), \tag{8.3}$$

若 $f(x)$ 是区间 $[a, b]$ 上的下单峰函数，不断缩短区间 $[a, b]$，逐步可搜索得问题（8.3）的最优解 x^* 的近似值. 采用以下途径，在 $[a, b]$ 中任取两个关于 $[a, b]$ 是对称的点 x_1 和 x_2，并且 $x_2 < x_1$，称这两个点为搜索点，计算 $f(x_1)$ 和 $f(x_2)$ 并比较它们的大小. 对于单峰函数，如果 $f(x_2) < f(x_1)$，则必有 $x^* \in [a, x_1]$，因而 $[a, x_1]$ 是缩短了的单峰区间；如果 $f(x_1) < f(x_2)$，则必有 $x^* \in [x_2, b]$，因而 $[x_2, b]$ 是缩短了的单峰区间. 因此通过两个搜索点处目标函数值大小的比较，总可以获得缩短了的单峰区间，如此继续下去，当单峰区间缩短了充分小时，可以取最后的搜索点作为最优解的近似值.

黄金分割法，就是以 0.618 作为对称点的选取比例进行分割缩短区间.

例 8.6 利用黄金分割法求函数

$$f(x) = \begin{cases} -\dfrac{x}{2}, & x \leqslant 2, \\ x - 3, & x > 2 \end{cases}$$

在区间 $[0, 3]$ 的极小值. 分割区间长度不超过 0.45.

解 显然目标函数 $f(x)$ 是区间 $[0, 3]$ 上的下单峰函数. 如图 8-3 所示.

令 $a_1 = 0$，$b_1 = 3$，在 $[a_1, b_1]$ 上取搜索点

$x_1 = a_1 + 0.618(b_1 - a_1) = 1.854$，　$x'_1 = a_1 + 0.382(b_1 - a_1) = 1.146$，

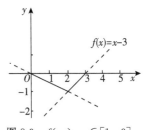

图 8-3　$f(x_1)$，$x \in [1, 3]$

显然 $x'_1 < x_1$，则 $f(x_1) = -\dfrac{x_1}{2} = -0.927$，$f(x'_1) = -\dfrac{x'_1}{2} = -0.537$，从

而 $f(x_1) < f(x'_1)$，所以将原区间缩短为 $[x'_1, b_1]$，而 $b_1 - x'_1 =$
$1.854 > 0.45$，继续分割区间；

令 $a_2 = x'_1 = 1.146$，$b_2 = b_1 = 3$，在 $[a_2, b_2]$ 上取搜索点

$$x_2 = a_2 + 0.618(b_2 - a_2) = 2.292，\qquad x'_2 = a_2 + 0.382(b_2 - a_2) = 1.854，$$

显然 $x'_2 < x_2$，则 $f(x_2) = x_2 - 3 = -0.708$，$f(x'_2) = -\dfrac{x'_2}{2} = -0.927$，从而 $f(x'_2) < f(x_2)$，

所以将区间缩短为 $[a_2, x_2]$，而 $x_2 - a_2 = 1.146 > 0.45$，继续分割区间；

令 $a_3 = a_2 = 1.146$，$b_3 = x_2 = 2.292$，在 $[a_3, b_3]$ 上取搜索点

$$x_3 = a_3 + 0.618(b_3 - a_3) = 1.854，\qquad x'_3 = a_3 + 0.382(b_3 - a_3) = 1.584，$$

显然 $x'_3 < x_3$，则 $f(x_3) = -\dfrac{x_3}{2} = -0.927$，$f(x'_3) = -\dfrac{x'_3}{2} = -0.792$，从而 $f(x_3) < f(x'_3)$，

所以将区间缩短为 $[x'_3, b_3]$，而 $b_3 - x'_3 = 0.708 > 0.45$，继续分割区间；

令 $a_4 = x'_3 = 1.584$，$b_4 = b_3 = 2.292$，在 $[a_4, b_4]$ 上取搜索点

$$x_4 = a_4 + 0.618(b_4 - a_4) = 2.022，\qquad x'_4 = a_4 + 0.382(b_4 - a_4) = 1.854，$$

显然 $x'_4 < x_4$，则 $f(x_4) = x_4 - 3 = -0.978$，$f(x'_4) = -\dfrac{x'_4}{2} = -0.927$，从而 $f(x_4) < f(x'_4)$，

所以将区间缩短为 $[x'_4, b_4]$，而 $b_4 - x'_4 = 0.438 < 0.45$，在条件约束范围内了，因此考虑取
缩短区间 $[x'_4, b_4]$ 的中点作为问题的近似极小值点，即

$$x^* = \frac{x'_4 + b_4}{2} = 2.073，$$

相应地近似极小值就为 $f(x^*) = x^* - 3 = -0.927$.

可以把上述问题的约束条件再细化一点，借助于 MATLAB 程序设计就可以得到更好的
近似极小值点.

3. 最速下降法

假设目标为最小化的无约束非线性规划问题为

$$\min_{x} f(x)，\quad x = (x_1, x_2, \cdots, x_n)^{\mathrm{T}} \in \mathbf{R}^n.$$

实际上这是一个多元函数无条件极值问题. 应当注意的是，极值问题的解（即极值点）通常
是局部最优解，寻找整体最优解就需要对局部最优解进行比较后得到. 以下所指最优解为局
部最优解.

将 $f(x)$ 的梯度记作 $\nabla f(x) = (f_{x_1}, f_{x_2}, \cdots, f_{x_n})^{\mathrm{T}}$，其中 $f_{x_i} = \dfrac{\partial f}{\partial x_i}$，$i = 1, 2, \cdots, n$；

$f(x)$ 的黑塞（Hessian）矩阵记作 $\nabla^2 f = (f_{x_i x_j})$（$n \times n$ 矩阵，简记为 H 矩阵，它实际上就

是梯度函数的雅可比矩阵），其中 $f_{x_i x_j} = \dfrac{\partial^2 f}{\partial x_i \partial x_j}$，$i, j = 1, 2, \cdots, n$. 回顾多元函数极值

问题最优解条件，可知 $x = x^*$ 为最优解的必要条件是 $\nabla f(x^*) = 0$，充分条件是 $\nabla f(x^*) = 0$
且 $\nabla^2 f(x^*)$ 正定.

下降法求解最优化问题的基本思想是迭代法所搜最优解. 在迭代的第 k 步，即对 $\mathbf{R}^n$ 中

的一点 x^k，确定一个搜索方向和一个步长，使沿此方向、按此步长走一步到达下一点时，函数值 $f(x)$ 下降. 这种方法称为下降法，其步骤为：

(1) 选初始解 $x^{(0)}$；

(2) 对于第 k 次迭代解 $x^{(k)}$，确定搜索方向 $d^{(k)} \in \mathbf{R}^n$，并在此方向确定搜索步长 $\alpha^{(k)} \in \mathbf{R}$，令 $x^{(k+1)} = x^{(k)} + \alpha^{(k)} d^{(k)}$，使 $f(x^{(k+1)}) < f(x^{(k)})$；

(3) 若 $x^{(k+1)}$ 符合给定的迭代终止原则就停止迭代，得到最优解 $x^* = x^{(k+1)}$；否则，转 (2).

对于不同的 $d^{(k)}$ 和 $\alpha^{(k)}$ 的选择，其目的都是要使 $f(x)$ 下降更快，下面介绍最速下降法 (如果暂不考虑搜索步长 $\alpha^{(k)}$，视为 $\alpha^{(k)} = 1$，搜索方向 $d^{(k)}$ 就为 $f(x)$ 下降的方向).

将 $f(x^{(k+1)})$ 在 $x^{(k)}$ 点作泰勒展开，只保留一阶项，有

$$f(x^{(k+1)}) = f(x^{(k)} + d^{(k)}) = f(x^{(k)}) + \nabla f^{\mathrm{T}}(x^{(k)}) d^{(k)}, \tag{8.4}$$

显然，只要满足

$$\nabla f^{\mathrm{T}}(x^{(k)}) d^{(k)} < 0, \tag{8.5}$$

$d^{(k)}$ 就是下降方向. 满足式 (8.5) 的下降方向有无穷多个，其中使得 $|\nabla f^{\mathrm{T}}(x^{(k)}) d^{(k)}|$ 达到最大的是

$$d^{(k)} = -\nabla f(x^{(k)})$$

称为最速下降方向 (因为梯度方向是函数增长最快的方向，则负梯度方向就是最速下降方向). 对应的方法就称为**最速下降法** (或**梯度法**)，其迭代公式为

$$x^{(k+1)} = x^{(k)} - \alpha^{(k)} \nabla f(x^{(k)}).$$

计算表明，用梯度法在迭代的初始阶段 f 下降最快，但在接近最优解 x^* 时下降变慢.

例 8.7　用最速下降法求 $f(x) = 4x_1^2 + 4x_2^2 - 4x_1 x_2 - 12x_2$，其中 $x = (x_1, x_2)^{\mathrm{T}}$ 的极小值.

解　已知 $\dfrac{\partial f}{\partial x_1} = 8x_1 - 4x_2$，$\dfrac{\partial f}{\partial x_2} = -4x_1 + 8x_2 - 12$. 由最速下降法，得到迭代公式

$$t^{(k+1)} = \begin{pmatrix} x_1^{(k+1)} \\ x_2^{(k+1)} \end{pmatrix} = \begin{pmatrix} x_1^{(k)} \\ x_2^{(k)} \end{pmatrix} - \alpha^{(k)} \begin{pmatrix} \dfrac{\partial f}{\partial x_1^{(k)}} \\ \dfrac{\partial f}{\partial x_2^{(k)}} \end{pmatrix} (k = 0, 1, 2, \cdots),$$

即

$$\begin{cases} x_1^{(k+1)} = x_1^{(k)} - \alpha^{(k)} \dfrac{\partial f}{\partial x_1^{(k)}}, \\ x_2^{(k+1)} = x_2^{(k)} - \alpha^{(k)} \dfrac{\partial f}{\partial x_2^{(k)}}, \end{cases}$$

其中 $t^{(k)}$ 表示第 k 次迭代的点，$\alpha^{(k)}$ 表示第 k 次迭代的步长 (一般每一次都会增长).

设初始点为 $t^{(0)} = \begin{pmatrix} x_1^{(0)} \\ x_2^{(0)} \end{pmatrix} = \begin{pmatrix} 2 \\ 2 \end{pmatrix}$，则 $f(t^{(0)}) = -8$，并设初始步长 $\alpha_0 = 0.0625$，增长系数 $\delta = 1.2$. 下面开始迭代，终止条件是 $\begin{pmatrix} \dfrac{\partial f}{\partial x_1^{(k)}} \\ \dfrac{\partial f}{\partial x_2^{(k)}} \end{pmatrix} = 0$.

第 1 次迭代：令 $t^{(1)} = \begin{pmatrix} x_1^{(1)} \\ x_2^{(1)} \end{pmatrix}$，得

$$\begin{cases} x_1^{(1)} = x_1^{(0)} - \alpha^{(0)} \dfrac{\partial f}{\partial x_1^{(0)}} = 2 - 0.0625(8 \times 2 - 4 \times 2) = 1.5, \\[3mm] x_2^{(1)} = x_2^{(0)} - \alpha^{(0)} \dfrac{\partial f}{\partial x_2^{(0)}} = 2 - 0.0625(-4 \times 2 + 8 \times 2 - 12) = 2.25, \end{cases}$$

则 $f(t^{(1)}) = 4 (x_1^{(1)})^2 + 4 (x_2^{(1)})^2 - 4x_1^{(1)} x_2^{(1)} - 12x_2^{(1)} = -11.25$，显然 $f(t^{(1)}) < f(t^{(0)})$，并且

$$\nabla f(t^{(1)}) = \begin{pmatrix} \dfrac{\partial f}{\partial x_1^{(1)}} \\[3mm] \dfrac{\partial f}{\partial x_2^{(1)}} \end{pmatrix} = \begin{pmatrix} 3 \\ 0 \end{pmatrix} \neq \begin{pmatrix} 0 \\ 0 \end{pmatrix}，\text{继续迭代；}$$

第 2 次迭代：令 $t^{(2)} = \begin{pmatrix} x_1^{(2)} \\ x_2^{(2)} \end{pmatrix}$，$\alpha^{(1)} = 0.0625 \times 1.2 = 0.075$，得

$$\begin{cases} x_1^{(2)} = x_1^{(1)} - \alpha^{(1)} \dfrac{\partial f}{\partial x_1^{(1)}} = 1.5 - 0.075 \times 3 = 1.275, \\[3mm] x_2^{(2)} = x_2^{(1)} - \alpha^{(2)} \dfrac{\partial f}{\partial x_2^{(1)}} = 2.25 - 0.075 \times 0 = 2.25, \end{cases}$$

则 $f(t^{(2)}) = 4 (x_1^{(2)})^2 + 4 (x_2^{(2)})^2 - 4x_1^{(2)} x_2^{(2)} - 12x_2^{(2)} = -11.7225$，显然 $f(t^{(2)}) < f(t^{(1)})$，并且

$$\nabla f(t^{(2)}) = \begin{pmatrix} \dfrac{\partial f}{\partial x_1^{(2)}} \\[3mm] \dfrac{\partial f}{\partial x_2^{(2)}} \end{pmatrix} = \begin{pmatrix} 1.2 \\ 0.9 \end{pmatrix}，\text{继续迭代；}$$

第 3 次迭代：令 $t^{(3)} = \begin{pmatrix} x_1^{(3)} \\ x_2^{(3)} \end{pmatrix}$，$\alpha^{(2)} = 0.075 \times 1.2 = 0.09$，得

$$\begin{cases} x_1^{(3)} = x_1^{(2)} - \alpha^{(2)} \dfrac{\partial f}{\partial x_1^{(2)}} = 1.275 - 0.09 \times 1.2 = 1.167, \\[3mm] x_2^{(3)} = x_2^{(2)} - \alpha^{(2)} \dfrac{\partial f}{\partial x_2^{(2)}} = 2.25 - 0.09 \times 0.9 = 2.169, \end{cases}$$

则 $f(t^{(3)}) = 4 (x_1^{(3)})^2 + 4 (x_2^{(3)})^2 - 4x_1^{(3)} x_2^{(3)} - 12x_2^{(3)} = -11.88$，显然 $f(t^{(3)}) < f(t^{(2)})$，并且

$$\nabla f(t^{(3)}) = \begin{pmatrix} \dfrac{\partial f}{\partial x_1^{(3)}} \\[3mm] \dfrac{\partial f}{\partial x_2^{(3)}} \end{pmatrix} = \begin{pmatrix} 0.66 \\ 0.684 \end{pmatrix}，\text{继续迭代；}$$

第 4 次迭代：令 $t^{(4)} = \begin{pmatrix} x_1^{(4)} \\ x_2^{(4)} \end{pmatrix}$，$\alpha^{(3)} = 0.09 \times 1.2 = 0.108$，得

$$\begin{cases} x_1^{(4)} = x_1^{(3)} - \alpha^{(3)} \dfrac{\partial f}{\partial x_1^{(3)}} = 1.167 - 0.108 \times 0.66 = 1.096, \\[3mm] x_2^{(4)} = x_2^{(3)} - \alpha^{(3)} \dfrac{\partial f}{\partial x_2^{(3)}} = 2.169 - 0.108 \times 0.684 = 2.095, \end{cases}$$

则 $f(t^{(4)}) = 4 (x_1^{(4)})^2 + 4 (x_2^{(4)})^2 - 4x_1^{(4)} x_2^{(4)} - 12x_2^{(4)} = -11.96$，显然 $f(t^{(4)}) < f(t^{(3)})$，并且

$$\nabla f(t^{(4)}) = \begin{pmatrix} \dfrac{\partial f}{\partial x_1^{(4)}} \\[3mm] \dfrac{\partial f}{\partial x_2^{(4)}} \end{pmatrix} = \begin{pmatrix} 0.388 \\ 0.376 \end{pmatrix}，\text{继续迭代；}$$

第 5 次迭代：令 $t^{(5)} = \begin{pmatrix} x_1^{(5)} \\ x_2^{(5)} \end{pmatrix}$，$\alpha^{(4)} = 0.108 \times 1.2 = 0.1296$，得

$$\begin{cases} x_1^{(5)} = x_1^{(4)} - \alpha^{(4)} \dfrac{\partial f}{\partial x_1^{(4)}} = 1.096 - 0.1296 \times 0.388 = 1.046, \\ x_2^{(5)} = x_2^{(4)} - \alpha^{(4)} \dfrac{\partial f}{\partial x_2^{(4)}} = 2.095 - 0.1296 \times 0.376 = 2.046, \end{cases}$$

则 $f(t^{(5)}) = 4(x_1^{(5)})^2 + 4(x_2^{(5)})^2 - 4x_1^{(5)}x_2^{(5)} - 12x_2^{(5)} = -11.99$，显然 $f(t^{(5)}) < f(t^{(4)})$，并且

$$\nabla f(t^{(5)}) = \begin{pmatrix} \dfrac{\partial f}{\partial x_1^{(5)}} \\ \dfrac{\partial f}{\partial x_2^{(5)}} \end{pmatrix} = \begin{pmatrix} 0.184 \\ 0.184 \end{pmatrix}，\text{继续迭代；}$$

第 6 次迭代：令 $t^{(6)} = \begin{pmatrix} x_1^{(6)} \\ x_2^{(6)} \end{pmatrix}$，$\alpha^{(5)} = 0.1296 \times 1.2 = 0.1555$，得

$$\begin{cases} x_1^{(6)} = 1.017, \\ x_2^{(6)} = 2.017, \end{cases}$$

则 $f(t^{(6)}) = -11.9988$，显然 $f(t^{(6)}) < f(t^{(5)})$，并且 $\nabla f(t^{(6)}) = \begin{pmatrix} 0.068 \\ 0.068 \end{pmatrix}$，继续迭代；

第 7 次迭代：令 $t^{(7)} = \begin{pmatrix} x_1^{(7)} \\ x_2^{(7)} \end{pmatrix}$，$\alpha^{(6)} = 0.1555 \times 1.2 = 0.1866$，得

$$\begin{cases} x_1^{(7)} = 1.004, \\ x_2^{(7)} = 2.004, \end{cases}$$

则 $f(t^{(7)}) = -11.99993$，显然 $f(t^{(7)}) < f(t^{(6)})$，并且 $\nabla f(t^{(7)}) = \begin{pmatrix} 0.016 \\ 0.016 \end{pmatrix}$，继续迭代；

第 8 次迭代：令 $t^{(8)} = \begin{pmatrix} x_1^{(8)} \\ x_2^{(8)} \end{pmatrix}$，$\alpha^{(7)} = 0.1866 \times 1.2 = 0.2239$，得

$$\begin{cases} x_1^{(8)} = 1, \\ x_2^{(8)} = 2, \end{cases}$$

则 $f(t^{(8)}) = -12$，显然 $f(t^{(8)}) < f(t^{(7)})$，并且 $\nabla f(t^{(8)}) = \begin{pmatrix} 0 \\ 0 \end{pmatrix}$，满足终止条件，因此得到极

小值点 $x^* = t^{(8)} = \begin{pmatrix} 1 \\ 2 \end{pmatrix}$，极小值为 $f(x^*) = -12$.

4. 拉格朗日乘子法

求解约束非线性规划问题比无约束非线性规划问题困难得多. 为了简化其优化工作，可采用以下方法：将约束问题化为无约束问题，将非线性规划问题化为线性规划问题，以及能将复杂问题变换为简单问题的其他方法.

如果约束非线性规划问题是等式约束问题

$$\min f(x),$$
$$\text{s. t} \begin{cases} h_i(x) = 0, \quad i = 1, 2, \cdots, m, \\ x \in \mathbf{R}^n, \end{cases}$$

可以构造函数 $L(x,\lambda) = f(x) + \sum_{i=1}^{m} \lambda_i h_i(x)$（其中 λ_i 是参数，$\lambda \in \mathbf{R}^n$），将问题化为无约束问题，然后利用无约束优化最优解的必要条件来求解，这种方法就称为拉格朗日乘子法.

例 8.8　用拉格朗日乘子法求问题

$$\min f(x) = \left(\frac{27}{x_1} + 0.25 x_1\right) + \left(\frac{20}{x_2} + 0.10 x_2\right),$$

$$\text{s. t. } h(x) = 2x_1 + 4x_2 - 24$$

的极小值点. 其中 $x = \begin{pmatrix} x_1 \\ x_2 \end{pmatrix} \in \mathbf{R}^2$.

解　构造函数

$$L(x,\lambda) = f(x) + \lambda h(x)$$
$$= \left(\frac{27}{x_1} + 0.25 x_1\right) + \left(\frac{20}{x_2} + 0.10 x_2\right) + \lambda(2x_1 + 4x_2 - 24),$$

对 $L(x_1, x_2, \lambda)$ 的每一个变量（含 λ）求偏导数并令其为零，得

$$\begin{cases} \dfrac{\partial L}{\partial x_1} = -\dfrac{27}{x_1^2} + 0.25 + 2\lambda = 0, \\[2mm] \dfrac{\partial L}{\partial x_2} = -\dfrac{20}{x_2^2} + 0.10 + 4\lambda = 0, \\[2mm] \dfrac{\partial L}{\partial \lambda} = 2x_1 + 4x_2 - 24 = 0, \end{cases}$$

解上述方程组得，$x_1 = 5.0968$，$x_2 = 3.4516$，$\lambda = 0.3947$.

因此，极小值点 $x^* = \begin{pmatrix} 5.0968 \\ 3.4516 \end{pmatrix}$，相应的极小值就为 $f(x^*) = 12.71$.

8.4　非线性规划模型

非线性规划在经营管理、工程设计、科学研究、军事指挥等方面普遍地存在着最优化问题. 例如，如何在现有人力、物力、财力条件下合理安排产品生产，以取得最高的利润；如何设计某种产品，在满足规格、性能要求的前提下，达到最低的成本；如何确定一个自动控制系统的某些参数，使系统的工作状态最佳；如何分配一个动力系统中各电站的负荷，在保证一定指标要求的前提下，使总耗费最小；如何安排库存储量，既能保证供应，又使储存费用最低；如何组织货源，既能满足顾客需要，又使资金周转最快等. 对于静态的最优化问题，当目标函数或约束条件出现未知量的非线性函数，且不便于线性化，或勉强线性化后会招致较大误差时，就可应用非线性规划的方法去处理.

对于一个实际问题，在把它归结为非线性规划问题时，一般要注意以下四点.

（1）确定供选方案. 首先要收集同问题有关的资料和数据，在全面熟悉问题的基础上，确认什么是问题的可供选择方案，并用一组变量来表示它们.

（2）提出追求目标. 经过资料分析，根据实际需要和可能，提出要追求极小化或极大化的目标，并且运用各种数学基础知识，把它表示成数学表达式.

（3）给出价值标准. 在提出要追求的目标之后，要确立所考虑目标的"好"或"坏"的价值标准，并用某种数量形式来描述它.

（4）寻求限制条件．由于所追求的目标一般都要在一定的条件下取得极小化或极大化效果，因此还需要寻找出问题的所有限制条件，这些条件通常用变量之间的不等式或等式表示．

建立好非线性规划模型，利用 MATLAB 软件程序设计实现其求解．

例 8.9　某计算机公司引进 A，B 两种类型的芯片技术，总耗资 400000 元，准备生产这两种类型的芯片出售．生产一片 A 芯片的成本为 1950 元，而市场价格为 3390 元，生产一片 B 芯片的成本为 2250，而市场价格为 3990 元．由于市场存在竞争：每售出一片 A 芯片，A 芯片就会降价 0.1 元，并且令 B 芯片降价 0.04 元；每售出一片 B 芯片，B 芯片就会降价 0.1 元，并且令 A 芯片降价 0.03 元．假设生产的芯片都能卖出，试制订生产计划，以获得最大利润．

问题分析：设 x_1，x_2 表示 A，B 这两种芯片的数量；

P_1，P_2 表示 A，B 这两种芯片的市场售价；

R 表示出售所有芯片后的总收入；

C 表示生产芯片的总费用；

L 表示总利润．

由题意可知

$$P_1 = 3390 - 0.1x_1 - 0.03x_2,$$
$$P_2 = 3990 - 0.04x_1 - 0.1x_2,$$
$$R = P_1 x_1 + P_2 x_2,$$
$$C = 400000 + 1950x_1 + 2250x_2,$$
$$L = R - C = 1440x_1 - 0.1x_1^2 + 1740x_2 - 0.1x_2^2 - 0.07x_1 x_2 - 400000.$$

建立模型：

$$\max L = 1440x_1 - 0.1x_1^2 + 1740x_2 - 0.1x_2^2 - 0.07x_1 x_2 - 400000,$$
$$\text{s. t.}\ x_1, x_2 \geqslant 0.$$

显然，这是一个无约束的非线性规划问题，采用最速下降法可求得问题的最优解为（4735，7042.7），最大利润近似为 $L = 9136410$ 元．

8.5　应用 MATLAB 解非线性规划问题

8.5.1　MATLAB 优化工具箱简介

1. MATLAB 求解非线性规划问题的主要函数

主要函数如表 8-1 所示．

表 8-1　主要函数

类　型	模　型	基本函数名
一元函数极小	$\min f(x)$　　s. t. $x_1 < x < x_2$	x=fminbnd（'f'，x_1，x_2）
无约束极小	$\min f(X)$	X=fminunc（'f'，x_0） X=fminsearch（'f'，x_0）

类　　　型	模　　　型	基本函数名
二次规划	$\min \dfrac{1}{2} X^{\mathrm{T}} H X + C^{\mathrm{T}} X$ s. t. $AX \leqslant B$	X＝quadprog（H，C，A，B）
有约束极小 （非线性规划）	$\min f(X)$ s. t. $g(X) \leqslant 0$	X＝fmincon（'fg'，X_0）

2. 优化函数的输入变量

使用优化函数或优化工具箱中其他优化函数时，输入变量表（表 8-2）.

表 8-2　输入变量表

变　　量	描　　述	调用函数
f	线性规划的目标函数 fX 或二次规划的目标函数 $X^{\mathrm{T}}HX+fX$ 中线性项的系数向量	linprog，quadprog
fun	非线性优化的目标函数 fun 必须为行命令对象或 M 文件、嵌入函数、或 MEX 文件的名称	fminbnd, fminsearch, fminunc, fmincon, lsqcurvefit, lsqnonlin, fgoalattain, fminimax
H	二次规划的目标函数 $X^{\mathrm{T}}HX+fX$ 中二次项的系数矩阵	quadprog
A，B	A 矩阵和 B 向量分别为线性不等式约束：$AX \leqslant B$ 中的系数矩阵和右端向量	linprog, quadprog, fgoalattain, fmincon, fminimax
Aeq，Beq	Aeq 矩阵和 Beq 向量分别为线性等式约束：$\mathrm{Aeq} \cdot X = \mathrm{Beq}$ 中的系数矩阵和右端向量	linprog, quadprog, fgoalattain, fmincon, fminimax
vlb，vub	X 的下限和上限向量：vlb$\leqslant$X$\leqslant$vub	linprog, quadprog, fgoalattain, fmincon, fminimax, lsqcurvefit, lsqnonlin
X_0	迭代初始点坐标	除 fminbnd 外所有优化函数
x_1，x_2	函数最小化的区间	fminbnd
options	优化选项参数结构，定义用于优化函数的参数	所有优化函数

3. 优化函数的输出变量表

优化函数的输出变量表如表 8-3 所示。

表 8-3　输出变量表

变　　量	描　　述	调用函数
x	由优化函数求得的值. 若 exitflag>0，则 x 为解；否则，x 不是最终解，它只是迭代制止时优化过程的值	所有优化函数
fval	解 x 处的目标函数值	linprog, quadprog, fgoalattain, fmincon, fminimax, lsqcurvefit, lsqnonlin, fminbnd

变 量	描 述	调用函数
exitflag	描述退出条件： exitflag＞0，表目标函数收敛于解 x 处 exitflag＝0，表已达到函数评价或迭代的最大次数 exitflag＜0，表目标函数不收敛	
output	包含优化结果信息的输出结构 Iterations：迭代次数 Algorithm：所采用的算法 FuncCount：函数评价次数	所有优化函数

4. 控制参数 Options 的设置

Options 中常用的几个参数的名称、含义、取值如下：

(1) Display：显示水平. 取值为 'off' 时，不显示输出；取值为 'iter' 时，显示每次迭代的信息；取值为 'final' 时，显示最终结果. 默认值为 'final'.

(2) MaxFunEvals：允许进行函数评价的最大次数，取值为正整数.

(3) MaxIter：允许进行迭代的最大次数，取值为正整数.

控制参数 Options 可以通过函数 Optimset 创建或修改. 命令的格式如下：

(1) Options＝Optimset ('optimfun')

创建一个含有所有参数名，并与优化函数 Optimfun 相关的默认值的选项结构 Options.

(2) Options＝Optimset ('param1', value1, 'param2', value2, …)

创建一个名称为 Options 的优化选项参数，其中指定的参数具有指定值，所有未指定的参数取默认值.

(3) Options＝Optimset (oldops, 'param1', value1, 'param2', value2, …)

创建名称为 oldops 的参数的复制，用指定的参数值修改 oldops 中相应的参数.

例如，opts＝Optimset ('Display', 'iter', 'TolFun', 1e-8)

该语句创建一个称为 opts 的优化选项结构，其中显示参数设为 'iter'，TolFun 参数设为 1e-8，即 1×10^{-8}.

8.5.2 一元函数极小问题求解

例 8.10 求例 8.1 问题

$$\min f(x) = \frac{a}{x} + bx$$

的极值，令 $a=1000$，$b=2$，$1<x<100$.

文件 fxxgh_1.m.

```
%   例 8.1 问题 1 a= 100,b= 2,x1= 1,x2= 100
[x,fval,exitflag]= fminbnd('1000/x+ 2* x',1,100)
执行结果:
x=
   22.3607
fval=
   89.4427
```

```
exitflag=
      1
```

即洪峰流量 Q_0 调节到 $x^* = 22.3607$，防洪的总费用为 $(x^*) = 89.4427$.

8.5.3　多元无约束极小问题求解

例 8.11　求例 8.7，用最速下降法求 $f(x) = 4x_1^2 + 4x_2^2 - 4x_1x_2 - 12x_2$ 的最优解与最优值.

文件 fxxgh＿2.m.

```
% 最速下降法
clear
clc
OPTIONS= optimset('LargeScale','off');
OPTIONS= optimset(OPTIONS,'gradobj','on');
OPTIONS= optimset(OPTIONS,'HessUpdate','steepdesc');
% 将 HessUpdate 属性设置为 steepdesc 使函数 fminunc 指令采用最速下降法
GRAD= inline('[8 * x(1)- 4 * x(2);- 4 * x(1)+ 8 * x(2)- 12]');
f= inline('[4 * x(1)^2+ 4 * x(2)^2- 4 * x(1) * x(2)- 12 * x(2)]');
[x,fval,exitflag,output]= fminunc({f,GRAD},[2,2],OPTIONS)
```

执行结果：

```
x=
    1.0000    2.0000
fval=
   - 12.0000
exitflag=
      1
output=
      iterations: 20
       funcCount: 40
        stepsize: 0.1250
    firstorderopt: 4.5776e- 006
       algorithm: 'medium- scale: Quasi- Newton line search'
         message: [1x85 char]
```

原问题的最优解 $x^* = (1, 2)^T$，极小值为 $f(x^*) = -12$. 从 output 的输出可以看出：求解过程进行了 20 步迭代，用到算法 Quasi-Newton，line search，迭代步长为 $4.5776e-006$，即 4.5576×10^{-6}.

例 8.12　求例 8.9 问题

$$\max L = 1440x_1 - 0.1x_1^2 + 1740x_2 - 0.1x_2^2 - 0.07x_1x_2 - 400000,$$
$$\text{s. t. } x_1, x_2 \geqslant 0.$$

文件 fxxgh＿3.m.

```
% 最速下降法
OPTIONS= optimset('LargeScale','off');
```

```
OPTIONS= optimset(OPTIONS,'gradobj','on');
OPTIONS= optimset(OPTIONS,'HessUpdate','steepdesc');
GRAD= inline('[0.2*x(1)+0.07*x(2)-1440;0.2*x(2)+0.07*x(1)-1740]');
f= inline('[0.1*x(1)^2+0.1*x(2)^2+0.07*x(1)*x(2)-1440*x(1)-1740*x(2)+
400000]');
[x,fval,exitflag]= fminunc({f,GRAD},[0,0],OPTIONS)
```

执行结果：

```
x=
  1.0e+003 *
    4.7351    7.0427
fval=
- 9.1364e+006
exitflag=
    2
```

取初值 $x_0 = (0, 0)^{\mathrm{T}}$ 时，求得原问题的最优解为 $x^* = (47351, 7042.7)^{\mathrm{T}}$，最大利润近似值为 $L = 9136400$ 元.

8.5.4 二次规划问题求解

例 8.13 求例 8.5 问题

$$\min f(x) = x_1^2 + x_2^2,$$
$$\text{s. t.} \begin{cases} 1 - x_1 - x_2 = 0, \\ x_1 - 1 \leqslant 0, \\ x_2 - 1 \leqslant 0. \end{cases}$$

文件 fxxgh_4.m.

```
% 例 8.5,二次规划
H= [2,0;0,2];
c= [0,0]';
A= [1,0;0,1;-1,0;0,-1];
b= [1,1,0,0]';
Aeq= [1,1];Beq= [1];
[x,fval,exitflag]= quadprog(H,c,A,b,Aeq,Beq)
```

执行结果：

```
Optimization terminated.
x=
    0.5000
    0.5000
fval=
    0.5000
exitflag=
    1
```

原问题的最优解为 $x^* = (0.5, 0.5)^{\mathrm{T}}$，最优值 $f(x^*) = 0.5$.

8.5.5　多元有约束极小问题求解

例 8.14　求例 8.8 问题

$$\min f(x) = \left(\frac{27}{x_1} + 0.25x_1\right) + \left(\frac{20}{x_2} + 0.10x_2\right),$$

$$\text{s. t. } h(x) = 2x_1 + 4x_2 - 24 = 0.$$

目标函数文件 fxxgh _ 5fun. m.

```
% 例 8.8,目标函数
function f= fxxgh_5fun(x);
f= (27/x(1)+ 0.25* x(1))+ (20/x(2)+ 0.1* x(2));
```

主函数文件 fxxgh_5. m

```
% 例 8.8,有线性等式约束的非线性规划求解
x0= [2;2];
A= [];B= [];
Aeq= [2 4];Beq= [24];
LB= [0;0];UB= [];
[x,fval,exitflag]= fmincon('fxxgh_sfun',x0,A,B,Aeq,Beq,LB,UB)
```

执行结果：

```
x=
    5.0968
    3.4516
fval=
   12.7112
exitflag=
    1
```

原问题极小值点 $x^* = (5.096，3.4516)^T$，相应的极小值就为 $f(x^*) = 12.7112$. 如果取初值 $x_0 = (0，0)^T$ 或 $x_0 = (-1，-1)^T$，exitflag＝0，可见要搜索到非线性规划问题的近似最优解，与初值的选择关系很大.

例 8.15　解有约束非线性规划问题

$$\min f(x) = x_1^2 - 4x_1 - 8x_2 + 15,$$

$$\text{s. t. } \begin{cases} -x_1^2 - x_2^2 \leqslant -9, \\ 2x_1 + 3x_2 \leqslant 2, \\ x_1 - x_2 \leqslant 5. \end{cases}$$

目标函数文件 fxxgh _ 6fun. m

```
% 目标函数
function f= fxxgh_6fun(x);
f= x(1)^4- 4* x(1)- 8* x(2)+ 15;
```

约束条件文件 fxxgh _ 6confun. m

```
% 非线性约束
function [c,ceq]= fxxgh_6confun(x);
c= - x(1)^2- x(2)^2+ 9;
ceq= [];
```

主函数文件 fxxgh_6.m

```
% 非线性规划求解
x0=[0;0];
A=[];B=[];
Aeq=[2 3;1 - 1];Beq=[2;5];
LB=[];UB=[];
[x,fval,exitflag]= fmincon('fxxgh_6fun',x0,A,B,Aeq,Beq,LB,UB,'fxxgh_6confun')
```

执行结果：

```
x=
    3.4000
  - 1.6000
fval=
  147.8336
exitflag=
    1
```

原问题极小值点 $x^* = (3.4000, -1.6000)^T$，相应的极小值就为 $f(x^*) = 147.8336$.

习　题　8

8.1　假定要建造容积为 1500 立方米的长方形仓库，已知每平方米墙壁、屋顶和地面的造价分别为 4 元、6 元、12 元，基于美学考虑，要求宽度应为高度的 2 倍，试建立使造价最省的数学模型。

8.2　某锅炉制造厂要制造一种新型锅炉 10 台，每台需要长度不同的锅炉专用钢管数量如下表，原材料的长度只有 5500mm 一种规格，如果限度只用 4 种裁剪方式，问如何下料使得用料最省？

规格/mm	2640	1651	1770	1440
需要数量/根	8	35	42	1

8.3　某公司有 6 个建筑工地要开工，每个工地的位置（用平面坐标 a, b 表示，距离单位：千米）及水泥日用量 d（单位：吨）由下表给出。目前有两个临时料场位于 A (5, 1)，B (2, 7)，日储量各有 20 吨。假定从料场到工地之间均有直线道路相连。(1) 试制定每天的供应计划，即 A，B 两料场分别向各工地运送多少吨水泥，使总的吨千米数最小。(2) 为了进一步减少吨千米数，打算舍弃这两个临时料场，改建两个新的料场，日储量各为 20 吨，问应建在何处，节省的吨千米数为多大？

工地	1	2	3	4	5	6
a	1.25	8.75	0.5	5.75	3	7.25
b	1.25	0.75	4.75	5	6.5	7.25
d	3	5	4	7	6	11

8.4　某厂计划今年全年生产某种产品 A，已收到的四个季度的订货量分别为 600 件、700 件、500 件和 1200 件。产品 A 的生产费用与产品数量的平方成正比，比例系数为 0.005，存在仓库里的产品要花费一定的储存费用，每件产品储存费用为每季度 1 元，为了使总费用最小，每一季度应生产多少件产品？

第9章 动态规划

动态规划是运筹学的一个分支，是求解决策过程最优化的数学方法. 20 世纪 50 年代初美国数学家 R. E. Bellman 等在研究多阶段决策过程的最优化问题时，提出了著名的最优化原理，把多阶段过程化为一系列单阶段问题，利用各阶段之间的关系，逐个求解，创立了解决这类过程优化问题的新方法——动态规划. 动态规划问世以来，在经济管理、生产调度、工程技术和最优控制等方面得到了广泛的应用. 例如，最短路线、库存管理、资源分配、设备更新、排序、装载等问题.

9.1 基 本 概 念

如果研究某一个过程，这个过程可以分解为若干个互相联系的阶段，每一个阶段都有其初始状态和结束状态，其结束状态即为下一阶段的初始状态. 在过程的每一个阶段都需要作出决策，而每一阶段的结束状态依赖于其初始状态和该阶段的决策，这就是多阶段决策问题. 把各个阶段的决策组合起来，构成了一个决策序列，称为一个策略. 由于各个阶段选取的决策不同，对应整个过程就可以有许多不同的策略. 当对应过程采取某一策略时，可以得到一个确定的效果. 对于多决策问题，就是要在所有可能采取的策略中间选取一个最优策略，使在预定目标下达到最好的效果. 而各阶段采取的决策，一般来说是与时间有关的，决策依赖于当前状态，又随即引起状态的转移，一个决策序列就是在变化的状态中产生出来的，故有"动态"的含义，称这种解决多阶段决策最优化问题的方法为动态规划方法. 换言之，动态规划主要用于求解以时间划分阶段的动态过程的优化问题. 当对一些与时间无关的静态规划（如线性规划、非线性规划）只要人为地引入时间因素，把它视为多阶段决策过程，也可以用动态规划方法方便地求解.

下面介绍动态规划的一些基本概念.

(1) **阶段** 整个问题的解决可分为若干阶段依次进行，它们相互联系. 通常按时间或空间划分阶段，也可以按问题各部分内在逻辑关系先后分阶段. 阶段数是指一个问题需要作出决策的步数，给每一个阶段一个序号，称为阶段变量，记为 k. 一般按时间分阶段的编号方式有两种：①顺序编号法，即实际过程的初始阶段编号取为 1，以后随过程逐渐增大；②逆序编号法，即实际过程的最后阶段编号取为 1，往前推时编号逐渐增大.

在多数情况下，阶段变量是离散型的，而如果过程可以在任何时刻作出决策，且在任意两个不同的时刻之间允许有无穷多个决策时，阶段变量就是连续的.

(2) **状态变量** 各阶段的状态用状态变量来描述，它不以人们的主观意志为转移，也称为不可控因素. 用 S_k 表示阶段 k 开始时过程的状态，而 S_{k+1} 表示阶段 k 结束时过程的状态（即阶段 $k+1$ 开始时过程的状态），同时要求状态变量**无后效性**，即如果某阶段的状态给定，则此阶段以后过程的发展不受以前状态的影响，未来状态只是依赖于当前状态. 一般状态变量是离散的，但有时为了方便也将状态变量取成连续的. 此外，状态变量可以有多个分量（多维情形），因而用向量来代表，而且在每个阶段的状态变量维数可以不同. 当阶段按所有可能不同的方式发展时，各阶段的状态变量将在某一确定的范围内取值，而状态变量取值的集合称为状态集合．

（3）**决策**   实际过程从初始状态开始按阶段向前发展，每一阶段达到一种可能状态，下一阶段进入什么状态取决于这一阶段作出的决策．决策可以自然而然地用一个数或一组数来表示．不同的决策对应着不同的数值．描述决策的变量称**决策变量**，通常用 X_k 表示第 k 个阶段的决策变量，各阶段全部可能的决策组成该阶段允许决策集合，用 $D_k(S_k)$ 表示第 k 阶段状态为 S_k 时允许决策集合（图 9-1）．

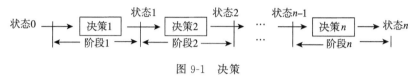

状态0 → 决策1 → 状态1 → 决策2 → 状态2 … 状态n−1 → 决策n → 状态n

阶段1   阶段2   …   阶段n

图 9-1   决策

（4）**策略**   由每个阶段的决策组成的序列称为策略．对于每一个实际的多阶段决策过程，可供选取的策略有一定的范围限制，这个范围称为允许策略集合．集合中达到最优效果的策略称为**最优策略**．

（5）**状态转移方程**   给定 k 阶段状态变量 S_k 后，如果这一阶段的决策变量 X_k 一经确定，则第 k 阶段结束时（即第 $k+1$ 阶段（第 $k-1$ 阶段）开始时）的状态变量 $S_{k+1}(S_{k-1})$ 也就完全确定，即 $S_{k+1}(S_{k-1})$ 随 S_k 和 X_k 变化而变化，那么可以把 $S_{k+1}(S_{k-1})$ 看成 S_k 和 X_k 的函数，记为 $S_{k+1}=g_k(S_k，X_k)(S_{k-1}=g_k(S_k，X_k))$．这是从第 k 阶段到第 $k+1$ 阶段（第 $k-1$ 阶段）的状态转移规律，称为**状态转移方程**．

（6）**优劣指标**   动态规划问题求解就是寻找最优策略，这就需要一个衡量策略优劣的指标，称为优劣指标．设动态规划问题的整个过程由 n 个阶段组成，由第 $k(k=1，2，…，n)$ 阶段状态 S_k 开始到某一最终状态的这一过程，称为第 k 阶段状态 S_k 的后部过程，相应的决策序列称为 S_k 的后部策略．从第 k 阶段状态 S_k 开始的每一后部过程都可像全过程那样，规定一个指标，具有最优指标的后部过程称为最优后部过程，相应的策略称为最优后部策略，相应的指标记为 $f_k(S_k)$．每一阶段都要寻找出该阶段每一状态的最优后部过程和最优后部策略．

（7）**指标递推方程**   在计算各阶段的最优后部过程时，都要利用上一阶段已得到的最优后部过程指标．第 k 阶段在状态 S_k 下可以采取不同的决策，每一个决策都产生一个直接影响后部过程指标的量，称为直接指标．记为 $d_k(S_k，X_k)$，不同的决策将使过程在第 $k+1$ 阶段（第 $k-1$ 阶段）具有不同的开始状态，由 $S_{k+1}=g_k(S_k，X_k)$ 或 $S_{k-1}=g_k(S_k，X_k)$，有

$$f_k(S_k)=\min_{X_k\in D_k(S_k)}\{d_k(S_k,X_k)+f_{k+1}(g_k(S_k,X_k))\}, \tag{9.1}$$

$$f_k(S_k)=\min_{X_k\in D_k(S_k)}\{d_k(S_k,X_k)+f_{k-1}(g_k(S_k,X_k))\}, \tag{9.2}$$

则式（9.1）和式（9.2）称为**指标递推方程**．建立了这样的递推方程，才可以对一个问题从第一阶段开始逐段计算，最终得到最优解．

建立实际问题的动态规划模型，可以归纳为以下步骤：

（1）确定问题的决策对象．

（2）对决策过程划分阶段．

（3）对各阶段确定状态变量．

（4）建立各阶段状态变量的转移过程，确定状态转移方程．

（5）确定各阶段各决策的直接指标，列出计算各阶段最优后部策略指标的递推方程．

求解动态规划模型的方法有逆序解法（9.1）和顺序解法（9.2）. 根据状态转移方程和指标递推方程，从实际最后阶段向初始阶段倒推寻找最优策略，称为逆序解法；按实际过程相同的方向逐段递推寻找最优策略，称为顺序解法. 一般地，动态规划模型大多采用逆序解法.

9.2 应 用 实 例

9.2.1 最短路问题

例 9.1 图 9-2 为一线路网络，要铺设点 A 到点 E 的电话线，中间需要 3 个点. 第 1 个点可以是 B_1，B_2，B_3 中的某一点，第 2 个点可以是 C_1，C_2，C_3 中的某一点，第 3 个点可以是 D_1，D_2 中的某一点，各点之间若能铺设电话线，则在图中以连线表示，连线旁的数字表示两点间的距离，现求点 A 到点 E 的最短路线.

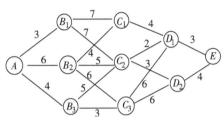

图 9-2 线路网络

解 这个问题可以用图论的方法解决. 现在用动态规划模型的方法来讨论点 A 到点 E 的最短路线.

将问题分为 4 个阶段进行决策.

第 1 阶段：从点 A 出发，终点可以选择点 B_1 或 B_2 或 B_3；

第 2 阶段：从点 B_1 出发，终点选择点 C_1 或 C_2，或从点 B_2 出发，终点选择点 C_1 或 C_3，或从点 B_3 出发，终点选择点 C_2 或 C_3；

第 3 阶段：从点 C_1 出发，终点选择点 D_1，或从点 C_2 出发，终点选择点 D_1 或 D_2，或从点 C_3 出发，终点选择点 D_1 或 D_2；

第 4 阶段：分别从点 D_1 或 D_2 出发，终点到达点 E.

如果利用顺序解法，就会发现在每一阶段寻找最优时，出现了矛盾，第 1 阶段最短路是 AB_1，而第 2 阶段最短路是 B_3C_3，第 3 阶段的最短路是 C_2D_1，第 4 阶段的最短路是 D_1E，这样从整体来看不容易找到最优路线. 如果将 AE 之间的所有可能路线一一列举出来，也是计算量比较烦琐的过程.

现在考虑从终点 E 出发一步步进行反推，即逆序解法. 设电话线铺设起点为 A 层，第 2 个铺设点为 B 层，第 3 个铺设点为 C 层，第 4 个铺设点为 D 层，铺设终点为 E 层（图 9-3）.

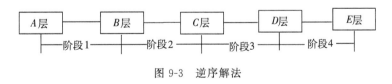

图 9-3 逆序解法

（1）考虑最后一个阶段的最优选择. 按逆序推算，电话线铺设到 E 点前，上一层为 D，即上一点可选 D_1 或 D_2，如果上一点为 D_1，则本阶段的最优决策必然为 $D_1 \rightarrow E$，距离 $d(D_1, E) = 3$，记 $f(D_1) = 3$，$f(D_1)$ 表示从点 D_1 到点 E 的最短距离. 同理，如果上一点为 D_2，则本阶段最优决策必然为 $D_2 \rightarrow E$，距离 $d(D_2, E) = 4$，记 $f(D_2) = 4$.

（2）联合考虑第 3 阶段和第 4 阶段. 从 C 层出发到终点，必选 C_1，C_2，C_3 中的一点.

如果从点 C_1 出发，只有一条线路 $C_1 \rightarrow D_1 \rightarrow E$，则最短路为 $f(C_1)=7$；

如果从点 C_2 出发，路线有 $C_2 \rightarrow D_1 \rightarrow E$，$C_2 \rightarrow D_2 \rightarrow E$，则计算其最短路

$$\min\left\{\begin{array}{l}d(C_2,D_1)+f(D_1)\\d(C_2,D_2)+f(D_2)\end{array}\right\}=\min\left\{\begin{array}{l}2+3\\3+4\end{array}\right\}=5,$$

即从点 C_2 出发的最短路为 $C_2 \rightarrow D_1 \rightarrow E$，即 $f(C_2)=5$；

如果从点 C_3 出发，路线有 $C_3 \rightarrow D_1 \rightarrow E$，$C_3 \rightarrow D_2 \rightarrow E$，则计算其最短路

$$\min\left\{\begin{array}{l}d(C_3,D_1)+f(D_1)\\d(C_3,D_2)+f(D_2)\end{array}\right\}=\min\left\{\begin{array}{l}6+3\\6+4\end{array}\right\}=9,$$

即从点 C_3 出发的最短路为 $C_3 \rightarrow D_1 \rightarrow E$，即 $f(C_2)=9$.

（3）联合考虑第 2 阶段、第 3 阶段、第 4 阶段. 从 B 层出发到终点，可选择 B_1，B_2，B_3 中的一点.

从点 B_1 出发，计算其最短路

$$\min\left\{\begin{array}{l}d(B_1,C_1)+f(C_1)\\d(B_1,C_2)+f(C_2)\end{array}\right\}=\min\left\{\begin{array}{l}7+7\\7+5\end{array}\right\}=12,$$

所以最短路为 $B_1 \rightarrow C_2 \rightarrow D_1 \rightarrow E$，$f(B_1)=12$；

从点 B_2 出发，计算其最短路

$$\min\left\{\begin{array}{l}d(B_2,C_1)+f(C_1)\\d(B_2,C_2)+f(C_2)\\d(B_2,C_3)+f(C_3)\end{array}\right\}=\min\left\{\begin{array}{l}4+7\\5+5\\6+9\end{array}\right\}=10,$$

所以最短路为 $B_2 \rightarrow C_2 \rightarrow D_1 \rightarrow E$，$f(B_2)=10$；

从点 B_3 出发，计算其最短路

$$\min\left\{\begin{array}{l}d(B_3,C_2)+f(C_2)\\d(B_3,C_3)+f(C_3)\end{array}\right\}=\min\left\{\begin{array}{l}5+5\\3+9\end{array}\right\}=10,$$

所以最短路为 $B_3 \rightarrow C_2 \rightarrow D_1 \rightarrow E$，$f(B_3)=10$.

（4）联合考虑所有阶段. 现在考虑从起点 A 出发，计算其最短路

$$\min\left\{\begin{array}{l}d(A,B_1)+f(B_1)\\d(A,B_2)+f(B_2)\\d(A,B_3)+f(B_3)\end{array}\right\}=\min\left\{\begin{array}{l}3+12\\6+10\\4+10\end{array}\right\}=14,$$

所以最短路为 $A \rightarrow B_3 \rightarrow C_2 \rightarrow D_1 \rightarrow E$，总的铺设线路长度为 14.

从上面的求解过程可以看到，一个多阶段的决策问题能转化为依次求解若干个单阶段决策问题，关键是将前一阶段解的信息传递并纳入下一阶段一起考虑.

9.2.2　机器负荷分配问题

例 9.2　某机器可以在高低两种不同的负荷下进行生产. 在高负荷下生产时，产品的年产量 $s_1=8v_1$，其中 v_1 为高负荷下生产下投入生产的机器数量，同时在高负荷下，机器的年折损率为 $a=0.7$；在低负荷下生产时，产品的年产量 $s_2=5v_2$，其中 v_2 为低负荷下生产时投入生产的机器数量，同时在低负荷下，机器的年折损率为 $b=0.9$. 设开始时完好的机器数为 $x=1000$ 台，要求制定一个 5 年计划，每年开始时决定如何重新分配完好的机器在两种不同负荷下工作的数量，并保证第 5 年年末完好的机器数为 500 台，使得产品 5 年的总产量达到最高.

解　这是一个典型的多阶段决策问题，用阶段变量 k 表示年度（$k=1$，2，$\cdots$，5）.

（1）设 x_k——状态变量，表示第 k 年年初拥有的完好机器数量，即第 $k-1$ 年年末的完好机器数量；

（2）设 u_k——决策变量，表示第 k 年度中分配在高负荷下生产的机器数量，即 x_k-u_k 是该年度分配在低负荷下生产的机器数量，其中，x_k，u_k 均为连续变量.

（3）状态转移方程为

$$x_{k+1} = 0.7u_k + 0.9(x_k - u_k), \quad k = 1,2,\cdots,5.$$

（4）第 k 年产品产量是

$$d_k(x_k, u_k) = 8u_k + 5(x_k - u_k).$$

（5）设 $f_k(x_k)$ 表示第 k 年年初从 x_k 出发，采用最优策略，到第 5 年结束时产品的最大值，得到动态方程

$$f_k(x_k) = \max\{8u_k + 5(x_k - u_k) + f_{k+1}[0.7u_k + 0.9(x_k - u_k)]\}, \quad k = 1,2,\cdots,5.$$

终端条件是 $f_6(x_6)=0$，$x_6=0.7u_5+0.9(x_5-u_5)=500$.

采用逆序解法.

由终端条件可得 $u_5=4.5x_5-2500$，则当 $k=5$ 时，

$$f_5(x_5)=\max\{8u_5+5(x_5-u_5)+f_6(x_6)\}=\max\{3u_5+5x_5\}=18.5x_5-7500.$$

最优决策就只有一种，即 $f_5(x_5)=18.5x_5-7500$.

利用递推关系，当 $k=4$ 时，

$$f_4(x_4)=\max\{8u_4+5(x_4-u_4)+f_5(x_5)\}=\max\{-0.7u_4+21.65x_4-7500\},$$

则最优决策为 $u_4{}^*=0$，$f_4(x_4)=21.65x_4-7500$；

依次类推得到前三年的最优决策为

$$u_3{}^*=0, \quad f_3(x_3)=24.5x_3-7500;$$
$$u_2{}^*=0, \quad f_2(x_2)=27.1x_2-7500;$$
$$u_1{}^*=0, \quad f_1(x_1)=29.4x_1-7500.$$

由此可见，为满足第 5 年年末完好机器为 500 台的要求，又要使产品的产量最高，则前四年全部机器应在低负荷下生产，而在第 5 年只将部分机器投入高负荷生产. 经计算，得

$$x_1=1000(台); \quad x_2=900(台); \quad x_3=810(台); \quad x_4=729(台); \quad x_5=656(台).$$

从而 $u_5=4.5x_5-2500=452$（台），即第 5 年只能有 452 台机器投入高负荷生产，204 台机器投入低负荷生产，最高产量是

$$f_1(x_1) = 29.4x_1 - 7500 = 21900(单位).$$

注　如果上述题目中将终端约束条件"第 5 年年末剩余机器 500 台"去掉，则用同样的方法可以得到相应的最高产量，并且较有约束条件下的最高产量高一些.

9.3　动态规划模型的 MATLAB 实现

9.3.1　Dijkstra 算法

1.Dijkstra 算法介绍

1）使用范围

（1）寻求从一固定顶点到其余各点的最短路径；

（2）有向图、无向图和混合图；

（3）权非负.

2）算法思路

采用标号作业法，每次迭代产生一个永久标号，从而生长一颗以 v_0 为根的最短路树，在这颗树上每个顶点与根节点之间的路径皆为最短路径.

S：具有永久标号的顶点集；

$l(v)$：v 的标记；

$f(v)$：v 的父顶点，用以确定最短路径；$w=[w(v_i, v_j)]_{n\times m}$：输入加权图的带权邻接矩阵.

（1）初始化，令 $l(v_0)=0$，$S=\Phi$；$\forall v\neq v_0$，$l(v)=\infty$；

（2）更新 $l(v)$，$f(v)$，寻找不在 S 中的顶点 u，使 $l(u)$. 把 u 加入到 S 中，然后对所有不在 S 中的顶点 v，如 $l(v)>l(u)+w(u,v)$，则更新 $l(v)$，$f(v)$，即

$$l(v) \leftarrow l(u)+w(u,v), f(v) \leftarrow u;$$

（3）重复步骤（2），直到所有顶点都在 S 中为止.

2. Dijkstra 算法程序

函数调用格式为

$$[\min, \text{path}]=\text{dijkstra}(w, \text{start}, \text{terminal})$$

其中输入变量 w 为所求图的带权邻接矩阵，start，terminal 分别为路径的起点和终点的号码. 返回 start 到 terminal 的最短路径 path 及其长度 min.

注意：顶点的编号从 1 开始连续编号.

编写 M-文件 dtgh _ 1. m.

```
function [min,path]= dijkstra(w,start,terminal)
n= size(w,1); label(start)= 0; f(start)= start;
for i= 1:n
  if i~ = start
      label(i)= inf;
end,end
s(1)= start; u= start;
while length(s)< n
  for i= 1:n
    ins= 0;
    for j= 1:length(s)
      if i= = s(j)
          ins= 1;
      end, end
    if ins= = 0
      v= i;
      if label(v)> (label(u)+ w(u,v))
          label(v)= (label(u)+ w(u,v)); f(v)= u;
  end,end,end
v1= 0;
  k= inf;
  for i= 1:n
```

```
            ins= 0;
            for j= 1:length(s)
                if i= = s(j)
                    ins= 1;
            end,end
            if ins= = 0
                v= i;
                if k> label(v)
                    k= label(v);  v1= v;
    end,  end,  end
    s(length(s)+ 1)= v1;
    u= v1;
end
min= label(terminal); path(1)= terminal;
i= 1;
while path(i)~ = start
    path(i+ 1)= f(path(i));
    i= i+ 1 ;
end
path(i)= start;
L= length(path);
path= path(L:- 1:1)
```

例 9.3　利用 MATLAB 求例 9.1 中的最短路．

解　为了讨论方便，将图中的顶点设定为编号，A-1，B_1-2，B_2-3，B_3-4，C_1-5，C_2-6，C_3-7，D_1-8，D_2-9，E-10. 然后编写 MATLAB 程序：编写 M-文件 dtgh_2. m.

```
edge= [ 1,1,1,2,2,3,3,3,4,4,5,6,6,7,7,8,9;…
        2,3,4,5,6,5,6,7,6,7,8,8,9,8,8,10,10;…
        3,6,4,7,7,4,5,6,5,3,4,2,3,6,9,3,4];
n= 10; weight= inf * ones(n,n);
for i= 1:n
    weight(i,i)= 0;
end
for i= 1:size(edge,2)
weight(edge(1,i),edge(2,i))= edge(3,i);
end
[dis,path]= dijkstra(weight,1,10)
```

运行结果为

```
    dis=    14
    path= 1    4    6    8    10
```

则 $1 \to 4 \to 6 \to 8 \to 10$ 为最短路，即 $A \to B_3 \to C_2 \to D_1 \to E$ 为最短路，总的铺设线路长度为 14.

9.3.2　动态规划逆序算法

求指标函数最小值的逆序算法递归计算程序：

```
Function    [p_opt, fval] =dynprog (x, DecisFun, SubObjFun, TransFun, ObjFun)
% x 为状态变量,一列代表一个阶段的状态,
% M_函数 DecisFun(k,x)表示由阶段 k 的状态值 x 求出相应的允许决策集合
% M_函数 SubObjFun(k,x,u)表示阶段 k 的指标函数
% M_函数 TransFun(k,x,u)是状态转移函数,其中 x 是阶段 k 的状态值,u 是其决策集合
% M_函数 ObjFun(v,f)是第 k 阶段到最后阶段的指标函数,当 ObjFun(v,f)= v+ f 时,输入 ObjFun
(v,f)可以省略
% 输出 p_opt 由 4 列组成,p_opt= [序号组,最优轨线组,最优策略组,指标函数值组];
% 输出 fval 是列向量,各元素分别表示 p_opt 各最优策略组对应始端状态 x 的最优函数值.
k= length(x(1,:));   % k 为阶段数
x_isnan= ~ isnan(x);t_vub= inf;
t_vubm= inf*ones(size(x));   % t_vubm 为指标函数值的上限
f_opt= nan*ones(size(x));   % f_opt 为不同阶段、状态下的最优值矩阵,初值为非数组
d_opt= f_opt;% d_opt 为不同阶段不同状态下的决策矩阵,初值为非数组
tmp1= find(x_isnan(:,k));   % 找出第 k 阶段状态值(不是非数组)的下标
tmp2= length(tmp1);
for i= 1:tmp2
    u= feval(DecisFun,k,x(tmp1(i),k));   % 求出相应的允许决策向量
    tmp3= length(u);
for j= 1:tmp3   % 该 for 语句是为了求出相应的最优函数值以及最优决策
    tmp= feval(SubObjFun,k,x(tmp1(i),k),u(j));
    if tmp< = t_vubm(i,k),f_opt(tmp1(i),k)= tmp;d_opt(tmp1(i),k)= u(j);t_vubm(i,k)
= tmp;
end,end,end
for ii= k- 1:- 1:1   % 从后往前面递推求出 f_opt 以及 d_opt
    tmp10= find(x_isnan(:,ii));tmp20= length(tmp10);
    for i= 1:tmp20
        u= feval(DecisFun,ii,x(tmp10(i),ii));tmp30= length(u);
        for j= 1:tmp30
          tmp00= feval(SubObjFun,ii,x(tmp10(i),ii),u(j));
          tmp40= feval(TransFun,ii,x(tmp10(i),ii),u(j));   % 由该状态值及相应的决策值
                                                  求出下一阶段的状态值
          tmp50= x(:,ii+ 1)- tmp40;tmp60= find(tmp50= = 0);   % 找出下一阶段的状态值在
                                                  x(:,ii+ 1)的下标
          if~ isempty(tmp60)
              if nargin< 5tmp00= tmp00+ f_opt(tmp60(1),ii+ 1);
              else tmp00= feval(ObjFun,tmp00,f_opt(tmp60(1),ii+ 1));
              end
              if tmp00< = t_vubm(i,ii)
                  f_opt(tmp10(i),ii)= tmp00;d_opt(i,ii)= u(j);t_vubm(tmp10(i),ii)
= tmp00;
end,end,end,end,end
fval= f_opt(find(x_isnan(:,1)),1);   % fval 即为最优函数值矩阵
p_opt= [];tmpx= [];tmpd= [];tmpf= [];
```

```
tmp0= find(x_isnan(:,1));tmp01= length(tmp0);
for i= 1:tmp01
   tmpd(i)= d_opt(tmp0(i),1);   % 求出第一阶段的决策值
   tmpx(i)= x(tmp0(i),1);   % 求出第一阶段的状态值
   tmpf(i)= feval(SubObjFun,1,tmpx(i),tmpd(i));   % 求出第一阶段的指标函数值
   p_opt(k*(i- 1)+ 1,[1,2,3,4])= [1,tmpx(i),tmpd(i),tmpf(i)];
   for ii= 2:k   % 按顺序求出各阶段的决策值、状态值以及指标函数值
     tmpx(i)= feval(TransFun,ii- 1,tmpx(i),tmpd(i));
     tmp1= x(:,ii)- tmpx(i);tmp2= find(tmp1= = 0);
    if~ isempty(tmp2)
       tmpd(i)= d_opt(tmp2(1),ii);end
     tmpf(i)= feval(SubObjFun,ii,tmpx(i),tmpd(i));
     p_opt(k*(i- 1)+ ii,[1,2,3,4])= [ii,tmpx(i),tmpd(i),tmpf(i)];
   end,end
```

将上述程序存于 dynprog.m.

例 9.4 某电子设备由 5 种元件 1，2，3，4，5 组成，其可靠性分别为 0.9，0.8，0.6，0.7，0.8 为保证电子设备系统的可靠性，同种元件可并联多个．现允许设备使用元件的总数为 15 个，问如何设计使设备可靠性最大．

解 将该问题看成一个 5 阶段动态规划问题，每个元件的配置看成一个阶段．

记 x_k 为配置第 k 个元件时可用的元件总数（状态变量）；

u_k 为第 k 个元件并联的数目（决策变量）；

c_k 为第 k 个元件的可靠性；

阶段指标函数为 $v_k(x_k, u_k)=1-(1-c_k)^{u_k}$；

状态转移方程为 $x_{k+1}=x_k-u_k$；

基本方程为

$$\begin{cases} f_4(x_4,u_4) = v_4(x_4,u_4),g(a,b) = a \cdot b, \\ f_k(x_k,u_k) = \min\{g(v_k(x_k,u_k),f_{k+1}(x_{k+1}))u_k \in D_k(x_k)\}, \quad k = 4,3,2,1. \end{cases}$$

根据上述的允许决策、阶段指标函数、状态转移方程和基本方程写出下面的 4 个 M-函数：

（1）DecisFun.m

```
function u= DecisFun(k,x)   % 在阶段 k 由状态变量 x 的值求出其相应的决策变量所有的取值
if k= = 5,u= x;
   else u= 1:x- 1;
end
```

（2）SubObjFun.m

```
function v= SubObjFun(k,x,u)   % 阶段 k 的指标函数
c= [0.9,0.8,0.6,0.7,0.8];
v= 1- (1- c(k)).^ u;
v= - v;   % 将求 max 转换为求 min
```

（3）TransFun.m

```
function y= TransFun(k,x,u)   % 状态转移方程
y= x- u;
```

(4) ObjFun. m

```
function y= ObjFun(v,f)   % 基本方程中的函数 g
y= v* f;
y= - y;   % 将求 max 转换为求 min
```

调用 DynProg. m 计算的主程序如下：

```
clear;n= 15;   % 15个元件 x1= [n;nan* ones(n- 1,1)];
x2= 1:n; x2= x2'; x= [x1,x2,x2,x2,x2];
[p,f]= dynprog(x,'DecisF1','SubObjF1','TransF1','ObjF1')
```

运行结果：

```
p_opt=
      1.0000    15.0000     2.0000    - 0.9900
      2.0000    13.0000     3.0000    - 0.9920
      3.0000    10.0000     4.0000    - 0.9744
      4.0000     6.0000     3.0000    - 0.9730
      5.0000     3.0000     3.0000    - 0.9920
fval=
    - 0.9237
```

结果表明 1，2，3，4 和 5 号元件分别并联 2，3，4，3，3 个，系统总可靠性最大为 0.9237.

9.4 建立动态规划模型的注意事项

任何思想方法都有一定的局限性，超出了特定条件，它就失去了作用．同样，动态规划也并不是万能的．从 9.2 节中的实际问题，可以看到适用动态规划的问题满足最优化原理和无后效性．

(1) 最优化原理．最优化原理可这样阐述：一个最优化策略具有这样的性质，不论过去状态和决策如何，对前面的决策所形成的状态而言，余下的诸决策必须构成最优策略．简而言之，一个最优化策略的子策略总是最优的．

(2) 无后效性．将各阶段按照一定的次序排列好之后，对于某个给定的阶段状态，它以前各阶段的状态无法直接影响它未来的决策，而只能通过当前的这个状态．换句话说，每个状态都是过去历史的一个完整总结．这就是无后向性，又称为无后效性．

(3) 子问题的重叠性．动态规划将原来具有指数级复杂度的搜索算法改进成了具有多项式时间的算法．其中的关键在于解决冗余，这是动态规划算法的根本目的．动态规划实质上是一种以空间换时间的技术，它在实现的过程中，不得不存储产生过程中的各种状态，所以它的空间复杂度要大于其他的算法．

除此之外，建立动态规划模型时，还要注意下述五点．

(1) 首先要求对所研究的问题有深入的观察和了解．过程必须具有无后效性．

(2) 状态变量的确定是构造动态规划模型中最关键的一步．状态变量首先应能描述研究过程的演变特征；其次它应包含到达这个状态前的足够信息．这样由过程的无后效性可以把 n 个互为联系的阶段分割后独立加以研究．状态变量还应具有可知性，即规定的状态变量的值可通过直接或间接方法测知．状态变量可以是离散的，也可以是连续的．

（3）决策变量是对过程控制的手段．有些问题中决策变量也可能是多维的向量，取值可能是离散的也可能是连续的．允许决策集合相当于线性规划中的约束条件．

（4）状态转移律可以是确定的也可以是不确定的．

（5）指标函数是衡量决策过程效益高低的指标．它是一个定义在全过程或从某一阶段到最终阶段的子过程上的函数，同时它还具有传递性．

动态规划是对解最优化问题的一种途径、一种方法，而不是一种特殊算法．往往针对一种最优化问题，由于各种问题的性质不同，确定最优解的条件也互不相同，因而动态规划的方法对不同的问题，有各具特色的解题方法，而不存在一种万能的动态规划，可以解决各类最优化问题．因此在学习时，除了要对基本概念和方法正确理解外，必须具体问题具体分析处理，以丰富的想象力去建立模型，用创造性的技巧去求解．

习　题　9

9.1　如图 9-4 的交通网络，每条弧上的数字代表车辆在该路段行驶所需的时间，有向边表示单行道，无向边表示可双向行驶．若有一批货物要从 1 号顶点运往 11 号顶点，问运货车应沿哪条线路行驶，才能最快地到达目的地？

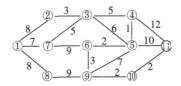

图 9-4　交通网络

9.2　某企业甲、乙、丙三个销售市场，其市场的利润与销售人员的分配有关，现有 6 个销售人员，分配到各市场所获利润如下表所示，试问应如何分配销售人员才能使总利润最大？

人数＼市场	甲	乙	丙
0	0	0	0
1	60	65	75
2	80	85	100
3	105	110	120
4	115	140	135
5	130	160	150
6	150	175	180

第 10 章　多目标规划

多目标最优化思想，最早是在 1896 年由法国经济学家 V. 帕累托提出来的．他从政治经济学的角度考虑把本质上是不可比较的许多目标化成单个目标的最优化问题，从而涉及了多目标规划问题和多目标的概念．自 20 世纪 70 年代以来，多目标规划的研究越来越受到人们的重视．至今关于多目标最优解尚无一种完全令人满意的结果，所以在理论上多目标规划仍处于发展阶段．

10.1　多目标规划的基本概念

多目标规划（multi-objectives programming）是数学规划的一个分支，是研究多于一个目标函数在给定区域上的最优化，又称多目标最优化．通常记为 MP. 在很多实际问题中，如经济、管理、军事、科学和工程设计等领域，衡量一个方案的好坏往往难以用一个指标来判断，而需要用多个目标来比较，而这些目标有时不甚协调，甚至是矛盾的．

10.1.1　多目标规划问题的提出

例 10.1　某工厂在一个计划期内生产甲、乙两种产品，各产品都要消耗 A，B，C 三种不同的资源．每件产品对资源的单位消耗、各种资源的限量以及各产品的单位价格、单位利润和所造成的单位污染如表 10-1 所示．假定产品能全部销售出去，问每期怎样安排生产，才能使利润和产值都最大，且造成的污染最小？

表 10-1　例 10-1 的数据

	甲	乙	资源限量
资源 A 单位消耗	9	4	240
资源 B 单位消耗	4	5	200
资源 C 单位消耗	3	10	300
单位产品的价格	400	600	
单位产品的利润	70	120	
单位产品的污染	3	2	

该问题的模型如下：

$$\max f_1(x) = 70x_1 + 120x_2,$$
$$\max f_2(x) = 400x_1 + 600x_2,$$
$$\max(-f_3(x)) = 3x_1 + 2x_2,$$
$$\text{s. t.} \begin{cases} 9x_1 + 4x_2 \leqslant 240, \\ 4x_1 + 5x_2 \leqslant 200, \\ 3x_1 + 10x_2 \leqslant 300, \\ x_1, x_2 \geqslant 0, \end{cases} \quad x = (x_1, x_2)^{\mathrm{T}} \in \mathbf{R}^2. \tag{10.1}$$

在模型中，有两个以上的目标函数，多个约束条件．这就是多目标规划模型的基本组成结构．

10.1.2　多目标规划模型的一般形式

对于多目标规划问题，可以将其数学模型一般地描写为如下形式：

$$\max f_1(x)$$
$$\cdots\cdots$$
$$\max f_m(x) \tag{10.2}$$
$$\text{s. t.} \begin{cases} g_i(x) \geqslant 0, i = 1, 2, \cdots, p, \\ h_j(x) = 0, j = 1, 2, \cdots, q, \end{cases}$$

其中 $x = (x_1, x_2, \cdots, x_n)^{\mathrm{T}} \in \mathbf{R}^n$ 为决策向量，并且模型中有 n 个决策变量、m 个目标函数（也可以是最小化）、$p+q$ 个约束方程，并记 $F(x) = (f_1(x), f_2(x), \cdots, f_m(x))^{\mathrm{T}}$．

对于上述多目标规划问题，求解就意味着需要作出如下的复合选择：

(1) 每一个目标函数取什么值，原问题可以得到最满意的解决？

(2) 每一个决策变量取什么值，原问题可以得到最满意的解决？

10.1.3　多目标规划问题解的特点

设 $R = \{x \mid g_i(x) \geqslant 0, i = 1, 2, \cdots, p; h_j(x) = 0, j = 1, 2, \cdots, q\}$ 称为问题 (10.2) 的可行集或容许集，$x \in R$ 就称为问题 (10.2) 的可行解或容许解．

设 $x^* \in R$，若对 $i = 1, 2, \cdots, m$ 及 $\forall x \in R$，均有 $f_i(x) \geqslant f_i(x^*)$，则称 x^* 为问题 (10.2) 的绝对最优解．而 $F^* = (f_1(x^*), f_2(x^*), \cdots, f_m(x^*))^{\mathrm{T}}$ 称为绝对最优值．

如果绝对最优解不存在，则要寻找其他的解．为此，引入下面记号：

(1) 符号 $<$，令 $F(x^1) = (f_1(x^1), \cdots, f_m(x^1))^{\mathrm{T}}$，$F(x^2) = (f_1(x^2), \cdots, f_m(x^2))^{\mathrm{T}}$，$F(x^1) < F(x^2)$ 等价于 $f_i(x^1) < f_i(x^2)$，$i = 1, 2, \cdots, m$；

(2) 符号 $\leqslant$，$F(x^1) \leqslant F(x^2)$ 等价于 $f_i(x^1) \leqslant f_i(x^2)$，$i = 1, 2, \cdots, m$，且至少存在某一个 $i_0 (1 \leqslant i_0 \leqslant m)$，使得 $f_{i_0}(x^1) < f_{i_0}(x^2)$；

(3) 符号 $\leqq$，$F(x^1) \leqq F(x^2)$ 等价于 $f_i(x^1) \leqslant f_i(x^2)$，$i = 1, 2, \cdots, m$．

设 $x^* \in R$，若不存在 $x \in R$，满足 $F(x) \leqslant F(x^*)$，则称 x^* 为问题 (10.2) 的**有效解**或**非劣解**．

设 $x^* \in R$，若不存在 $x \in R$，满足 $F(x) < F(x^*)$，则称 x^* 为问题 (10.2) 的**弱有效解**或**弱非劣解**．

在解决单目标问题时，我们的任务是选择一个或一组变量 x，使目标函数 $f(x)$ 取得最大（或最小）．而对于任意两方案所对应的解，只要比较它们相应的目标值，就可以判断谁优谁劣．但在多目标情况下，利用图像看看这些解之间的状态，如图 10-1 所示．

图 10-1 中有两个目标值 $f_1(x)$，$f_2(x)$，并且列出在这两个目标值下共有 7 个解的方案．

就方案①和②来说，①的 f_2 目标值比②大，但其目标

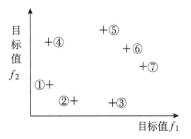

图 10-1　两个方案对应的目标值

值 f_1 比②小，因此无法确定这两个方案的优与劣．然而在各个方案之间存在这样的关系：④比①好，⑤比④好，⑥比②好，⑦比③好……其中方案①，②，③，④称为劣解，因为它们在两个目标值上都比方案⑤差，是可以淘汰的解．而方案⑤、⑥、⑦是非劣解，因为这些解都无法确定优劣，而且又没有比它们更好的其他方案．

因此，当目标函数处于冲突状态时，就不会存在使所有目标函数同时达到最大或最小值的最优解，于是只能寻求非劣解（又称非支配解或帕累托解）．但有时也能找到使所有目标函数达到最优的绝对最优解．

10.2　多目标规划的解法

多目标规划由于考虑的目标多，有些目标之间又彼此有矛盾，这就使多目标问题成为一个复杂而困难的问题．而求解多目标规划的方法有很多，主要有评价函数法和目标规划法．评价函数法就是根据不同要求利用不同形式的评价函数将多目标规划化为单目标规划来求解．

下面介绍几种主要的求解方法：主要目标法、线性加权和法、极大-极小法、目标规划法．

10.2.1　主要目标法

在有些多目标决策问题中，各种目标的重要性程度往往不一样．其中一个重要性程度最高和最为关键的目标，称之为主要目标．其余的目标则称为非主要目标．

多目标规划模型（10.2）（假定 $f_1(x)$ 为主要目标）就为

$$\max f_1(x),$$
$$\text{s.t.} \begin{cases} g_i(x) \geqslant 0, i=1,2,\cdots,p, \\ h_j(x)=0, j=1,2,\cdots,q, \\ f_k(x) \geqslant \alpha_k, k=1,2,\cdots,m-1, \end{cases} \quad \text{其中 } x=(x_1,x_2,\cdots,x_n)^{\mathrm{T}} \in \mathbf{R}^n.$$

例 10.2　例 10.1 是一个多目标规划问题，其模型为式（10.1）．对于例 10.1 中模型的三个目标，工厂确定利润最大为主要目标．另两个目标则通过预测预先给定的希望达到的目标值作为非主要目标转化为约束条件．经研究，工厂认为总产值至少应达到 20000 个单位，而污染控制在 90 个单位以下，即 $f_2(x)=400x_1+600x_2 \geqslant 20000$，$f_3(x)=3x_1+2x_2 \leqslant 90$．由主要目标法化为单目标问题

$$\max f_1(x)=70x_1+120x_2,$$
$$\text{s.t.} \begin{cases} 400x_1+600x_2 \geqslant 20000, \\ 3x_1+2x_2 \leqslant 90, \\ 9x_1+4x_2 \leqslant 240, \\ 4x_1+5x_2 \leqslant 200, \\ 3x_1+10x_2 \leqslant 300, \\ x_1,x_2 \geqslant 0. \end{cases}$$

这是一个线性规划问题，利用单纯形法求得其最优解为 $x_1=12.5$，$x_2=26.25$，$f_1(x)=4025$，$f_2(x)=20750$，$f_3(x)=90$．

主要目标法求得的解是多目标规划问题的弱有效解或有效解.

10.2.2　线性加权法（效用最优化模型）

多目标规划问题的各个目标函数可以通过一定的方式进行求和运算. 这种方法将一系列的目标函数与效用函数建立相关关系，各目标之间通过效用函数协调，使多目标规划问题转化为传统的单目标规划问题. 假定模型（10.2）中 $f_1(x)$，$f_2(x)$，$\cdots$，$f_m(x)$ 具有相同的量纲，按照一定的规则分别给 f_i 赋予相同的权系数 λ_i，作线性加权和评价函数 $U(x) = \sum\limits_{i=1}^m \lambda_i f_i(x)$，将多目标规划问题化为单规划问题

$$\max U(x) = \sum_{i=1}^m \lambda_i f_i(x),$$
$$\text{s. t.} \begin{cases} g_i(x) \geqslant 0, i=1,2,\cdots,p, \\ h_j(x) = 0, j=1,2,\cdots,q \end{cases} \quad \text{其中 } x = (x_1, x_2, \cdots, x_n)^\mathrm{T} \in \mathbf{R}^n.$$

例 10.3　某公司计划购进一批新卡车，可供选择的卡车有下 4 种类型：A_1，A_2，A_3，A_4. 现考虑 6 个方案属性：维修期限 f_1，每 100 升汽油所跑的里数 f_2，最大载重吨数 f_3，价格（万元）f_4，可靠性 f_5，灵敏性 f_6. 这 4 种型号的卡车分别关于目标属性的指标值 $f_{ij}(i=1, 2, 3, 4, j=1, 2, \cdots, 6)$ 如表 10-2 所示.

表 10-2　指标值 f_{ij}

f_{ij}	f_1	f_2	f_3	f_4	f_5	f_6
A_1	2.0	1500	4	55	一般	高
A_2	2.5	2700	3.6	65	低	一般
A_3	2.0	2000	4.2	45	高	很高
A_4	2.2	1800	4	50	很高	一般

首先对不同度量单位和不同数量级的指标值进行标准化处理. 先将定性指标定量化（表 10-3）.

表 10-3　效益型指标和成本型指标定量化表

效益型指标	很低	低	一般	高	很高
	1	3	5	7	9
成本型指标	很高	高	一般	低	很低
	1	3	5	7	9

可靠性和灵敏性都属于效益型指标，其打分如表 10-4 所示.

表 10-4　可靠性和灵敏性定量化表

可靠性	一般	低	高	很高
	5	3	7	9
灵敏性	高	一般	很高	一般
	7	5	9	5

按以下公式作无量纲的标准化处理：

$$a_{ij} = \frac{99 \times (f_{ij} - f_j{}^{**})}{f_j{}^* - f_j{}^{**}} + 1, \quad f_j^* = \max_i f_{ij}, \quad f_j{}^{**} = \min_i f_{ij}.$$

变换后的指标值矩阵为表 10-5.

表 10-5　变换后的指标值矩阵

a_{ij}	f_1	f_2	f_3	f_4	f_5	f_6
A_1	1	1	67	50.5	34	50.5
A_2	100	100	1	100	1	1
A_3	1	42.25	100	1	67	100
A_4	40.6	25.75	67	25.75	100	1

设权系数向量为 $W = (\lambda_1, \cdots, \lambda_6)^T = (0.2, 0.1, 0.1, 0.1, 0.2, 0.3)^T$，则

$$U(x_1) = \sum_{j=1}^6 \lambda_j a_{1j} = 34, \quad U(x_2) = \sum_{j=1}^6 \lambda_j a_{2j} = 40.6, \quad U(x_3) = \sum_{j=1}^6 \lambda_j a_{3j} = 57.925,$$

$$U(x_4) = \sum_{j=1}^6 \lambda_j a_{4j} = 40.27, \quad U^* = \max U = U(x_3) = 57.925,$$

因此，故最优方案为选购 A_3 型卡车.

在一定条件下，线性加权法求得的解是多目标规划问题的有效解或弱有效解.

10.2.3　极大-极小法（约束模型）

若多目标规划问题中的某一目标可以给出一个可供选择的范围，则该目标就可以作为约束条件而被排除出目标组，进入约束条件组中.

设多目标规划问题为

$$\min F(x) = (f_1(x), f_2(x), \cdots, f_p(x))^T,$$
$$\text{s.t. } g_i(x) \geq 0, i = 1, 2, \cdots, q, \qquad x = (x_1, x_2, \cdots, x_n)^T \in \mathbf{R}^n, \quad (10.3)$$

其可行集为 $R = \{x \mid g_i(x) \geq 0, i = 1, 2, \cdots, q\}$，不妨设 $f_1(x)$ 为主要目标，对其他目标 $f_2(x), \cdots, f_p(x)$ 可预先给定一个期望值，不妨记为 $f_2^0, \cdots, f_p^0$，则有 $f_j^0 \geq \min\limits_{x \in R} f_j(x)$，$j = 2, 3, \cdots, p$.

求解下列问题

$$\min f_1(x)$$
$$\text{s.t. } \begin{cases} g_i(x) \geq 0, i = 1, 2, \cdots, q, \\ f_j(x) - f_j^0 \leq 0, \quad j = 2, 3, \cdots, p, \end{cases} \quad (10.4)$$

分别求解 $\begin{array}{l}\min f_j(x), \\ \text{s.t. } x \in R,\end{array}$ $j = 1, 2, \cdots, p$，得解 $x^{(j)} = (x_1^{(j)}, x_2^{(j)}, \cdots, x_n^{(j)})^T$，计算 $x^{(1)}$, $x^{(2)}, \cdots, x^{(p)}$ 对应的各目标函数值，并对每个函数 $f_j(x)$，求其 m 个点处的最大值 M_j 和最小值 m_j，得到表 10-6.

表 10-6　计算结果

	$f_1(x)$	$f_2(x)$	$\cdots$	$f_p(x)$
$x^{(1)}$	$f_1(x^{(1)})$	$f_2(x^{(1)})$	$\cdots$	$f_p(x^{(1)})$
$\cdots$	$\cdots$	$\cdots$		$\cdots$
$x^{(p)}$	$f_1(x^{(p)})$	$f_2(x^{(p)})$	$\cdots$	$f_p(x^{(p)})$
M_j	M_1	M_2	$\cdots$	M_p
m_j	m_1	m_2	$\cdots$	m_p

M_j 和 m_j 规定了 $f_j(x)$ 在有效解集中的有效范围.

选择整数 $r > 1$，确定 f_j^0 的 r 个不同阈值：

$$f_{jt}^0 = m_j + \frac{t}{r-1}(M_j - m_j), \quad j = 2, 3, \cdots, p, t = 0, 1, \cdots, r-1.$$

对 $t = 0, 1, \cdots, r-1$，分别求解问题：

$$\begin{aligned} &\min f_1(x) \\ &\text{s. t.} \begin{cases} g_i(x) \geqslant 0, & i = 1, 2, \cdots, q, \\ f_j(x) - f_{jt_j} \leqslant 0, & j = 2, 3, \cdots, p, \end{cases} \end{aligned} \tag{10.5}$$

各目标函数 $f_j(x)$ （$j \neq 1$）可对应不同的 t_j （$t_j = 0, 1, \cdots, r-1$）（共有 r^{p-1} 个约束问题）. 求解后可得问题（10.3）的一个有效解集合，是问题（10.3）有效解集合的子集.

例 10.4　用极大-极小法求解

$$\min F(x) = (f(x_1), f(x_2))^{\mathrm{T}},$$

$$\text{s. t.} \begin{cases} g_1(x) = x_1 - x_2 + 3 \geqslant 0, \\ g_2(x) = -x_1 - x_2 + 8 \geqslant 0, \\ g_3(x) = -x_1 + 6 \geqslant 0, \\ g_4(x) = -x_2 + 4 \geqslant 0, \\ g_5(x) = x_1 \geqslant 0, \\ g_6(x) = x_2 \geqslant 0, \end{cases}$$

其中 $f_1(x) = -5x_1 + x_2$，$f_2(x) = x_1 - 4x_2$. 设 $f_1(x)$ 为主要目标.

解　设 $R = \{x \mid g_i(x) \geqslant 0, i = 1, 2, \cdots, 6\}$，分别求解

$\min f_1(x)$，s. t. $x \in R$，解得 $x^{(1)} = (6, 0)^{\mathrm{T}}$；　$\min f_2(x)$，s. t. $x \in R$，解得 $x^{(2)} = (1, 4)^{\mathrm{T}}$，并有

	$f_1(x)$	$f_2(x)$
$x^{(1)}$	-30	6
$x^{(2)}$	3	-15
M_j	-1	6
m_j	-30	-15

选定 $r = 4$，

t	0	1	2	3
f_{2t}^0	-15	-8	-1	6

求解

$$\min f_1(x),$$

$$\mathrm{s.\,t.}\begin{cases} x \in R, \\ f_2(x) - f_{2t} \leqslant 0, \end{cases}$$

于是可得四组解.

(1) $x=(1,4)^{\mathrm{T}}$，$t=0$，$f_1^0=-1$，$f_2^0=-15$；

(2) $x=(4.8,3.2)^{\mathrm{T}}$，$t=1$，$f_1^1=-20.8$，$f_2^1=-8$；

(3) $x=(6,1.75)^{\mathrm{T}}$，$t=2$，$f_1^2=-28.25$，$f_2^2=-1$；

(4) $x=(6,0)^{\mathrm{T}}$，$t=3$，$f_1^3=-30$，$f_2^3=6$. 如图 10-2 所示.

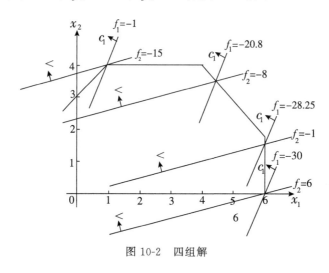

图 10-2　四组解

10.2.4　目标规划法

1. 目标规划模型

多目标规划模型中目标的重要性各不相同，往往有不同的量纲，有的目标相互依赖，如决策者既希望实现利润最大，又希望实现产值最大；有的相互抵触，如决策者既希望充分利用资源，又不希望超越资源限量. 而决策者希望在某些限制条件下，依次实现这些目标，就产生了目标规划. 当所有的目标函数和约束条件都是线性时，我们称其为线性目标规划问题. 在这里主要讨论线性目标规划问题.

1) 决策变量和偏差变量

决策变量又称控制变量，用 x_1，x_2，$\cdots$，x_n 表示. 偏差变量表示实际决策值与目标值的偏差，一般每个目标值都有一对偏差变量 d_i^+ 与 d_i^-，其中，d_i^+ 表示实际决策值超过第 i 个目标值的程度；d_i^- 表示实际决策值低于第 i 个目标值的程度.

2) 绝对约束和目标约束

绝对约束是指必须严格满足的约束（条件）. 绝对约束是硬约束，对它的满足与否，决定了解的可行性.

目标约束是决策者期望满足的一类约束，是一种软约束或称弹性约束. 目标约束中决策值与目标值的偏差用偏差变量来表示. 这里目标值指理想的目标值，即决策者期望达到的目标值，而决策值指实际达到的目标值.

3）优先级别和权系数

不同目标有主次之分和轻重之分．一种差别是各个目标之间具有不同的优先级别，只有在优先级别高的目标已满足的前提下，才考虑优先级别低的目标，这种差别一般用优先因子来表示，凡要求第一位达到的目标，赋予优先因子 p_1，要求第二位达到的目标，赋予优先因子 p_2，$\cdots$，并规定 $p_k \gg p_{k+1}$，表示 p_k 比 p_{k+1} 有绝对优先权．在实现多个目标时，首先保证 p_1 级目标的实现，而 p_2 级目标是在保证 p_1 级目标值不变的前提下考虑的，以此类推；另一种差别是各个目标之间重要的差别，是相对的，可用权系数的不同来表示．这时几个目标必须具有相同的度量单位．

4）目标函数

由于目标函数所追求的是尽可能接近或达到各个目标的理想目标值，也就是使各有关的偏差变量或其组合尽可能小，所以其目标函数只能是极小化．具体的表达式有：

（1）期望决策值不超过目标值，因而有 $\min d^+$ 或 $\min \{g(d^+)\}$；

（2）期望决策值不低于目标值，因而有 $\min d^-$ 或 $\min \{g(d^-)\}$；

（3）期望决策值恰好达到目标值，因而有 $\min \{d^+ + d^-\}$ 或 $\min \{g(d^+ + d^-)\}$．

例 10.5　对于生产计划问题，如表 10-7 所示．

表 10-7　生产计划

	甲	乙	资源限额
材料	2	3	24
工时	3	2	26
单位利润	4	3	

现在工厂领导要考虑市场等一系列其他因素，提出如下目标：

（1）根据市场信息，甲产品的销量有下降的趋势，而乙产品的销量有上升的趋势，故考虑乙产品的产量应大于甲产品的产量．

（2）尽可能充分利用工时，不希望加班．

（3）应尽可能达到并超过计划利润 30 元．

现在的问题是：在原材料不能超计划使用的前提下，如何安排生产才能使上述目标依次实现？

解　（1）决策变量：设每天生产甲、乙两种产品各为 x_1 和 x_2，偏差变量：对于每一目标，引进正、负偏差变量．

对于目标（1），设 d_1^- 表示乙产品的产量低于甲产品产量的数，d_1^+ 表示乙产品的产量高于甲产品产量的数．称它们分别为产量比较的负偏差变量和正偏差变量．则对于目标（1），可将它表示为等式约束的形式

$$-x_1 + x_2 + d_1^- - d_1^+ = 0.$$

同样设 d_2^- 和 d_2^+ 分别表示安排生产时，低于可利用工时和高于可利用工时，即加班工时的偏差变量，则对目标（2），有

$$3x_1 + 2x_2 + d_2^- - d_2^+ = 26.$$

对于目标（3），设 d_3^- 和 d_3^+ 分别表示安排生产时，低于计划利润 30 元和高于计划利润 30 元的偏差变量，有

$$4x_1 + 3x_2 + d_3^- - d_3^+ = 30.$$

（2）约束条件：有资源约束和目标约束

资源约束：$2x_1 + 3x_2 \leqslant 24$；

目标约束：为上述各目标中得出的约束．

（3）目标函数：三个目标依次为

$$\min z_1 = d_1^-,$$
$$\min z_2 = d_2^- + d_2^-,$$
$$\min z_3 = d_3^-.$$

因此，该问题可以表述如下：

$$\min z_1 = d_1^-, \min z_2 = d_2^- + d_2^-, \min z_3 = d_3^-,$$

$$\text{s. t.} \begin{cases} 2x_1 + 3x_2 \leqslant 24, \\ -x_1 + x_2 + d_1^- - d_1^+ = 0, \\ 3x_1 + 2x_2 + d_2^- - d_2^+ = 26, \\ 4x_1 + 3x_2 + d_3^- - d_3^+ = 30. \end{cases}$$

考虑优先因子，问题成为

$$\min z_1 = p_1 d_1^- + p_2 (d_2^- + d_2^-) + p_3 d_3^-,$$

$$\text{s. t.} \begin{cases} 2x_1 + 3x_2 \leqslant 24, \\ -x_1 + x_2 + d_1^- - d_1^+ = 0, \\ 3x_1 + 2x_2 + d_2^- - d_2^+ = 26, \\ 4x_1 + 3x_2 + d_3^- - d_3^+ = 30. \end{cases}$$

2. 目标规划模型的解法

1）图解法

例 10.6　求解

$$\min z = d_1^+,$$

$$\text{s. t.} \begin{cases} x_1 + 2x_2 + d_1^- - d_1^+ = 10, \\ x_1 + 2x_2 \leqslant 6, \\ x_1 + x_2 \leqslant 4, \\ x_1, x_2, d_1^-, d_1^+ \geqslant 0. \end{cases}$$

解　由图 10-3 可以看出

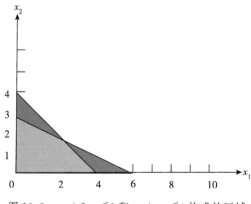

图 10-3　$x_1 + 2x_2 \leqslant 6$ 和 $x_1 + x_2 \leqslant 4$ 构成的区域

当 $\min z = d_1^+$ 达到时，$d_1^+ = 0$（图 10-4（a））．

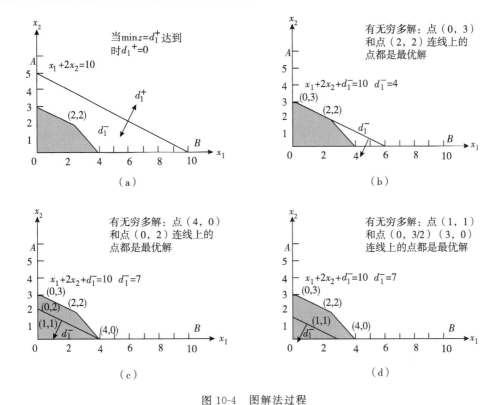

图 10-4　图解法过程

（1）$d_1^- = 4$，$x_1 + 2x_2 + d_1^- = 10$，得到点（0，3）和点（2，2）连线上的点都是最优解（图 10-4（b））；

（2）$d_1^- = 6$，$x_1 + 2x_2 + d_1^- = 10$，得到点（4，0）和点（0，2）连线上的点都是最优解（图 10-4（c））；

（3）$d_1^- = 7$，$x_1 + 2x_2 + d_1^- = 10$，得到点（1，1）、（0，3/2）和点（3，0）连线上的点都是最优解（图 10-4（d））.

2）单纯形法

目标规划模型仍可以用单纯形方法求解，在求解时作以下规定.

（1）因为目标函数都是求最小值，所以，最优判别检验数为

$$c_j - z_j = C_N - C_B N \geqslant 0 \; (j = 1, 2, \cdots, n).$$

（2）因为非基变量的检验数中含有不同等级的优先因子，

$$c_j - z_j = \sum_{k=1}^{K} a_{kj} p_k, \quad j = 1, 2, \cdots, n; k = 1, 2, \cdots, K, p_1 \gg p_2 \gg \cdots \gg p_K.$$

所以检验数的正、负首先决定于 p_1 的系数 α_{1j} 的正负，若 $\alpha_{1j} = 0$，则检验数的正、负就决定于 p_2 的系数 α_{2j} 的正负，下面可依此类推.

据此，我们可以总结出求解目标规划问题的单纯形方法的计算步骤.

（1）建立初始单纯形表，在表中将检验数行按优先因子个数分别排成 L 行，置 $l = 1$；

（2）检查该行中是否存在负数，且对应的前 $L-1$ 行的系数是零. 若有，取其中最小者对应的变量为换入变量，转（3）. 若无负数，则转（5）.

（3）按最小比值规则（θ 规则）确定换出变量，当存在两个和两个以上相同的最小比值时，选取具有较高优先级别的变量为换出变量.

（4）按单纯形法进行基变换运算，建立新的计算表，返回（2）.

（5）当 $l=L$ 时，计算结束，表中的解即为满意解. 否则置 $l=l+1$，返回（2）.

例 10.7　试用单纯形法求问题：

$$\min z = p_1 d_1^+ + p_2(d_2^- + d_2^+) + p_3 d_3^-,$$

$$\text{s. t.}\begin{cases}2x_1 + x_2 \leqslant 11,\\ x_1 - x_2 + d_1^- - d_1^+ = 0,\\ x_1 + 2x_2 + d_2^- - d_2^+ = 10,\\ 8x_1 + 10x_2 + d_3^- - d_3^+ = 56,\\ x_1, x_2, d_i^-, d_i^+ \geqslant 0, i = 1, 2, 3.\end{cases}$$

解　首先化上述问题为标准形

$$\min z = p_1 d_1^+ + p_2(d_2^- + d_2^+) + p_3 d_3^-,$$

$$\text{s. t.}\begin{cases}2x_1 + x_2 + x_3 = 11,\\ x_1 - x_2 + d_1^- - d_1^+ = 0,\\ x_1 + 2x_2 + d_2^- - d_2^+ = 10,\\ 8x_1 + 10x_2 + d_3^- - d_3^+ = 56,\\ x_1, x_2, d_i^-, d_i^+ \geqslant 0, i = 1, 2, 3.\end{cases}$$

（1）取 x_3，d_1^-，d_2^-，d_3^- 为初始基变量，列出初始单纯形表（表 10-8）.

表 10-8　初始单纯形表

	C_i		0	0	0	0	P_1	P_2	P_3	P_4	0	θ
C_B	X_B	b	x_1	x_2	x_3	d_1^-	d_1^+	d_2^-	d_2^+	d_3^-	d_3^+	
0	x_3	11	2	1	1	0	0	0	0	0	0	
0	d_1^-	0	1	−1	0	1	−1	0	0	0	0	
P_2	d_2^-	10	1	[2]	0	0	0	1	−1	0	0	$\dfrac{10}{2}$
P_3	d_3^-	56	8	10	0	0	0	0	0	1	−1	
	P_1		0	0	0	0	1	0	0	0	0	
$c_j - z_j$	P_2		−1	−2	0	0	0	0	2	0	0	
	P_3		−8	−10	0	0	0	0	0	0	1	

（2）取 $l=1$，检查检验数的 p_1 行，因该行无负检验数，故转（5）.

（3）因为 $l=1<L=3$，置 $l=l+1=2$，返回（2）.

（4）检查发现检验数 p_2 行中有 −1，−2，因为有 min {−1，−2} = −2，所以 x_2 为换入变量，转入（3）.

（5）按 θ 规则计算：$\theta = \min\left\{\dfrac{11}{1}, \dfrac{10}{2}, \dfrac{56}{10}\right\} = \dfrac{10}{2}$，所以 d_2^- 为换出变量，转入（4）（表 10-9）.

（6）进行换基运算，得表 10-10. 以此类推，直至得到最终单纯形表 10-11 为止.

由表 10-10 可知，$x_1^* = 2$，$x_2^* = 4$ 为满意解. 检查检验数行，发现非基变量 d_3^+ 的检验数为 0，这表明该问题存在多重解.

在表 10-10 中，以非基变量 d_3^+ 为换入变量，d_3^- 为换出变量，经迭代得到表 10-11，从表 10-11 可以看出，$x_1^* = 10/3$，$x_2^* = 10/3$ 也是该问题的满意解.

表 10-9

C_i			0	0	0	0	P_1	P_2	P_3	P_4	0	θ
C_B	X_B	b	x_1	x_2	x_3	d_1^-	d_1^+	d_2^-	d_2^+	d_3^-	d_3^+	
0	x_3	11	2	1	1	0	0	0	0	0	0	
0	d_1^-	0	1	−1	0	1	−1	0	0	0	0	$\dfrac{10}{2}$
P_2	d_2^-	10	1	[2]	0	0	0	1	−1	0	0	
P_3	d_3^-	56	8	10	0	0	0	0	0	1	−1	
	P_1		0	0	0	0	1	0	0	0	0	
$c_j - z_j$	P_2		−1	−2	0	0	0	0	2	0	0	
	P_3		−8	−10	0	0	0	0	0	0	1	

表 10-10

C_i			0	0	0	0	P_1	P_2	P_3	P_4	0	θ
C_B	X_B	b	x_1	x_2	x_3	d_1^-	d_1^+	d_2^-	d_2^+	d_3^-	d_3^+	
0	x_3	3	0	0	1	0	0	2	−2	−1/2	1/2	
0	d_1^-	2	0	0	0	1	−1	3	−3	−1/2	1/2	$\dfrac{6}{3}$
0	x_2	4	0	1	0	0	0	4/3	−4/3	−1/6	1/6	
0	x_1	2	1	0	0	0	0	−5/3	5/3	1/3	−1/3	
	P_1		0	0	0	0	1	0	0	0	0	
$c_j - z_j$	P_2		0	0	0	0	0	1	1	0	0	
	P_3		0	0	0	0	0	0	0	1	0	

表 10-11

C_i			0	0	0	0	P_1	P_2	P_3	P_4	0	θ
C_B	X_B	b	x_1	x_2	x_3	d_1^-	d_1^+	d_2^-	d_2^+	d_3^-	d_3^+	
0	x_3	1	0	0	1	−1	1	−1	−1	0	0	
0	d_1^+	4	0	0	0	2	−2	6	−6	1	1	
0	x_2	10/3	0	1	0	−1/3	1/3	1/3	−1/3	0	0	
0	x_1	10/3	1	0	0	2/3	−2/3	1/3	−1/3	0	0	
	P_1		0	0	0	0	1	0	0	0	0	
$c_j - z_j$	P_2		0	0	0	0	0	1	1	0	0	
	P_3		0	0	0	0	0	0	0	1	0	

10.3　多目标规划的应用举例

例 10.8　某农场Ⅰ，Ⅱ，Ⅲ等耕地的面积分别为 $100\ \text{hm}^2$、$300\ \text{hm}^2$ 和 $200\ \text{hm}^2$，计划种植水稻、大豆和玉米，要求三种作物的最低收获量分别为 $190000\ \text{kg}$，$130000\ \text{kg}$ 和

350000kg. Ⅰ，Ⅱ，Ⅲ 等耕地种植三种作物的单产如表 10-12 所示．若三种作物的售价分别为水稻 1.20 元/kg，大豆 1.50 元/kg，玉米 0.80 元/kg. 那么，如何制定种植计划，才能使总产量最大和总产值最大？

表 10-12　三种作物的单产

作物	Ⅰ 等耕地	Ⅱ 等耕地	Ⅲ 等耕地
水稻	11000	9500	9000
大豆	8000	6800	6000
玉米	14000	12000	10000

解　取 x_{ij} 为决策变量，它表示在第 j 等级的耕地上种植第 i 种作物的面积．如果追求总产量最大和总产值最大双重目标，那么，目标函数就为以下形式．

（1）追求总产量最大化

$$\max f_1(x) = 11000x_{11} + 9500x_{12} + 9000x_{13}$$
$$+ 8000x_{21} + 6800x_{22} + 6000x_{23}$$
$$+ 14000x_{31} + 12000x_{32} + 10000x_{33};$$

（2）追求总产值最大化

$$\max f_2(x) = 1.20(11000x_{11} + 9500x_{12} + 9000x_{13})$$
$$+ 1.50(8000x_{21} + 6800x_{22} + 6000x_{23})$$
$$+ 0.80(14000x_{31} + 12000x_{32} + 10000x_{33})$$
$$= 13200x_{11} + 11400x_{12} + 10800x_{13} + 12000x_{21} + 10200x_{22}$$
$$+ 9000x_{23} + 11200x_{31} + 9600x_{32} + 8000x_{33}.$$

根据题意，约束方程包括：

耕地面积约束

$$\begin{cases} x_{11} + x_{21} + x_{31} = 100, \\ x_{12} + x_{22} + x_{32} = 300, \\ x_{13} + x_{23} + x_{33} = 200; \end{cases}$$

最低收获量约束

$$\begin{cases} 11000x_{11} + 9500x_{12} + 9000x_{13} \geqslant 190000, \\ 8000x_{21} + 6800x_{22} + 6000x_{23} \geqslant 130000, \\ 14000x_{31} + 12000x_{32} + 10000x_{33} \geqslant 350000; \end{cases}$$

非负约束 $x_{ij} \geqslant 0 (i=1,2,3; j=1,2,3)$．

对上述多目标规划问题，可以采用如下方法，求其非劣解．

1）线性加权方法

取 $\alpha_1 = \alpha_2 = 0.5$，重新构造目标函数：

$$\max z = 0.5f_1(x) + 0.5f_2(x)$$
$$= 12100x_{11} + 10450x_{12} + 9900x_{13}$$
$$+ 10000x_{21} + 9000x_{22} + 7500x_{23}$$
$$+ 12600x_{31} + 10800x_{32} + 9000x_{33}.$$

这样，就将多目标规划转化为单目标线性规划．用单纯形方法对该问题求解，可以得到一个满意解（非劣解）方案，结果如表 10-13 所示.

表 10-13　结果

作物	Ⅰ 等耕地	Ⅱ 等耕地	Ⅲ 等耕地
水稻	0	0	200
大豆	0	19.1176	0
玉米	100	280.8824	0

此方案是：Ⅲ 等耕地全部种植水稻 200hm²，Ⅰ 等耕地全部种植玉米 100hm²，Ⅱ 等耕地种植大豆 19.1176hm²、种植玉米 280.8824hm². 在此方案下，线性加权目标函数的最大取值为 6445600.

2）目标规划方法

如果对总产量 $f_1(x)$ 和总产值 $f_2(x)$ 分别提出一个期望目标值：
$$f_1^* = 6100000(\text{kg}), \quad f_2^* = 6600000(\text{元}),$$
并将两个目标视为相同的优先级.

如果 d_1^+，d_1^- 分别表示对应第一个目标期望值的正、负偏差变量，d_2^+，d_2^- 分别表示对应于第二个目标期望值的正、负偏差变量，而且将每一个目标的正、负偏差变量同等看待（即可将它们的权系数都赋为 1），那么，该目标规划问题的目标函数为
$$\min z = d_1^- + d_1^+ + d_2^- + d_2^+,$$
对应的两个目标约束为
$$f_1(x) + d_1^- - d_1^+ = 6100000,$$
$$f_2(x) + d_2^- - d_2^+ = 6600000.$$
除了目标约束以外，该模型的约束条件，还包括硬约束和非负约束的限制. 其中，硬约束包括耕地面积约束式和最低收获量约束式；非负约束，不但包括决策变量的非负约束式，还包括正、负偏差变量的非负约束：
$$d_1^- \geqslant 0, d_1^+ \geqslant 0, d_2^- \geqslant 0, d_2^+ \geqslant 0,$$
解上述目标规划问题，可以得到一个非劣解方案，详如表 10-14 所示.

表 10-14　非劣解方案

作物	Ⅰ 等耕地	Ⅱ 等耕地	Ⅲ 等耕地
水稻	24.3382	211.094	200
大豆	0	19.1176	0
玉米	75.6618	69.8529	0

在此非劣解方案下，两个目标的正、负偏差变量分别为 $d_1^- = 0$，$d_1^+ = 0$，$d_2^- = 0$，$d_2^+ = 0$.

10.4　多目标规划模型的 MATLAB 语言与应用

10.4.1　多目标规划 MATLAB 工具箱简介

在 MATLAB 软件中，有几个专门求解最优化问题的函数，如求线性规划问题的 linprog、求有约束非线性函数的 fmincon、求最大最小化问题的 fminimax、求多目标达到问题的 fgoalattain 等，它们的调用形式分别为

[x，fval] ＝linprog（f，A，b，Aeq，beq，lb，ub）

f 为目标函数系数，A，b 为不等式约束的系数，Aeq，beq 为等式约束系数，lb，ub 为 x 的下限和上限，fval 求解的 x 所对应的值．

算法原理：单纯形法的改进方法投影法．

[x，fval] ＝fmincon（fun，x0，A，b，Aeq，beq，lb，ub）

fun 为目标函数的 M 函数，$x0$ 为初值，A，b 为不等式约束的系数，Aeq，beq 为等式约束系数，lb，ub 为 x 的下限和上限，fval 求解的 x 所对应的值．

算法原理：基于 K-T（Kuhn-Tucker）方程解的方法．

[x，fval] ＝fminimax（fun，x0，A，b，Aeq，beq，lb，ub）

fun 为目标函数的 M 函数，$x0$ 为初值，A，b 为不等式约束的系数，Aeq，beq 为等式约束系数，lb，ub 为 x 的下限和上限，fval 求解的 x 所对应的值．

算法原理：序列二次规划法．

[x，fval] ＝fgoalattain（fun，x0，goal，weight，A，b，Aeq，beq，lb，ub）

fun 为目标函数的 M 函数，$x0$ 为初值，goal 变量为目标函数希望达到的向量值，wight 参数指定目标函数间的权重，A，b 为不等式约束的系数，Aeq，beq 为等式约束系数，lb，ub 为 x 的下限和上限，fval 求解的 x 所对应的值．

算法原理：目标达到法．

10.4.2　利用 MATLAB 解决多目标规划模型

例 10.9　利用 MATLAB 求例 10.1 的解．

解　先分别对单目标求解：

（1）求解 $f_1(x)$ 最优解的 MATLAB 程序为

```
> > f= [- 70;- 120]; A= [9,4;4,5;3,10]; b= [240;200;300]; lb= [0;0];
> > [x,fval]= linprog(f,A,b,[],[],lb)
```

结果输出为

```
    x= 15. 3846    25. 3846
    fval= - 4. 1231e+ 003
```

即最优解为 4123.1.

（2）求解 $f_2(x)$ 最优解的 MATLAB 程序为

```
> > f= [- 400;- 600]; A= [9,4;4,5;3,10]; b= [240;200;300]; lb= [0;0];
> > [x,fval]= linprog(f,A,b,[],[],lb)
```

结果输出为

```
    x= 15. 3846    25. 3846
    fval= - 2. 1385e+ 004
```

即最优解为 21385.

（3）求解 $f_3(x)$ 最优解的 MATLAB 程序为

```
> > f= [- 3;- 2]; A= [9,4;4,5;3,10]; b= [240;200;300];  lb= [0;0];
> > [x,fval]= linprog(f,A,b,[],[],lb)
```

结果输出为

```
    x= 15. 3846    25. 3846
    fval= - 96. 923
```

即最优解为 96.923.

　　然后求如下模型的最优解

$$\min_{x \in D} \varphi[f(x)] = \sqrt{[f_1(x) - 4123.1]^2 + [f_2(x) - 21385]^2 + [f_3(x) - 96.923]^2},$$

$$\text{s.t.} \begin{cases} 9x_1 + 4x_2 \leqslant 240, \\ 4x_1 + 5x_2 \leqslant 200, \\ 3x_1 + 10x_2 \leqslant 300, \\ x_1, x_2 \geqslant 0. \end{cases}$$

MATLAB 程序如下:

```
>> A=[9,4;4,5;3,10]; b=[240;200;300]; x0=[1;1]; lb=[0;0];
>> x= fmincon('((70*x(1)+ 120*x(2)- 4123.1)^2+ (400*x(1)+ 600*x(2)- 21385)^2+
(3*x(1)+ 2*x(2)- 96.923)^2)^(1/2)',x0,A,b,[],[],lb,[])
```

结果输出为

```
x= 15.3846    25.3846
```

对应的目标值为 $f_1(x) = 4123.1$，$f_2(x) = 21385$，$f_3(x) = 96.923$.

　　例 10.10　利用 MATLAB 求例 10.4 的解.

　　解　MATLAB 程序如下, 首先编写目标函数的 M 文件:

```
function f= myfun10(x)
f(1)= - 5*x(1)+ x(2);
f(2)= x(1)- 4*x(2);
>> x0=[1;1];A=[- 1,1;1,1;1,0;0,1];b=[3;8;6;4];lb= zeros(2,1)
>> [x,fval]= fminimax('myfun10',x0,A,b,[],[],lb,[])
```

结果输出为

```
x= 3.3333    4.0000
fval= - 12.6667  - 12.6667
```

则对应的目标值分别为 $f_1(x) = -12.6667$，$f_2(x) = -12.6667$.

　　例 10.11　利用 MATLAB 求目标规划问题生产甲、乙两种产品, 有关数据如表 10-15 所示.

表 10-15　相关数据

	甲	乙	拥有量
原材料	2	1	11
设备/台时	1	2	10
单件利润	8	10	

　　如果决策者在原材料供应受严格控制的基础上考虑: 首先是甲种产品的产量不超过乙种产品的产量; 其次是充分利用设备的有限台时, 不加班; 再次是产值不小于 56 万元. 试求获利最大的生产方案?

　　解　首先建立线性规划模型

$$\max z = 8x_1 + 10x_2,$$

$$\text{s.t.} \begin{cases} 2x_1 + x_2 \leqslant 11, \\ x_1 + 2x_2 \leqslant 10, \\ x_1, x_2 \geqslant 0. \end{cases}$$

根据约束条件 MATLAB 程序如下，编写目标函数的 M 文件：

```
function f= myfun11(x)
f(1)= - 8 * x(1)- 10 * x(2);
f(2)= 2 * x(1)+ x(2);
f(3)= x(1)+ 2 * x(2);
```

```
> >  goal= [- 56;11;10];weight= goal; x0= [1,1]; A= [- 8,- 10; 2,1;1,2]; b= [- 56;11;10];
lb= zeros(1,1);
> > [x,fval]= fgoalattain('myfun11',x0,goal,weight,A,b,[],[],lb,[])
```

结果输出为

```
x= 2.8537    3.3171
fval=   - 56.0000    9.0244    9.4878
```

即最佳解决方案为 $x_1 = 2.8537$，$x_2 = 3.3171$.

习　题　10

10.1　某企业拟生产 A 和 B 两种产品，其生产投资费用分别为 2100 元/t 和 4800 元/t. A, B 两种产品的利润分别为 3600 元/t 和 6500 元/t. A, B 产品每月的最大生产能力分别为 5t 和 8t；市场对这两种产品总量的需求每月不少于 9t. 试问该企业应该如何安排生产计划，才能既能满足市场需求，又节约投资，而且使生产利润达到最大？

10.2　某企业拟用 1000 万元投资于 A, B 两个项目的技术改造. 设 x_1, x_2 分别表示分配给 A, B 项目的投资（万元）. 据估计，投资项目 A, B 的年收益分别为投资的 60% 和 70%；但投资风险损失，与总投资和单项投资均有关系：

$$0.001x_1^2 + 0.002x_2^2 + 0.001x_1 x_2.$$

据市场调查显示，A 项目的投资前景好于 B 项目，因此希望 A 项目的投资额不小 B 项目. 试问应该如何在 A, B 两个项目之间分配投资，才能既使年利润最大，又使风险损失为最小？

第 11 章　图与最短路

图论是运筹学的一个重要分支，它广泛地应用于物理学、现代控制论、信息论、管理科学、计算机技术等诸多领域．对于自然科学、工程技术、经济管理和社会现象等诸多方面的问题，利用图论的理论和方法能够提供有力的数学模型使问题得到解决．在国内外大学生数学建模竞赛中，与图论的知识和方法有关的问题已出现多次．这里仅有针对性地介绍图论的基本概念和结论以及相关的有效算法和 MATLAB 软件实现．

11.1　图论的基本概念

11.1.1　图的基本概念

定义 11.1　（1）有序三元组 $G=(V，E，\Psi)$ 称为一个**图**．其中：

①$V=\{v_1，v_2，\cdots，v_n\}$ 是有限非空集，称为**顶点集**，其中的元素称为图 G 的顶点．

②E 称为**边集**，其中的元素称为图 G 的边．

③Ψ 是从边集 E 到顶点集 V 中的有序或无序的元素偶对的集合的映射，称为**关联函数**．图 $G=(V，E，\Psi)$ 也简记为 $G=(V，E)$．

（2）在图 G 中，与 V 中顶点的无序偶 v_iv_j 相对应的边 e，称为图的**无向边**，记为 $e=[v_i，v_j]$ 或 $e=[v_j，v_i]$，每一条边都是无向边的图，称为**无向图**；而与 V 中的有序偶 $(v_i，v_j)$ 对应的边 e，称为图的**有向边**（或弧），记为 $e=(v_i，v_j)$ 每一条边都是有向边的图，称为**有向图**；既有无向边又有有向边的图称为**混合图**．

（3）若将图 G 的每一条边 e 都对应一个实数 $w(e)$，则称 $w(e)$ 为该边的**权**，并称图 G 为**赋权图**．

规定用记号 υ 和 ε 分别表示图的顶点数和边数．

如图 11-1 所示，$V=\{v_1,v_2,v_3,v_4,v_5\}$，$E=\{e_1,e_2,e_3,e_4,e_5,e_6,e_7,e_8\}$，对每条边可用它所联结的点表示，如记作 $e_1=[v_1,v_1]$，$e_3=[v_1,v_3]$或$e_3=[v_3,v_1]$．

下面给出常用术语．

端点、关联边、相邻　若有边 e 可以表示为 $e=[v_i，v_j]$，称 v_i 和 v_j 是边 e 的**端点**，而称边 e 为点 v_i 或 v_j 的**关联边**．若点 v_i，v_j 与同一条边关联，称点 v_i 和 v_j **相邻**；若边 e_i 和 e_j 具有公共的端点，称边 e_i 和 e_j **相邻**．

环、多重边、简单图　如果边 e 的两个端点相重，称该边为**环**，如图 11-1 中 e_1．如果两个点之间的边多于一条，这些边称为**多重边**，如图 11-1 中的 e_4 和 e_5．无环、无多重边的图称作**简单图**．

次、奇点、偶点、孤立点　在无向图中，与某一个顶点 v 关联的边的数目（环算两次）称为 v 的**次**（也称为度或线度），记作 $d(v)$．

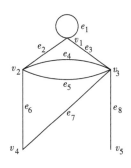

图 11-1　环、多重边

图 11-1 中 $d(v_1)=4$，$d(v_3)=5$，$d(v_5)=1$．次数为奇数的顶点称为**奇点**，次数为偶数的顶

点称为**偶点**，次为 0 的点称作**孤立点**. 在有向图中，从顶点 v 引出的边的数目称为 v 的**出度**，记为 $d^+(v)$，从顶点 v 引入的边的数目称为 v 的**入度**，记为 $d^-(v)$. $d(v) = d^+(v) + d^-(v)$ 称为 v 的**次数**.

定理 11.1　　$\sum\limits_{v \in V(G)} d(v) = 2\varepsilon(G)$，即所有顶点的次数之和是边数的两倍.

这是很显然的，因为每出现一条边，顶点的总次数就增加 2.

推论　任何图中奇次顶点的总数必为偶数.

链、圈、路、回路、连通图　图中有些点和边的交替序列 $\mu = \{v_0, e_1, v_1, \cdots, e_k, v_k\}$，若其中各边 e_1，e_2，$\cdots$，e_k 互不相同，且任意 $v_{i,t-1}$ 和 $v_{i,t}$（$2 \leqslant t \leqslant k$）均相邻，称 μ 为链. 如果链中所有的顶点 v_0，v_1，$\cdots$，v_k 也不相同，这样的链称为路（或道路）. 图 11-1 中 $\mu_1 = \{v_5, e_8, v_3, e_3, v_1, e_2, v_2, e_4, v_3, e_7, v_4\}$ 是一条链，$\mu_2 = \{v_5, e_8, v_3, e_7, v_4\}$ 也是一条链，但 μ_2 可称作路，μ_1 中因顶点 v_3 重复出现，不能称作路. 对起点与终点相重合的链称作圈，起点与终点相重合的路称作回路. 若在一个图中，如果每一对顶点之间至少存在一条链，称这样的图为连通图，否则称该图是不连通的.

完全图、偶图　一个简单图中若任意两点之间均有边相连，称这样的图为完全图，含有 n 个顶点的完全图记为 K_n，其边数有 $C_n^2 = \dfrac{1}{2} n(n-1)$ 条. 如果图的顶点能分成两个互不相交的非空集合 X 和 Y，即 $V(G) = X \cup Y$，$X \cap Y = \varnothing$，使 X 中任两顶点不相邻，Y 中任两顶点不相邻，称 G 为偶图（也称二分图）. 如果偶图的顶点集合 X、Y 之间的每一对不同顶点都有一条边相连，称这样的图为完全偶图，记为 $K_{m,n}$，其中 m，n 分别为 X 与 Y 的顶点数目，则其边数共 $m \cdot n$ 条.

子图、生成子图、导出的子图　设图 $G = (V, E)$，$G_1 = (V_1, E_1)$，若 $V_1 \subseteq V$，$E_1 \subseteq E$，则称 G_1 是 G 的一个子图. 特别地，若有 $V_1 = V$，$E_1 \subset E$，则称 G_1 为 G 的一个生成子图. 设 $V_1 \subseteq V$，且 $V_1 \neq \varnothing$，以 V_1 为顶点集、两个端点都在 V_1 中的图 G 的边为边集的图 G 的子图，称为 G 的由 V_1 导出的子图，记为 $G[V_1]$. 设 $E_1 \subseteq E$，且 $E_1 \neq \varnothing$，以 E_1 为边集，E_1 的端点集为顶点集的图 G 的子图，称为 G 的由 E_1 导出的子图，记为 $G[E_1]$. 图 11-2（a）是图 11-1 的一个子图，图 11-2（b）是图 11-1 的一个生成子图.

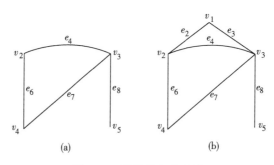

图 11-2　子图及生成子图

11.1.2　图的矩阵表示

设图 $G = (V, E)$ 是简单图，其顶点集合为 $V = \{v_1, v_2, \cdots, v_p\}$，即顶点的个数 $|V| = p$. 边集合为 $E = \{e_1, e_2, \cdots, e_q\}$，即边的个数 $|E| = q$.

1. 关联矩阵

对无向图 G，其关联矩阵 $M=(m_{ij})_{p\times q}$，其中

$$m_{ij} = \begin{cases} 1, & v_i \text{ 与 } e_j \text{ 相关联}, \\ 0, & v_i \text{ 与 } e_j \text{ 不关联} . \end{cases}$$

对有向图 G，其关联矩阵 $M=(m_{ij})_{p\times q}$，其中

$$m_{ij} = \begin{cases} 1, & v_i \text{ 是 } e_j \text{ 的起点}, \\ -1, & v_i \text{ 是 } e_j \text{ 的终点}, \\ 0, & v_i \text{ 与 } e_j \text{ 不关联} . \end{cases}$$

2. 邻接矩阵

对无向图 G，其邻接矩阵 $A=(a_{ij})_{p\times p}$，其中

$$a_{ij} = \begin{cases} 1, & v_i \text{ 与 } v_j \text{ 相邻}, \\ 0, & v_i \text{ 与 } v_j \text{ 不相邻} . \end{cases}$$

对有向图 $G=(V, E)$，其邻接矩阵 $A=(a_{ij})_{p\times p}$，其中

$$a_{ij} = \begin{cases} 1, & (v_i,v_j) \in E, \\ 0, & (v_i,v_j) \notin E. \end{cases}$$

对有向赋权图 G，其邻接矩阵 $A=(a_{ij})_{p\times p}$，其中

$$a_{ij} = \begin{cases} w_{ij}, & (v_i,v_j) \in E, \text{且 } w_{ij} \text{ 为其权}, \\ 0, & i = j, \\ \infty, & (v_i,v_j) \notin E. \end{cases}$$

无向赋权图的邻接矩阵可类似定义.

对图 11-3 中的图，其关联矩阵和邻接矩阵分别为

$$M = \begin{bmatrix} 1 & 0 & 0 & 0 & -1 \\ -1 & 1 & 0 & -1 & 0 \\ 0 & 0 & -1 & 1 & 0 \\ 0 & -1 & 1 & 0 & 1 \end{bmatrix} \begin{matrix} v_1 \\ v_2 \\ v_3 \\ v_4 \end{matrix}, \qquad A = \begin{bmatrix} 0 & 1 & 0 & 0 \\ 0 & 0 & 0 & 1 \\ 0 & 1 & 0 & 0 \\ 1 & 0 & 1 & 0 \end{bmatrix} \begin{matrix} v_1 \\ v_2 \\ v_3 \\ v_4 \end{matrix}.$$

对图 11-4 中的有向赋权图，其邻接矩阵为

$$A = \begin{bmatrix} 0 & 2 & \infty & \infty \\ \infty & 0 & \infty & 3 \\ \infty & 8 & 0 & \infty \\ 7 & \infty & 5 & 0 \end{bmatrix} \begin{matrix} v_1 \\ v_2 \\ v_3 \\ v_4 \end{matrix}.$$

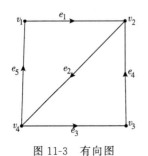

图 11-3　有向图　　　　　　　　　　图 11-4　有向赋权图

11.2　树

11.2.1　树的基本概念

无圈的连通图称为树，记为 T；其一次顶点称为叶；显然，有边的树至少有两个叶.

若图 G 满足 $V(G)=V(T)$，$E(T)\subseteq E(G)$，则称 T 是图 G 的**生成树**. 图 G 为连通的充要条件是 G 有生成树. 一个连通图的生成树不是唯一的，用 $\tau(G)$ 表示 G 的生成树的个数，并有凯莱（Cayley）公式：

$$\tau(K_n) = n^{n-2} \text{ 和 } \tau(G) = \tau(G-e) + \tau(G \cdot e),$$

其中，K_n 为 n 个顶点的完全图，$G-e$ 为从 G 中删除边 e 的图，$G \cdot e$ 为把 e 的长度收缩为 0 得到的图.

常用的树的 5 个充要条件.

定理 11.2　（1）G 是树当且仅当 G 中任意两顶点之间有且仅有一条路；

（2）G 是树当且仅当 G 中无圈，且 $|E(G)|=|V(G)|-1$；

（3）G 是树当且仅当 G 为连通的，且 $|E(G)|=|V(G)|-1$；

（4）G 是树当且仅当 G 为连通的，且对任一边 $e\in E(G)$，$G-e$ 为不连通的；

（5）G 是树当且仅当 G 中无圈，且对任一边 $e\notin E(G)$，$G+e$ 恰有一个圈.

11.2.2　修路选线问题

假设要修建连接若干个城市的公路网，已知 i 城与 j 城之间路的造价为 C_{ij}，设计一条线路使总的造价最低（图 11-5）.

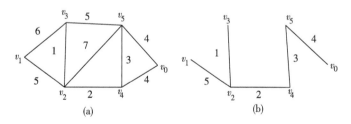

(a)　　　　　　　　　　　　　(b)

图 11-5　修路选线

这类问题的数学模型即在连通的加权图上求权值最小的连通生成子图，图 G_1 是图 G_0 的生成子图是指 $V(G_0)=V(G_1)$，$E(G_1)\subseteq E(G_0)$. 显然，权值最小的连通生成子图是一个生成树，即在连通加权图上求最小的生成树. 此类问题可用克鲁斯卡尔（Kruskal）算法求解.

Kruskal 算法步骤：

（1）选择边 $e_1 \in E(G)$，使得 $w(e_1)=\min$；

（2）若 e_1，e_2，$\cdots$，e_i 已选好，则从 $E(G)-\{e_1, e_2, \cdots, e_i\}$ 中选取 e_{i+1}，使得

①$E[\{e_1, e_2, \cdots, e_i, e_{i+1}\}]$ 中无圈，

②$w(e_{i+1})=\min$；

（3）直到选得到 $e_{|V(G)|-1}$ 为止.

其中，$E'[G]$（$E'\subseteq E(G)$）称为边子集 E' 的导出子图，它是以 E' 为边集，以 E' 中边的端点为顶点的子图.

11.3　最短路问题及其算法

最短路问题，一般来说就是从给定的网络图中找出任意两点之间距离最短的一条路. 这里说的距离只是权数的代称，在实际的网络中，权数也可以是时间、费用等. 有些问题，如选址、管道铺设时的选线、设备更新、投资、某些整数规划和动态规划的问题，也可以归结为求最短路的问题. 因此这类问题在生产实际中得到广泛应用.

求最短路有两种算法，一是求从某一点至其他各点之间最短距离的狄克斯屈拉（Dijkstra）算法；另一种是求网络图上任意两点之间最短距离的矩阵算法.

定义 11.2　设 $P(u,v)$ 是赋权图 G 中从 u 到 v 的路径，则称 $\omega(P)=\sum\limits_{e\in E(P)}\omega(e)$ 为路径 P 的**权**. 在赋权图 G 中，从顶点 u 到顶点 v 的具有最小权的路 $P^*(u,v)$，称为 u 到 v 的**最短路**.

11.3.1　固定起点的最短路

最短路有一个重要而明显的性质：最短路是一条路径，且最短路的任一段也是最短路. 假设在 u_0 到 v_0 的最短路中只取一条，则从 u_0 到其余顶点的最短路将构成一棵以 u_0 为根的树. 因此，可用树生长的过程来求指定顶点到其余顶点的最短路. 可用 Dijkstra 算法实现.

设 G 为赋权有向图或无向图，G 边上的权均非负.

Dijkstra 算法　这种算法的基本思路是：假定 $v_1\rightarrow v_2\rightarrow v_3\rightarrow v_4$ 是 $v_1\rightarrow v_4$ 的最短路（图 11-6），则 $v_1\rightarrow v_2\rightarrow v_3$ 一定是 $v_1\rightarrow v_3$ 的最短路，$v_2\rightarrow v_3\rightarrow v_4$ 一定是 $v_2\rightarrow v_4$ 的最短路. 否则，设 $v_1\rightarrow v_3$ 的最短路为 $v_1\rightarrow v_5\rightarrow v_3$，就有 $v_1\rightarrow v_5\rightarrow v_3\rightarrow v_4$ 的路必小于 $v_1\rightarrow v_2\rightarrow v_3\rightarrow v_4$，这与原假设矛盾.

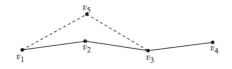

图 11-6　Dijkstra 算法

若用 d_{ij} 表示图中两相邻点 i 与 j 的距离，若 i 与 j 不相邻，令 $d_{ij}=\infty$，显然 $d_{ii}=0$，若用 L_{si} 表示从 s 点到 i 点的最短距离，现要求从 s 点到某一点 t 的最短路，用 Dijkstra 算法时步骤如下：

（1）从点 s 出发，因 $L_{ss}=0$，将此值标注在 s 旁的小方框内，表示 s 点已标号.

（2）从点 s 出发，找出与 s 相邻的点中距离最小的一个，设为 r. 将 $L_{sr}=L_{ss}+d_{ir}$ 的值标注在 r 旁的小方框内，表示 r 点也已标号.

（3）从已标号的点出发，找出与这些点相邻的所有未标号点 p. 若有

$$L_{sp}=\min\{L_{ss}+d_{sp};\ L_{sr}+d_{rp}\},$$

则对 p 点标号，并将 L_{sp} 的值标注在 p 点旁的小方框内.

（4）重复第 3 步，一直到 t 点得到标号为止.

例 11.1 求图 11-7 中从 v_1 到 v_7 的最短路.

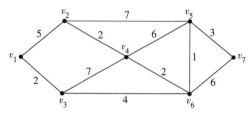

图 11-7　例 11-1 图

解　用 Dijkstra 算法的步骤如下：

(1) 从点 v_1 出发，对 v_1 标号，将 $L_{11}=0$ 标注在 v_1 旁的小方框内. 令 $v_1 \in V$，其余点属于 $\overline{V}$（图 11-8 (a)）；

(2) 同 v_1 相邻的未标号点有 v_2，v_3. $L_{1r}=\min\{d_{12}, d_{13}\}=\min\{5, 2\}=2=L_{12}$，即对点 v_3 标号，将 L_{13} 的值标注在 v_3 旁的小方框内. 将 $[v_1, v_3]$ 加粗，并令 $V \cup \{v_3\} \to V$，$\overline{V} \setminus \{v_3\} \to \overline{V}$（图 11-8 (b)）；

(3) 同标号点 v_1，v_3 相邻的未标号点有 v_2，v_4，v_6，因有
$$L_{1p} = \min\{L_{11}+d_{12}, L_{13}+d_{34}, L_{13}+d_{36}\} = \min\{0+5, 2+7, 2+4\} = 5 = L_{12},$$
故对 v_2 点标号，将 L_{12} 的值标注在 v_2 点旁的小方框内，将 $[v_1, v_2]$ 加粗，并令 $V \cup \{v_2\} \to V$，$\overline{V} \setminus \{v_2\} \to \overline{V}$（图 11-8 (c)）；

(4) 同标号点 v_1，v_2，v_3 相邻的未标号点有 v_5，v_4，v_6，有
$$L_{1p} = \min\{L_{12}+d_{25}, L_{12}+d_{24}, L_{13}+d_{36}\} = \min\{5+7, 5+2, 2+7, 2+4\} = 6 = L_{16},$$
故对 v_6 点标号，将 L_{16} 的值标注在 v_5 点旁的小方框内，将 $[v_3, v_6]$ 加粗，并令 $V \cup \{v_6\} \to V$，$\overline{V} \setminus \{v_6\} \to \overline{V}$（图 11-8 (d)）；

(5) 同标号点 v_1，v_2，v_3，v_6 相邻的未标号点有 v_5，v_4，v_7，有
$$L_{1p} = \min\{L_{12}+d_{25}, L_{12}-d_{24}, L_{13}+d_{34}, L_{16}+d_{64}, L_{16}+d_{65}, L_{16}+d_{67}\}$$
$$= \min\{5+7, 5+2, 2+7, 6+2, 6+1, 6-6\} = 7 = L_{14} = L_{15},$$
故对点 v_4 和 v_5 点标号，将 $L_{14}=L_{15}=7$ 的值标注在 v_4 和 v_5 点旁的小方框内，将 $[v_2, v_4]$ 及 $[v_6, v_5]$ 加粗，并令 $V \cup \{v_4, v_5\} \to V$，$\overline{V} \setminus \{v_4, v_5\} \to \overline{V}$（图 11-8 (e)）；同各标号点相邻的未标号点只有 v_7，因有
$$L_{17} = \min\{L_{15}+d_{57}, L_{16}+d_{67}\} = \min\{7+3, 6+6\} = 10,$$
故在点 v_7 旁的小方框内标注 $L_{17}=10$，加粗 $[v_5, v_7]$（图 11-8 (f)）. 图 11-8 (f) 中粗线表明从点 v_1 到网络中其他各点的最短路，各点旁小方框中的数字是从 v_1 点到各点的最短距离.

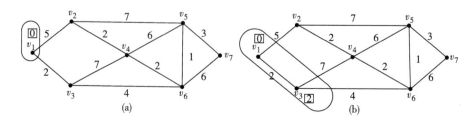

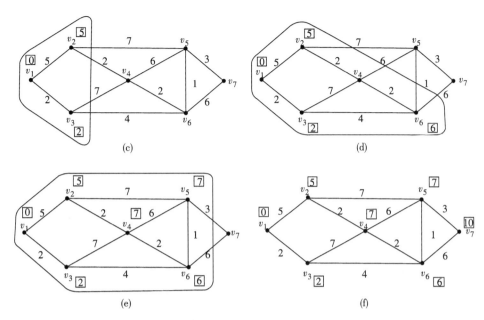

图 11-8　算法步骤

例 11.1 的 Dijkstra 算法计算步骤如表 11-1 所示.

表 11-1　Dijkstra 算法步骤

迭代次数	$l\,(u_i)$						
	u_1	u_2	u_3	u_4	u_5	u_6	u_7
1	(0)	∞	∞	∞	∞	∞	∞
2		5	(2)	∞	∞	∞	∞
3		(5)		9	∞	6	∞
4				7	12	(6)	∞
5				(7)	(7)		12
6							(10)
最后标记:							
$l\,(v)$	0	5	2	7	7	6	10
$z\,(v)$	u_1	u_1	u_1	u_2	u_6	u_3	u_5

11.3.2　任意两点之间的最短路

Dijkstra 算法提供了从网络图中某一点到其他点的最短距离, 但实际问题中往往要求网络任意两点之间的最短距离. 如果仍采用 Dijkstra 算法对各点分别计算, 就显得很麻烦. 下面介绍求网络各点间最短距离的矩阵计算法.

1. 求任意两点间最短距离的矩阵算法

例 11.2　在图 11-7 中用矩阵算法求各点之间的最短距离.

解　定义 d_{ij} 为图中两相邻点的距离, 若 i 与 j 不相邻, 令 $d_{ij}=\infty$, 由此

$$\begin{bmatrix} d_{11} & d_{12} & d_{13} & d_{14} & d_{15} & d_{16} & d_{17} \\ d_{21} & d_{22} & d_{23} & d_{24} & d_{25} & d_{26} & d_{27} \\ d_{31} & d_{32} & d_{33} & d_{34} & d_{35} & d_{36} & d_{37} \\ d_{41} & d_{42} & d_{43} & d_{44} & d_{45} & d_{46} & d_{47} \\ d_{51} & d_{52} & d_{53} & d_{54} & d_{55} & d_{56} & d_{57} \\ d_{61} & d_{62} & d_{63} & d_{64} & d_{65} & d_{66} & d_{67} \\ d_{71} & d_{72} & d_{73} & d_{74} & d_{75} & d_{76} & d_{77} \end{bmatrix} = \begin{bmatrix} 0 & 5 & 2 & \infty & \infty & \infty & \infty \\ 5 & 0 & \infty & 2 & 7 & \infty & \infty \\ 2 & \infty & 0 & 7 & \infty & 4 & \infty \\ \infty & 2 & 7 & 0 & 6 & 2 & \infty \\ \infty & 7 & \infty & 6 & 0 & 1 & 3 \\ \infty & \infty & 4 & 2 & 1 & 0 & 6 \\ \infty & \infty & \infty & \infty & 3 & 6 & 0 \end{bmatrix}.$$

上面的矩阵表明从 i 点到 j 点的直接最短距离. 但从 i 点到 j 点的最短路不一定是 i 到 j, 可能是 $i \rightarrow l \rightarrow j$, $i \rightarrow l \rightarrow k \rightarrow j$ 或 $i \rightarrow l \rightarrow \cdots \rightarrow k \rightarrow j$. 先考虑 i 到 j 之间有一个中间点的情况, 如图 11-7 中 $v_1 \rightarrow v_2$ 的最短距离应为 min $\{d_{12}+d_{11}, d_{12}+d_{23}, d_{13}+d_{32}, d_{14}+d_{42}, d_{15}+d_{52}, d_{16}+d_{62}, d_{17}+d_{72}\}$ 也即 $\min\{d_{ir}+d_{rj}\}$, 则矩阵 $D^{(1)}$ 给出了网络中任意两点之间直接到达和包括经一个中间点时的最短距离.

再构造矩阵 $D^{(2)}$, 令 $d_{ij}^{(2)} = \min\{d_{ir}^{(1)}+d_{rj}^{(1)}\}$, 则 $D^{(2)}$ 给出网络中任意两点直接到达, 及包括经过一至三个中间点时的最短距离.

一般地, 有 $d_{ij}^{(k)} = \min\{d_{ir}^{(k-1)}+d_{rj}^{(k-1)}\}$. 矩阵 $D^{(k)}$ 给出网络中任意两点直接到达, 经过一个、两个、…到 2^k-1 个中间点时比较得到的最短距离.

设网络图有 p 个点, 则一般计算到不超过 $D^{(k)}$, k 的值按下式计算:
$$2^{k-1}-1 < p-2 \leqslant 2^k-1,$$
即
$$k-1 < \frac{\lg(p-1)}{\lg 2} \leqslant k.$$

如果计算中出现 $D^{(m+1)} = D^{(m)}$ 时, 计算也可结束, 矩阵中 $D^{(m)}$ 的各个元素值即为各点间最短距离.

本例中 $\frac{\lg(p-1)}{\lg 2} = \frac{\lg 6}{\lg 2} \approx 2.6$, 所以最多计算到 $D^{(3)}$ 计算过程如下:

$$D^{(1)} = \begin{bmatrix} 0 & 5 & 2 & 7 & 12 & 6 & \infty \\ 5 & 0 & 7 & 2 & 7 & 4 & 10 \\ 2 & 7 & 0 & 6 & 5 & 4 & 10 \\ 7 & 2 & 6 & 0 & 3 & 2 & 8 \\ 12 & 7 & 5 & 3 & 0 & 1 & 3 \\ 6 & 4 & 4 & 2 & 1 & 0 & 4 \\ \infty & 10 & 10 & 8 & 3 & 4 & 0 \end{bmatrix},$$

$$D^{(2)} = \begin{bmatrix} 0 & 5 & 2 & 7 & 7 & 6 & 10 \\ 5 & 0 & 7 & 2 & 5 & 4 & 8 \\ 2 & 7 & 0 & 6 & 5 & 4 & 8 \\ 7 & 2 & 6 & 0 & 3 & 2 & 6 \\ 7 & 5 & 5 & 3 & 0 & 1 & 3 \\ 6 & 4 & 4 & 2 & 1 & 0 & 4 \\ 10 & 8 & 8 & 6 & 3 & 4 & 0 \end{bmatrix},$$

$$D^{(3)} = D^{(2)},$$

$D^{(2)}$ 中的元素 $d_{ij}{}^{(2)}$ 表明网络图中从 i 点到 j 点的最短距离.

例 11.3　假定图 11-7 中 v_1，v_2，v_3，v_4，v_5，v_6，v_7 为七个村子，决定要联合办一所小学. 已知各村的小学生人数分别为 $v_1=30$，$v_2=40$，$v_3=25$，$v_4=20$，$v_5=50$，$v_6=60$，$v_7=60$，则小学应建在哪一个村子，使小学生上学走的总路程为最短.

解　将上例中计算得到的 $D^{(3)}$ 的第一行乘 v_1 村的小学人数，则乘积数字为假定小学建于各个村时，v_1 村小学生上学单程所走路程. 将 $D^{(3)}$ 第二行数字乘 v_2 村的小学人数，得小学建于各个村时，v_2 村小学生上学单程所走路程. 依此类推可计算得到表 11-2. 表 11-2 最下面一行为各列累加数字，表明若小学建于 v_1 村时，七个村子小学生累计的一次单程上学路程.

表 11-2　小学建于下列村子时小学生上学所走路程

	v_1	v_2	v_3	v_4	v_5	v_6	v_7
v_1	0	150	60	210	210	180	300
v_2	200	0	280	80	200	160	320
v_3	50	175	0	150	125	100	200
v_4	140	40	120	0	60	40	120
v_5	350	250	250	150	0	50	150
v_6	360	240	240	120	60	0	240
v_7	600	480	480	360	180	240	0
Σ	1700	1335	1430	1070	835	770	1330

由表中累加数知，该小学应建在 v_6 村.

2. 求每对顶点之间的最短路的算法是 Floyd 算法

矩阵算法给出了两点间的最短距离，但是没有给出两点间的最短路的路径，下面给出 Floyd 算法，它也是一种矩阵算法，但该算法不只给出两点间的最短距离，而且给出任意两点间的最短路径.

设图可以表示为 $G=(V, E, W)$，其定点集合为 $V=\{v_1, v_2, \cdots, v_p\}$，即顶点的个数 $|V|=p$. w_{ij} 表示边 $[v_i, v_j]$ 的权，且满足非负条件 $w_{ij} \geqslant 0$. 如果 $[v_i, v_j] \notin E$，则令 $w_{ij}=\infty$. 我们的问题是求 G 中任意两个顶点之间的最短路径.

1）算法的基本思想

Floyd 算法的基本思想是在图的带权邻接矩阵中用插入顶点的方法，递推依次构造出 p 个矩阵 $D^{(1)}$，$D^{(2)}$，$\cdots$，$D^{(p)}$，其中引入符号 $d_{ij}^{(k)}$ 表示从顶点 v_i 到 v_j 的路径上所经过的顶点序号不大于 k 的最短路径长度，k 代表迭代的次数. 这样使得最后得到的矩阵 $D^{(p)}$ 称为图的距离矩阵，同时也求出插入点矩阵以便得到两点间的最短路径.

2）算法原理

（1）求距离矩阵的方法　把带权邻接矩阵 W 作为距离矩阵的初值，即 $D^{(0)}=(d_{ij}^{(0)})_{p \times p}=W$.

①$D^{(1)}=(d_{ij}^{(1)})_{p \times p}$，其中 $d_{ij}^{(1)}=\min\{d_{ij}^{(0)}, d_{i1}^{(0)}+d_{1j}^{(0)}\}$，$d_{ij}^{(1)}$ 是从 v_i 到 v_j 的只允许以 v_1

作为中间点的路径中最短路的长度.

② $D^{(2)} = (d_{ij}^{(2)})_{p \times p}$，其中 $d_{ij}^{(2)} = \min\{d_{ij}^{(1)}, d_{i2}^{(1)} + d_{2j}^{(1)}\}$，$d_{ij}^{(2)}$ 是从 v_i 到 v_j 的只允许以 v_1，v_2 作为中间点的路径中最短路的长度.

......

③ $D^{(p)} = (d_{ij}^{(p)})_{p \times p}$，其中 $d_{ij}^{(p)} = \min\{d_{ij}^{(p-1)}, d_{ip}^{(p-1)} + d_{pj}^{(p-1)}\}$，$d_{ij}^{(p)}$ 是从 v_i 到 v_j 的只允许以 v_1，v_2，$\cdots$，v_p 作为中间点的路径中最短路的长度. 即是从 v_i 到 v_j 中间可插入任何顶点的路径中最短路的长度，因此 $D^{(p)}$ 即是距离矩阵.

(2) 求路径矩阵的方法　在建立距离矩阵的同时可建立路径矩阵 R，$R^{(k)} = (r_{ij}^k)_{p \times p}$，$r_{ij}^{(k)}$ 的含义是从 v_i 到 v_j 的最短路要经过点号为 $r_{ij}^{(k)}$ 的点.

$$R^{(0)} = (r_{ij}^{(0)})_{v \times v}, \quad r_{ij}^{(0)} = j,$$

每求得一个 $D^{(k)}$ 时，按下列方式产生相应的新的 $R^{(k)}$：

$$r_{ij}^{(k)} = \begin{cases} k, & \text{若 } d_{ij}^{(k-1)} > d_{ik}^{(k-1)} + d_{kj}^{(k-1)}, \\ r_{ij}^{(k-1)}, & \text{否则}, \end{cases}$$

即由 $D^{(k-1)}$ 到 $D^{(k)}$ 迭代，若某个元素改变（变小），则由 $R^{(k-1)}$ 到 $R^{(k)}$ 的迭代中，相应元素改为 k，表示到第 k 次迭代，从 v_i 到 v_j 的最短路过点 v_k 比过原有中间点更短. 在求得 $D^{(p)}$ 时求得 $R^{(p)}$，可由 $R^{(p)}$ 来查找任何点对之间最短路的路径.

(3) 查找最短路的路径的方法　若 $r_{ij}^{(p)} = a_1$，则点 v_{a1} 是点 v_i 到点 v_j 的最短路的中间点，然后用同样的方法再分头查找. 若

① 向点 v_i 追溯得：$r_{ia_1}^{(p)} = a_2$，$r_{ia_2}^{(p)} = a_3$，$\cdots$，$r_{ia_k}^{(p)} = a_k$，

② 向点 v_j 追溯得：$r_{a_1 j}^{(p)} = b_1$，$r_{b_1 j}^{(p)} = b_2$，$\cdots$，$r_{b_m j}^{(p)} = j$，

则由点 v_i 到点 v_j 的最短路的路径为：v_i，v_{ak}，$\cdots$，v_{a2}，v_{a1}，v_{b1}，v_{b2}，$\cdots$，v_{bm}，v_j.

3）算法步骤

Floyd 算法　求任意两点间的最短路.

首先引入符号 $d(i, j)$ 表示 i 到 j 的距离，$r(i, j)$ 表示 i 到 j 之间的插入点.

输入带权邻接矩阵 $W = (w(i, j))_{p \times p}$.

(1) 赋初值：对所有 i，j，$d(i, j) \leftarrow \omega(i, j)$，$r(i, j) \leftarrow j$，$k \leftarrow 1$；

(2) 更新 $d(i, j)$，$r(i, j)$：对所有 i，j，若 $d(i, k) + d(k, j) < d(i, j)$，则令

$$d(i,j) \leftarrow d(i,k) + d(k,j), \quad r(i,j) \leftarrow k;$$

(3) 判断终止条件：若 $k = p$，停止；否则 $k \leftarrow k+1$，转（2）.

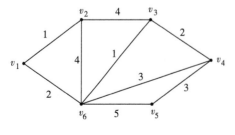

图 11-9　城市地图

例 11.4　公交车线路设计问题

现有一张城市地图如图 11-9 所示，图中的顶点为城市，边代表两个城市间的连通关系边上的权即为距离. 现在的任务是，为每一对可达的城市间设计一条公共汽车线路，要求线路的长度在所有可能的方案里是最短的.

解　用 Floyd 算法，有

$$D^{(0)} = \begin{bmatrix} 0 & 9 & \infty & 3 & \infty \\ 9 & 0 & 2 & \infty & 7 \\ \infty & 2 & 0 & 2 & 4 \\ 3 & \infty & 2 & 0 & \infty \\ \infty & 7 & 4 & \infty & 0 \end{bmatrix}, \quad R^{(0)} = \begin{bmatrix} 1 & 2 & 3 & 4 & 5 \\ 1 & 2 & 3 & 4 & 5 \\ 1 & 2 & 3 & 4 & 5 \\ 1 & 2 & 3 & 4 & 5 \\ 1 & 2 & 3 & 4 & 5 \end{bmatrix}.$$

插入 v_1，得

$$D^{(1)} = \begin{bmatrix} 0 & 9 & \infty & 3 & \infty \\ 9 & 0 & 2 & \underline{\underline{12}} & 7 \\ \infty & \underline{\underline{12}} & 0 & 2 & 4 \\ 3 & \infty & 2 & 0 & \infty \\ \infty & 7 & 4 & \infty & 0 \end{bmatrix}, \quad R^{(1)} = \begin{bmatrix} 1 & 2 & 3 & 4 & 5 \\ 1 & 2 & 3 & \underline{\underline{1}} & 5 \\ 1 & 2 & 3 & 4 & 5 \\ 1 & \underline{\underline{1}} & 3 & 4 & 5 \\ 1 & 2 & 3 & 4 & 5 \end{bmatrix}.$$

矩阵中带 "$=$" 的项为经迭代比较后有变化的元素，即需引入中间点 v_1，从而 $R^{(1)}$ 中相应的位置换为 1.

插入 v_2，得

$$D^{(2)} = \begin{bmatrix} 0 & 9 & \underline{\underline{11}} & 3 & \underline{\underline{16}} \\ 9 & 0 & 2 & 12 & 7 \\ \underline{\underline{11}} & 2 & 0 & 2 & 4 \\ 3 & 12 & 2 & 0 & \underline{\underline{19}} \\ \underline{\underline{16}} & 7 & 4 & \underline{\underline{19}} & 0 \end{bmatrix}, \quad R^{(2)} = \begin{bmatrix} 1 & 2 & \underline{\underline{2}} & 4 & \underline{\underline{2}} \\ 1 & 2 & 3 & 1 & 5 \\ \underline{\underline{2}} & 2 & 3 & 4 & 5 \\ 1 & 1 & 3 & 4 & \underline{\underline{2}} \\ \underline{\underline{2}} & 2 & 3 & \underline{\underline{2}} & 5 \end{bmatrix}.$$

插入 v_3，得

$$D^{(3)} = \begin{bmatrix} 0 & 9 & 11 & 3 & \underline{\underline{15}} \\ 9 & 0 & 2 & \underline{\underline{4}} & \underline{\underline{6}} \\ 11 & 2 & 0 & 2 & 4 \\ 3 & \underline{\underline{4}} & 2 & 0 & \underline{\underline{6}} \\ \underline{\underline{15}} & \underline{\underline{6}} & 4 & \underline{\underline{6}} & 0 \end{bmatrix}, \quad R^{(3)} = \begin{bmatrix} 1 & 2 & 2 & 4 & \underline{\underline{3}} \\ 1 & 2 & 3 & \underline{\underline{3}} & \underline{\underline{3}} \\ 2 & 2 & 3 & 4 & 5 \\ 1 & \underline{\underline{3}} & 3 & 4 & \underline{\underline{3}} \\ \underline{\underline{3}} & \underline{\underline{3}} & 3 & \underline{\underline{3}} & 5 \end{bmatrix}.$$

插入 v_4，得

$$D^{(4)} = \begin{bmatrix} 0 & \underline{\underline{7}} & \underline{\underline{5}} & 3 & \underline{\underline{9}} \\ \underline{\underline{7}} & 0 & 2 & 4 & 6 \\ \underline{\underline{5}} & 2 & 0 & 2 & 4 \\ 3 & 4 & 2 & 0 & 6 \\ \underline{\underline{9}} & 6 & 4 & 6 & 0 \end{bmatrix}, \quad R^{(4)} = \begin{bmatrix} 1 & \underline{\underline{4}} & \underline{\underline{4}} & 4 & \underline{\underline{4}} \\ \underline{\underline{4}} & 2 & 3 & 3 & 3 \\ \underline{\underline{4}} & 2 & 3 & 4 & 5 \\ 1 & 3 & 3 & 4 & 3 \\ \underline{\underline{3}} & 3 & 3 & 3 & 5 \end{bmatrix}.$$

$$D^{(5)} = D^{(4)}, \qquad\qquad R^{(5)} = R^{(4)}.$$

从 $D^{(5)}$ 中得各顶点间的最短路，从 $R^{(5)}$ 中可追溯出最短路的路径. 例如，从 $D^{(5)}$ 得 $d_{51}^{(5)} = 9$，故从 v_5 到 v_1 的最短路为 9. 从 $R^{(5)}$ 中得到 $r_{51}^{(5)} = 3$. 由 v_3 向 v_5 追溯：$r_{53}^{(5)} = 3$. 由 v_3 向 v_1 追溯：$r_{31}^{(5)} = 4$；由 v_4 向 v_1 追溯：$r_{41}^{(5)} = 1$. 所以从 v_5 到 v_1 的最短路径为

$$5 \to 3 \to 4 \to 1.$$

11.4　应用 MATLAB 解最短路问题

11.4.1　用 MATLAB 解固定起点的最短路

在 MATLAB 中没有提供专门的函数用于实现 Dijkstra 算法，我们自定义 Minrout.m 函数求解指定起点的两点间最短路．源代码为

```
function [S,D]= Minroute(i,m,W,opt)
% 图与网络中求最短路径的 Dijkstra 算法 M 函数
% 格式[S,D]= Minroute(i,m,W,opt)
% i 为最短路径的起始点,m 为图顶点数,W 为图的带权邻接矩阵
% S 的每一列从上到下记录了从始点到终点的最短路径所经顶点的序号
% opt= 0 时,S 按终点序号从小到大显示结果;opt= 1 时,S 按最短路径从小到大显示结果
% D 是一行向量,对应记录了 S 各列所示路径的大小
if nargin< 4
    opt= 0;
end
dd= [];tt= [];
ss= [];ss(1,1)= i;
V= 1:m;V(i)= [];
dd= [0;i];
kk= 2;
[mdd,ndd]= size(dd);
while ~ isempty(V)
    [tmpd,j]= min(W(i,V));
    tmpj= V(j);
    for k = 2:ndd
        [tmp1,jj]= min(dd(1,k)+ W(dd(2,k),V));
        tmp2= V(jj);
        tt(k- 1,:)= [tmp1,tmp2,jj];
    end
    tmp= [tmpd,tmpj,j;tt];
    [tmp3,tmp4]= min(tmp(:,1));
    if tmp3= = tmpd
        ss(1:2,kk)= [i;tmp(tmp4,2)];
    else
        tmp5= find(ss(:,tmp4~ = 0);
        tmp6= length(tmp5);
        if dd(2,tmp4)= = ss(tmp6,tmp4)
            ss(1:tmp6+ 1,kk)= [ss(tmp5,tmp4);tmp(tmp4,2)];
        else
            ss(1:3,kk)= [i;dd(2,tmp4);tmp(tmp4,2)];
```

```
            end
        end
        dd= [dd,[tmp3;tmp(tmp4,2)]];
        V(tmp(tmp4,3))= [];
        [mdd,ndd]= size(dd);
        kk= kk+ 1;
end
if opt= = 1
        [tmp,t]= sort(dd(2,:));
        S= ss(:,t);
        D= dd(1,t);
else
        S= ss;
        D= dd(1,:);
end
```

我们还可以编写 dijkstra.m 函数求解指定起点的两点间最短路. 源代码为

```
function [r_path,r_cost]= dijkstra(pathS,pathE,transmat)
% The Dijkstra's algorithm,Implemented by Yi Wang,2005
% pathS:所求最短路径的起点
% pathE :所求最短路径的终点
% transmat:图的转移矩阵或者邻接矩阵,应为方阵
if ( size(transmat,1) ~ = size(transmat,2) )
  error( 'detect_cycles:Dijkstra_SC',…
        'transmat has different width and heights' );
end


% 初始化:
% noOfNode- 图中的顶点数
% parent(i)- 节点 i 的父节点
% distance(i)- 从起点 pathS 的最短路径的长度
% queue- 图的广度遍历
noOfNode= size(transmat,1);


for i= 1:noOfNode
  parent(i)= 0;
  distance(i)= Inf;
end
queue= [];


% Start from pathS
%
for i= 1:noOfNode
  if transmat(pathS,i)~ = Inf
    distance(i)= transmat(pathS,i);
```

```
    parent(i)= pathS;
    queue= [queue i];
  end
end


% 对图进行广度遍历
while length(queue) ~ = 0
  hopS  = queue(1);
  queue= queue(2:end);

  for hopE= 1:noOfNode
    if distance(hopE) > distance(hopS)+ transmat(hopS,hopE)
      distance(hopE)= distance(hopS)+ transmat(hopS,hopE);
      parent(hopE)= hopS;
      queue= [queue hopE];
    end
  end

end


% 回溯进行最短路径的查找
r_path= [pathE];
i= parent(pathE);

while i~ = pathS && i~ = 0
  r_path= [i r_path];
  i= parent(i);
end

if i= = pathS
  r_path= [i r_path];
else
  r_path= []
end


% 返回最短路径的权和
r_cost= distance(pathE);
```

例 11.5　用 dijkstra.m 函数求解例 11.1.

```
> > W= [0 5 2 inf inf inf inf;
        5 0 inf 2 7 inf inf;
        2 inf 0 7 inf 4 inf;
        inf 2 7 0 6 2 inf;
        inf 7 inf 6 0 1 3;
        inf inf 4 2 1 0 6;
```

```
    inf inf inf inf 3 6 0];
> > [r_path,r_cost]= dijkstra(1,7,W)
```

运行结果如下:

```
r_path=
     1    3    6    5    7
r_cost=
10
```

运行结果可见从 v_1 到 v_7 的最短路径是 $v_1 \to v_3 \to v_6 \to v_5 \to v_7$, 最短距离是 10.

我们还可以编写 MATLAB 程序 dijkstra1.m 求解例 11.1.

```
w= [0 5 2 inf inf inf inf;
5 0 inf 2 7 inf inf;
2 inf 0 7 inf 4 inf;
inf 2 7 0 6 2 inf;
inf 7 inf 6 0 1 3;
inf inf 4 2 1 0 6;
inf inf inf inf 3 6 0];
   n= size(w,1);
   w1= w(1,:);

   % 赋初值
   for i= 1:n
       l(i)= w1(i);
       z(i)= 1;
   end
   s= [];
   s(1)= 1;
   u= s(1);
   k= 1
   l
   z

while k< n
   % 更新 l(v) 和 z(v)
   for i= 1:n
       for j= 1:k
       if i~ = s(j)
           if l(i)> l(u)+ w(u,i)
               l(i)= l(u)+ w(u,i);
               z(i)= u;
           end
       end
       end
   end
```

```
    l
    z


    % 求 v *
    ll= 1;
    for i= 1:n
       for j= 1:k
         if i~ = s(j)
             ll(i)= ll(i);
         else
             ll(i)= inf;
         end
       end
    end

    lv= inf;
    for i= 1:n
       if ll(i)< lv
          lv= ll(i);
          v= i;
       end
    end
    lv
    v

    s(k+ 1)= v
    k= k+ 1
    u= s(k)


 end
 l
 z
```

运行 dijkstra1. m，输出结果如下：

```
l=
     0     5     2     7     7     6    10
z=
     1     1     1     2     6     3     5
```

可见从 v_1 到 v_7 的最短距离是 10，反向追溯可得最短路径是 $v_1 \rightarrow v_3 \rightarrow v_6 \rightarrow v_5 \rightarrow v_7$.

11. 4. 2　用 MATLAB 解任意两点之间的最短路

在 MATLAB 中没有提供专门的函数用于实现 Floyd 算法，我们自定义 floydW. m 函数求解任意两点间的最短路．源代码为

```
% floydW 算法
```

```
% a 为赋权邻接矩阵
% D 为距离矩阵
% R 为最短路径矩阵
% By GreenSim Group
function [D,R]= floydW(a)
n= size(a,1);
D= a;
R= zeros(n,n);
for i= 1:n
    for j= 1:n
        if D(i,j)~ = inf
            R(i,j)= j;
        end
    end
end
for k= 1:n
    for i= 1:n
        for j = 1:n
            if D(i,k)+ D(k,j)< D(i,j)
                D(i,j)= D(i,k)+ D(k,j);
                R(i,j)= R(i,k);
            end
        end
    end
end
```

例 11.6 用 floydW. m 函数求解例 11.2.

解 在 MATLAB 命令窗口如下输入:

```
> > a= [0 5 2 inf inf inf inf;
      5 0 inf 2 7 inf inf;
      2 inf 0 7 inf 4 inf;
      inf 2 7 0 6 2 inf;
      inf 7 inf 6 0 1 3;
      inf inf 4 2 1 0 6;
      inf inf inf inf 3 6 0];
> > [D,R]= floydW(a)
```

运行结果如下:

```
D=
    0    5    2    7    7    6    10
    5    0    7    2    5    4    8
    2    7    0    6    5    4    8
    7    2    6    0    3    2    6
    7    5    5    3    0    1    3
    6    4    4    2    1    0    4
```

10	8	8	6	3	4	0

R=

1	2	3	2	3	3	3
1	2	1	4	4	4	4
1	1	3	6	6	6	6
2	2	6	4	6	6	6
6	6	6	6	5	6	7
3	4	3	4	5	6	5
5	5	5	5	5	5	7

和例 11.2 计算结果一致.

例 11.7　用 floydW. m 函数求解例 11.4.

解　在 MATLAB 命令窗口如下输入:

```
>> a=[0 9 inf 3 inf;
9 0 2 inf 7;
inf 2 0 2 4;
3 inf 2 0 inf;
inf 7 4 inf 0];
>> [D,R]= floydW(a)
```

运行结果如下:

D=

0	7	5	3	9
7	0	2	4	6
5	2	0	2	4
3	4	2	0	6
9	6	4	6	0

R=

1	4	4	4	4
3	2	3	3	3
4	2	3	4	5
1	3	3	4	3
3	3	3	3	5

11.5　最短路的应用

11.5.1　可化为最短路问题的多阶段决策问题

对于最优化问题中的多阶段决策问题, 常用动态规划处理. 其特点: 先将一个复杂的问题分解成相互联系的若干阶段, 每个阶段即为一个小问题, 后逐个处理. 一旦每个阶段的决策确定后, 整个过程的决策也随之确定. 但动态规划不存在一种标准的数学形式, 需根据不同的实际问题列出相应的动态规划递推关系式, 再求解递推关系, 而不同的递推关系式有不同的解法, 没有统一的程序. 对某些多阶段决策问题, 要写出其动态规划递推关系式难度很大. 而图论中的最短路问题是一个多阶段决策问题, 可用 Dijkstra 算法求解. 因此, 对某些较复杂的多阶段决策问题, 可通过构造适当的图, 转化成最短路问题, 使其清晰、直观. 一且转化成功，就只需用标准的 Dijkstra 算法程序求解了.

　　将一个多阶段决策问题化为最短路问题，关键在于对该问题构造相应的图，使图的顶点、边、权分别对应于该问题的某些要素，从而图中某些顶点间的最短路就对应于该问题的解. 有时对同一问题可构造出不同的图. 通过实例来说明构造图的方法.

　　例 11.8（设备更新问题）　某企业使用一台设备，每年年初，企业领导就要确定是购置新的，还是继续使用旧的. 若购置新设备，就要支付一定的购置费用；若继续使用，则须支付一定的维修费用. 现要制定一个五年之内的设备更新计划，使得五年内总的支付费用最少. 估计这台设备的购买费和维修费（单位：万元）如表 11-3 和表11-4所示.

表 11-3　该种设备在每年年初的价格

年　号	第 1 年	第 2 年	第 3 年	第 4 年	第 5 年
价　格	11	11	12	12	13

表 11-4　不同使用年限的设备所需维修费

使用年限	0～1	1～2	2～3	3～4	4～5
维修费	5	6	8	11	18

　　解　考虑六个点 v_1，v_2，v_3，v_4，v_5，v_6，其中 $v_i(i=1,2,\cdots,5)$表示在第 i 年年初要购买新设备. v_6 是虚设点，表示在第 5 年年底才购置新设备. 再从点 $v_i(i=1,2,\cdots,5)$ 引出指向点 v_{i+1}，v_{i+2}，$\cdots$，v_6 的弧 (v_i,v_j) 表示第 i 年初购进一台设备一直使用到第 j 年 $(j=2,3,\cdots,6)$的年初. 弧 (v_i,v_j) 上所赋的权 $w(v_i,v_j)$ 表示由这一决策在第 i 年初到第 j 年初的总费用，如 $w(v_1,v_4)=11+5+6+8=30$. 如此计算可得到所有权值，如图 11-10 所示的赋权有向图.

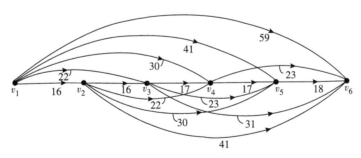

图 11-10　赋权有向图

　　问题变为在图 11-10 所示的赋权有向图中求一条从 v_1 到 v_6 总权最小的路径. 用 Dijkstra 算法求解可得两条最短路为 $v_1 \to v_3 \to v_6$，$v_1 \to v_4 \to v_6$，权为 53，即最优决策计划为第一、二年初购置新设备，或第一、四年初购置新设备，五年费用均最省，均为 53 万元.

　　下面给出 MATLAB 程序求解，源代码如下：

```
clear all;
n= 6;
W= inf*ones(6);
W(1,[2,3,4,5,6])=[16,22,30,41,59];
W(2,[3,4,5,6])=[16,22,30,41];
```

```
W(3,[4,5,6])=[17,23,31];
W(4,[5,6])=[17,23];
W(5,6)=18;
[S,D]=Minroute(1,n,W)
```

运行程序输出如下：

```
s=              % 输出,每列表示最短路径的顶点序号
   1   1   1   1   1   1
   0   2   3   4   5   3
   0   0   0   0   0   6
d=              % 最短路径的权值
   0  16  22  30  41  53
```

可见从 v_1 到 v_6 总权最小的路径为 $v_1 \rightarrow v_3 \rightarrow v_6$，权值为 53，即最优决策计划为第一、三年年初购置新设备．$v_1 \rightarrow v_4 \rightarrow v_6$ 也是一条总权最小的路径，即第一、四年年初购置新设备，五年费用均最省，也为 53 万元．可知最小路径不是唯一的．

11.5.2 最短路问题的在选址问题中的应用

选址问题是指为一个或几个服务设施在一定区域内选定它的位置，使某一指标达到最优值．其数学模型依赖于设施可能的区域和评判位置优劣的标准，有许多不同类型的选址问题．在此只简单介绍服务设施与服务对象都位于一个图的顶点上的单服务设施问题．

1）中心问题

有些公共服务设施（一些紧急服务型设施如急救中心、消防站等）的选址要求网络中最远的被服务点离服务设施的距离尽可能小．

例 11.9 某城市要建立一个消防站，为该市所属的七个区服务（图 11-11）应设在哪个区，才能使它至最远去的路径最短．

算法：

用 Floyd 算法求出距离矩阵 $D = (d_{ij})_{v \times v}$．

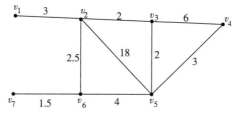

图 11-11 中心问题

（1）计算在各点 v_i 设立服务设施的最大服务距离 $S(v_i)$：
$$S(v_i) = \max_{1 \leqslant j \leqslant v}\{d_{ij}\}, i = 1, 2, \cdots, v.$$

（2）求出顶点 v_k，使 $S(v_k) = \min_{1 \leqslant i \leqslant v}\{S(v_i)\}$，则 v_k 就是要求的建立消防站的地点．此点称为图的中心点．

2）重心问题

有些设施（一些非紧急型的公共服务设施如邮局、学校等）的选址，要求设施到所有服务对象点的距离总和最小．一般考虑人口密度问题，使全体被服务对象来往的平均路程

最短.

例 11.10　某矿区有七个矿点（图 11-12）已知各矿点每天的产矿量 $q(v_j)$（标在图 11-12 的各顶点上）. 现要从这七个矿点选一个来建造矿场. 应选在哪个矿点，才能使各矿点所产的矿运到选矿厂所在地的总运力（单位：kt/km）最小.

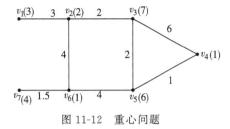

图 11-12　重心问题

算法：

（1）求距离阵 $D=(d_{ij})_{v\times v}$.

（2）计算各顶点作为选矿厂的总运力 $m(v_i)$：

$$m(v_i)=\sum_{j=1}^{v}q(v_j)\times d_{ij},\quad i=1,2,\cdots,v.$$

求 v_k，使 $m(v_k)=\min\limits_{1\leqslant i\leqslant v}\{m(v_i)\}$，则 v_k 就是选矿厂应设的矿点. 此点称为图 G 的重心或中位点.

11.6　匹配与覆盖

11.6.1　基本概念

定义 11.3　设图 $G=(V,E)$，$M\subseteq E$，若 M 的边互不相邻，则称 M 是 G 的一个**匹配**. M 的边称为**匹配边**，$E\setminus M$ 的边称为**自由边**. 若 $(u,v)\in M$，则称 u（或 v）是 v（或 u）的**配偶**. 若顶点 v 与 M 的一条边关联，则称 v 是 M-**饱和**的；否则称为是 M-**非饱和**的. 设 M 是 G 的一个匹配，若 G 的每个顶点都是 M-**饱和**的，则称 M 是 G 的完美（理想）**匹配**. 设 M 是 G 的一个匹配，若不存在匹配 M' 使 $|M'|>|M|$，则称 M 是 G 的**最大匹配**.

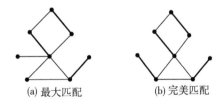

(a) 最大匹配　　(b) 完美匹配

图 11-13　最大匹配与完美匹配

显然，完美匹配一定是最大匹配，反之不一定成立. 如图 11-13（a）所示的匹配（匹配边用粗线表示，下同）是最大匹配但不是完美匹配，实际上该图没有完美匹配. 图 11-13（b）所示的匹配是完美匹配，也是最大匹配.

定义 11.4　设 M 是图 $G=(V,E)$ 的匹配，称其边交错于 M 和 $E\setminus M$ 的路（圈）为 M-**交错路（圈）**. 起点和终点都是 M-非饱和点的交错路称为 M-**增广路**.

定义 11.5　设 $G=(V,E)$，$K\subseteq V$，若 G 的每条边都与 K 的一个顶点关联，则称 K 是图 G 的一个**覆盖**. 设 K 是 G 的一个覆盖，若不存在覆盖 G 使 $|K'|<|K|$，则称 K 是一个**最小覆盖**.

11.6.2　性质

定理 11.3　设 M 是图 G 的匹配，则 M 是最大匹配的充要条件是，G 没有 M-增广路. 此定理提供了求最大匹配的基本思想和方法.

定理 11.4　设 M 是图 G 的匹配，K 是覆盖，则：

(1) $|M| \leqslant |K|$；

(2) 若 $|M| = |K|$，则 M 是最大匹配，K 是最小覆盖.

11.6.3　二分图的匹配

关于匹配的一般性质对二分图自然也成立，但二分图的匹配还有自身的重要性质.

定理 11.5　设 $G = (X, Y, E)$ 是二分图，M 是匹配，K 是覆盖，则 M，K 分别是最大匹配、最小覆盖的充要条件是：$|M| = |K|$.

定理 11.6　对二分图 $G = (X, Y, E)$，有：

(1) G 存在饱和 X 的每个顶点的匹配的充要条件是 $|N(S)| \geqslant |S|$，$S \subseteq X$ 其中，$N(S) = \{v \mid \forall u \in S, v 与 u 相邻\}$；

(2) G 存在完美匹配的充要条件是

$$|N(S)| \geqslant |S|, S \subseteq V;$$

(3) 若存在正整数 t，满足 $\forall v \in X$，$d(v) \geqslant t$，$\forall u \in Y$，$d(u) \leqslant t$，则存在饱和 X 的每个顶点的匹配.

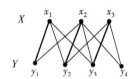

图 11-14　例 11.11 图

例 11.11　图 11-14 所示，M 是二分图 G 的最大匹配，$K = \{x_1, x_2, x_3\}$ 是 G 的最小覆盖，因为 $|M| = |K| = 3$. 又因为 $\forall S \subseteq X$，$|N(S)| \geqslant |S|$，因此存在饱和 X 的所有顶点的匹配（或取 $t = 3$，用定理 11.7 中（3）的结论）；但对于 $\forall S \subseteq V$，$|N(S)| \leqslant |S|$，如取 $S = \{y_1, y_2, y_3, y_4\}$，$N(S) = \{x_1, x_2, x_3\}$，显然 $|N(S)| < |S|$，因此不存在完美匹配.

推论　若 G 是 k-正则二分图，$k > 0$，则 G 有完美匹配.

11.7　建模案例：锁具装箱问题

1. 问题的提出

某厂生产一种弹子锁具，每个锁具的钥匙有 5 个槽，每个槽的高度从 $\{1, 2, 3, 4, 5, 6\}$ 6 个数中任取一数，要求满足：

(1) 任意一把锁至少有三个槽高度互不相同；

(2) 任意一把锁相邻两槽的高度之差不能为 5. 所有互不相同的锁具称为一批.

两把锁具互开当且仅当两把锁的钥匙有四个槽高度相同且其余一个槽高度相差 1.

在原来一批锁具中随机取 60 个装为一箱，成箱购买的顾客总抱怨购得的锁具有互开现象. 如何装箱（60 个为一箱），如何给箱子以标志，出售时如何利用这些标志，使团体顾客减少抱怨.

2. 模型的建立与求解

1) 每批锁具的个数与箱数

命题 1　集合 $V = \{(h_1, h_2, h_3, h_4, h_5) \mid h_i \in \{1, 2, 3, 4, 5, 6\}, |h_i - h_{i-1}| \neq 5$，且 h_1, h_2, h_3, h_4, h_5 中至少有三个相异$\}$，则 V 共有 5880 个元素.

证　令 $C = \{(h_1, h_2, h_3, h_4, h_5) \mid h_i \in \{1, 2, 3, 4, 5, 6\}, i = 1, 2, 3, 4, 5\}$，

$A = \{(h_1, h_2, h_3, h_4, h_5) \mid h_i \in \{1, 2, 3, 4, 5, 6\}, h_1, h_2, h_3, h_4, h_5$ 中至多有两个相异$\}$，

$$B = \{(h_1, h_2, h_3, h_4, h_5) \mid 存在 i, 使 |h_i - h_{i-1}| = 5\},$$

则一批锁具的总数为
$$|V| = |C| - |A \cup B| = |C| - |A| - |B| + |A \cap B|.$$
易得
$$|C| = 6^5 = 7776,$$
$$|A| = C_6^2(2^5 - 2) + 6 = 456,$$
$$|B| = 2 \times 4 \times 6^3 - (3 \times 2 \times 6^2 + 3 \times 2^2 \times 6) + (2 \times 2 \times 6 + 2^3) - 2 = 1470,$$
$$|A \cap B| = 2^5 - 2 = 30.$$
所以
$$|V| = |C| - |A \cup B| = 7776 - 456 - 1470 + 30 = 5880.$$

结论 1　每批锁具 5880 个, 共装 98 箱.

2) 互开图及其性质

构造图 G: 以一批锁具的全体为顶点集 V, 即
$$V = \{(h_1, h_2, h_3, h_4, h_5) \mid h_i \in \{1,2,3,4,5,6\}, |h_i - h_{i-1}| \neq 5,$$
$$\text{且 } h_1, h_2, h_3, h_4, h_5 \text{ 中至少有三个相异}\}.$$
两顶点连一条边当且仅当它们所对应的锁具互开. 因此, 边集
$$E = \left\{ v_i v_j \mid v_i, v_j \in V. i \neq j, ||v_i| - |v_j|| = 1, |v_i| = \sum_{i=1}^{5} h_i \right\},$$
称图 $G = (V, E)$ 为**互开图**.

命题 2　互开图是二分图, 其划分 (X, Y) 为
$$X = \left\{ h_1 h_2 h_3 h_4 h_5 \mid \sum_{i=1}^{5} h_i = \text{奇数} \right\}$$
$$Y = \left\{ h_1 h_2 h_3 h_4 h_5 \mid \sum_{i=1}^{5} h_i = \text{偶数} \right\}, \text{且 } |X| = |Y|.$$

证　两锁具互开必有其槽高之和相差 1, 因此 X 中任二顶点互不相邻, Y 中任二顶点也互不相邻.

在 X 与 Y 之间可建立一一对应关系:
$$f: h_1 h_2 h_3 h_4 h_5 \in X \leftrightarrow (7 - h_1)(7 - h_2)(7 - h_3)(7 - h_4)(7 - h_5) \in Y.$$
因此
$$|X| = |Y|.$$

命题 3　互开图 G 有理想匹配.

可用匈牙利算法求的 G 的最大匹配 M, 得知 M 的边数 $|X| = |M|$, 因此 M 为理想匹配.

下面引入独立集的定义.

定义 11.6　对图 $G = (V, E)$, $N \subseteq V$, 若 N 的任意两个顶点都不相邻, 则称 N 为独立集; 若 N 为独立集, 任意增加一个顶点都不是独立集, 则称 N 为极大独立集; G 中顶点数最多的独立集, 称为最大独立集. 最大独立集 N 与最小覆盖 K 有关系:
$$|N| + |K| = |V|,$$
其中 $|V|$ 是图 G 的顶点数.

命题 4　若 N 是图 G 的最大独立集, 则 $|N| = |X| = 2940$.

证　因 G 是二分图, 且图 G 的顶点的最小度数 $\delta(G) > 0$, 由二分图的匹配定理 11.5 有
$$|M| = |K|,$$

其中 M 是最大匹配，K 是最小覆盖.

又由命题 3 知，$|M| = |V|/2$，因此，由最小覆盖与最大独立集的互补性知

$$|N| = |V| - |K| = |V| - |M| = |V|/2 = |X| = 2940.$$

结论 2 对同一批锁具，按槽高之和为奇数，为偶数分别装箱，并作"奇"（或 1）"偶"（或 0）的标志，只要购买数不超过 2940/60＝49 箱，可保证不会出现互开现象. 若购买量超过 49 箱，则必定有互开的锁具.

3）装箱、标志和销售方案

每批锁具按槽高之和 I 分组，显然 $I＝8，9，\cdots，27$，即共分 20 组. 设各组的锁具个数为 $J(I)$，由对称性可知：$J(8)＝J(27)，J(9)＝J(26)，\cdots，J(17)＝J(18)$. 通过编程可算出：

I	8, 27	10, 25	12, 23	14, 21	16, 19	18, 17	20, 15	22, 13	24, 11	26, 9
$J(I)$	20	120	251	405	539	563	508	322	162	50

两锁具互开，则二者必分别属于 I 值相邻的两组. 将 I 值为偶数的各组按上表顺序装 49 箱，并用 I 值标志，如

箱号	1	2	3	4	⋯	48	49
标志	0810	0010	1012	0012	⋯	0024	2426

第一箱装 $I＝8$ 的 20 个，$I＝10$ 的 40 个，标志 0810；

第二箱装 $I＝10$ 的 60 个，标志 0010；

其余类推. 对 I 值为奇数的类似的标志.

出售时，当购买量不超过 49 箱，只售出标志为偶数（或奇数）者，且标志要互不相同. 或奇、偶均有时，其奇标志与偶标志的前两位，后两位，不能相差 1.

4）任意装箱造成的抱怨程度

从一批 5880 个锁具中随机取 60 个装一箱，120 个装一箱，$\cdots$，抱怨程度可用所购的一箱或两箱，$\cdots$，锁具中平均有多少对互开来衡量.

由于互开图 $G＝(V，E)$ 的边数 $|E|＝22778$ 条，而 K_{5880} 的边数为 C_{5880}^2，故任二锁互开的概率为 $22778/C_{5880}^2$，所以一箱锁具的平均互开对数为

$$E_1 = 22778/C_{5880}^2 \times C_{60}^2 = 2.33.$$

两箱锁具的平均互开对数为

$$E_2 = 22778/C_{5880}^2 \times C_{120}^2 = 9.40.$$

一般地，k 箱锁具的平均互开对数为

$$E_k = 22778/C_{5880}^2 \times C_{60k}^2.$$

抱怨度也可用另一指标来衡量，即要使一箱，两箱，$\cdots$中剩下的锁具不能互开，平均需要丢掉的锁具数. 该指标可用计算机模拟得到.

习　题　11

11.1　从北京（Pe）乘飞机分别到东京（T）、纽约（N）、墨西哥城（M）、伦敦（L）、巴黎（Pa）5

城市旅游，每城市恰去一次再回北京，应如何安排旅游路线，才能使旅程最短？各城市之间的航线距离如表 11-5 所示.

表 11-5　六城市间的航线距离

	L	M	N	Pa	Pe	T
L		56	35	21	51	60
M	56		21	57	78	70
N	35	21		36	68	68
Pa	21	57	36		51	61
Pe	51	78	68	51		13
T	60	70	68	61	13	

11.2　求图 11-15 中 v_1 到 v_{11} 的最短路.

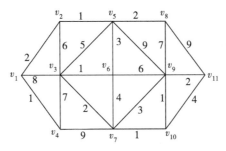

图 11-15　最短路问题图

11.3　某台机器可连续工作 4 年，也可于每年末卖掉，换一台新的. 已知于各年初购置一台新机器的价格及不同役龄机器年末的处理价如表 11-6 所示. 又新机器第一年运行及维修费为 0.3 万元，使用 1~3 年后机器每年的运行及维修费用分别为 0.8，1.5，2.0 万元. 试确定该机器的最优更新策略，使 4 年内用于更换、购买及运行维修的总费用为最省.

表 11-6　新机器的价格及机器年末的处理价数据表

j	第一年	第二年	第三年	第四年
年初购置价	2.5	2.6	2.8	3.1
使用了 j 年的机器处理价	2.0	1.6	1.3	1.1

11.4　某公司在 6 个城市 c_1，c_2，c_3，c_4，c_5，c_6 中有分公司，从 c_i 到 c_j 的直接航程票价记在下述矩阵的 (i,j) 位置上（∞ 表示无直接航路）. 请帮助该公司设计一张从城市 c_1 到其他城市间的票价最便宜的路线图，以及各城市间的票价最便宜的路线图.

$$\begin{bmatrix} 0 & 50 & \infty & 40 & 25 & 10 \\ 50 & 0 & 15 & 20 & \infty & 25 \\ \infty & 15 & 0 & 10 & 20 & \infty \\ 40 & 20 & 10 & 0 & 10 & 25 \\ 25 & \infty & 20 & 10 & 0 & 55 \\ 10 & 25 & \infty & 25 & 55 & 0 \end{bmatrix}$$

第 12 章 网 络 流

现代社会是通过各种网络来管理和控制的. 因此, 从数学的角度对网络进行分析是一项十分重要的课题. 网络流理论是图论中及其重要的分支, 它不仅提供了图论中十多个著名结果的新证明, 而且应用广泛, 如运输问题、分派问题、通信问题都均可转化为网络流问题来解决.

许多系统都有网络流量问题, 如信息流、车辆流, 资金流、物流等. 对于这种网络系统, 如何发挥网络系统能力, 使系统在一定条件下, 通过的流量最大, 这就是网络最大流问题.

12.1 网络最大流

12.1.1 网络最大流的有关概念

1. 有向图与容量网络

第 11 章中研究的都是无向图, 即图中两点之间的连线没有规定方向. 如图 11-8 中一个人可以从 A 走到 B, 也可以从 B 走向 A. 但研究流量问题时情况就不同, 如供水管道中水流总是从水厂流向用户, 电网中电流从高压流向低压处等, 因此要在有向图中进行. 有向图上的连线是有规定指向的, 称作弧. 弧的代号是 (v_i, v_j) 表明方向是从 v_i 点指向 v_j 点, 有向图是点与弧的集合, 记作 $D(V, A)$.

对网络流的研究是在容量网络上进行的, 所谓容量网络是指对网络上的每条弧 (v_i, v_j) 都给出一个最大的通行能力, 称为该弧的容量, 记作 $c(v_i, v_j)$ 或简写为 c_{ij}. 在容量网络中通常规定一个发点 (也称源点, 记为 s) 和一个收点 (也称汇点, 记为 t). 网络中既非发点又非收点的其他点称为中间点. 网络的最大流是指网络中从发点到收点之间允许通过的最大流量. 对有多个发点和多个收点的网络, 可以另外虚设一个总发点和一个总收点, 并将其分别与各发点、收点连起来. 就可以转换为只含一个发点和一个收点的网络. 所以下面只研究具有一个发点和一个收点的网络.

2. 流与可行流

所谓流是指加在网络各条弧上的一组负载量, 对加在弧 (v_i, v_j) 上的负载量记作 $f(v_i, v_j)$, 或简写为 f_{ij}. 若网络上所有的 $f_{ij} = 0$, 这个流称为零流.

称在容量网络上满足条件 (12.1) 和 (12.2) 的一组流为可行流:

(1) 容量限制条件, 对所有弧有

$$0 \leqslant f(v_i, v_j) \leqslant c(v_i, v_j);$$ (12.1)

(2) 中间点平衡条件

$$\sum_k f(v_i, v_k) - \sum_l f(v_l, v_i) = 0 \ (i \neq s, t).$$ (12.2)

若以 $v(f)$ 表示网络中从 $s \to t$ 的流量, 则有

$$v(f) = \sum_j f(v_s, v_j) = \sum_i f(v_i, v_t). \tag{12.3}$$

　　任何网络上一定存在可行流，因零流是可行流，所谓求网络的最大流，是指满足容量限制条件和中间点平衡的条件下，使 $v(f)$ 值达到最大．显然这是一个线性规划问题．但由于网络的特殊性，我们可以寻求比单纯形法要简单得多的方法来求解．

12.1.2　割和流量

　　所谓割是指将容量网络中的发点和收点分割开，并使 $s \to t$ 的流中断的一组弧的集合．如图 12-1 中，KK 将网络上的点分割成 V 和 $\overline{V}$ 两个集合，并有 $s \in V$，$t \in \overline{V}$.

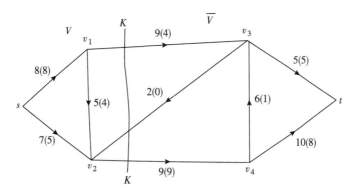

图 12-1　例 12.1 网络图

　　称弧的集合 $(V, \overline{V}) = \{(v_1, v_3), (v_2, v_4)\}$ 是一个割．割的容量是组成它的集合中的各弧的容量之和，用 $c(V, \overline{V})$ 表示．由此

$$c(V, \overline{V}) = \sum_{(i,j) \in (V, \overline{V})} c(v_i, v_j). \tag{12.4}$$

注意在组成上述割的弧集合中不包含 (v_3, v_2)，因为即使这条弧不割断的话，从 $s \to t$ 的流仍然中断．

　　考虑 KK 的不同画法，可以找出网络图 12-1 中的全部不同的割，详见表 12-1.

表 12-1　网络图 12-1 中的全部不同的割

V	$\overline{V}$	割	割的容量
s	v_1, v_2, v_3, v_4, t	$(s, 1)\ (s, 2)$	15
s, v_1	v_2, v_3, v_4, t	$(s, 2)\ (1, 2)\ (1, 3)$	21
s, v_2	v_1, v_3, v_4, t	$(s, 1)\ (2, 4)$	17
s, v_1, v_2	v_3, v_4, t	$(1, 3)\ (2, 4)$	18
s, v_1, v_3	v_2, v_4, t	$(s, 2)\ (1, 2)\ (3, 2)\ (3, t)$	19
s, v_2, v_4	v_1, v_3, t	$(s, 1)\ (4, 3)\ (4, t)$	24
s, v_1, v_2, v_3	v_4, t	$(2, 4)\ (3, t)$	14
s, v_1, v_2, v_4	v_3, t	$(1, 3)\ (4, 3)\ (4, t)$	25
s, v_1, v_2, v_3, v_4	t	$(3, t)\ (4, t)$	15

　　若用 $f(V, \overline{V})$ 表示通过割 $(V, \overline{V})$ 中所有 $V \to \overline{V}$ 方向弧的流量的总和，$f(\overline{V}, V)$ 表示割中所有 $\overline{V} \to V$ 方向的弧的流量的总和，则有

$$f(V, \overline{V}) = \sum_{(i,j) \in (V, \overline{V})} f(v_i, v_j), \qquad (12.5)$$

$$f(\overline{V}, V) = \sum_{(i,j) \in (\overline{V}, V)} f(v_j, v_i). \qquad (12.6)$$

从 $s \to t$ 的流量实际上等于通过割的从 V 到 $\overline{V}$ 的流量减去 $\overline{V} \to V$ 的流量，故有

$$v(f) = f(V, \overline{V}) - F(\overline{V}, V). \qquad (12.7)$$

若用 $v^*(f)$ 代表网络中 $s \to t$ 的最大流，则有

$$v^*(f) = f^*(V, \overline{V}) - f^*(\overline{V}, V). \qquad (12.8)$$

根据割的概念，$v^*(f)$ 应小于等于网络中最小一个割的容量（用 $c^*(V, \overline{V})$ 表示），即有

$$v^*(f) = f^*(V, \overline{V}) - f^*(\overline{V}, V) \leqslant c^*(V, \overline{V}). \qquad (12.9)$$

由表 12-1 得出网络图 12-1 中从 $s \to t$ 的最大流量不超过 14 单位.

12.1.3　最大流最小割定理

这是图和网络流理论方面的一个重要定理，也是下面要叙述的用标号法求网络最大流的理论依据，在讲述这个定理前先介绍增广链（augmenting path）的概念.

如果在网络的发点和收点之间能找到一条链，在这条链上所有指向为 $s \to t$ 的弧（称前向弧，记作 μ^+），存在 $f < c$；所有指向为 $t \to s$ 的弧（称后向弧，记作 μ^-），存在 $f > 0$，这样的链称增广链（图 12-2）.

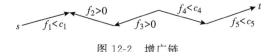

图 12-2　增广链

当有增广链存在时，找出

$$\theta = \min \begin{cases} (c_2 - f_1), & \text{对 } \mu^+, \\ f_i, & \text{对 } \mu^-, \end{cases} \qquad \theta > 0.$$

再令

$$f' = \begin{cases} f_i + \theta, & \text{对所有 } \mu^+, \\ f_i - \theta, & \text{对所有 } \mu^-, \\ f_i, & \text{对非增广链上的弧}. \end{cases}$$

显然 f' 仍是一个可行流，但较之原来的可行流 f，这时网络中从 $s \to t$ 的流量增大了一个 θ 值（$\theta > 0$）. 因此只有网络图中找不到增广链时，$s \to t$ 的流才不可能进一步增大.

定理 12.1（最大流最小割定理）　在网络中 $s \to t$ 的最大流量等于它的最小割集容量，即

$$v^*(f) = c^*(V, \overline{V}). \qquad (12.10)$$

证　若网络中的流量已达到最大值，则在该网络中不可能找出增广链，我们构造一个点的集合 V，定义

(1) $s \in V$；

(2) 若 $i \in V$ 和 $f(i, j) < c(i, j)$，则 $j \in V$；若 $i \in V$ 和 $f(j, i) > 0$，则 $j \in V$.

可以证明 $t \in V$，否则将存在 $s \to t$ 的增广链，与假设矛盾. 由此 $(V, \overline{V})$ 为该网络的一

个割，该割的容量为 $c(V, \overline{V})$.

由上面定义，通过这个割的流有

$$f^*(V, \overline{V}) = \sum_{(i,j) \in (V, \overline{V})} f(i,j) = \sum_{(i,j) \in (V, \overline{V})} c(i,j) = c(V, \overline{V}), \qquad (12.11)$$

$$f^*(\overline{V}, V) = \sum_{(i,j) \in (V, \overline{V})} f(j,i) = 0. \qquad (12.12)$$

因前面假定网络中流量已达到最大，将式（12.11）和（12.12）代入式（12.8）有

$$v^*(f) = f^*(V, \overline{V}) = c(V, \overline{V}) \geqslant c^*(V, \overline{V}). \qquad (12.13)$$

又由式（12.9）得

$$v^*(f) \leqslant c^*(V, \overline{V}). \qquad (12.14)$$

式（12.13）与（12.14）同时成立，故一定有

$$v^*(f) = c^*(V, \overline{V}).$$

12.1.4　求网络最大流的标号算法

这种算法由 Ford 和 Fulkerson 于 1956 年提出，故又称 Ford-Fulkerson 标号算法．其实质是判断是否有增广链存在，并设法把增广链找出来．算法的步骤如下．

第一步　首先给发点 s 标号 $(0, \varepsilon(s))$．括弧中第一个数字是使这个点得到标号的前一个点的代号，因 s 是发点，故记为 0．括弧中第二个数字 $\varepsilon(s)$ 表示从上一标号点到这个标号点的流量的最大允许调整值．s 为发点，不限允许调整量，故 $\varepsilon(s) = \infty$．

第二步　列出与已标号点相邻的所有未标号点．

（1）考虑从标号点 i 出发的弧 (i, j)，如果有 $f_{ij} = c_{ij}$，不给点 j 标号；若有 $f_{ij} < c_{ij}$，则对点 j 标号，记为 $(i, \varepsilon(j))$．括弧中的 i 表示点 j 的标号是从点 i 延伸过来的，$\varepsilon(j) = \min\{\varepsilon(i), (c_{ij} - f_{ij})\}$；

（2）考虑所有指向标号点 i 的弧 (h, i)，如果有 $f_{hi} = 0$，对 h 点不标号；若 $f_{hi} > 0$，则对点 h 标号，记为 $(i, \varepsilon(h))$，其中 $\varepsilon(h) = \min\{\varepsilon(i), f_{hi}\}$；

（3）如果某未标号点 k 有两个以上相邻的标号点，为减少迭代次数，可按（1）、（2）中所述规则分别计算出 $\varepsilon(k)$ 的值，并取其中最大的一个标记．

第三步　重复第二步，可能出现两种结局．

（1）标号过程中断，t 得不到标号，说明该网络中不存在增广链，给定的流量即为最大流，记已标号点的集合为 V，未标号点集合为 $\overline{V}$，$(V, \overline{V})$ 为网络的最小割．

（2）t 得到标号，这时可用反向追踪法在网络中找出一条从 $s \to t$ 的由标号点及相应的弧连接而成的增广链．

第四步　修改流量，设图中原有可行流为 f，令

$$f' = \begin{cases} f + \varepsilon(t), & \text{对增广链上所有前向弧，} \\ f - \varepsilon(t), & \text{对增广链上所有后向弧，} \\ f, & \text{所有非增广链上的弧．} \end{cases}$$

这样又得到网络上的一个新的可行流 f'．

第五步　抹掉图上所有标号，重复第一到第四步，直至图中找不到任何增广链，即出现第三步的结局（1）为止，这时网络图中的流量即为最大流．

例 12.1　用标号算法求图 12-1 中 $s \to t$ 的最大流量，并找出该网络的最小割．

解　（1）先给发点 s 标号 $(0, \infty)$；

（2）从 s 点出发的弧 (s, v_2)，因有 $f_{s2} < c_{s2}$，故对 v_2 点标号 $(s, \varepsilon(v_2))$，其中

$$\varepsilon(v_2) = \min\{\varepsilon(s), (c_{s2} - f_{s2})\} = 2;$$

（3）对弧 (v_1, v_2)，因 $f_{12} > 0$，故对 v_1 标号 $(v_2, \varepsilon(v_1))$，其中

$$\varepsilon(v_1) = \min\{\varepsilon(v_2), f_{12}\} = \min\{2, 4\} = 2;$$

（4）对弧 (v_1, v_3) 因 $f_{13} < c_{13}$，故对 v_3 标号 $(v_1, \varepsilon(v_3))$，其中

$$\varepsilon(v_3) = \min\{\varepsilon(v_1), (c_{13} - f_{13})\} = \min\{2, 5\} = 2;$$

（5）对弧 (v_4, v_3)，因 $f_{43} > 0$，故对 v_4 标号 $(v_3, \varepsilon(v_4))$，其中

$$\varepsilon(v_4) = \min\{\varepsilon(v_3), f_{43}\} = \min\{2, 1\} = 1;$$

（6）对弧 (v_4, t)，因 $f_{4t} < c_{4t}$，故 t 点得到标号 $(v_4, \varepsilon(t))$，其中

$$\varepsilon(t) = \min\{\varepsilon(v_4), (c_{4t} - f_{4t})\} = \min\{1, 2\} = 1;$$

（7）因收点 t 得到标号，可用反向追踪法找出网络图上的一条增广链，如图 12-3 中虚线所示．

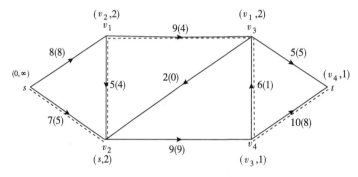

图 12-3　例 12.1 网络图的增广链

（8）修改增广链上各弧的流量

$$f'_{s2} = f_{s2} + \varepsilon(t) = 5 + 1 = 6,$$
$$f'_{12} = f_{12} - \varepsilon(t) = 4 - 1 = 3,$$
$$f'_{13} = f_{13} + \varepsilon(t) = 4 + 1 = 5,$$
$$f'_{43} = f_{43} - \varepsilon(t) = 1 - 1 = 0,$$
$$f'_{4t} = f_{4t} + \varepsilon(t) = 8 + 1 = 9,$$

非增广链上的所有弧流量不变，这样得到网络图上的一个新的可行流，如图 12-4 所示．

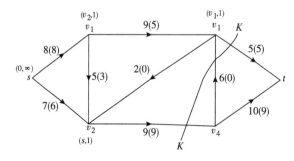

图 12-4　例 12.1 网络图的一个新的可行流

在图 12-4 中重复上述标号过程，由于对点 s，v_2，v_1，v_3 标号后，标号中断，故图中给出的可行流即为该网络的最大流，$v^*(f) = 14$.

将已标号点 s，v_1，v_2，v_3 的集合记为 V，未标号点 v_4，t 的集合记为 $\overline{V}$，$(V,\overline{V})=$ $\{(2,4),(3,t)\}$ 即为该网络的最小割，有 $c^*(V,\overline{V})=14$.

12.2　最小费用最大流

本章最大流问题一节中，考虑了连接两个点之间的弧的容量限制，但未考虑流量通过各条弧时发生的费用. 实际的物资调配问题，既要考虑弧的容量限制，也需要考虑调运费用的节省，这就是最小费用最大流要研究的问题. 由此前面讲过的运输问题、转运问题和求网络最大流问题，都可看做是最小费用流的特例. 若在最小费用流的问题中，将单位流量通过弧的费用当成是距离，则求通过发点至收点调运一单位流量的最小费用，也就等价于求该两点之间的最短距离，这样，求最短路问题也成了最小费用最大流的特例.

最小费用最大流可以这样描述：设网络有 n 个点，f_{ij} 为弧 (i,j) 上的流量，c_{ij} 为该弧的容量，b_{ij} 为在弧 (i,j) 上通过单位流量时的费用，s_i 代表第 i 点的可供量或需求量，当 i 为发点时，$s_i>0$，i 为收点时，$s_i<0$，i 为中转点时，$s_i=0$. 当网络供需平衡 $\left(\sum_i s_i=0\right)$ 时，将各发点物资调运到各收点（或从各发点按最大流量调运到各收点），使总调运费用最小的问题，可归结为如下线性规划模型：

$$\min z=\sum_{i=1}^{n}\sum_{j=1}^{n}b_{ij}f_{ij},$$

$$\text{s. t.}\begin{cases}\sum_{j-1}^{n}f_{ij}-\sum_{k=1}^{n}f_{ki}=s_i(i=1,\cdots,n),\\ 0\leqslant f_{ij}\leqslant c_{ij}(\text{对弧}(i,j)).\end{cases}$$

求最小费用最大流时，一方面仍通过寻找增广链来调整流量，并判别是否达到了最大流量，但另一方面为了保证每步调整的流量花的费用最少，需要找出每一步费用最小的增广链，以保证最终给出的流量或最大流也是费用最少的.

设 $b(f)$ 为可行流 f 的费用，沿增广链调整后的流量为 $f'(>f)$，相应费用为 $b(f')$，有
$$\Delta b(f)=b(f')-b(f)=\sum_{\mu^+}b_{ij}(f'_{ij}-f_{ij})-\sum_{\mu^-}b_{ji}(f'_{ji}-f_{ji})$$
$$=\theta\Big[\sum_{\mu^-}b_{ij}-\sum_{\mu^-}b_{ji}\Big].$$

称比值 $[\Delta b(f)/\theta]$ 最小，也即调整单位流量花费最小的增广链为费用最小的增广链. 若将每条弧可能作为正方向弧或反向弧出现时，通过该弧一单位流量的费用在该弧旁作为权数标注，则寻找费用最小的增广链，又可转化为一个求发点至收点的最短路问题. 因此求最小费用最大流的步骤可归结为以下四步.

第一步　从零流 f_0 开始，f_0 是可行流，也是相应的流量为零时费用最小的.

第二步　对可行零 f_k 构造加权网络 $W(f_k)$，方法是：

(1) 对 $0<f_{ij}<c_{ij}$ 的弧 (i,j)，当其为正向弧时，通过单位流的费用为 b_{ij}，为反向弧时，相应费用为 $b_{ji}=-b_{ij}$，故在 i 和 j 点间分别给出弧 (i,j) 和 (j,i)，其权数分别为 b_{ij} 和 $-b_{ij}$.

(2) 对 $f_{ij}=c_{ij}$ 的弧 (i,j)，因该弧流量已饱和，在增广链中只能作为反向弧. 故在 $W(f_k)$ 中只画出弧 (j,i)，其权数值为 $-b_{ij}$.

（3）对 $f_{ij}=0$ 的弧 (i,j)，在增广链中该弧只能为正向弧，故在 $W(f_k)$ 中只给出弧 (i,j)，其权数值为 b_{ij}.

第三步　在加权网络 $W(f_k)$ 中，寻找费用最小的增广链，也即求从 $s\to t$ 的最短路，并将该增广链上流量调整至允许的最大值，得到一个新的流量 f_{k+1}（$>f_k$）.

第四步　重复第二、三两步，一直到在网络 $W(f_{k+m})$ 中找不到增广链（也即找不到最短路）时，f_{k+m} 即为要寻找的最小费用最大流.

例 12.2（运输方案问题）　图 12-5 为一公路网，s 是仓库所在地，即物资运送的起点，t 是某一工地，即物资运送的起点，各弧旁的两个数字 (c_{ij},b_{ij})，分别表示某段时间内每吨物资通过该段路的费用和通过该段路的物资的最大吨数. 试求图中 $s\to t$ 的输送量最大且费用最小的运输方案.

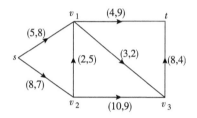

图 12-5　例 12.5 网络图

解　显然这是一个最小费用最大流问题.

（1）从 $f_0=0$ 开始，构造加权网络 $W(f_0)$，如图 12-6（a）所示. 图中从 $s\to t$ 的最短路为 $s\to v_1\to v_3\to t$，根据各弧容量，可将流量调整到 $f_1=3$，如图 12-6（b）所示.

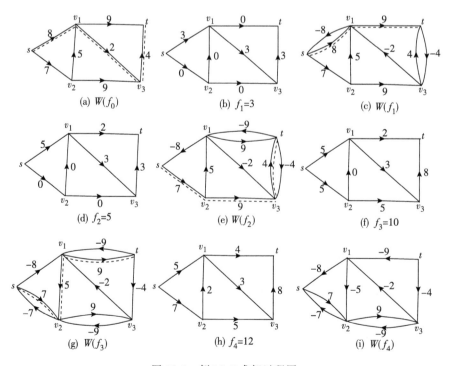

图 12-6　例 12.2 求解过程图

（2）构造加权网络 $W(f_1)$，如图 12-6（c）所示．图中从 $s{\rightarrow}t$ 的最短路为 $s{\rightarrow}v_1{\rightarrow}t$，先调整增广链上流量，并使 $f_2=5$，如图 12-6（d）所示．

（3）重复上述过程，因在 $W(f_4)$ 中已找不到 $s{\rightarrow}t$ 的最短路，故 $f_4=12$ 为图中 12-5 中从 $s{\rightarrow}t$ 的最小费用最大流，如图 12-6（h）所示．

12.3 应用 MATLAB 求解网络最大流问题

12.3.1 网络最大流问题的 MATLAB 求解

在 MATLAB 中没有提供专门的函数用 Ford-Fulerson 算法求解最大流问题，自定义编写函数 maxflow.m 实现用 Ford-Fulerson 算法求解最大流问题，其中输入参数为弧容量矩阵 C；输出参数 f 为最大流，wf 为最大流的流量，flag 变量中体现标号点．源代码为

```
% 求最大流的函数 function [f,wf,flag]= maxflow(C)
% f-最大流
% wf-最大流量
% flag-标号,由此可得最小割,被标号的为一组,未被标号的为一组

function [f_star,wf,flag]= maxflow(C)
n= size(C,1);

% 取初始可行流 f 为零流
for i= 1:n
    for(j= 1:n)
        f(i,j)= 0;
    end;
end

% 初始化顶点 i 的标号(flag(i),delta(i))
for i= 1:n
    flag(i)= 0;
    delta(i)= 0;
end

while(1)
    % 给发点 vs 标号,以"n+ 1"代替"- "
    % 这时 vs 是标号而未检查的点,其余点均为未标号点
    flag(1)= n+ 1;
    delta(1)= Inf;
    while(1)
% 标号过程,label= 1说明过程中未标号,label= 0说明过程中已标号
        label= 1;
        for i= 1:n
```

```
                % 选择一个已标号的点 vi 进行检查
            if(flag(i))
                % 对一切未标号而与 vi 关联的点 vj 进行检查,以确定是否对 vj 进行标号
                for j= 1:n
                    if (C(i,j)~ = 0|C(j,i)~ = 0) % 判断 vj 与 vi 是否关联
                        % 对未标号的点 vj,当(vi,vj)为非饱和弧时
                        if(flag(j)= = 0&f(i,j)< C(i,j))
                            flag(j)= i;
                            delta(j)= C(i,j)- f(i,j);
                            label= 0;
                            delta(j)= min(delta(j),delta(i));
                            % 对未标号的点 vj,当(vj,vi)为非零流弧时
                            elseif(flag(j)= = 0&(C(i,j)~ = 0|C(j,i)~ = 0)&f(j,i)> 0)
                            flag(j)= - i;
                            delta(j)= f(j,i);
                            label= 0;
                            delta(j)= min(delta(j),delta(i));
                        end;
                    end;
                end;
            end;
        end
        % 如果收点 vt 已被标号或者过程中的中间点已经无法标号,则终止标号过程
        if(flag(n)|label)
            break;
        end;
    end
    % 收点 vt 未被标号,f 已是最大流,算法终止
    if(label)
        break;
    end


    % 确定调整量,deltat 表示调整量
    deltat= delta(n);
    t= n;
    % 进入调整过程,
    while(1)
        if(flag(t)> 0)
            f(flag(t),t)= f(flag(t),t)+ deltat; % 前向弧调整
        elseif(flag(t)< 0)
            f(flag(t),t)= f(flag(t),t)- deltat; % 后向弧调整
        end
        % 当 t 的标号为 vs 时,终止调整过程
        if(flag(t)= = 1)
```

```
        for i= 1:n
            flag(i)= 0;
            delta(i)= 0;
        end;
        break;
    end
    % 继续调整前一段弧上的流 f
    t= flag(t);
    end;
end;
wf= 0;
f_star= f;

% 计算最大流量
for j= 1:n
    wf= wf+ f(1,j);
end
```

例 12.3 用以上程序求解例 12.1.

解 输入数据编写 MATLAB 程序 wll _ 1. m 如下：

```
> > clear all;
C= [0 8 7 0 0 0;
0 0 5 9 0 0;
0 0 0 0 9 0;
0 0 2 0 0 5;
0 0 0 6 0 10;
0 0 0 0 0 0];
> > [fstar,wf,flag]= maxflow(C)
```

运行结果如下：

```
fstar=
0 7 7 0 0 0
0 0 2 5 0 0
0 0 0 0 9 0
0 0 0 0 0 5
0 0 0 0 0 9
0 0 0 0 0 0
wf=
    14
flag=
7 1 2 2 0 0
```

由以上结果可知，最大流量为 14，且在 flag 变量中仅有 v_s，v_1，v_2，v_3 被标号，故有

$$V^* = (v_s,v_1,v_2,v_3), \quad \overline{V}^* = (v_4,v_t).$$

于是 $C(V^*, \overline{V}^*)$ 为网络的最小割集，运行结果和前面例 12.1 标号算法一样.

12.3.2　最小费用最大流的 MATLAB 求解

在 MATLAB 中没有提供专门的函数用于求解最小费用最大流问题，自定义编写函数 Bmixmax.m 求解最小费用最大流问题，其中输入参数为弧容量矩阵 C 和弧上单位流量的费用矩阵 b；输出参数 f 为最小费用最大流，maxflow 为最大流的流量，mincost 为最小费用最大流的费用．源代码为：

```matlab
% 最小费用最大流函数[f,maxflow,mincost]= MincostMaxflow(b,C)
% f- 最小费用最大流
% maxflow——最小费用最大流量
% mincost——最小费用
% pre_bound——预定的流量值
function [f,maxflow,mincost]= MincostMaxflow(b,C)
n= size(C,1);
maxflow= 0;
pre_bound= Inf;

% 取初始可行流 f 为零流
for i= 1:n
    for j= 1:n
        f(i,j)= 0;
    end;
end

while(1)
    for i= 1:n
        for j= 1:n
            if j~ = i
                a(i,j)= Inf;
            end;
        end;
    end

    % 构造有向赋权图
    for i= 1:n
        for j= 1:n
            if(C(i,j)> 0&f(i,j)= = 0)
                a(i,j)= b(i,j);
            elseif(C(i,j)> 0&f(i,j)= = C(i,j))
                a(j,i)= - b(i,j);
            elseif(C(i,j)> 0)a(i,j)= b(i,j);
                a(j,i)= - b(i,j);
            end;
        end;
```

```
end

% 用 Ford 算法求最短路,赋初值
for i= 2:n
    p(i)= Inf;
    s(i)= i;
end

% 求有向赋权图中 vs 到 vt 的最短路
for k= 1:n
    pd= 1;
    for i= 2:n
        for j= 1:n
            if(p(i)> p(j)+ a(j,i))
                p(i)= p(j)+ a(j,i);
                s(i)= j;
                pd= 0;
            end;
        end;
    end;
    if(pd)
        break;
    end;
end % 求最短路的 Ford 算法结束

if(p(n)= = Inf)
    break;
end % 不存在 vs 到 vt 的最短路,算法终止. 注意在求最小费用最大流时构造有向赋权图中不会
含负权回路,所以不会出现 k= n

% 进入调整过程,deltat 表示调整量
deltat= Inf;
t= n;

while(1) % 计算调整量
    if(a(s(t),t)> 0)
        dvtt= C(s(t),t)- f(s(t),t); % 前向弧调整量
    elseif(a(s(t),t)< 0)
        dvtt= f(t,s(t));end % 后向弧调整量
    if(deltat> dvtt)deltat= dvtt;end
    if(s(t)= = 1)break;end % 当 t 的标号为 vs 时,终止计算调整量
    t= s(t);
end % 继续调整前一段弧上的流 f
pd= 0;
```

```
    % 如果最大流量大于或等于预定的流量值
if(maxflow+ deltat> = pre_bound)
        deltat= pre_bound- maxflow;
        pd= 1;
    end
    t= n;

    % 调整过程
    while(1)
        if(a(s(t),t)> 0)
            f(s(t),t)= f(s(t),t)+ deltat; % 前向弧调整
        elseif(a(s(t),t)< 0)
            f(t,s(t))= f(t,s(t))- deltat; % 后向弧调整
        end

        % 当 t 的标号为 vs 时,终止调整过程
        if(s(t)= = 1)
            break;
        end
        t= s(t);
    end

    % 如果最大流量达到预定的流量值
    if(pd)
        break;
    end

    % 计算最大流量
    maxflow= 0;
    for j= 1:n
        maxflow= maxflow+ f(1,j);
    end;
end

% 计算最小费用
mincost= 0;
for(i= 1:n)
    for(j= 1:n)
        mincost= mincost+ b(i,j) * f(i,j);
    end;
end
```

例 12.4　用以上程序求解例 12.2.

解　输入数据编写 MATLAB 程序 wll _ 2. m 如下：

```
C= [0 5 8 0 0;
```

```
0 0 0 3 4;
0 2 0 1 0 0;
0 0 0 0 8;
0 0 0 0 0];
b= [0 8 7 0 0;
0 0 0 2 9;
0 5 0 9 0;
0 0 0 0 4;
0 0 0 0 0];
```

```
[f,maxflow,mincost]= MincostMaxflow(b,C)
```

运行程序，输出如下：

```
f=
    0    5    7    0    0
    0    0    0    3    4
    0    2    0    5    0
    0    0    0    0    8
    0    0    0    0    0
maxflow=
    12
mincost=
    218
```

由以上结果可得，最小费用最大流的流量为 12，最小费用为 218.

习 题 12

12.1 如图 12-7 所示是连接某产品产地 v_s 和销地 v_t 的网络图. 弧（v_i，v_j）表示从 v_i 到 v_j 的运输线，括号内的第一个数字表示这条运输线的最大通过能力 c_{ij}，括号内的第二个数字表示该弧上的实际流 f_{ij}. 现要求制定一个运输方案，使从 v_s 运到 v_t 的产品数量最多.

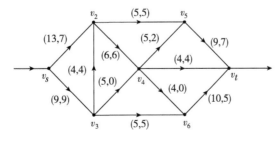

图 12-7 产地 v_s 和销地 v_t 的网络图

12.2 某地区有三个城镇，各城镇每天产生的垃圾运往该地区的 4 个垃圾处理场处理，现考虑各城镇到各处理厂的道路对各城镇垃圾外运的影响，假设各城镇每日产生的垃圾量、各处理场的日处理能力及各条道路（可供运垃圾部分）的容量（其中容量为 0 者表示无此直接道路）如表 12-2 所示，试用网络流方法分析目前的道路状况能否使所有垃圾都运到处理场得到处理，如果不能，应首先拓宽哪条路. 请画出相应的网络图.

表 12-2　各处理场的日处理能力及各条道路的容量

处理场城镇	1	2	3	4	垃圾量
1	30	20	10	0	50
2	0	0	20	40	70
3	50	40	20	30	80
处理量	60	40	90	30	

12.3　求如图 12-8 所示的最小费用最大流. 图中, 括号中的第 1 个数字是网络的容量, 第 2 个数字是网络的单位运费.

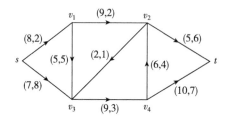

图 12-8　最小费用最大流问题示意图

第13章　概率统计方法

13.1　几个简单的概率模型

13.1.1　化验问题的数学模型

1. 问题的提出

某地区流行某种疾病，患者约占 10%，为开展防治工作，要对整个地区的居民抽血化验，以便确切掌握到底哪些居民真正患有该种疾病.

（1）（方案 I）逐个化验；

（2）（方案 II）将 4 个人并为一组混合化验，如果合格，则 4 人只需化验 1 次；若发现有问题，再对这组的 4 个人进行逐个化验，共化验 5 次，问这两种化验方案哪一种较好；

（3）方案 II 能否改进；

（4）如果要进行分组化验，对该问题，能否设计更好的分组方案.

2. 问题分析

根据实际问题的背景，对化验方案的好坏，有的人可能理解为化验方案的可行性、可操作性等. 但在这里我们指的是化验次数的多少，即以化验方案次数的多少来衡量化验方案的优劣，对化验方案的改进也以此标准进行衡量.

设该地区居民有 n（n 比较大）个人，则患者有 $\frac{n}{10}$ 人. 对方案 I，显然要化验 n 次，因此，下面只讨论方案 II 的化验次数.

3. 模型建立及求解

模型 1　从方案实施的最坏处考虑，即假定在分组时，每一组至多仅含有一个患者，由于 n 人共分为 $\frac{n}{4}$ 组，每组化验一次，共需化验 $\frac{n}{4}$ 次，但其中有 $\frac{n}{10}$ 组正好各含有一个患者，因此每组需多化验 4 次，共需多化验 $4 \times \frac{n}{10}$ 次，故总的化验次数为

$$\frac{n}{4} + 4 \times \frac{n}{10} = \frac{13}{20}n = 0.65n < n(\text{次}),$$

即方案 II 至多化验 $0.65n$ 次，故方案 II 优于方案 I.

说明　当 n 不能被 4 或 10 整除时，由于 n 比较大，因此对模型 1 的影响可忽略不计.

模型 2　用概率论的方法解决方案 II 的化验次数问题，既不是从最坏处考虑，也不是从最好处考虑，而是从平均的次数着眼，也就是考虑化验次数的数学期望. 为此，首先要引入一个随机变量 X 来描述这个问题，我们很自然地想到用化验次数作为随机变量，通过进一步分析可知，我们是在对哪一位居民是否患病无先验信息的情况下进行随机分组的，所以对每个组的情况可以认为是一样的，于是可以对每个组选取一个随机变量 X_i $\left(i = 1, 2, \cdots, \frac{n}{4}\right)$ 来表示化验次数. 因此总的化验次数的数学模型为

$$\min EX = \min E(X_1 + X_2 + \cdots + X_{\frac{n}{4}}),$$

$$\text{s. t.} \begin{cases} X = X_1 + X_2 + \cdots + X_{\frac{n}{4}}, \\ X_i \text{ 独立同分布}, i = 1, 2, \cdots, \dfrac{n}{4}. \end{cases}$$

显然 X_i 的取值为 1 和 5，$X_i = 1$ 表示第 i 组只化验一次，这表明该组无患者，因此，$P(X_i = 1) = 0.9^4 = 0.6561$，$P(X_i = 5) = 1 - 0.9^4 = 0.3439$，从而每组化验次数的数学期望为

$$EX_i = 1 \times 0.6561 + 5 \times 0.3439 = 2.3756,$$

$$EX = EX_1 + EX_2 + \cdots + EX_{\frac{n}{4}} = \frac{n}{4} \times 2.3756 = 0.5939n < n.$$

由此可见，方案Ⅱ优于方案Ⅰ，即平均来看，方案Ⅱ的化验次数大约仅为方案Ⅰ的化验次数的 60%.

4. 模型改进

模型 2 可以进一步改进. 由于模型 2 的具体化验过程是当某一组混合 4 人的血液化验后有问题时，才对该组居民进行逐个化验. 现在做如下改进：在进行逐个化验时，若前 3 人都不是患者，则第 4 人就不必再进行化验了，否则，才对第 4 个人进行化验，那么，X_i 的取值为 1，4 和 5，因此，

$$P(X_i = 1) = 0.9^4 = 0.6561, \quad P(X_i = 4) = 0.9^3 \times 0.1 = 0.0729,$$

而

$$P(X_i = 5) = 1 - 0.6561 - 0.0729 = 0.271.$$

这时，每组化验次数 $X_i \left(i = 1, 2, \cdots, \dfrac{n}{4} \right)$ 的概率分布列为

X_i	1	4	5
P	0.6561	0.0729	0.271

从而每组化验次数的数学期望为

$$EX_i = 1 \times 0.6561 + 4 \times 0.0729 + 5 \times 0.271 = 2.3027,$$

$$EX = EX_1 + EX_2 + \cdots + EX_{\frac{n}{4}}$$

$$= \frac{n}{4} \times 2.3027 = 0.575675n < 0.5939n,$$

即通过上述改进后，比模型 2 所用的化验次数又减少了 $0.018225n$ 次. 当 n 较大时，这种改进也是很有益处的.

5. 关于分组问题的讨论

针对该类问题，讨论分组方案的设计. 这里仅考虑分组的大小，即讨论每组分几个人时，才能使得总的化验次数最少. 不妨假设每组分 m 人，共分 $\dfrac{n}{m}$ 组，下面讨论 m 的取值，使得总的化验次数最少.

同样设第 i 组的化验次数为 $X_i \left(i = 1, 2, \cdots, \dfrac{n}{m} \right)$，则 X_i 的概率分布列为

X_i	1	$m+1$
P	$(1-p)^m$	$1-(1-p)^m$

其中 p 为整个地区居民患病率.

因此，$EX_i = 1 \times (1-p)^m + (m+1) \times [1-(1-p)^m]$.

在 p 的值给定后，显然取 m 的值使得 $\frac{n}{m}EX_i$ 达到最小是最好的分组方案. 在本问题中 $p = 0.1$ 时，$EX_i = 0.9^m + (m+1) \times (1-0.9^m)$ $(m>0)$，记

$$g(m) = \frac{n}{m}EX_i = \frac{n}{m}(-m \cdot 0.9^m + m + 1).$$

于是该问题归结为求 m $(0 < m \leqslant n)$ 的值使得 $g(m)$ 的值达到最小.

因为

$$\frac{g(m+1)}{g(m)} = \frac{m}{m+1} \cdot \frac{-(m+1) \cdot 0.9^{m+1} + m + 2}{-m \cdot 0.9^m + m + 1}$$

$$= 1 + \frac{-1 + 0.1m(m+1)0.9^m}{(m+1)(-m \cdot 0.9^m + m + 1)}.$$

当 m 分别取 1，2，3 时，直接代入上式验证可得

$$-1 + 0.1m(m+1)0.9^m < 0,$$

这表明当 $0 < m \leqslant 3$ 时，$\frac{g(m+1)}{g(m)} < 1$，即 $g(1) > g(2) > g(3) > g(4)$.

当 $m \geqslant 4$ 时，直接代入上式验证可得

$$-1 + 0.1m(m+1)0.9^m > 0,$$

这表明当 $m \geqslant 4$ 时，$\frac{g(m+1)}{g(m)} > 1$，即 $g(4) < g(5) < g(6) < g(7) < \cdots$.

于是 $g(4)$ 为最小值，故对该"分组化验问题"每 4 人一组为最优.

该问题具有广泛的实际背景与代表性，在讨论分组大小时也考虑到了 p 的变化，因此上述问题的建模思路对解决同类问题具有借鉴意义.

13.1.2 票券收集的数学模型

近年来，许多企业为了打开自己产品的销路，提高其产品在市场销售中的占有率，寻求企业的可持续发展，经常采用如下策略："在其产品中按一定比例放一些票券（如卡片、玩具等），并规定如果消费者收集到了整套票券或票券的一部分就可以中大奖等措施"吸引消费者. 下面就一般情况下讨论这种销售策略的可行性与合理性. 由于企业的产品数量一般都比较大，所以这种销售策略可抽象为如下提法.

1. 问题的提出

设一个盒子中装有标号为 1 到 n 的 n 张票券，有放回地一张一张抽取，若要收集到 r $(r \leqslant n)$ 张不同的票券，则要抽取多少张才能得到它们.

2. 模型分析与建立

此问题可以看成是概率统计中的等待时间问题，即等待第 r 张新票券出现需抽取多少次票券. 以 X_1，X_2，$\cdots$，依次表示对一张新票券的等待次数. 因为第一次抽到的总是新的，所以 $X_1 = 1$；而 X_2 就是抽到任意一张不同于第一次抽出的那张票券的抽取次数，由于每次

抽取都有 n 张票券，但新的只有 $n-1$ 张，因此，X_2 可看作是服从成功的概率为 $p = \dfrac{n-1}{n}$ 的几何分布，因此有

$$EX_2 = \frac{1}{p} = \frac{n}{n-1};$$

在收集到前两张不同的票券之后，对第三张新票券的等待次数 X_3 服从成功的概率为 $p = \dfrac{n-2}{n}$ 的几何分布，因此有

$$EX_3 = \frac{n}{n-2};$$

依此类推，对 $1 \leqslant r \leqslant n$，可建立如下模型.

收集到第 r 张新票券所需要的期望次数的数学模型为

$$EX_r = \frac{n}{n-r+1}, \quad 1 \leqslant r \leqslant n, \tag{13.1}$$

收集到所有 r 张不同票券所需要的期望次数的数学模型为

$$
\begin{aligned}
E(X_1 + X_2 + \cdots + X_r) &= \frac{n}{n} + \frac{n}{n-1} + \cdots + \frac{n}{n-r+1} \\
&= n\left(\frac{1}{n-r+1} + \cdots + \frac{1}{n-1} + \frac{1}{n}\right).
\end{aligned}
\tag{13.2}
$$

3. 模型求解

当 $r=n$ 时，有模型 (13.2) 得

$$E(X_1 + X_2 + \cdots + X_r) = n\left(1 + \frac{1}{2} + \frac{1}{3} + \cdots + \frac{1}{n}\right).$$

若 n 是偶数，当 $r = \dfrac{n}{2}$ 时，则有

$$E\left(X_1 + X_2 + \cdots + X_{\frac{n}{2}}\right) = n\left(\frac{1}{\frac{n}{2}+1} + \cdots + \frac{1}{n}\right),$$

利用重要公式

$$1 + \frac{1}{2} + \frac{1}{3} + \cdots + \frac{1}{n} = \ln n + C + \varepsilon_n.$$

其中 C 为欧拉（Eluer）常数且等于 $0.5772\cdots$，ε_n 为 n 趋于无穷时的无穷小量.

由于

$$\lim_{n \to \infty} \frac{1}{\ln n}\left(1 + \frac{1}{2} + \frac{1}{3} + \cdots + \frac{1}{n}\right) = 1,$$

于是当 n 充分大时，我们采用近似公式

$$1 + \frac{1}{2} + \frac{1}{3} + \cdots + \frac{1}{n} \approx \ln n.$$

因此，

$$E(X_1 + X_2 + \cdots + X_r) = n\left(1 + \frac{1}{2} + \frac{1}{3} + \cdots + \frac{1}{n}\right) \approx n\ln n, \tag{13.3}$$

$$E\left(X_1 + X_2 + \cdots + X_{\frac{n}{2}}\right) = n\left(\frac{1}{\frac{n}{2}+1} + \cdots + \frac{1}{n}\right)$$

$$= 2r\left(\frac{1}{r+1} + \cdots + \frac{1}{2r}\right)$$

$$= 2r\left(\frac{1}{r+1} + \cdots + \frac{1}{2r} + 1 + \frac{1}{2} + \frac{1}{3} + \cdots + \frac{1}{r}\right)$$

$$- 2r\left(1 + \frac{1}{2} + \frac{1}{3} + \cdots + \frac{1}{r}\right)$$

$$\approx 2r\ln 2r - 2r\ln r = 2r\ln 2 = n\ln 2,$$

即

$$E(X_1 + X_2 + \cdots + X_{\frac{n}{2}}) \approx n\ln 2 \approx 0.69315n. \tag{13.4}$$

4. 结果分析

模型结果（13.3）和（13.4）表明，当票券总数较多时，如果只要求收集一半票券，则需要票券总数近 70% 的抽取次数，而要收集全部票券却需要"无穷"多次的抽取. 而实际上，在产品的销售过程中，情况远比这复杂得多. 产品销售者不可能在所有的产品中都装有有效票券，即使他们没有故意把某些票券搞得少一些，只要销售量较大，要收集到整套票券也是相当困难的. 因此，本段开头提出的销售策略对销售者来讲是绝不吃亏的，这正是许多企业当前乐于采用这种销售策略的原因之一.

13.1.3　机器间行走距离的数学模型

1. 问题的提出

一位工人维护分布在一条直线上的 n 部相同类型的机器，将机器自左至右编号为 1 到 n，相邻机器间的距离为 a，工人维护机器是按次序走近它们的. 试讨论工人在诸机器间行走的距离.

2. 模型分析与建立

解决此问题，首先要分析清楚"工人在诸机器间行走的距离"的含义，有的人可能会理解为是在工人上班的整个时间内行走的距离，或单位时间内行走的距离. 然而，根据实际背景，这里的确切含义应该是：工人从其所处的位置走动一次去维护某部机器所需要行走的距离 d，显然 d 满足条件 $0 \leqslant d \leqslant (n-1)a$. 问题要求的是工人维护一次机器平均需要行走的距离.

要求出工人维护一次机器平均需要行走的距离，首先必须搞清楚工人在一开始所处的位置. 不妨设工人开始处在第 X 部机器处，显然 X 是一个随机变量，它分别以 $\frac{1}{n}$ 的概率取值 1，2，$\cdots$，n，即

$$P(X = i) = \frac{1}{n}, \quad i = 1, 2, \cdots, n.$$

其次设工人从一开始所处的位置 X 走到需要维护的机器所走的距离为 Y，则 Y 也是一个随机变量，因此本问题归结为求随机变量 Y 的数学期望.

由于 n 部机器是同一类型的，因此可以认为工人从位置 X 出发到任何一部机器去的概率都是一样的，且概率都为 $\frac{1}{n}$，于是本问题的数学模型为

求 EY

$$\text{s. t.}\begin{cases}P(X=i)=\dfrac{1}{n},\\[2mm]P\{Y=(j-i)a\,|\,X=i,j>i\}=P\{Y=(j-i)a\,|\,X=i,j\leqslant i\}=\dfrac{1}{n},\quad i=1,2,\cdots,n.\end{cases}$$

3. 模型求解

由于得到的是 Y 的条件概率分布，而 Y 的无条件概率分布不易求得，但我们可以利用重期望公式 $EY=E[E(Y|X)]$ 解决此问题．

$$\begin{aligned}E(Y\,|\,X=i)&=\frac{1}{n}\left[\sum_{j=1}^{i}(i-j)a+\sum_{j=i+1}^{n}(j-i)a\right]\\&=\frac{a}{n}\left[i^2-(n-i)i+\sum_{j=i+1}^{n}j-\sum_{j=1}^{i}j\right]\\&=\frac{a}{n}\left[2i^2-ni+\frac{1}{2}(n+i-1)(n-i)-\frac{1}{2}(1+i)i\right]\\&=\frac{a}{2n}[2i^2-2(n+1)i+n^2+n].\end{aligned}$$

从而随机变量 Y 的数学期望为

$$\begin{aligned}EY&=E[E(Y\,|\,X)]=\sum_{i=1}^{n}P(X=i)E(Y\,|\,X=i)\\&=\frac{1}{n}\cdot\frac{a}{2n}[2i^2-2(n+1)i+n^2+n]\\&=\frac{a}{2n^2}\left[2\cdot\frac{1}{6}n(n+1)(2n+1)-2(n+1)\cdot\frac{1}{2}n(n+1)+n^2(n+1)\right]\\&=\frac{n^2-1}{3n}a.\end{aligned}$$

4. 结果分析

模型结果表明，工人维护一次机器，平均需要行走的距离为 $\dfrac{n^2-1}{3n}a$，它显然是非负的，并且小于 $\dfrac{n}{3}a$．

当 $n=1$ 时，工人行走的距离的期望为 0，这显然符合实际，因为此时只有一部机器，工人不需要走动就可以把机器维护好；当 $n=2$ 时，期望值为 $\dfrac{a}{2}$，这无疑也是正确的，由于机器的类型相同，因此总体上讲，工人行走一次的距离为 0，行走另一次的距离为 a，故平均值为 $\dfrac{a}{2}$．进一步分析可知，所建模型及所得结论符合实际问题的背景，具有实用价值．

13.2　方差分析

在实际问题中，影响事物因素往往很多．例如，用不同的生产方法生产同一种产品，比较各种生产方法对产品的影响是人们经常关心的问题，为此，需要找出对产品有显著影响的因素．方差分析就是根据试验结果进行分析，鉴别各因素对试验结果的影响程度的一种实用、有效的统计方法，它是 20 世纪 20 年代由英国统计学家费希尔（R. A. Fisher）首先提出来的，后来发现这种方法的应用范围十分广阔，可以成功地运用在很多方面.

方差分析按影响试验指标的因素的个数进行分类，可分为单因素方差分析、双因素方差分析和多因素方差分析，本节只介绍单因素方差分析和双因素方差分析.

13.2.1　单因素方差分析

1. 单因素方差分析的数学模型

单因素方差分析只考虑一个因素对试验指标的影响，取因素 A 的 r 个水平 A_1，A_2，$\cdots$，A_r，在每一个水平进行重复试验，可获得试验指标的结果数据表（表 13-1）.

表 13-1　单因素试验数据表

水平	试验数据				行平均值
A_1	X_{11}	X_{12}	$\cdots$	X_{1n_1}	$\bar{X}_1$
A_2	X_{21}	X_{22}	$\cdots$	X_{2n_2}	$\bar{X}_2$
$\vdots$	$\vdots$	$\vdots$		$\vdots$	$\vdots$
A_r	X_{r1}	X_{r2}	$\cdots$	X_{rn_r}	$\bar{X}_r$

其中 X_{ij} 表示第 i 个水平进行第 j 次试验的结果.

2. 方差分析的假设前提

（1）对变异因素的某一水平，如第 i 个水平进行试验，得到观察结果 X_{i1}，X_{i2}，$\cdots$，X_{in_i}，可看作是从正态总体 $N(\mu_i, \sigma^2)$ 中抽取的一个容量为 n_i 的样本，而且 μ_i，σ^2 未知；

（2）对于表示 r 个水平的 r 个正态总体的方差认为都是相等的；

（3）从不同总体中抽取的各个个体是相互独立的，即各 X_{ij} 相互独立.

3. 统计假设

如果要检验因素的各个水平对试验结果没有显著影响，则试验的全部结果 X_{ij} 应来自同一正态总体. 因此，提出一项统计假设：所有的 X_{ij} 都取自同一正态总体 $N(\mu, \sigma^2)$.

待检假设为 H_0：$\mu_1 = \mu_2 = \cdots = \mu_r = \mu$.

4. 检验方法

记 $n = n_1 + n_2 + \cdots + n_r$，

总体均值：$\bar{X} = \dfrac{1}{n} \sum\limits_{i=1}^{r} \sum\limits_{j=1}^{n_i} X_{ij}$，

行均值：$\bar{X}_{i.} = \dfrac{1}{n_i} \sum\limits_{j=1}^{n_i} X_{ij}$，

离差平方和：$S_T = \sum\limits_{i=1}^{r} \sum\limits_{j=1}^{n_i} (X_{ij} - \bar{X})^2$，

组内平方和：$S_E = \sum\limits_{i=1}^{r} \sum\limits_{j=1}^{n_i} (X_{ij} - \bar{X}_{i.})^2$，

组间平方和：$S_A = \sum\limits_{i=1}^{r} n_i (\bar{X}_{i.} - \bar{X})^2$.

选取统计量：$F = \dfrac{S_A / (r-1)}{S_E / (n-1)} \sim F(r-1, n-1)$，再根据样本观测值计算出统计量 F 的值. 在计算组内平方和 S_E 时，可根据关系 $S_T = S_A + S_E$ 得到.

5. 检验规则

查表得临界值 $F_\alpha = F_\alpha (r-1, n-1)$，根据 $P\{F > F_\alpha\} = \alpha$ 下结论：若 $F > F_\alpha$，则否定 H_0；若 $F < F_\alpha$，则接受 H_0.

如果检验的结果是拒绝 H_0，自然希望进一步找出因素 A 取何种水平时效果最佳，通过比较行平均值的大小，选出行平均值最大的两种水平做检验.

例 13.1 为了考察 6 种不同的农药的杀虫率有无显著差异，做了 18 次试验，得到试验数据如表 13-2 所示.

表 13-2   试验数据表

农药	杀虫率/%				行平均值
1	87.4	85.0	80.2		84.20
2	90.5	88.5	87.3	94.7	90.25
3	56.2	62.4			59.30
4	55.0	48.2			51.6
5	92.0	99.2	95.3	91.5	94.5
6	76.2	72.3	81.3		75.27

解 由表 13-2 得，$n=18$，$r=6$，$\overline{X}=80.12$，$S_T=4006.85$，$S_A=3825.81$，$S_E=181.04$，统计量 $F=60.7$，对于假设检验问题

$$H_0: \mu_1 = \mu_2 = \cdots = \mu_6 = \mu,$$

取显著性水平 $\alpha=0.01$，查表得临界值 $F_{0.01}(5, 17)=4.34$，易见 $60.7 > 4.34$，因此拒绝 H_0，即认为这 6 种不同的农药的杀虫率有显著差异.

进一步，自然希望找出最优的农药，以便提高杀虫率. 通过比较行平均值的大小，第 2 号与第 5 号的农药较优，因此检验假设

$$H_1: \mu_2 = \mu_5.$$

选取统计量（$n_2 = n_5 = 4$）

$$T_{25} = \frac{\overline{X}_{2\cdot} - \overline{X}_{5\cdot}}{\sqrt{(S_2^2 + S_5^2)/4}} \sim t(4+4-2),$$

统计量 T_{25} 的观测值为

$$T_{25} = \frac{90.25 - 94.5}{\sqrt{(10.54 + 12.66)/4}} = -1.765,$$

取显著性水平 $\alpha=0.05$，查表得临界值 $t_{0.05}(6)=2.447$，易见 $|-1.765| < 2.447$，因此不能拒绝 H_1，即认为这两种农药的杀虫率无显著差异.

13.2.2   双因素方差分析

进行双因素方差分析的目的，是要检验两个因素对试验结果有无影响. 在试验中，对每一因素的每一水平都可取一个容量为 n_{ij} 的样本. 双因素方差分析的假设前提与单因素方差分析相同. 按 $n_{ij}=1$（无重复试验，不考虑两因素间的交互作用）和 $n_{ij}>1$（不等重复试验，考虑两因素间的交互作用）分为两种情形.

1. 无重复试验的双因素方差分析

将因素 A 分成 r 个水平, 因素 B 分成 s 个水平, 对 A, B 的每一个水平的一对组合 (A_i, B_j) 只进行一次试验, 列出试验结果记录表 13-3.

表 13-3　双因素试验数据表

因素 B＼因素 A	B_1	B_2	…	B_s	行平均值 $\overline{X}_i.$
A_1	X_{11}	X_{12}	…	X_{1s}	$\overline{X}_1.$
A_2	X_{21}	X_{22}	…	X_{2s}	$\overline{X}_2.$
⋮	⋮	⋮		⋮	⋮
A_r	X_{r1}	X_{r2}	…	X_{rs}	$\overline{X}_r.$
列平均值 $\overline{X}._j$	$\overline{X}._1$	$\overline{X}._2$	…	$\overline{X}._s$	$\overline{X}$

其中 X_{ij} 表示因素 A 的第 i 个水平与因素 B 的第 j 个水平的一对组合 (A_i, B_j) 进行试验的结果.

记 $n=rs$.

均值
$$\overline{X} = \frac{1}{n}\sum_{i=1}^{r}\sum_{j=1}^{s} X_{ij}, \quad \overline{X}_{i.} = \frac{1}{s}\sum_{j=1}^{s} X_{ij}, \quad \overline{X}_{.j} = \frac{1}{r}\sum_{i=1}^{r} X_{ij}.$$

平方和
$$S_T = \sum_{i=1}^{r}\sum_{j=1}^{s}(X_{ij}-\overline{X})^2, \quad S_E = \sum_{i=1}^{r}\sum_{j=1}^{s}(X_{ij}-\overline{X}_{i.}-\overline{X}_{.j}+\overline{X})^2,$$
$$S_A = s\sum_{i=1}^{r} n_i(\overline{X}_{i.}-\overline{X})^2, \quad S_B = r\sum_{j=1}^{s} n_i(\overline{X}_{.j}-\overline{X})^2.$$

平方和关系
$$S_T = S_E + S_A + S_B.$$

判断因素 A 的影响是否显著, 就要检验假设:
$$H_{0A}: \mu_{1j} = \mu_{2j} = \cdots = \mu_{rj} = \mu_{.j}, \quad j=1,2,\cdots,s.$$

选取统计量
$$F_A = (s-1)S_A/S_E \sim F(r-1,(r-1)(s-1)),$$

再根据 $P\{F_A > F_\alpha(r-1,(r-1)(s-1))\}=\alpha$ 下结论: 若 $F_A > F_\alpha$, 则拒绝 H_{0A}; 否则, 接受 H_{0A}.

判断因素 B 的影响是否显著, 就要检验假设:
$$H_{0B}: \mu_{i1} = \mu_{i2} = \cdots = \mu_{ir} = \mu_{i.}, \quad i=1,2,\cdots,r.$$

选取统计量
$$F_B = (r-1)S_B/S_E \sim F(s-1,(r-1)(s-1)).$$

再根据 $P\{F_B > F_\alpha(s-1,(r-1)(s-1))\}=\alpha$ 下结论: 若 $F_B > F_\alpha$, 则拒绝 H_{0B}; 否则, 接受 H_{0B}.

例 13.2 设 4 个工人操作 3 台机器各一天，日产量数据如表 13-4 所示.

表 13-4 日产量数据表

机器 ＼ 工人	B_1	B_2	B_3	B_4	行平均值
A_1	50	47	47	53	49.25
A_2	53	54	57	58	55.5
A_3	52	42	41	48	45.75
列平均值	51.67	47.67	48.33	53	50.17

是否真正存在机器质量或工人技能之间的差别？

解 由表 13-4 计算得：$S_T = 317.65$，$S_A = 194.97$，$S_B = 59.67$，$S_E = 63.01$.

因为 $F_A = (4-1)S_A/S_E = 9.283 > F_{0.05}(2,6) = 5.14$，所以机器质量之间的差别比较显著，由行平均值也可看出，机器 A_2 的日产量较高.

因为 $F_B = (3-1)S_B/S_E = 1.894 < F_{0.05}(3,6) = 4.76$，所以工人技能之间的差别不显著.

2. 重复试验的双因素方差分析

如果要考察两个因素 A，B 之间是否存在交互作用的影响，需要对两个因素各种水平的组合 (A_i, B_j) 进行重复试验，假设每一个组合都重复试验 $m(m>1)$ 次（若是不等重复试验，残缺数据可按均值补齐以便于计算），列出试验结果数据表 13-5.

表 13-5 试验数据表

因素 A ＼ 因素 B	B_1	B_2	⋯	B_s
A_1	$X_{111}, X_{112}, \cdots, X_{11m}$	$X_{121}, X_{122}, \cdots, X_{12m}$	⋯	$X_{1s1}, X_{1s2}, \cdots, X_{1sm}$
A_2	$X_{211}, X_{212}, \cdots, X_{21m}$	$X_{221}, X_{222}, \cdots, X_{22m}$	⋯	$X_{2s1}, X_{2s2}, \cdots, X_{2sm}$
⋮	⋮ ⋮ ⋮	⋮ ⋮ ⋮		⋮ ⋮ ⋮
A_r	$X_{r11}, X_{r12}, \cdots, X_{r1m}$	$X_{r21}, X_{r22}, \cdots, X_{r2m}$	⋯	$X_{rs1}, X_{rs2}, \cdots, X_{rsm}$

其中 X_{ijk} 表示因素 A 的第 i 个水平与因素 B 的第 j 个水平的一对组合 (A_i, B_j) 进行第 k 次试验的结果.

记 $n = mrs$.

均值

$$\overline{X} = \frac{1}{n}\sum_{i=1}^{r}\sum_{j=1}^{s}\sum_{k=1}^{m}X_{ijk}, \quad \overline{X}_{ij\cdot} = \frac{1}{m}\sum_{k=1}^{m}X_{ijk},$$

$$\overline{X}_{i\cdot\cdot} = \frac{1}{ms}\sum_{j=1}^{s}\sum_{k=1}^{m}X_{ijk}, \quad \overline{X}_{\cdot j\cdot} = \frac{1}{mr}\sum_{i=1}^{r}\sum_{k=1}^{m}X_{ijk}.$$

平方和

$$S_T = \sum_{i=1}^{r}\sum_{j=1}^{s}\sum_{k=1}^{m}(X_{ijk} - \overline{X})^2,$$

$$S_{A\times B} = \sum_{i=1}^{r}\sum_{j=1}^{s}(\overline{X}_{ij\cdot} - \overline{X}_{i\cdot\cdot} - \overline{X}_{\cdot j\cdot} + \overline{X})^2,$$

$$S_E = \sum_{i=1}^{r}\sum_{j=1}^{s}\sum_{k=1}^{m}(X_{ijk} - \overline{X}_{ij\cdot})^2,$$

$$S_A = ms \sum_{i=1}^{r} (\overline{X}_{i..} - \overline{X})^2, \quad S_B = mr \sum_{j=1}^{s} (\overline{X}_{.j.} - \overline{X})^2.$$

平方和关系

$$S_T = S_{A \times B} + S_E + S_A + S_B.$$

判断因素 A 的影响是否显著，就要检验假设：

$$H_{0A}: \mu_{1j} = \mu_{2j} = \cdots = \mu_{rj} = \mu_{.j}, \quad j = 1, 2, \cdots, s.$$

选取统计量

$$F_A = \frac{S_A/(r-1)}{S_E/(n-rs)} \sim F(r-1, n-rs),$$

再根据 $P\{F_A > F_\alpha (r-1, n-rs)\} = \alpha$ 下结论：若 $F_A > F_\alpha$，则拒绝 H_{0A}；否则，接受 H_{0A}.

判断因素 B 的影响是否显著，就要检验假设：

$$H_{0B}: \mu_{i1} = \mu_{i2} = \cdots = \mu_{ir} = \mu_{i.}, \quad i = 1, 2, \cdots, r.$$

选取统计量

$$F_B = \frac{S_B/(s-1)}{S_E/(n-rs)} \sim F(s-1, n-rs),$$

再根据 $P\{F_B > F_\alpha (s-1, n-rs)\} = \alpha$ 下结论：若 $F_B > F_\alpha$，则拒绝 H_{0B}；否则，接受 H_{0B}.

判断两个因素 A，B 之间的交互作用是否显著，就是要检验假设

$$H_{0A \times B}: \mu_{ij} = \mu, \quad i = 1, 2, \cdots, r; j = 1, 2, \cdots, s.$$

选取统计量

$$F_{A \times B} = \frac{S_{A \times B}/(r-1)(s-1)}{S_E/(n-rs)} \sim F((r-1)(s-1), n-rs),$$

再根据 $P\{F_{A \times B} > F_\alpha((r-1)(s-1), n-rs)\} = \alpha$ 下结论：若 $F_{A \times B} > F_\alpha$，则拒绝 $H_{0A \times B}$；否则，接受 $H_{0A \times B}$.

13.3　判别分析

判别分析是一种分类方法，在给定已知类型的条件下，通过某种判别规则，对新的样本进行判别．判别分析方法最初应用于考古学，如要根据挖掘出来的人头盖骨的各种指标来判别其性别、年龄等．近年来，在生物学分类、医疗诊断、地质找矿、石油钻探、天气预报等许多领域，判别分析方法已经成为一种有效的统计推断方法．

13.3.1　判别分析

假定需要作出判别分析的对象分成 r 类，记作 A_1，A_2，$\cdots$，A_r，每一类由 m 个指标的 n_i 个标本确定，即

$$A_i = \begin{bmatrix} a_{11}^{(i)} & a_{12}^{(i)} & \cdots & a_{1n_i}^{(i)} \\ a_{21}^{(i)} & a_{22}^{(i)} & \cdots & a_{2n_i}^{(i)} \\ \vdots & \vdots & & \vdots \\ a_{m1}^{(i)} & a_{m2}^{(i)} & \cdots & a_{mn_i}^{(i)} \end{bmatrix}_{m \times n_i}, \quad i = 1, 2, \cdots, r$$

为已知的分类，现在问待判断的对象 $x = (x_1, x_2, \cdots, x_m)^{\mathrm{T}}$ 是属于 A_1，A_2，$\cdots$，A_r 中的哪一类？这就构成了判别分析问题的基本内容．

为了能对不同的 A_1，A_2，$\cdots$，A_r 作出判别，事先必须要有一个一般规则，一旦知道了 x 的值，便能根据这个规则立即作出判断，称这样的一个规则为判别规则，判别规则往往通过某个函数来表达，我们把它称为判别函数，记作 $W(i;x)$.

记 $n = n_1 + n_2 + \cdots + n_r$，用 a_i，L_i 分别表示第 i 类 A_i 样本均值向量和离差矩阵，即

$$a_i = \begin{bmatrix} \bar{a}_1^{(i)} \\ \vdots \\ \bar{a}_m^{(i)} \end{bmatrix}, \quad L_i = \begin{bmatrix} l_{11}^{(i)} & \cdots & l_{1m}^{(i)} \\ \vdots & & \vdots \\ l_{m1}^{(i)} & \cdots & l_{mm}^{(i)} \end{bmatrix}, \quad i = 1, 2, \cdots, r,$$

其中 $\bar{a}_j^{(i)} = \dfrac{1}{n} \sum\limits_{k=1}^{n_i} a_{jk}^{(i)}$，$l_{jk}^{(i)} = \sum\limits_{t=1}^{n_i} (a_{jt}^{(i)} - \bar{a}_j^{(i)})(a_{kt}^{(i)} - \bar{a}_k^{(i)})$，并用 $x \in A_i$ 表示 x 归属于第 i 类 A_i.

13.3.2　距离判别法

距离判别法就是先建立待判别对象 x 到第 i 类 A_i 的距离 $d(x, A_i)$，然后根据距离最近原则来判别，即判别函数 $W(i;x) = d(x, A_i)$，判别规则为：

若 $W(k;x) = \min\{W(i;x) \mid i = 1, 2, \cdots, r\}$，则 $x \in A_k$.

距离 $d(x, A_i)$ 通常采用印度统计学家马哈拉诺比斯（Mahalanobis）1936 年引入的马氏距离

$$d(x, A_i) = [(x - a_i)^{\mathrm{T}} V^{-1} (x - a_i)]^{1/2}, \quad V = L_i / (n_i - 1).$$

13.3.3　费希尔判别法

费希尔判别方法是基于方差分析的一种判别方法，判别函数 $W(x) = u^{\mathrm{T}} x$，其中 u 为判别系数，计算步骤如下：

(1) 计算 $L = L_1 + L_2 + \cdots + L_r$，并求出 L^{-1}；

(2) 计算 $B = \sum\limits_{i=1}^{r} n_i (a_i - a)(a_i - a)^{\mathrm{T}}$，其中 $a = (\bar{a}_1, \bar{a}_2, \cdots, \bar{a}_m)^{\mathrm{T}}, \bar{a}_j = \dfrac{1}{n} \sum\limits_{i=1}^{r} n_i \bar{a}_j^{(i)}$；

(3) 计算 BL^{-1} 的最大特征值对应的特征向量 p，特别当 $r = 2$ 时，可计算出 $p = a_1 - a_2$；

(4) 计算 $L^{-1} p$，$u = L^{-1} p$.

为了确定判别规则，先计算 $\omega_i = W(a_i) = u^{\mathrm{T}} a_i (i = 1, 2, \cdots, r)$，不妨将 A_1，A_2，$\cdots$，A_r 重新排序，使得 $\omega_1 < \omega_2 < \cdots < \omega_r$. 然后令 $c_0 = -\infty$，$c_i = (\omega_i + \omega_{i+1})/2$ 或 $c_i = (n_i \omega_i + n_{i+1} \omega_{i+1})/(n_i + n_{i+1})$，$c_r = +\infty$.

费希尔判别规则为：若 $c_{k-1} < W(x) < c_k$，则 $x \in A_k$.

13.3.4　贝叶斯判别法

在前面介绍的判别分析方法中，我们不需要知道总体的分布究竟是什么．现在假定 r 个 m 维总体的密度函数分别为已知的 $\varphi_i(x)$，且在判别之前有足够的理由可以认为待判别对象 $x \in A_i$ 的概率为 p_i，如果没有任何这种附加的先验信息，通常取 $p_i = 1/r$. 在上述两个假定下，我们将给出一种方便的判别规则，它能使误判概率平均达到最小，这就是贝叶斯判别法．

贝叶斯判别函数 $W(i;x) = p_i \varphi_i(x)$，判别规则为：

若 $W(k;x) = \max\{W(i;x) \mid i = 1, 2, \cdots, r\}$，则 $x \in A_k$.

13.4　主成分分析

主成分分析（principal component analysis）首先是由霍特林（Hotelling）于 1933 年提出. 主成分分析利用降维的思想，它是把多指标转化为少数几个综合性指标的多元统计分析方法.

主成分分析的主要目的是希望用较少的变量去解释原来资料中的大部分信息，将我们手中许多相关性很高的指标转化成彼此相互独立或不相关的综合性指标. 通常是选出比原始指标变量个数少，能解释大部分资料中的变异的几个新指标变量，即所谓的主成分，并用以解释资料的综合性指标.

13.4.1　主成分分析的基本原理

例如，如果用 x_1，x_2，$\cdots$，x_p 表示 p 门课程，c_1，c_2，$\cdots$，c_p 表示各门课程的权重，那么加权之和是

$$s = c_1 x_1 + c_2 x_2 + \cdots + c_p x_p, \tag{13.5}$$

我们希望选择适当的权重能更好地区分学生的成绩. 每个学生都对应一个这样的综合成绩，记为 s_1，s_2，$\cdots$，s_n，n 为学生人数. 如果这些值很分散，表明区分得好，也就是说，需要寻找这样的加权，能使 s_1，s_2，$\cdots$，s_n 尽可能的分散，具体原理如下.

设 X_1，X_2，$\cdots$，X_p 表示以 x_1，x_2，$\cdots$，x_p 为样本观测值的随机变量，如果能找到 c_1，c_2，$\cdots$，c_p，使得

$$\mathrm{Var}(c_1 X_1 + c_2 X_2 + \cdots + c_p X_p) \tag{13.6}$$

的值达到最大，由于方差反映了数据差异的程度，也就表明我们抓住了这 p 个变量的最大差异. 当然，式（13.6）必须加上某种限制，否则权值可选择无穷大而没有意义，通常规定

$$c_1^2 + c_2^2 + \cdots + c_p^2 = 1, \tag{13.7}$$

在此约束下，求式（13.6）的最优解. 这个解是 p 维空间的一个单位向量，它代表一个"方向"，就是常说的主成分方向.

一个主成分不足以代表原来的 p 个变量，因此需要寻找第二个乃至第三个、第四个主成分，第二个主成分不应该再包含第一个主成分的信息，统计上的描述就是让这两个主成分的协方差为 0，几何上就是这两个主成分的方向正交. 具体确定各个主成分的方法如下.

设 y_i 表示第 i 个主成分，$i = 1,2,\cdots,p$，可设

$$\begin{cases} y_1 = c_{11} X_1 + c_{12} X_2 + \cdots + c_{1p} X_p, \\ y_2 = c_{21} X_1 + c_{22} X_2 + \cdots + c_{2p} X_p, \\ \qquad\qquad \cdots\cdots \\ y_p = c_{p1} X_1 + c_{p2} X_2 + \cdots + c_{pp} X_p, \end{cases} \tag{13.8}$$

其中，对每一个 i，均有 $c_{i1}^2 + c_{i2}^2 + \cdots + c_{ip}^2 = 1$，且 $(c_{11}, c_{12}, \cdots, c_{1p})^{\mathrm{T}}$ 使得 $\mathrm{Var}(y_1)$ 的值达到最大；$(c_{21}, c_{22}, \cdots, c_{2p})^{\mathrm{T}}$ 不仅垂直于 $(c_{11}, c_{12}, \cdots, c_{1p})^{\mathrm{T}}$，而且使 $\mathrm{Var}(y_2)$ 的值达到最大；$(c_{31}, c_{32}, \cdots, c_{3p})^{\mathrm{T}}$ 同时垂直于 $(c_{11}, c_{12}, \cdots, c_{1p})^{\mathrm{T}}$ 和 $(c_{21}, c_{22}, \cdots, c_{2p})^{\mathrm{T}}$，并使 $\mathrm{Var}(y_3)$ 的值达到最大；以此类推可得全部 p 个主成分. 至于在实际问题中到底需确定几个主成分，总结在下面几个注意事项中.

（1）主成分分析的结果受量纲的影响，由于各变量的单位可能不一样，如果各自改变量纲，则结果会不一样，这是主成分分析的最大问题，所以实际中可以先把各变量的数据标准化，然后使用协方差矩阵或相关系数矩阵进行分析．

（2）使方差达到最大的主成分分析不用转轴．

（3）主成分的保留．用相关系数矩阵求主成分时，Kaiser 主张将特征值小于 1 的主成分予以放弃．

（4）在实际研究中，由于主成分的目的是降维，减少变量的个数，故一般选取少量的主成分（不超过 5 个或 6 个），一般要求累计贡献率 80% 以上即可．

13.4.2　主成分分析的基本步骤

假设有 n 个评价对象，m 个评价指标，分别为 x_1，x_2，$\cdots$，x_m，第 i 个评价对象的第 j 个指标的取值为 a_{ij}，则可构成大小为 $n \times m$ 的评价矩阵，记为 $A = (a_{ij})_{n \times m}$：

$$A = \begin{bmatrix} a_{11} & a_{12} & \cdots & a_{1m} \\ a_{21} & a_{22} & \cdots & a_{2m} \\ \vdots & \vdots & & \vdots \\ a_{n1} & a_{n2} & \cdots & a_{nm} \end{bmatrix}. \tag{13.9}$$

（1）对原始数据进行标准化处理．将各指标值 a_{ij} 转换成标准化值 $\tilde{a}_{ij}$，有

$$\tilde{a}_{ij} = \frac{a_{ij} - \mu_j}{s_j}, \quad i = 1,2,\cdots,n; \quad j = 1,2,\cdots,m,$$

其中，$\mu_j = \frac{1}{n}\sum_{i=1}^{n} a_{ij}$，$s_j = \sqrt{\frac{1}{n-1}\sum_{i=1}^{n}(a_{ij} - \mu_j)^2}$，$j = 1, 2, \cdots, m$，即 μ_j，s_j 为第 j 个指标的样本均值和样本标准差．对应地，称

$$\tilde{x}_j = \frac{x_j - \mu_j}{s_j}, \quad j = 1,2,\cdots,m$$

为标准化指标变量．

（2）计算相关系数矩阵 R．相关系数矩阵 $R = (r_{ij})_{m \times m}$，有

$$r_{ij} = \frac{\sum_{k=1}^{n} \tilde{a}_{ki} \cdot \tilde{a}_{kj}}{n-1}, \quad i,j = 1,2,\cdots,m,$$

其中，$r_{ii} = 1$，$r_{ij} = r_{ji}$，r_{ij} 是第 i 个指标与第 j 个指标的相关系数．

（3）计算相关系数矩阵 R 的特征值和特征向量．计算得相关系数矩阵 R 的特征值 $\lambda_1 \geqslant \lambda_2 \geqslant \cdots \geqslant \lambda_m \geqslant 0$，以及对应的特征向量 u_1，u_2，$\cdots$，u_m，其中 $u_j = (u_{1j}, u_{2j}, \cdots, u_{mj})^{\mathrm{T}}$，由特征向量组成 m 个新的指标变量：

$$y_1 = u_{11}\tilde{x}_1 + u_{21}\tilde{x}_2 + \cdots + u_{m1}\tilde{x}_m,$$
$$y_2 = u_{12}\tilde{x}_1 + u_{22}\tilde{x}_2 + \cdots + u_{m2}\tilde{x}_m,$$
$$\cdots\cdots$$
$$y_m = u_{1m}\tilde{x}_1 + u_{2m}\tilde{x}_2 + \cdots + u_{mm}\tilde{x}_m,$$

其中，y_1 是第 1 主成分，y_2 是第 2 主成分，$\cdots$，y_m 是第 m 主成分．

（4）选择 $p(p \leqslant m)$ 个主成分，计算综合评价值．

计算特征值 $\lambda_j (j=1, 2, \cdots, m)$ 的信息贡献率及累计贡献率．

对应于特征值 λ_j，称 $\eta_j = \dfrac{\lambda_j}{\lambda_1 + \lambda_2 + \cdots + \lambda_m}$ 为第 j 个主成分的信息贡献率；对应于前 p 个特征值，称 $\alpha_p = \dfrac{\lambda_1 + \lambda_2 + \cdots + \lambda_p}{\lambda_1 + \lambda_2 + \cdots + \lambda_m}$ 为前 p 个为主成分的累计贡献率．当 α_p 接近于 1（一般取 $\alpha_p \geqslant 0.85$）时，则选择前 p 个主成分，代替原来 m 个指标变量，从而可对 p 个主成分进行综合分析．

（5）计算综合得分．选择前 p 个主成分后，得主成分综合评价模型：

$$Z = \sum_{j=1}^{p} \eta_j y_j. \tag{13.10}$$

（6）综合排序．将 n 个评价对象的样本数据代入主成分综合评价模型，求得综合得分值，根据综合得分值就可以进行评价．

例 13.3　研究纽约股票市场上五只股票的周回升率．这里，周回升率＝（本星期五市场收盘价－上星期五市场收盘价）/上星期五市场收盘价．从 1975 年 1 月到 1976 年 12 月，对这五只股票作了 100 组独立观测．因为随着一般经济状况的变化，股票有集聚的趋势，所以，不同股票周回升率是彼此相关的．

解　设 $x_1, x_2, \cdots, x_5$ 分别为五只股票的周回升率，记 $\alpha = (x_1, x_2, \cdots, x_5)^{\mathrm{T}}$，从数据算得

$$\alpha = (0.0054, 0.0048, 0.0057, 0.0063, 0.0037)^{\mathrm{T}},$$

$$R = \begin{bmatrix} 1.000 & 0.577 & 0.509 & 0.387 & 0.462 \\ 0.577 & 1.000 & 0.599 & 0.389 & 0.322 \\ 0.509 & 0.599 & 1.000 & 0.436 & 0.426 \\ 0.387 & 0.389 & 0.436 & 1.000 & 0.523 \\ 0.462 & 0.322 & 0.426 & 0.523 & 1.000 \end{bmatrix},$$

其中 R 是相关系数矩阵．R 的 5 个特征值分别为

$$\lambda_1 = 2.857, \quad \lambda_2 = 0.809, \quad \lambda_3 = 0.540, \quad \lambda_4 = 0.452, \quad \lambda_5 = 0.343,$$

λ_1 和 λ_2 对应的标准正交特征向量为

$$\eta_1 = (0.464, 0.457, 0.470, 0.421, 0.421)^{\mathrm{T}},$$

$$\eta_2 = (0.240, 0.509, 0.260, -0.526, -0.582)^{\mathrm{T}},$$

标准化变量的前两个主成分为

$$y_1 = 0.464\tilde{x}_1 + 0.457\tilde{x}_2 + 0.470\tilde{x}_3 + 0.421\tilde{x}_4 + 0.421\tilde{x}_5,$$

$$y_2 = 0.240\tilde{x}_1 + 0.509\tilde{x}_2 + 0.260\tilde{x}_3 - 0.526\tilde{x}_4 - 0.582\tilde{x}_5,$$

它们的累计贡献率为

$$\frac{\lambda_1 + \lambda_2}{\lambda_1 + \lambda_2 + \cdots + \lambda_5} \times 100\% = 73.3\%.$$

这两个主成分 y_1，y_2 具有重要的实际意义，第一主成分大约等于这五种股票周回升率和的一个常数倍，通常称为股票市场主成分，简称市场主成分；第二主成分代表化学股票（在 y_2 中系数为正的三只股票都是化学工业上市企业）和石油股票（在 y_2 中系数为负的两

只股票恰好都为石油板块的上市企业）的一个对照，称为工业主成分．这说明，这些股票的周回升率的大部分变差来自市场活动和与它不相关的工业活动．关于股票价格的这个结论与经典的证券理论吻合．至于其他主成分解释较困难，很可能表示每只股票自身的变差，好在它们的贡献率很少，可以忽略不计．

13.5　因　子　分　析

在实际工作中，有时需要从众多的变量中提炼出少数几个有代表性的综合变量，用以反映原来变量的大部分信息；有时又需要确定若干因素的公共影响因素．例如，在评价产品质量时，为了评价全面，常常需要选择很多评价指标，但指标太多会给分析、讨论带来许多困难，同时也不便于掌握产品质量的整体状况．因此希望从众多的指标中提炼出少数几个影响产品质量的综合性因子．又如，反映我国经济发展基本情况的指标有很多，可以提炼出影响经济发展的综合因子．通过这些综合因子来评价我国经济发展状况．因子分析（factor Analysis）就是解决上述问题的一种有效的统计分析方法．

因子分析是由英国心理学家 Charles Spearman 在 1904 年提出来的，他成功地解决了智力测验得分的统计分析，长期以来，教育心理学家不断丰富、发展了因子分析理论和方法，并应用这一方法在行为科学领域进行了广泛的研究．它通过研究众多变量之间的内部依赖关系，探求观测数据中的基本结构，并用少数几个假想变量来表示其基本的数据结构．这几个假想变量能够反映原来众多变量的主要信息．原始的变量是可观测的显在变量，而假想变量是不可观测的潜在变量，称为因子．

因子分析可以看成主成分分析的推广，它也是统计分析中常用的一种降维方法．

今天，因子分析已经不再局限于传统的心理学研究领域，而是广泛应用于社会、经济、管理、生物、医学、地质以及体育等从多领域．

13.5.1　因子分析的基本原理

因子分析有确定的统计模型，观察数据在模型中被分解为公共因子、特殊因子和误差三部分．初学因子分析的最大困难在于理解它的模型．先看如下几个例子．

例 13.4　为了解学生的知识和能力，对学生进行了抽样命题考试，考题包括的面很广，但总体来讲可归结为学生的语文水平、数学推导、艺术修养、历史知识、生活知识等五个方面，我们把每一个方面称为一个（公共）因子，显然每个学生的成绩均可由这五个因子来确定，即可设想第 i 个学生考试的分数 X_i 能用这五个公共因子 F_1, F_2, $\cdots$, F_5 的线性组合表示出来，即

$$X_i = \mu_i + a_{i1}F_1 + a_{i2}F_2 + \cdots + a_{i5}F_5 + \varepsilon_i, \quad i = 1, 2, \cdots, p, \tag{13.11}$$

线性组合系数 a_{i1}, a_{i2}, $\cdots$, a_{i5} 称为因子载荷（loadings），它分别表示第 i 个学生在这五个因子方面的能力；μ_i 是总平均，ε_i 是第 i 个学生的能力和知识不能被这五个因子包含的部分，称为特殊因子，常假定 $\varepsilon_i \sim N(0, \sigma_i^2)$. 不难发现，这个模型与回归模型在形式上是很相似的，但回归模型中，因变量和自变量是可观测的量，而这里的公共因子 F_1, F_2, $\cdots$, F_5 却是隐蔽的、不可观测到潜在量，有关参数的意义也有很大的差异．

因子分析的首要任务就是估计因子载荷 a_{ij} 和方差 σ_i^2，然后给抽象的因子 F_i 给出一个合

理且具有实际背景的解释，若难以进行合理的解释，则需要进一步作因子旋转，希望旋转后能发现比较合理的解释.

例 13.5 诊断时，医生检测了患者的五个生理指标：收缩压、舒张压、心跳间隔、呼吸间隔和舌下温度. 但依据生理学知识，这五个指标是受植物神经支配的，植物神经又分为交感神经和副交感神经，因此这五个指标可用交感神经和副交感神经两个公共因子来确定，从而也构成了因子模型.

特别需要说明的是这里的因子和试验设计里的因子（或因素）是不同的，它比较抽象和概括，往往是不可以单独测量的.

13.5.2 因子分析模型

1. 统计模型

设 p 有个可观测的随机变量 $X_i (i=1,2,\cdots,p)$，可以线性表示为少数几个不可观测的公共因子 $F_j (j=1,2,\cdots,m)(m\leqslant p)$，其统计模型为

$$\begin{cases} X_1 = \mu_1 + a_{11}F_1 + a_{12}F_2 + \cdots + a_{1m}F_m + \varepsilon_1, \\ X_2 = \mu_2 + a_{21}F_1 + a_{22}F_2 + \cdots + a_{2m}F_m + \varepsilon_2, \\ \qquad\qquad\cdots\cdots \\ X_p = \mu_p + a_{p1}F_1 + a_{p2}F_2 + \cdots + a_{pm}F_m + \varepsilon_p, \end{cases} \tag{13.12}$$

或

$$\begin{bmatrix} X_1 \\ X_2 \\ \vdots \\ X_p \end{bmatrix} = \begin{bmatrix} \mu_1 \\ \mu_2 \\ \vdots \\ \mu_p \end{bmatrix} + \begin{bmatrix} a_{11} & a_{12} & \cdots & a_{1m} \\ a_{21} & a_{22} & \cdots & a_{2m} \\ \vdots & \vdots & & \vdots \\ a_{p1} & a_{p2} & \cdots & a_{pm} \end{bmatrix} \begin{bmatrix} F_1 \\ F_2 \\ \vdots \\ F_m \end{bmatrix} + \begin{bmatrix} \varepsilon_1 \\ \varepsilon_2 \\ \vdots \\ \varepsilon_p \end{bmatrix},$$

或

$$X = \mu + AF + \varepsilon, \tag{13.13}$$

式中，$X = (X_1, X_2, \cdots, X_p)^{\mathrm{T}}$，$\mu = (\mu_1, \mu_2, \cdots, \mu_p)^{\mathrm{T}}$，$F = (F_1, F_2, \cdots, F_p)^{\mathrm{T}}$，$\varepsilon = (\varepsilon_1, \varepsilon_2, \cdots, \varepsilon_p)^{\mathrm{T}}$，$A=(a_{ij})_{p\times m}$ 称为因子载荷矩阵，并假定 A 的秩为 m. 称 $F_1, F_2, \cdots, F_p$ 为公共因子，是不可观测的变量，它们的系数称为载荷因子. ε_i 是特殊因子，是不能被前面 m 个公共因子包含的部分. 当上述因子模型满足下列条件时，就称为正交因子模型.

$$E(F) = 0, \quad E(\varepsilon) = 0, \quad \mathrm{Cov}(F) = I_m,$$
$$D(\varepsilon) = \mathrm{Cov}(\varepsilon) = \mathrm{diag}(\sigma_1^2, \sigma_2^2, \cdots, \sigma_m^2), \quad \mathrm{Cov}(F,\varepsilon) = 0.$$

2. 因子分析模型的性质

（1）原始变量 X 的协方差矩阵具有如下分解式：

$$\mathrm{Cov}(X) = AA^{\mathrm{T}} + \mathrm{diag}(\sigma_1^2, \sigma_2^2, \cdots, \sigma_m^2), \tag{13.14}$$

即

$$D(X_i) = \sum_{j=1}^m a_{ij}^2 + \sigma_i^2, \quad i=1,2,\cdots,p. \tag{13.15}$$

$\sigma_1^2, \sigma_2^2, \cdots, \sigma_m^2$ 的值越小，则公共因子共享的成分越多.

（2）载荷矩阵不是唯一的. 设 T 为一个 $p\times p$ 的正交矩阵，令 $\widetilde{A}=AT$，$\widetilde{F}=T^{\mathrm{T}}F$，则模型可以表示为

$$X = \mu + \widetilde{A}\widetilde{F} + \varepsilon.$$

3. 因子载荷矩阵中的统计性质

（1）因子载荷 a_{ij} 的统计意义 因子载荷 a_{ij} 是第 i 个变量与第 j 个公共因子的相关系数，反映了第 i 个变量与第 j 个公共因子的相关重要性．绝对值越大，相关的密切程度越高．

（2）变量共同度的统计意义 变量 X_i 的共同度是因子载荷矩阵的第 i 行的元素的平方和，记为 $h_i^2 = \sum\limits_{j=1}^{m} a_{ij}^2$．

对式（13.14）两边求方差，得

$$D(X_i) = a_{i1}^2 \cdot D(F_1) + \cdots + a_{im}^2 \cdot D(F_m) + D(\varepsilon_i),$$

即

$$1 = \sum_{j=1}^{m} a_{ij}^2 + \sigma_i^2,$$

其中，特殊因子的方差 σ_i^2（$i=1, 2, \cdots, p$）称为特殊方差．

可以看出所有的公共因子和特殊因子对变量 X_i 的贡献为 1．如果 $\sum\limits_{j=1}^{m} a_{ij}^2$ 非常靠近于 1，σ_i^2 非常小，则因子分析的效果好，从原变量空间到公共因子空间的转化效果好．

（3）公共因子 F_j 方差贡献的统计意义 因子载荷矩阵中各列元素的平方和

$$S_j^2 = \sum_{i=1}^{p} a_{ij}^2 \tag{13.16}$$

称为 F_j（$j=1, 2, \cdots, m$）对所有的 X_i 的方差贡献和，用于衡量 F_j 的相对重要性．

因子分析的基本问题是如何估计因子载荷 A 和特殊因子的方差 σ_i^2，亦即如何求解因子模型（13.12）．常用的方法有主成分分析法、主因子法、极大似然估计法等．

13.5.3 因子分析模型中参数的估计方法

1. 主成分分析法

设 $\lambda_1 \geqslant \lambda_2 \geqslant \cdots \geqslant \lambda_p$ 为样本相关系数矩阵 R 的特征值，η_1，$\eta_2, \cdots, \eta_p$ 为相应的标准正交化特征向量．设 $m < p$，则因子载荷矩阵 A 为

$$A = (\sqrt{\lambda_1}\,\eta_1, \sqrt{\lambda_2}\,\eta_2, \cdots, \sqrt{\lambda_m}\,\eta_m), \tag{13.17}$$

特殊因子的方差用 $R - AA^{\mathrm{T}}$ 的对角元来估计，即

$$\sigma_i^2 = 1 - \sum_{j=1}^{m} a_{ij}^2. \tag{13.18}$$

例 13.6（续例 13.3）考虑样本相关系数矩阵 R 的前两个样本主成分，对 $m=1$ 和 $m=2$，因子分析主成分分解如表 13-6 所示，对 $m=2$，残差矩阵 $R - AA^{\mathrm{T}} - \mathrm{Cov}(\varepsilon)$ 为

$$\begin{bmatrix} 0 & -0.1274 & -0.1643 & -0.0689 & 0.0173 \\ -0.1274 & 0 & -0.1223 & 0.0553 & 0.0118 \\ -0.1643 & -0.1234 & 0 & -0.0193 & -0.0171 \\ -0.0689 & 0.0553 & -0.0193 & 0 & -0.2317 \\ 0.0173 & 0.0118 & -0.0171 & -0.2317 & 0 \end{bmatrix}.$$

表 13-6　因子分析主成分分解

变量	一个因子		两个因子		
	因子载荷估计 F_1	特殊方差	因子载荷估计		特殊方差
			F_1	F_2	
1	0.7836	0.3860	0.7836	-0.2162	0.3393
2	0.7726	0.4031	0.7726	-0.4581	0.1932
3	0.7947	0.3685	0.7947	-0.2343	0.3136
4	0.7123	0.4926	0.7123	0.4729	0.2690
5	0.7119	0.4931	0.7119	0.5235	0.2191
累计贡献	0.571342		0.571342	0.733175	

从表 13-6 可以看出，由两个因子解释的总方差比一个因子大很多．然而，对 $m=2$，残差矩阵负元素较多，这表明 AA^{T} 产生的个数比 R 中对应元素（相关系数）要大．

第一个因子 F_1 代表了一般经济条件，称为市场因子，所有股票在这个因子上的载荷都比较大，且大致相等，第二个因子是化学股和石油股的一个对照，两者分别有比较大的负、正载荷．可见，F_2 使不同的工业部门的股票产生差异，通常称为工业因子．归纳起来，有如下结论：股票回升率由一般经济条件、工业部门活动和各公司本身特殊活动三部分决定，这与例 13.3 的结论基本一致．

计算例 13.6 的 MATLAB 程序如下：gltj_1.m.

```
clc,clear
r= [1.000 0.577 0.509 0.387 0.462
0.577 1.000 0.599 0.389 0.322
0.509 0.599 1.000 0.436 0.426
0.387 0.389 0.436 1.000 0.523
0.462 0.322 0.426 0.523 1.000];
% 下面利用相关系数矩阵求主成分解,val 的列为 r 的特征向量,即主成分的系数
[vec,val,con]= pcacov(r);% val 为 r 的特征值,con 为各个主成分的贡献率
f1= repmat(sign(sum(vec)),size(vec,1),1); % 构造与 vec 同维数的元素为±1 的矩阵
    vec= vec.* f1; % 修改特征向量的正负号,每个特征向量乘以所有分量和的符号函数值
f2= repmat(sqrt(val)',size(vec,1),1);
a= vec.* f2 % 构造全部因子的载荷矩阵
a1= a(:,1) % 提出一个因子的载荷矩阵
tcha1= diag(r- a1* a1') % 计算一个因子的特殊方差
a2= a(:,[1,2]) % 提出两个因子的载荷矩阵
tcha2= diag(r- a2* a2') % 计算两个因子的特殊方差
ccha2= r- a2* a2'- diag(tcha2) % 求两个因子时的残差矩阵
gong= cumsum(con) % 求累积贡献率
```

2. 主因子法

主因子方法是对主成分方法的修正，假定首先对变量进行标准化变换，则

$$R = AA^{\mathrm{T}} + D,$$

其中，$D=\text{diag}\ (\sigma_1^2,\ \sigma_2^2,\ \cdots,\ \sigma_m^2)$．记

$$R^* = AA^{\mathrm{T}} = R - D,$$

称 R^* 为约相关系数矩阵，R^* 对角线上的元素是 h_i^2．

在实际应用中，特殊因子的方差一般都是未知的，可以通过一组样本来估计．估计的方法有如下几种：

（1）取 $\hat{h}_i^2 = 1$，在这种情况下主因子解与主成分解等价．

（2）取 $\hat{h}_i^2 = \max\limits_{j \neq i} |r_{ij}|$，这意味着取 X_i 与其余的 X_j 的简单相关系数的绝对值最大者．

记

$$R^* = R - D = \begin{bmatrix} \hat{h}_1^2 & r_{12} & \cdots & r_{1p} \\ r_{21} & \hat{h}_2^2 & \cdots & r_{2p} \\ \vdots & \vdots & & \vdots \\ r_{p1} & r_{p2} & \cdots & \hat{h}_p^2 \end{bmatrix},$$

直接求 R^* 的前 p 个特征值 $\lambda_1^* \geqslant \lambda_2^* \geqslant \cdots \geqslant \lambda_p^*$，和对应的正交特征向量 $u_1^*, u_2^*, \cdots, u_p^*$ 得到如下的因子载荷矩阵：

$$A = (\sqrt{\lambda_1^*}\,u_1^*,\ \sqrt{\lambda_2^*}\,u_2^*,\ \cdots,\ \sqrt{\lambda_p^*}\,u_p^*).$$

3. 极大似然估计法

MATLAB 工具箱求因子载荷矩阵使用的是极大似然估计法，命令是 factoran．

下面给出各种求因子载荷矩阵的例子．

例 13.7 假定某地固定资产投资率为 x_1，通货膨胀率为 x_2，失业率为 x_3，相关系数矩阵为

$$\begin{bmatrix} 1 & 1/5 & -1/5 \\ 1/5 & 1 & -2/5 \\ -1/5 & -2/5 & 1 \end{bmatrix}.$$

试用主成分分析法求因子模型．

解 特征值为 $\lambda_1 = 1.5464$，$\lambda_2 = 0.8536$，$\lambda_3 = 0.6$，对应的特征向量为

$$u_1 = \begin{bmatrix} 0.4597 \\ 0.628 \\ -0.628 \end{bmatrix}, \quad u_2 = \begin{bmatrix} 0.8881 \\ -0.3251 \\ 0.3251 \end{bmatrix}, \quad u_3 = \begin{bmatrix} 0 \\ 0.7071 \\ 0.7071 \end{bmatrix}.$$

载荷矩阵为

$$A = (\sqrt{\lambda_1}\,u_1,\ \sqrt{\lambda_2}\,u_2,\ \sqrt{\lambda_3}\,u_3) = \begin{bmatrix} 0.5717 & 0.8205 & 0 \\ 0.7809 & -0.3003 & 0.5477 \\ -0.7809 & 0.3003 & 0.5477 \end{bmatrix}.$$

$$x_1 = 0.5717F_1 + 0.8205F_2,$$
$$x_2 = 0.7809F_1 - 0.3003F_2 + 0.5477F_3,$$
$$x_3 = -0.7809F_1 + 0.3003F_2 + 0.5477F_3.$$

可取前两个因子 F_1 和 F_2 为公共因子，第一公共因子 F_1 为物价因子，对 X 的贡献为 1.5464，第二公共因子 F_2 为投资因子，对 X 的贡献为 0.8536．共同度分别为 1，0.7，0.7．

计算例 13.7 的 MATLAB 程序为：gltj_2.m.

```
clc,clear
```

```
r= [1 1/5 - 1/5;1/5 1 - 2/5;- 1/5 - 2/5 1];
% 下面利用相关系数矩阵求主成分解,val 的列为 r 的特征向量,即主成分的系数
[vec,val,con]= pcacov(r)   % val 为 r 的特征值,con 为各个主成分的贡献率
num= input('请选择公共因子的个数:');   % 交互式选取主因子的个数
f1= repmat(sign(sum(vec)),size(vec,1),1);
vec= vec.* f1;      % 特征向量正负号转换
f2= repmat(sqrt(val)',size(vec,1),1);
a= vec.* f2   % 计算因子载荷矩阵
aa= a(:,1:num)   % 提出两个主因子的载荷矩阵
s1= sum(aa.^2)     % 计算对 X 的贡献率,实际上等于对应的特征值
s2= sum(aa.^2,2)   % 计算共同度
```

例 13.8（续例 13.7）　试用主因子分析法求因子载荷矩阵.

解　假定用 $\hat{h}_i^2 = \max\limits_{j \neq i} | r_{ij} |$ 代替初始的 h_i^2. 则有 $h_1^2 = \dfrac{1}{5}$，$h_2^2 = \dfrac{2}{5}$，$h_3^2 = \dfrac{2}{5}$.

$$R^* = \begin{bmatrix} 1/5 & 1/5 & -1/5 \\ 1/5 & 2/5 & -2/5 \\ -1/5 & -2/5 & 2/5 \end{bmatrix},$$

R^* 的特征值为 $\lambda_1 = 0.9123$，$\lambda_2 = 0.0877$，$\lambda_3 = 0$. 非零特征值对应的特征向量为

$$u_1 = \begin{bmatrix} 0.369 \\ 0.6572 \\ -0.6572 \end{bmatrix}, \quad u_2 = \begin{bmatrix} 0.9294 \\ -0.261 \\ 0.261 \end{bmatrix}.$$

取两个主因子，求得载荷矩阵

$$A = \begin{bmatrix} 0.3525 & 0.2752 \\ 0.6277 & -0.0773 \\ -0.6277 & 0.0773 \end{bmatrix}.$$

计算例 13.8 的 MATLAB 程序为：gltj_3.m.

```
clc,clear
r= [1 1/5 - 1/5;1/5 1 - 2/5;- 1/5 - 2/5 1];
n= size(r,1); rt= abs(r);   % 求矩阵 r 所有元素的绝对值
rt(1:n+ 1:n^2)= 0;   % 把 rt 矩阵的对角线元素换成 0
rstar= r; % R* 初始化
rstar(1:n+ 1:n^2)= max(rt');   % 把矩阵 rstar 的对角线元素换成 rt 矩阵各行的最大值
% 下面利用 R* 矩阵求主因子解,vec1 的列为矩阵 rstar 的特征向量
[vec1,val,rate]= pcacov(rstar)   % val 为 rstar 的特征值,rate 为各个主成分的贡献率
f1= repmat(sign(sum(vec1)),size(vec1,1),1);
vec2= vec1.* f1      % 特征向量正负号转换
f2= repmat(sqrt(val)',size(vec2,1),1);
a= vec2.* f2   % 计算因子载荷矩阵
num= input('请选择公共因子的个数:');   % 交互式选取主因子的个数
aa= a(:,1:num)   % 提出 num 个因子的载荷矩阵
s1= sum(aa.^2)   % 计算对 X 的贡献率
s2= sum(aa.^2,2)   % 计算共同度
```

例 13.9（续例 13.7）　试用极大似然估计法求因子载荷矩阵.

解　利用 MATLAB 工具箱，用最大似然估计法，只能求得一个主因子，对应的因子载荷矩阵为

$$A = (0.3162,\quad 0.6325,\quad -0.6325)^{\mathrm{T}}.$$

计算例 13.9 的 MATLAB 程序如下：gltj_4.m.

```
clc,clear
r=[1 1/5 - 1/5;1/5 1 - 2/5;- 1/5 - 2/5 1];
[Lambda,Psi]= factoran(r,1,'xtype','cov') % Lambda 返回的是因子载荷矩阵,Psi 返回的是
特殊方差
```

从上面的 3 个例子可以看出，使用不同的估计方法，得到的因子载荷矩阵是不同的，但提出的第一公共因子都是一样的，都是物价因子.

13.5.4　因子旋转（正交变换）

完成了因子模型的参数估计后，还必须对模型中的公共因子进行合理的解释，给出具有实际意义的一种名称，以便进行进一步的分析，如果每个公共因子的含义不清，则不便于进行实际背景的解释. 要合理解释公共因子通常需要一定的专业知识和经验，同时公共因子是否易于解释，很大程度上取决于载荷矩阵 A 的元素结构. 最理想的载荷结构是，每一列或每一行各载荷的平方值靠近 0 或 1，如果载荷矩阵的元素居中，不大不小，则难以作出解释，此时需要对因子载荷矩阵进行旋转，使得旋转之后的载荷矩阵结构简化，使载荷矩阵每列或每行上元素的绝对值尽量地拉开距离，旋转后因子成为旋转因子. 因子旋转原理就像调节显微镜的焦点，以便看清观察物的细微之处.

根据线性代数知识，乘以一个正交矩阵就相当于作了一个正交变换或因子旋转，因此旋转的关键就是正交变换矩阵 T，使得旋转之后的因子载荷矩阵具有尽可能简单的结构.

因子旋转方法有正交旋转或斜交旋转两类，在此仅介绍正交旋转. 正交矩阵的不同选取方式构成了正交旋转的若干方法，在这些方法中使用最普遍的是最大方差旋转法.

最大方差旋转法从简化因子载荷矩阵的每一列出发，使和每个因子有关的载荷的平方的方差最大. 当只有少数几个变量在某个因子上有较高的载荷时，对因子的解释最简单. 方差最大的直观意义是希望通过因子旋转后，使每个因子上的载荷尽量拉开距离，一部分的载荷趋于 ± 1，另一部分趋于 0.

具体来说，选取方差最大的正交旋转矩阵 T，就是将原坐标系 $(F_1, F_2, \cdots, F_m)$ 下的点 X，变换到新坐标系 $(T^{\mathrm{T}}F_1, T^{\mathrm{T}}F_2, \cdots, T^{\mathrm{T}}F_m)$ 下，使得新的因子载荷矩阵 B 结构简单化、极端化：

$$X - \mu = (AT)(T^{\mathrm{T}}F) + \varepsilon = B\tilde{F} + \varepsilon.$$

在 MATLAB 中，因子旋转操作函数为 rotatefactors（　）.

例 13.10　在一项关于消费者爱好的研究中，随机邀请一些顾客对某种新食品进行评价，共有 5 项指标（变量，1-味道，2-价格，3-风味，4-适于快餐，5-能量补充），均采用 7 级打分法，它们的相关系数矩阵

$$R = \begin{bmatrix} 1 & 0.02 & 0.96 & 0.42 & 0.01 \\ 0.02 & 1 & 0.13 & 0.71 & 0.85 \\ 0.96 & 0.13 & 1 & 0.5 & 0.11 \\ 0.42 & 0.71 & 0.5 & 1 & 0.79 \\ 0.01 & 0.85 & 0.11 & 0.79 & 1 \end{bmatrix}.$$

从相关系数矩阵 R 可以看出，变量 1 和 3、2 和 5 各成一组，而变量 4 似乎接近（2，5）组，于是，我们可以期望，因子模型可以取两个、至多三个公共因子．

R 的前两个特征值为 2.8531 和 1.8063，其余三个均小于 1，这两个公共因子对样本方差的累计贡献率为 0.9319，于是，选 $m=2$，因子载荷、贡献率和特殊方差的估计列入表 13-7 中．

表 13-7　因子分析表

	变量因子载荷估计		旋转因子载荷估计		共同度	特殊方差（未旋转）
	F_1	F_2	$T^{\mathrm{T}}F_1$	$T^{\mathrm{T}}F_2$		
1	0.5599	0.8161	0.0198	0.9895	0.9795	0.0205
2	0.7773	−0.5242	0.9374	−0.0113	0.8789	0.1211
3	0.6453	0.7479	0.1286	0.9795	0.9759	0.0241
4	0.9391	−0.1049	0.8425	0.4280	0.8929	0.1071
5	0.7982	−0.5432	0.9654	−0.0157	0.9322	0.0678
特征值	2.85311	0.8063				
累计贡献	0.5706	0.9319				

因为 $AA^{\mathrm{T}}+\mathrm{Cov}(\varepsilon)$ 与 R 比较接近，所以从直观上，可以认为两个因子的模型给出了数据较好的拟合．此外，五个贡献值都比较大，表明这两个公共因子确实解释了每个变量方差的绝大部分．

很明显，变量 2，4，5 在 $T^{\mathrm{T}}F_1$ 上有很大的载荷，而在 $T^{\mathrm{T}}F_2$ 上的载荷较小或可忽略．相反，变量 1，3 在 $T^{\mathrm{T}}F_2$ 上有大载荷，而在 $T^{\mathrm{T}}F_1$ 上的载荷却是可以忽略．因此，我们有理由称 $T^{\mathrm{T}}F_1$ 为营养因子，$T^{\mathrm{T}}F_2$ 为滋味因子．旋转的效果一目了然．

计算例 13.10 的 MATLAB 程序如下：gltj_5.m.

```
clc,clear
r= [1 0.02 0.96 0.42 0.01; 0.02 1 0.13 0.71 0.85; 0.96 0.13 1 0.5 0.11
    0.42 0.71 0.5 1 0.79; 0.01 0.85 0.11 0.79 1];
[vec1,val,rate]= pcacov(r)
f1= repmat(sign(sum(vec1)),size(vec1,1),1);
vec2= vec1.*f1;        % 特征向量正负号转换
f2= repmat(sqrt(val)',size(vec2,1),1);
a= vec2.*f2    % 计算全部因子的载荷矩阵
num= 2; % num 为因子的个数
a1= a(:,[1:num])    % 提出两个因子的载荷矩阵
tcha= diag(r- a1*a1')    % 因子的特殊方差
gtd1= sum(a1.^2,2)    % 求因子载荷矩阵 a1 的共同度
con= cumsum(rate(1:num))     % 求累积贡献率
[B,T]= rotatefactors(a1,'method','varimax')    % B 为旋转因子载荷矩阵,T 为正交矩阵
gtd2= sum(B.^2,2)    % 求因子载荷矩阵 B 的共同度
w= [sum(a1.^2),sum(B.^2)]    % 分别计算两个因子载荷矩阵对应的方差贡献
```

13.5.5　因子得分

1. 因子得分的概念

在因子分析中，人们一般关注的重点是估计因子模型的参数，即载荷矩阵，有时公共因子的估计（即所谓因子得分）也是需要的，因子得分可以用于模型诊断，也可以作为下一步分析的原始数据．需要指出的是，因子得分的估计并不是通常意义下的参数估计，而是对不可观测的、抽象的随机潜在变量 F_i 的估计．

前面主要解决了用公共因子的线性组合来表示一组观测变量的有关问题．如果要使用这些因子做其他的研究，如把得到的因子作为自变量做回归分析，对样本进行分类或评价，就需要对公共因子进行测度，即给出公共因子的值．

在因子分析模型（13.12）中，原变量被表示为公共因子的线性组合，当载荷矩阵旋转之后，公共因子可以作出解释，通常的情况下，我们还想反过来把公共因子表示为原变量的线性组合．

2. 因子得分函数

$$F_j = c_j + b_{j1}X_1 + b_{j2}X_2 + \cdots + b_{jp}X_p, \quad j = 1, 2, \cdots, m.$$

可见，要求得每个因子的得分，必须求得分函数的系数，而由于 $p > m$，所以不能得到精确的得分，只能通过估计．对于用主成分分解法建立的因子分析模型，常用加权最小二乘法估计因子得分．

对于模型（13.12），寻求因子中 $F_j(j=1, 2, \cdots, m)$ 的一组取值 $\hat{F}_j(j=1, 2, \cdots, m)$ 使得加权的残差平方和

$$\sum_{i=1}^{p} \frac{1}{\sigma_i^2} [(X_i - \mu_i) - (a_{i1}\hat{F}_1 + a_{i2}\hat{F}_2 + \cdots + a_{im}\hat{F}_m)]^2 \tag{13.19}$$

达到最小，这样求得的因子得分 $\hat{F}_1, \hat{F}_2, \cdots, \hat{F}_m$ 是成为 Bartlett 因子得分．

根据式（13.13）和（13.19）用矩阵表达为

$$(X - \mu - A\hat{F})^{\mathrm{T}} D^{-1} (X - \mu - A\hat{F}), \tag{13.20}$$

其中 $\hat{F} = (\hat{F}_1, \hat{F}_2, \cdots, \hat{F}_m)^{\mathrm{T}}$，$D = \mathrm{diag}(\sigma_1^2, \sigma_2^2, \cdots, \sigma_p^2)$，用微积分求极值方法可得到 Bartlett 因子得分的表达式

$$\hat{F} = (A^{\mathrm{T}} D^{-1} A)^{-1} A^{\mathrm{T}} D^{-1} A (X - \mu). \tag{13.21}$$

在实际应用中，用估计 $\overline{X}$，$\hat{A}$，$\hat{D}$ 分别代替上述公式中的 μ，A，D，并将每个样品的数据 X_i 代替 X，便可以得到相应的因子得分 $\hat{F}_i$．

13.5.6　因子分析的步骤

（1）选择分析的变量．用定性分析和定量分析的方法选择变量，因子分析的前提条件是观测变量间有较强的相关性，因为如果变量之间无相关性或相关性较小，它们之间就不会有共享因子，所以原始变量间应该有较强的相关性．

（2）计算所选原始变量的相关系数矩阵．相关系数矩阵描述了原始变量之间的相关关系．这可以帮助判断原始变量之间是否存在相关关系，这对因子分析是非常重要的，因为如果所选变量之间无关系，作因子分析就是不恰当的．并且，相关系数矩阵是估计因子结构的基础．

（3）提出公共因子，同时确定因子的个数和求解方法．这需要根据研究者的设计方案以

及有关的经验或知识事先确定. 因子个数的确定可以根据因子方差的大小, 只取方差大于 1 (或特征值大于 1) 的那些因子, 因为方差小于 1 的因子其贡献可能很小; 按照因子的累计方差贡献率来确定, 一般认为要达到 60% 才能符合要求.

(4) 因子旋转. 有时提出的因子很难解释, 需要通过坐标变换使每个原始变量与尽可能少的因子之间有密切联系, 这样有利于解释因子解的实际含义, 并有助于确定每个潜在因子的具有实际含义的名称.

(5) 计算因子得分. 求出各样本的因子得分, 有了因子得分值, 就可以在许多分析中使用这些因子.

13.6　建 模 案 例

13.6.1　我国各地区普通高等教育的发展水平评价

主成分分析试图在力保数据信息丢失最少的原则下, 对多变量的截面数据表进行最佳综合简化, 也就是说, 对高维变量空间进行降维处理. 本例运用主成分分析方法综合评价我国各地区普通高等教育的发展水平.

1. 问题提出

近年来, 我国普通高等教育得到了迅速发展, 为国家培养了大批人才. 但由于我国各地区经济发展水平不均衡, 加之高等院校原有布局使各地区高等教育发展的起点不一致, 因而各地区普通高等教育的发展水平存在一定的差异, 不同的地区具有不同的特点. 对我国各地区普通高等教育的发展状况进行主成分分析, 明确各类地区普通高等教育发展状况的差异与特点, 有利于管理和决策部门从宏观上把握我国普通高等教育的整体发展现状, 分类制定相关政策, 更好地指导和规划我国高等教育事业的整体健康发展.

2. 数据资料

指标的原始数据取自《中国统计年鉴 1995》和《中国教育统计年鉴 1995》, 除以各地区相应的人口数得到 10 项指标值, 如表 13-8 所示. 其中, x_1 为每百万人口高等院校数; x_2 为每十万人口高等院校毕业生数; x_3 为每十万人口高等院校招生数; x_4 为每十万人口高等院校在校生数; x_5 为每十万人口高等院校教职工数; x_6 为每十万人口高等院校专职教师数; x_7 为高级职称占专职教师的比例; x_8 为平均每所高等院校的在校生数; x_9 为国家财政预算内普通高教经费占国内生产总值的比重; x_{10} 为生均教育经费.

表 13-8　我国各地区普通高等教育发展状况数据

地区	x_1	x_2	x_3	x_4	x_5	x_6	x_7	x_8	x_9	x_{10}
北京	5.96	310	461	1557	931	319	44.36	2615	2.20	13631
上海	3.39	234	308	1035	498	161	35.02	3052	0.90	12665
天津	2.35	157	229	713	295	109	38.40	3031	0.86	9385
陕西	1.35	81	111	364	150	58	30.45	2699	1.22	7881
辽宁	1.50	88	128	421	144	58	34.30	2808	0.54	7733
吉林	1.67	86	120	370	153	58	33.53	2215	0.76	7480
黑龙江	1.17	63	93	296	117	44	35.22	2528	0.58	8570

续表

地区	x_1	x_2	x_3	x_4	x_5	x_6	x_7	x_8	x_9	x_{10}
湖北	1.05	67	92	297	115	43	32.89	2835	0.66	7262
江苏	0.95	64	94	287	102	39	31.54	3008	0.39	7786
广东	0.69	39	71	205	61	24	34.50	2988	0.37	11355
四川	0.56	40	57	177	61	23	32.62	3149	0.55	7693
山东	0.57	58	64	181	57	22	32.95	3202	0.28	6805
甘肃	0.71	42	62	190	66	26	28.13	2657	0.73	7282
湖南	0.74	42	61	194	61	24	33.06	2618	0.47	6477
浙江	0.86	42	71	204	66	26	29.94	2363	0.25	7704
新疆	1.29	47	73	265	114	46	25.93	2060	0.37	5719
福建	1.04	53	71	218	63	26	29.01	2099	0.29	7106
山西	0.85	53	65	218	76	30	25.63	2555	0.43	5580
河北	0.81	43	66	188	61	23	29.82	2313	0.31	5704
安徽	0.59	35	47	146	46	20	32.83	2488	0.33	5628
云南	0.66	36	40	130	44	19	28.55	1974	0.48	9106
江西	0.77	43	63	194	67	23	28.81	2515	0.34	4085
海南	0.70	33	51	165	47	18	27.34	2344	0.28	7928
内蒙古	0.84	43	48	171	65	29	27.65	2032	0.32	5581
西藏	1.69	26	45	137	75	33	12.10	810	1.00	14199
河南	0.55	32	46	130	44	17	28.41	2341	0.30	5714
广西	0.60	28	43	129	39	17	31.93	2146	0.24	5139
宁夏	1.39	48	62	208	77	34	22.70	1500	0.42	5377
贵州	0.64	23	32	93	37	16	28.12	1469	0.34	5415
青海	1.48	38	46	151	63	30	17.87	1024	0.38	7368

注：港澳台地区数据未统计.

3. 问题分析

建立综合评价指标体系. 高等教育是依赖高等院校进行的，高等教育的发展状况主要体现在高等院校的相关方面. 遵循可比性原则，从高等教育的 5 个方面选取 10 项评价指标，具体如图 13-1 所示.

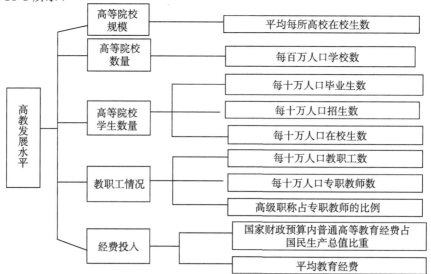

图 13-1　高等教育的 10 项评价指标

4. 基于主成分分析的综合评价

定性考察反映高等教育发展状况的 5 个方面 10 项评价指标，可以看出，某些指标之间可能存在较强的相关性．比如每十万人口高等院校毕业生数、每十万人口高等院校招生数与每十万人口高等院校在校生数之间存在较强的相关性，每十万人口高等院校教职工数和每十万人口高等院校专职教师数之间可能存在较强的相关性．为了验证这种想法，计算 10 个指标之间的相关系数，如表 13-9 所示．

表 13-9　相关系数矩阵

	x_1	x_2	x_3	x_4	x_5	x_6	x_7	x_8	x_9	x_{10}
x_1	1.000	0.9434	0.9528	0.9591	0.9746	0.9798	0.4065	0.0663	0.8680	0.6609
x_2	0.9434	1.000	0.9946	0.9946	0.9743	0.9702	0.6136	0.3500	0.8039	0.5998
x_3	0.9528	0.9946	1.000	0.9987	0.9831	0.9807	0.6261	0.3445	0.8231	0.6171
x_4	0.9591	0.9946	0.9987	1.000	0.9878	0.9856	0.6096	0.3256	0.8276	0.6124
x_5	0.9746	0.9743	0.9831	0.9878	1.000	0.9986	0.5599	0.2411	0.8590	0.6174
x_6	0.9798	0.9702	0.9807	0.9856	0.9986	1.000	0.5500	0.2222	0.8691	0.6164
x_7	0.4065	0.6136	0.6261	0.6096	0.5599	0.5500	1.000	0.7789	0.3655	0.1510
x_8	0.0663	0.3500	0.3445	0.3256	0.2411	0.2222	0.7789	1.000	0.1122	0.0482
x_9	0.8680	0.8039	0.8231	0.8276	0.8590	0.8691	0.3655	0.1122	1.000	0.6833
x_{10}	0.6609	0.5998	0.6171	0.6124	0.6174	0.6164	0.1510	0.0482	0.6833	1.000

可以看出某些指标之间确实存在很强的相关性，如果直接用这些指标进行综合评价，则必然造成信息的重叠，影响评价结果的客观性．主成分分析方法可以把多个指标转化为少数几个不相关的综合指标，因此，可以考虑利用主成分进行综合评价．

利用 MATLAB 软件对 10 个评价指标进行主成分分析，计算的 MATLAB 程序如下：gltj_6.m.

```
clc,clear
load gj.txt % 把原始数据保存在纯文本文件 gj.txt 中
gj= zscore(gj); % 数据标准化
r= corrcoef(gj); % 计算相关系数矩阵
% 下面利用相关系数矩阵进行主成分分析，x 的列为 r 的特征向量，即主成分的系数
[x,y,z]= pcacov(r) % y 为 r 的特征值，z 为各个主成分的贡献率
f= repmat(sign(sum(x)),size(x,1),1); % 构造与 x 同维数的元素为±1 的矩阵
x= x.*f; % 修改特征向量的正负号，每个特征向量乘以所有分量和的符号函数值
num= 4; % num 为选取的主成分的个数
df= gj*x(:,1:num); % 计算各个主成分的得分
tf= df*z(1:num)/100; % 计算综合得分
[stf,ind]= sort(tf,'descend'); % 把得分按照从高到低的次序排列
stf= stf',ind= ind'
```

相关系数矩阵的前几个特征根及其贡献率如表 13-10 所示．

表 13-10　主成分分析结果

序号	特征根	信息贡献率	累计贡献率	序号	特征根	信息贡献率	累计贡献率
1	7.5022	75.0216	75.0216	4	0.2064	2.0638	98.2174
2	1.577	15.7699	90.7915	5	0.145	1.4500	99.6674
3	0.5362	5.3621	96.1536	6	0.0222	0.2219	99.8893

可以看出，前两个特征根的累计贡献率就达到 90% 以上，主成分分析效果很好．下面选取前 4 个主成分（累计贡献率达到 98%）进行综合评价．前 4 个特征根对应的特征向量如表 13-11 所示．

表 13-11　标准化变量的前 4 个主成分对应的特征向量

序号	$\tilde{x}_1$	$\tilde{x}_2$	$\tilde{x}_3$	$\tilde{x}_4$	$\tilde{x}_5$	$\tilde{x}_6$	$\tilde{x}_7$	$\tilde{x}_8$	$\tilde{x}_9$	$\tilde{x}_{10}$
1	0.3497	0.3590	0.3623	0.3623	0.3605	0.3602	0.2241	0.1201	0.3192	0.2452
2	−0.1972	0.0343	0.0291	0.0138	−0.0507	−0.0646	0.5826	0.7021	−0.1941	−0.2865
3	−0.1639	−0.1084	−0.0900	−0.1128	−0.1534	−0.1645	−0.0397	0.3577	0.1204	0.8637
4	−0.1022	−0.2266	−0.1692	−0.1607	−0.0442	−0.0032	0.0812	0.0702	0.8999	0.2457

由此可得 4 个主成分分别为

$$y_1 = 0.3497\tilde{x}_1 + 0.359\tilde{x}_2 + \cdots + 0.2452\tilde{x}_{10},$$
$$y_2 = -0.1972\tilde{x}_1 + 0.0343\tilde{x}_2 + \cdots - 0.2865\tilde{x}_{10},$$
$$y_3 = -0.1639\tilde{x}_1 - 0.1084\tilde{x}_2 + \cdots + 0.8637\tilde{x}_{10},$$
$$y_4 = -0.1022\tilde{x}_1 - 0.2266\tilde{x}_2 + \cdots + 0.2457\tilde{x}_{10}.$$

从主成分的系数可以看出，第一主成分主要反映了前 6 个指标（学校数、学生数和教师数方面）的信息，第二主成分主要反映了高校规模和教师中高级职称的比例，第三主成分主要反映了生均教育经费，第四主成分主要反映了国家财政预算内普通高教经费占国内生产总值的比重．把各地区原始 10 个指标的标准化数据代入 4 个主成分的表达式，就可以得到各地区的 4 个主成分值．

分别以 4 个主成分的贡献率为权重，构建主成分综合评价模型，即

$$Z = 0.7502y_1 + 0.1577y_2 + 0.0536y_3 + 0.0206y_4.$$

把各地区的 4 个主成分值代入上式，可以得到各地区高教发展水平的综合评价值以及排序结果，如表 13-12 所示．

表 13-12　排名和综合评价结果

地区	北京	上海	天津	陕西	辽宁	吉林	黑龙江	湖北
名次	1	2	3	4	5	6	7	8
综合评价值	8.6043	4.4738	2.7881	0.8119	0.7621	0.5884	0.2971	0.2455
地区	江苏	广东	四川	山东	甘肃	湖南	浙江	新疆
名次	9	10	11	12	13	14	15	16
综合评价值	0.0581	0.0058	−0.268	−0.3645	−0.4879	−0.5065	−0.7016	−0.7428
地区	福建	山西	河北	安徽	云南	江西	海南	内蒙古
名次	17	18	19	20	21	22	23	24
综合评价值	−0.7697	−0.7965	−0.8895	−0.8917	−0.9557	−0.9610	−1.0147	−1.1246
地区	西藏	河南	广西	宁夏	贵州	青海		
名次	25	26	27	28	29	30		
综合评价值	−1.1470	−1.2059	−1.2250	−1.2513	−1.6514	−1.68		

5. 结论

各地区高等教育发展水平存在较大的差异，高等教育资源的地区分布很不均衡．北京、

上海、天津等地区高等教育发展水平遥遥领先，主要表现在每百万人口的学校数量和每十万人口的教师数量、学生数量以及国家财政预算内普通高教经费占国内生产总值的比例等方面．陕西和东北三省高等教育发展水平也比较高．贵州、广西、河南、安徽等地区高等教育发展水平比较落后，这些地区的高等教育发展需要政策和资金的扶持．值得一提的是西藏、新疆、甘肃等经济不发达地区的高等教育发展水平居中上游水平，可能是人口等因素造成的．

13.6.2 上市公司盈利能力综合评价

1. 问题提出

分析我国上市公司盈利能力与资本结构具有重要的现实意义．表 13-13 是歌华有线等 16 个上市公司某一年的财务数据表．试用因子分析法对歌华有线等 16 个上市公司的赢利能力进行综合评价．

2. 基于因子分析的综合评价

1) 对原始数据进行标准化处理

进行因子分析的指标变量有 4 个，分别为 x_1，x_2，x_3，x_4，共有 16 个评价对象，第 i 个评价对象的第 j 个指标的取值为 a_{ij}，$i=1$，2，$\cdots$，16；$j=1$，2，3，4. 将各指标值 a_{ij} 转换成标准化指标 $\tilde{a}_{ij}$，有

$$\tilde{a}_{ij} = \frac{a_{ij} - \bar{\mu}_j}{s_j}, \quad i = 1,2,\cdots,16; j = 1,2,3,4.$$

表 13-13 上市公司数据表

公司	销售净利率 x_1	资产净利率 x_2	净资产收益率 x_3	销售毛利率 x_4	资产负利率 y
歌华有线	43.31	7.39	8.73	54.89	15.35
五粮液	17.11	12.13	17.29	44.25	29.69
用友软件	21.11	6.03	7	89.37	13.81
健康元	29.55	8.62	10.13	73	14.88
阳光照明	11	8.41	11.83	25.22	25.49
万华化学	17.63	13.86	15.41	36.44	10.03
方正科技	2.73	4.22	17.16	9.96	74.12
云南城投	29.11	5.44	6.09	56.26	9.85
贵州茅台	20.29	9.48	12.97	82.23	26.73
中铁二局	3.99	4.64	9.35	13.04	50.19
红星发展	22.65	11.13	14.3	50.51	21.59
伊利股份	4.43	7.3	14.36	29.04	44.74
青岛海尔	5.4	8, 9	12.53	65.5	23.27
湖北宜化	7.06	2.79	5.24	19.79	40.68
雅戈尔	19.82	10.53	18.55	42.04	37.19
福建南纸	7.26	2.99	6.99	22.72	56.58

其中 $\bar{\mu}_j = \dfrac{1}{16}\sum\limits_{i=1}^{16} a_{ij}$，$s_j = \sqrt{\dfrac{1}{16-1}\sum\limits_{i=1}^{16}(a_{ij}-\bar{\mu}_j)^2}$，即 $\bar{\mu}.$，s_j 分别为第 j 个指标的样本均值和

样本标准差. 对应地, 称

$$\widetilde{x}_j = \frac{x_j - \bar{\mu}_j}{s_j}, \quad j = 1,2,3,4$$

为标准化指标变量.

2) 计算相关系数矩阵 R

相关系数矩阵 $R = (r_{ij})_{4\times4}$, 有

$$r_{ij} = \frac{\sum\limits_{k=1}^{16} \widetilde{a}_{ki} \cdot \widetilde{a}_{kj}}{16-1}, \quad i,j = 1,2,3,4,$$

其中 $r_{ii}=1$, $r_{ij}=r_{ji}$, r_{ij} 是第 i 个指标与第 j 个指标的相关系数.

3) 计算因子载荷矩阵

计算相关系数矩阵 R 的特征值 $\lambda_1 \geqslant \cdots \geqslant \lambda_4 \geqslant 0$, 以及对应的特征向量 u_1, $\cdots$, u_4, 其中 $u_j = (u_{1j}, \cdots, u_{4j})^{\mathrm{T}}$, 因子载荷矩阵

$$A_1 = (\sqrt{\lambda_1}\,u_1, \sqrt{\lambda_2}\,u_2, \sqrt{\lambda_3}\,u_3, \sqrt{\lambda_4}\,u_4).$$

4) 选择 m ($m \leqslant 4$) 个主因子

根据因子载荷矩阵, 计算各个公共因子的贡献率, 并选择 m 个主因子. 对提取的因子载荷矩阵进行旋转, 得到矩阵 $A_2 = A_1^{(m)} T$ (其中 $A_1^{(m)}$ 为 A_1 的前 m 列, T 为正交矩阵), 构造因子模型

$$\begin{cases} \widetilde{x}_1 = a_{11}F_1 + a_{12}F_2 + \cdots + a_{1m}F_m, \\ \widetilde{x}_2 = a_{21}F_1 + a_{22}F_2 + \cdots + a_{2m}F_m, \\ \qquad\qquad \cdots\cdots \\ \widetilde{x}_4 = a_{p1}F_1 + a_{p2}F_2 + \cdots + a_{pm}F_m. \end{cases}$$

在此, 我们选取两个主因子, 第一公共因子 F_1 为销售利润因子, 第二公共因子 F_2 为资产收益因子. 利用 MATLAB 程序计算得到旋转后的因子贡献率及累积贡献率如表 13-14 所示, 因子载荷矩阵如表 13-15 所示.

表 13-14　贡献率数据表

因子	贡献	贡献率	累计贡献率
1	1.7794	44.49	44.49
2	1.6673	41.68	86.17

表 13-15　旋转因子分析表

指标	主因子 1	主因子 2
销售净利率	0.893	0.0082
资产净利率	0.372	0.8854
净资产收益率	−0.2302	0.9386
销售毛利率	0.8892	0.0494

5) 计算因子得分, 并进行综合评价

用回归方法求单个因子得分函数

$$\widetilde{F}_j = \beta_{j1}\widetilde{x}_1 + \beta_{j2}\widetilde{x}_2 + \beta_{j3}\widetilde{x}_3 + \beta_{j4}\widetilde{x}_4, \quad j=1,2.$$

记第 i 个样本点对第 j 个因子 F_j 得分的估计值

$$\hat{F}_{ij} = \beta_{j1}\widetilde{a}_{i1} + \beta_{j2}\widetilde{a}_{i2} + \beta_{j3}\widetilde{a}_{i3} + \beta_{j4}\widetilde{a}_{i4}, \quad i=1,2,\cdots,16; \quad j=1,2,$$

则有

$$\begin{bmatrix} \beta_{11} & \beta_{21} \\ \vdots & \vdots \\ \beta_{14} & \beta_{24} \end{bmatrix} = R^{-1}A_2,$$

且

$$\hat{F} = (\hat{F}_{ij})_{16\times2} = X_0 R^{-1} A_2,$$

其中 $X_0 = (\widetilde{a}_{ij})_{16\times4}$ 是原始数据的标准化数据矩阵；R 为相关系数矩阵；A_2 是上一步骤中得到的载荷矩阵.

计算得各个因子得分函数为

$$F_1 = 0.506\widetilde{x}_1 + 0.1615\widetilde{x}_2 - 0.1831\widetilde{x}_3 + 0.5015\widetilde{x}_4,$$
$$F_2 = -0.045\widetilde{x}_1 + 0.5151\widetilde{x}_2 + 0.581\widetilde{x}_3 - 0.0199\widetilde{x}_4.$$

利用综合因子得分公式

$$F = \frac{44.49F_1 + 41.68F_2}{86.17},$$

计算出 16 家上市公司赢利能力的综合得分如表 13-16 所示.

表 13-16　上市公司综合排名表

排名	1	2	3	4	5	6	7	8
F_1	0.0315	0.0025	0.9789	0.4558	-0.0563	1.2791	1.5159	1.2477
F_2	1.4691	1.4477	0.3959	0.8548	1.3577	-0.1564	-0.5814	-0.9729
F	0.7269	0.7016	0.6969	0.6488	0.6277	0.5847	0.5014	0.1735
公司	万华化学	五粮液	贵州茅台	红星发展	雅戈尔	健康元	歌华有线	用友软件
排名	9	10	11	12	13	14	15	16
F_1	-0.0351	0.9313	-0.6094	-0.9859	-1.7266	-1.2509	-0.8872	-0.891
F_2	0.3166	-1.1949	0.1544	0.3468	0.2639	-0.7424	-1.1091	-1.2403
F	0.135	-0.0972	-0.2399	-0.3412	-0.7637	-1.0049	-1.1091	-1.2403
公司	青岛海尔	云南城投	阳光照明	伊利股份	方正科技	中铁二局	福建南纸	湖北宜化

通过相关分析，得出赢利能力 F 与资产负债率 y 之间的相关系数为 -0.6987，这表明两者存在中度相关关系. 因子分析法的回归方程为

$$F = 0.829 - 0.0268y,$$

回归方程在显著性水平 0.05 的情况下，通过了假设检验.

上市公司赢利能力综合评价的 MATLAB 程序如下：gltj_7.m.

```
clc,clear
load data.txt   % 把原始数据保存在纯文本文件 data.txt 中(就是要输入矩阵 data)
n= size(data,1);
```

```
x= data(:,1:4); y= data(:,5);    % 分别提出自变量 x 和因变量 y 的值
x= zscore(x);   % 数据标准化
r= cov(x)    % 求标准化数据的协方差阵,即求相关系数矩阵
[vec,val,con]= pcacov(r)    % 进行主成分分析的相关计算
num= input('请选择主因子的个数:');    % 交互式选择主因子的个数
f1= repmat(sign(sum(vec)),size(vec,1),1);
vec= vec.* f1;    % 特征向量正负号转换
f2= repmat(sqrt(val)',size(vec,1),1);
a= vec.* f2    % 求初等载荷矩阵
% 如果指标变量多,选取的主因子个数少,可以直接使用 factoran 进行因子分析
% 本题中 4 个指标变量,选取 2 个主因子,factoran 无法实现
am= a(:,1:num);    % 提出 num 个主因子的载荷矩阵
[b,t]= rotatefactors(am,'method','varimax')    % 旋转变换,b 为旋转后的载荷阵
bt= [b,a(:,num+ 1:end)];    % 旋转后全部因子的载荷矩阵
contr= sum(bt.^2)    % 计算因子贡献
rate= contr(1:num)/sum(contr)    % 计算因子贡献率
coef= inv(r)* b    % 计算得分函数的系数
score= x* coef    % 计算各个因子的得分
weight= rate/sum(rate)    % 计算得分的权重
Tscore= score* weight'    % 对各因子的得分进行加权求和,即求各企业综合得分
[STscore,ind]= sort(Tscore,'descend')    % 对企业进行排序
display= [score(ind,:)';STscore';ind']    % 显示排序结果
[ccoef,p]= corrcoef([Tscore,y])    % 计算 F 与资产负债的相关系数
[d,dt,e,et,stats]= regress(Tscore,[ones(n,1),y]);    % 计算 F 与资产负债的方程
d,stats    % 显示回归系数和相关统计量的值.
```

习　题　13

13.1　某养鸡场为检验 4 种不同的饲料对肉鸡的增重是否有显著影响,每种饲料选择 6 只小鸡做试验,20 天后测得增重的数据如表 13-17 所示.

表 13-17　养鸡场的 6 只小鸡增重数据表

样本	装潢（因素 A）			
	甲	乙	丙	丁
1	37	49	33	41
2	42	38	34	48
3	45	40	40	40
4	49	39	38	42
5	50	50	47	38
6	45	41	36	41

利用方差分析法,在 $\alpha = 0.05$ 水平下,检验哪一种饲料对肉鸡的增重有显著影响?

13.2　已知某身体器官 10 个肿瘤病灶组织的样本,其中前 5 个为良性肿瘤,后 5 个为恶性肿瘤.数据为细胞核显微图像的 5 个指标量化特征,分别为细胞核直径、质地、周长、面积、光滑度.请根据已知样

本对未知的三个样本进行分类．已知样本的数据如表 13-18 所示．

表 13-18　肿瘤样本测量数据表

肿瘤性质	样本号	直径	质地	周长	面积	光滑度
良性	1	12.54	14.56	85.75	576.5	0.0988
	2	13.45	14.53	87.36	566.4	0.0977
	3	9.54	12.65	61.35	275.8	0.1032
	4	13.14	15.27	85.46	520.4	0.1087
	5	10.45	13.76	76.73	327.8	0.1004
恶性	6	17.87	11.46	132.6	1023.2	0.1186
	7	20.66	17.58	133.6	1318.9	0.0848
	8	19.78	21.32	131.7	1210.5	0.1094
	9	12.45	20.58	76.68	436.8	0.1428
	10	20.52	14.73	135.61	1285.9	0.1005
待判样本	11	16.32	28.16	109.48	855.8	0.0866
	12	20.36	29.43	143.01	1264.5	0.1167
	13	7.86	23.45	56.64	198.1	0.0553

13.3　某地区水产部门对辖区内 8 个湖泊区的统计数据显示，湖泊区经济发展水平受多种因素影响，现有数据如表 13-19 所示，试建立湖泊区经济发展水平分析模型，对 8 个湖泊区的经济发展水平进行分析和排序．

表 13-19　8 个湖泊区的统计数据表

湖泊号	湖区工业产值/百万元	湖区总人口/万人	捕鱼量/万吨	湖区降水量/万立方米
1	1.4356	4.4501	2.3703	8.3952
2	1.4376	4.6533	2.7542	11.264
3	1.4388	4.7852	2.8765	5.3336
4	1.3402	5.0254	2.9134	9.5459
5	1.3414	5.3565	2.7232	10.2169
6	1.3427	5.4527	3.2881	10.4679
7	1.4447	5.5126	3.3226	11.0545
8	1.3474	5.7548	3.4627	11.3757

13.4　自新中国成立以来，我国的经济增长取得了令人瞩目的成就，特别是改革开放以来，经济增长保持快速增长势头，人民物质生活水平得到了极大的提高，但是，资源的枯竭、环境的恶化、精神文化生活明显滞后等现象日益突出，改变经济增长方式、适当减缓经济增长速度、保护资源、保护环境变得越来越重要．请查找相关数据，用统计分析方法建立中国经济可持续发展模型，为我国经济健康发展提出有益的建议．

第14章 综合评价与预测方法

14.1 回归分析

14.1.1 一元线性回归分析

1. 数学模型

在所有的回归模型中，一元线性回归模型最简单. 这一模型中只有一个解释变量 X，即形如

$$Y = \beta_0 + \beta_1 X + \varepsilon, \tag{14.1}$$

其中 β_0，β_1 为待定参数. 此时回归方程的图像为一条直线.

为便于处理，一般情况下，我们只考虑 X 为可控变量，即 X 不是一个随机变量，在大多数实际情况下这一假定是合理的. 今后我们用 x 表示解释变量.

为了找出 x 与 Y 之间的相关关系，假定通过观测，得到 n 组样本：(x_1, Y_1)，(x_2, Y_2)，$\cdots$，(x_n, Y_n)，把这些成对观测数据在平面直角坐标系中用点表示出来，称所得的图为散点图，如图 14-1 所示.

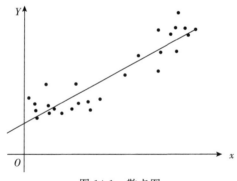

图 14-1 散点图

可以看出，这些点 (x_i, Y_i)，$i = 1, 2, \cdots, n$，大致都落在一条直线附近，这就是说 Y 与 x 之间的关系基本上可以看做是线性相关关系，这些点与直线的偏离是由随机误差引起的. 这样，可用式（14.1）来描述 Y 与 x 之间的关系. 对第 i 次观测有

$$Y_i = \beta_0 + \beta_1 x_i + \varepsilon_i, \quad i = 1, 2, \cdots, n, \tag{14.2}$$

其中 ε_i 是第 i 次观测时的随机误差. 对于随机误差我们通常作如下的假设：

$$\varepsilon_i \sim N(0, \sigma^2) \text{ 且 } \mathrm{Cov}(\varepsilon_i, \varepsilon_j) = 0, \quad i \neq j, i, j = 1, 2, \cdots, n. \tag{14.3}$$

称模型（14.2）为一元线性回归模型.

2. 回归系数的最小二乘估计

1）β_0，β_1 的估计

对 β_0，β_1 的估计实际上就是在平面直角坐标系中"估计"一条直线

$$\hat{Y} = \hat{\beta}_0 + \hat{\beta}_1 x, \tag{14.4}$$

使得观测得到的数据点 (x_i, Y_i) 与相应的点 $(x_i, \hat{Y}_i)$ $(i=1, 2, \cdots, n)$ 尽可能接近.

在 $x=x_i$ 处，(x_i, Y_i) 与 $(x_i, \hat{Y}_i)$ 的偏差是 $Y_i - (\hat{\beta}_0 + \hat{\beta}_1 x_i)$，$i=1, 2, \cdots, n$. 由于偏差有正有负，若直接考虑偏差的总和是不合理的. 为避免这一不足且便于数学运算，改用偏差的平方和来刻画观测点与回归直线的接近程度，即

$$Q(\beta_0, \beta_1) = \sum_{i=1}^{n} (Y_i - \beta_0 - \beta_1 x_i)^2. \tag{14.5}$$

可将 $\hat{\beta}_0, \hat{\beta}_1$ 作为 β_0, β_1 的估计使得 $Q(\beta_0, \beta_1)$ 达到最小值，即

$$Q(\hat{\beta}_0, \hat{\beta}_1) = \min_{\beta_0, \beta_1} Q(\beta_0, \beta_1).$$

这一方法称为最小二乘法. 它应用的是平方和最小的原则.

由于 $Q(\beta_0, \beta_1)$ 是 β_0, β_1 的非负二次函数，所以它的最小值一定存在. 根据微积分知识，$\hat{\beta}_0, \hat{\beta}_1$ 应满足

$$\frac{\partial Q}{\partial \beta_0}\bigg|_{\beta_0=\hat{\beta}_0, \beta_1=\hat{\beta}_1} = \frac{\partial Q}{\partial \beta_1}\bigg|_{\beta_0=\hat{\beta}_0, \beta_1=\hat{\beta}_1} = 0,$$

即

$$\begin{cases} \sum_{i=1}^{n} (Y_i - \hat{\beta}_0 - \hat{\beta}_1 x_i) = 0, \\ \sum_{i=1}^{n} (Y_i - \hat{\beta}_0 - \hat{\beta}_1 x_i) x_i = 0. \end{cases} \tag{14.6}$$

方程组 (14.6) 称为正规方程组.

解正规方程组 (14.6) 得

$$\hat{\beta}_0 = \bar{Y} - \hat{\beta}_1 \bar{x}, \quad \hat{\beta}_1 = \frac{\sum_{i=1}^{n} x_i Y_i - n\bar{x}\bar{Y}}{\sum_{i=1}^{n} x_i^2 - n\bar{x}^2} = \frac{\sum_{i=1}^{n} (x_i - \bar{x})(Y_i - \bar{Y})}{\sum_{i=1}^{n} (x_i - \bar{x})^2}, \tag{14.7}$$

其中 $\bar{x} = \frac{1}{n}\sum_{i=1}^{n} x_i$，$\bar{Y} = \frac{1}{n}\sum_{i=1}^{n} Y_i$.

容易验证，由方程组 (14.6) 确定的 $\hat{\beta}_0, \hat{\beta}_1$ 确实能使式 (14.5) 定义的二元函数 Q 达到最小，称 $\hat{\beta}_0, \hat{\beta}_1$ 是 β_0, β_1 的最小二乘估计（least squares estimators, LSE）. 这样，我们就得到了回归直线

$$\hat{Y} = \hat{\beta}_0 + \hat{\beta}_1 x = \bar{Y} + (x - \bar{x})\hat{\beta}_1. \tag{14.8}$$

由此可见，回归直线 $\hat{Y} = \hat{\beta}_0 + \hat{\beta}_1 x$ 是一条通过点 $(\bar{x}, \bar{Y})$ 和 $(0, \hat{\beta}_0)$ 的直线.

为了便于记忆及书写简洁，引入记号

$$l_{xx} = \sum_{i=1}^{n} (x_i - \bar{x})^2 = \sum_{i=1}^{n} x_i^2 - n\bar{x}^2,$$

$$l_{YY} = \sum_{i=1}^{n} (Y_i - \bar{Y})^2 = \sum_{i=1}^{n} Y_i^2 - n\bar{Y}^2,$$

$$l_{xY} = \sum_{i=1}^{n} (x_i - \bar{x})(Y_i - \bar{Y}) = \sum_{i=1}^{n} x_i Y_i - n\bar{x}\bar{Y},$$

则 $\hat{\beta}_1 = \dfrac{l_{xY}}{l_{xx}}$.

对每一个 x_i $(i=1, 2, \cdots, n)$，称 $\hat{Y}_i = \hat{\beta}_0 + \hat{\beta}_1 x_i$ 为相应真实值 Y_i 的回归值或拟合值. 记 $e_i = Y_i - \hat{Y}_i$, $i=1, 2, \cdots, n$，称 e_i 为残差.

$\hat{\beta}_0, \hat{\beta}_1$ 分别是 β_0, β_1 的无偏估计. 事实上

$$E(\hat{\beta}_1) = \sum_{i=1}^{n} \frac{x_i - \bar{x}}{l_{xx}} \cdot EY_i = \sum_{i=1}^{n} \frac{x_i - \bar{x}}{l_{xx}} \cdot (\beta_0 + \beta_1 x_i)$$

$$= \beta_0 \sum_{i=1}^{n} \frac{x_i - \bar{x}}{l_{xx}} + \beta_1 \sum_{i=1}^{n} \frac{(x_i - \bar{x}) x_i}{l_{xx}} = \beta_1,$$

$$E(\hat{\beta}_0) = E(\bar{Y} - \hat{\beta}_1 \bar{x}) = \frac{1}{n} \sum_{i=1}^{n} EY_i - \beta_1 \bar{x}$$

$$= \frac{1}{n} \sum_{i=1}^{n} (\beta_0 + \beta_1 x_i) - \beta_1 \bar{x} = \beta_0.$$

此外，由假设（14.3）易知

$$D(\hat{\beta}_1) = \sum_{i=1}^{n} \frac{x_i - \bar{x}}{l_{xx}} \cdot DY_i = \frac{\sigma^2}{l_{xx}},$$

$$D(\hat{\beta}_0) = \sum_{i=1}^{n} \left[\frac{1}{n} - \frac{(x_i - \bar{x}) \bar{x}}{l_{xx}} \right] \cdot DY_i$$

$$= \left[\frac{1}{n} - \frac{2}{n} \sum_{i=1}^{n} \frac{(x_i - \bar{x}) \bar{x}}{l_{xx}} + \sum_{i=1}^{n} \frac{(x_i - \bar{x})^2 \bar{x}^2}{l_{xx}^2} \right] \sigma^2$$

$$= \left(\frac{1}{n} + \frac{\bar{x}^2}{l_{xx}} \right) \sigma^2.$$

可以证明，对最小二乘估计 $\hat{\beta}_0$ 和 $\hat{\beta}_1$ 有高斯-马尔可夫定理成立，即在假设（14.3）满足的条件下，$\hat{\beta}_0, \hat{\beta}_1$ 分别是 β_0, β_1 的最优线性无偏估计量. 这里的"最优"是指在所有 β_0, β_1 的线性无偏估计量中 $\hat{\beta}_0, \hat{\beta}_1$ 的方差最小.

2) σ^2 的估计

由于 $\varepsilon_i = Y_i - (\beta_0 + \beta_1 x_i)$，所以，当得到 β_0, β_1 的最小二乘估计 $\hat{\beta}_0, \hat{\beta}_1$ 后，可用残差 e_i 来估计 ε_i. 考虑假设（14.3）得 $E(\varepsilon_i^2) = \sigma^2$，从而可用

$$\hat{\theta} = \frac{1}{n} \sum_{i=1}^{n} e_i^2 = \frac{1}{n} \sum_{i=1}^{n} [Y_i - (\hat{\beta}_0 + \hat{\beta}_1 x_i)]^2$$

来估计 σ^2.

由 $E(\hat{\theta}) = \dfrac{n-2}{n} \sigma^2$，所以

$$\hat{\sigma}^2 = \frac{n}{n-2} \hat{\theta} = \frac{1}{n-2} \sum_{i=1}^{n} e_i^2.$$

是 σ^2 的无偏估计.

3. 检验、预测与控制

1) 一元线性回归的显著性检验

由前面的讨论可知，不管变量 Y 与 x 之间是否具有线性相关关系，只要对 x 和 Y 进行

n 次观测，得到数据 (x_i, Y_i)，$i=1, 2, \cdots, n$，就可以利用最小二乘估计求出一条回归直线 $\hat{Y} = \hat{\beta}_0 + \hat{\beta}_1 x$. 所以如果 x 与 Y 之间并不存在显著的线性关系，那么得到的回归方程就毫无意义. 因此对回归模型进行显著性检验是非常有必要的.

在一元线性回归模型中，回归函数是 x 的线性函数. 如果 $\beta_1 = 0$，则说明 x 的变化对 Y 不产生影响，因此检验两个变量之间是否有线性相关关系等价于检验假设

$$H_0 : \beta_1 = 0. \tag{14.9}$$

(1) F 检验　为了检验假设 (14.9)，就需要寻找一个检验统计量，它在假设 (14.9) 成立时分布已知，这一点可以通过离差平方和分解来实现.

首先，总的离差平方和为

$$\text{TSS} = l_{YY} = \sum_{i=1}^{n} (Y_i - \bar{Y})^2,$$

可分解为

$$\text{TSS} = \sum_{i=1}^{n} (Y_i - \hat{Y}_i)^2 + \sum_{i=1}^{n} (\hat{Y}_i - \bar{Y})^2 \stackrel{\text{def}}{=} \text{RSS} + \text{ESS},$$

其中 $\text{RSS} = \sum_{i=1}^{n} (Y_i - \hat{Y}_i)^2 = \sum_{i=1}^{n} e_i^2$ 称为残差平方和，它的大小反映了随机误差对响应变量 Y 变动平方和的影响.

$$\text{ESS} = \sum_{i=1}^{n} (\hat{Y}_i - \bar{Y})^2 = \sum_{i=1}^{n} [\hat{\beta}_0 + \hat{\beta}_1 x_i - (\hat{\beta}_0 + \hat{\beta}_1 \bar{x})]^2 = \hat{\beta}_1^2 l_{xx},$$

称为回归平方和，它反映了回归自变量 x 对响应变量 Y 变动平方和的贡献.

事实上

$$\text{TSS} = \sum_{i=1}^{n} (Y_i - \bar{Y})^2 = \sum_{i=1}^{n} [(Y_i - \hat{Y}_i) - (\hat{Y}_i - \bar{Y})]^2$$

$$= \sum_{i=1}^{n} (Y_i - \hat{Y}_i)^2 + \sum_{i=1}^{n} (\hat{Y}_i - \bar{Y})^2 + 2 \sum_{i=1}^{n} (Y_i - \hat{Y}_i)(\hat{Y}_i - \bar{Y}),$$

而

$$\sum_{i=1}^{n} (Y_i - \hat{Y}_i)(\hat{Y}_i - \bar{Y}) = \sum_{i=1}^{n} (Y_i - \hat{\beta}_0 - \hat{\beta}_1 x_i)(\hat{\beta}_0 + \hat{\beta}_1 x_i - \bar{Y})$$

$$= \sum_{i=1}^{n} [(Y_i - \bar{Y}) - \hat{\beta}_1 (x_i - \bar{x})] \hat{\beta}_1 (x_i - \bar{x})$$

$$= \hat{\beta}_1 \sum_{i=1}^{n} [(Y_i - \bar{Y})(x_i - \bar{x}) - \hat{\beta}_1 (x_i - \bar{x})^2]$$

$$= \hat{\beta}_1 (l_{xY} - \hat{\beta}_1 l_{xx}) = 0.$$

可以证明，在假设 (14.9) 成立时

$$\frac{\text{TSS}}{\sigma^2} \sim \chi^2(n-1), \quad \frac{\text{ESS}}{\sigma^2} \sim \chi^2(1), \quad \frac{\text{RSS}}{\sigma^2} \sim \chi^2(n-2),$$

且 RSS 与 ESS 相互独立，所以在假设 $H_0 : \beta_1 = 0$ 成立的条件下，统计量

$$F = \frac{\text{ESS}/1}{\text{RSS}/n-2} = \frac{(n-2)\text{ESS}}{\text{RSS}} \sim F(1, n-2).$$

因此，对于给定的显著性水平 α，查 F 分布表得，临界值 $F_\alpha(1,\ n-2)$，从而拒绝域为 $(F_\alpha(1,\ n-2),\ +\infty)$.

（2）相关系数及其显著性检验　根据前面离差平方和分解公式，我们可知回归平方和 ESS 在离差平方和 TSS 中所占的比例越大，则残差平方和 RSS 所占的比例就越小，从而说明回归解释变量 x 对响应变量 Y 有一定的影响作用. 因此引入如下指标

$$R^2 = \frac{\text{ESS}}{\text{TSS}} = 1 - \frac{\text{RSS}}{\text{TSS}},$$

称 R^2 为可决系数. 显然，由定义知 $R^2 \leqslant 1$.

事实上，不难证明 R 就是 Y 与 x 的**样本相关系数** r，

$$R^2 = \frac{\text{ESS}}{l_{YY}} = \frac{\hat{\beta}_1^2 l_{xx}}{l_{YY}} = \frac{\left(\frac{l_{xY}}{l_{xx}}\right)^2 l_{xx}}{l_{YY}} = \frac{l_{xY}^2}{l_{xx} l_{YY}} = r^2.$$

特别地，当 $|R|=0$ 时，RSS 最大，这时 Y 与 x 不线性相关；当 $|R|\neq 0$ 时，Y 与 x 线性相关；当 $|R|=1$ 时，RSS$=0$，这时散点图上的点全部落在直线 $\hat{Y}=\hat{\beta}_0+\hat{\beta}_1 x$ 上，称 Y 与 x 完全线性相关；当 $R>0$ 时，称 Y 与 x 正线性相关；当 $R<0$ 时，称 Y 与 x 负线性相关.

2）预测与控制

（1）预测　首先，在 $x=x_0$ 处的观测结果 Y_0，取 x_0 处的回归值

$$\hat{Y}_0 = \hat{\beta}_0 + \hat{\beta}_1 x_0,$$

作为 Y_0 的点预测，显然 $\hat{Y}_0$ 是 Y_0 的无偏估计.

下面讨论 Y_0 的区间预测. 对于给定的显著性水平 α，寻找一个正数 $\delta>0$，使得

$$P(|Y_0 - \hat{Y}_0| < \delta) = 1-\alpha,$$

则 δ 越小，就表示 $\hat{Y}_0$ 的预测精度越高，并称区间

$$(\hat{Y}_0 - \delta, \hat{Y}_0 + \delta)$$

为 Y_0 的置信水平为 $1-\alpha$ 的预测区间.

由于

$$Y_0 - \hat{Y}_0 \sim N\left(0, \sigma^2\left[1 + \frac{1}{n} + \frac{(x_0 - \bar{x}_0)^2}{l_{xx}}\right]\right).$$

但是 σ^2 是未知的. 一般，我们用它的无偏估计量 $\hat{\sigma}^2 = \frac{\text{RSS}}{n-2}$ 来代替. 由于 $Y_0 - \hat{Y}_0$ 与 $\hat{\sigma}^2$ 相互独立，所以可得

$$\frac{(Y_0 - \hat{Y}_0)^2}{\hat{\sigma}^2\left[1 + \frac{1}{n} + \frac{(x_0 - \bar{x}_0)^2}{l_{xx}}\right]} \sim F(1, n-2).$$

故 Y_0 的置信水平为 $1-\alpha$ 的预测区间为

$$(\hat{Y}_0 - \delta, \hat{Y}_0 + \delta),$$

其中

$$\delta = \sqrt{F_\alpha(1, n-2) \cdot \hat{\sigma}^2\left[1 + \frac{1}{n} + \frac{(x_0 - \bar{x}_0)^2}{l_{xx}}\right]}. \tag{14.10}$$

由式（14.10）可以看出，在样本给定的前提下，δ 是 x_0 的函数，不妨记为 $\delta(x_0)$. 当 x_0 越靠近 $\bar{x}$ 时，δ 就越小，这说明预测的精度越高. 在 $x_0 = \bar{x}$ 时，预测精度达到最高.

（2）控制　所谓控制问题，实际上是预测的反问题，即若要求观察值 Y 在一定范围（如 $Y_1 < Y < Y_2$）内取，则应考虑把解释变量 x 控制在什么范围内. 也就是说，如何控制 x 才能保证

$$P(Y_1 < Y < Y_2) = 1 - \alpha$$

成立.

利用图解法可容易求得. 从 Y_1，Y_2 处分别画两条水平线，分别交 $Y = \hat{Y} - \delta(x)$ 与 $Y = \hat{Y} + \delta(x)$ 于 M，N 两点，过这两点再分别画垂线交 x 轴于两点，这两个点构成了区间的端点，则得区间 (x_1, x_2)；当 $x \in (x_1, x_2)$ 时，必能以至少 $1 - \alpha$ 的概率保证 $Y \in (Y_1, Y_2)$. 但这种方法比较粗糙，通常做法是求解下列不等式组

$$\begin{cases} \hat{Y} - \delta(x_1) > Y_1, \\ \hat{Y} - \delta(x_2) < Y_2. \end{cases} \tag{14.11}$$

假如 x_1，x_2 存在，那么这个问题就解决了.

特别地，当 n 充分大且 x_0 比较靠近 $\bar{X}$ 时

$$\sqrt{1 + \frac{1}{n} + \frac{(x_0 - \bar{x}_0)^2}{l_{xx}}} \approx 1.$$

此时，可以近似地认为

$$Y_0 - \hat{Y}_0 \sim N(0, \hat{\sigma}^2).$$

通过求解方程组

$$\begin{cases} \hat{Y}(x_1) - \hat{\sigma} \cdot u_{\frac{\alpha}{2}} = Y_1, \\ \hat{Y}(x_2) + \hat{\sigma} \cdot u_{\frac{\alpha}{2}} = Y_2. \end{cases}$$

解得

$$\begin{cases} x_1 = \dfrac{Y_1 + \hat{\sigma} \cdot u_{\frac{\alpha}{2}} - \hat{\beta}_0}{\hat{\beta}_1}, \\ x_2 = \dfrac{Y_2 - \hat{\sigma} \cdot u_{\frac{\alpha}{2}} - \hat{\beta}_0}{\hat{\beta}_1}. \end{cases} \tag{14.12}$$

14.1.2　一元非线性回归模型的线性化

在建立曲线回归方程时，最重要的问题是确定变量之间关系的类型和形式. 这需要有关的专业知识，并通过对观测资料进行分析和比较，然后通过对散点图作认真的观察和分析，结合一些已知函数的图形，选择合适的曲线类型. 当回归曲线确定之后，进一步的任务仍是求方程中的参数. 这时常用的方法就是通过简单的变量代换，把曲线回归转化为线性回归问题来解决. 常见的可通过变量代换线性化的回归函数有以下几种.

1. 幂函数模型

函数形式为 $Y=ax^b$，令 $\tilde{Y}=\ln Y$，$\beta_0=\ln a$，$\tilde{x}=\ln x$，则 $\tilde{Y}=\beta_0+b\tilde{x}$.

2. 双曲函数模型

函数形式为 $\dfrac{1}{Y}=a+\dfrac{b}{x}$，令 $\tilde{Y}=\dfrac{1}{Y}$，$\tilde{x}=\dfrac{1}{x}$，则 $\tilde{Y}=a+b\tilde{x}$.

3. 对数函数模型

函数形式为 $Y=a+b\ln x$，令 $\tilde{x}=\ln x$，则 $\tilde{Y}=a+b\tilde{x}$.

4. 指数函数模型

函数形式为 $Y=ae^{bx}$，令 $\tilde{Y}=\ln Y$，$\beta_0=\ln a$，则 $\tilde{Y}=\beta_0+bx$.

5. 指数函数模型

函数形式为 $Y=ae^{\frac{b}{x}}$，令 $\tilde{Y}=\ln Y$，$\beta_0=\ln a$，$\tilde{x}=\dfrac{1}{x}$，则 $\tilde{Y}=\beta_0+b\tilde{x}$.

6. Logistic 函数模型

函数形式为 $Y=\dfrac{1}{a+be^{-x}}$，令 $\tilde{Y}=\dfrac{1}{Y}$，$\tilde{x}=e^{-x}$，则 $\tilde{Y}=a+b\tilde{x}$.

14.1.3　多元线性回归

1. 数学模型

设影响响应变量 Y 的解释变量有 $t\,(t\geqslant2)$ 个，分别为 x_1，x_2，$\cdots$，x_t，多元线性回归模型的形式为

$$Y=\beta_0+\beta_1x_1+\beta_2x_2+\cdots+\beta_tx_t+\varepsilon. \tag{14.13}$$

类似于一元线性回归，这里仍假定 t 个解释变量都是可控的.

为了寻找 Y 与 x_1，x_2，$\cdots$，x_t 之间的关系，必须先收集 n 组样本 $(x_{i1}$，x_{i2}，$\cdots$，x_{it}；$Y_i)$，$i=1$，2，$\cdots$，n，那么由式（14.13），有

$$Y_i=\beta_0+\beta_1x_{i1}+\beta_2x_{i2}+\cdots+\beta_tx_{it}+\varepsilon_i,\quad i=1,2,\cdots,n. \tag{14.14}$$

与一元情形类似，通常假设

$$\varepsilon_i\sim N(0,\sigma^2)\ \text{且}\ \mathrm{Cov}(\varepsilon_i,\varepsilon_j)=0,\quad i\neq j,i,j=1,2,\cdots,n. \tag{14.15}$$

为了表达简洁，常用矩阵来进行研究，记

$$Y=(Y_1,Y_2,\cdots,Y_n)^\mathrm{T},$$
$$\beta=(\beta_1,\beta_2,\cdots,\beta_t)^\mathrm{T},$$
$$\varepsilon=(\varepsilon_1,\varepsilon_2,\cdots,\varepsilon_n)^\mathrm{T},$$
$$X=\begin{pmatrix}1 & x_{11} & x_{12} & \cdots & x_{1t}\\ 1 & x_{21} & x_{22} & \cdots & x_{2t}\\ \vdots & \vdots & \vdots & & \vdots\\ 1 & x_{n1} & x_{n2} & \cdots & x_{nt}\end{pmatrix},$$

则模型（14.14）和假设（14.15）统一记为

$$\begin{cases}Y=X\beta+\varepsilon,\\ \varepsilon\sim N(O,\sigma^2I_n),\end{cases} \tag{14.16}$$

其中 I_n 是 n 阶单位阵，O 表示 n 维零向量.

2. 回归系数的最小二乘估计

利用最小二乘法估计回归参数，就是求一组 $\hat{\beta}_1$，$\hat{\beta}_2$，$\cdots$，$\hat{\beta}_t$ 使得如下误差平方和 Q 达到最小：

$$Q(\beta_0,\beta_1,\cdots,\beta_t) = \sum_{i=1}^{n}(Y_i - \beta_0 - \beta_1 x_{i1} - \cdots - \beta_t x_{it})^2,$$

即

$$Q(\hat{\beta}_0,\hat{\beta}_1,\cdots,\hat{\beta}_t) = \min_{\beta_0,\beta_1,\cdots,\beta_t} Q(\beta_0,\beta_1,\cdots,\beta_t).$$

由微积分的知识可知 $\hat{\beta}_0$，$\hat{\beta}_1$，$\cdots$，$\hat{\beta}_t$ 应满足方程组

$$\left.\frac{\partial Q}{\partial \beta_i}\right|_{\beta_0=\hat{\beta}_0,\beta_1=\hat{\beta}_1,\cdots,\beta_t=\hat{\beta}_t} = 0, \quad i = 1,2,\cdots,n,$$

即

$$\begin{cases} -2\sum_{i=1}^{n}\left[Y_i - (\hat{\beta}_0 + \hat{\beta}_1 x_{i1} + \hat{\beta}_2 x_{i2} + \cdots + \hat{\beta}_t x_{it})\right] = 0, \\ -2\sum_{i=1}^{n}\left[Y_i - (\hat{\beta}_0 + \hat{\beta}_1 x_{i1} + \hat{\beta}_2 x_{i2} + \cdots + \hat{\beta}_t x_{it})\right]x_{i1} = 0, \\ \qquad\qquad\cdots\cdots \\ -2\sum_{i=1}^{n}\left[Y_i - (\hat{\beta}_0 + \hat{\beta}_1 x_{i1} + \hat{\beta}_2 x_{i2} + \cdots + \hat{\beta}_t x_{it})\right]x_{it} = 0. \end{cases}$$

整理得

$$\begin{cases} n\hat{\beta}_0 + \left(\sum_{i=1}^{n}x_{i1}\right)\hat{\beta}_1 + \cdots + \left(\sum_{i=1}^{n}x_{it}\right)\hat{\beta}_t = \sum_{i=1}^{n}Y_i, \\ \left(\sum_{i=1}^{n}x_{i1}\right)\hat{\beta}_0 + \left(\sum_{i=1}^{n}x_{i1}^2\right)\hat{\beta}_1 + \cdots + \left(\sum_{i=1}^{n}x_{i1}x_{it}\right)\hat{\beta}_t = \sum_{i=1}^{n}x_{i1}Y_i, \\ \qquad\qquad\cdots\cdots \\ \left(\sum_{i=1}^{n}x_{it}\right)\hat{\beta}_0 + \left(\sum_{i=1}^{n}x_{it}x_{i1}\right)\hat{\beta}_1 + \cdots + \left(\sum_{i=1}^{n}x_{it}^2\right)\hat{\beta}_t = \sum_{i=1}^{n}x_{it}Y_i. \end{cases} \tag{14.17}$$

称方程组（14.17）为正规方程组. 用矩阵可表示为

$$(X^{\mathrm{T}}X) \cdot \hat{\beta} = X^{\mathrm{T}}Y,$$

其中 $\hat{\beta}=(\hat{\beta}_1$，$\hat{\beta}_2$，$\cdots$，$\hat{\beta}_t)^{\mathrm{T}}$，若 $X^{\mathrm{T}}X$ 为非奇异矩阵，则

$$\hat{\beta} = (X^{\mathrm{T}}X)^{-1}X^{\mathrm{T}}Y,$$

即为 β 的最小二乘估计.

类似地可以证明 $\hat{\beta}$ 仍是 β 的最优线性无偏估计量，即高斯-马尔可夫定理成立.

有了估计 $\hat{\beta}$，我们可以构造 σ^2 的估计. 首先由 (14.16)，用 $\hat{\beta}$ 代替 β，可得残差向量

$$e = \hat{\varepsilon} = Y - X\hat{\beta}.$$

由于 $E(\varepsilon_i^2)=D(\varepsilon_i)+(E\varepsilon_i)^2=D(\varepsilon_i)=\sigma^2$，因此可用 $\hat{\theta}^2 = \dfrac{1}{n}e^{\mathrm{T}}e$ 作为 σ^2 的估计. 可以证明

$E(\hat{\theta^2}) = \dfrac{n-t-1}{n}\sigma^2$，因此为了得到 σ^2 的无偏估计，可将 $\hat{\theta^2}$ 修正为

$$\hat{\sigma}^2 = \frac{1}{n-t-1}e^{\mathrm{T}}e.$$

3. 回归模型的检验与预测

1) 线性模型和回归系数的检验

与一元线性回归类似，我们需要对回归模型进行显著性检验，但是多元线性回归由于变量的增多，需要作如下两种检验．

(1) 线性性检验　我们考察响应变量 Y 与解释变量 x_1，x_2，$\cdots$，x_t 之间是否有线性相关关系等价于检验假设

$$H_0 : \beta_1 = \beta_2 = \cdots = \beta_t = 0. \tag{14.18}$$

设已求得回归方程

$$\hat{Y} = \hat{\beta}_0 + \hat{\beta}_1 x_1 + \hat{\beta}_2 x_2 + \cdots + \hat{\beta}_t x_t.$$

记 $\hat{Y}_i = \hat{\beta}_0 + \hat{\beta}_1 x_{i1} + \hat{\beta}_2 x_{i2} + \cdots + \hat{\beta}_t x_{it}$ 是 Y 在点 $(x_{i1}$，x_{i2}，$\cdots$，$x_{it})$ 处的回归值．离差平方和分解式为

$$\mathrm{TSS} = l_{\mathrm{YY}} = \sum_{i=1}^{n}(Y_i - \bar{Y})^2 = \sum_{i=1}^{n}(Y_i - \hat{Y}_i)^2 + \sum_{i=1}^{n}(Y_i - \hat{Y}_i)^2.$$

分解式证明与一元线性回归类似．记

$$\mathrm{RSS} = \sum_{i=1}^{n}(Y_i - \hat{Y}_i)^2, \quad \mathrm{ESS} = \sum_{i=1}^{n}(\hat{Y}_i - \bar{Y})^2.$$

它们的名称和意义与一元线性回归情形类似．

可以证明，在矩阵 X 满秩和 H_0 成立的条件下，统计量

$$F = \frac{\mathrm{ESS}/t}{\mathrm{RSS}/n-t-1} \sim F(t, n-t-1).$$

于是，对于给定的显著水平 α，拒绝域为 $(F_\alpha(t, n-t-1)$，$+\infty)$．

(2) 回归系数检验　若 Y 与 x_1，x_2，$\cdots$，x_t 之间确实存在线性关系，但是，是否每一个解释变量都起着显著作用呢？因此，我们还需进一步对每一个解释变量的系数进行检验．显然，若要考察 x_j 对 Y 的影响是否显著，就需要检验假设

$$H_{0j} : \beta_j = 0. \tag{14.19}$$

前面已求得

$$E(\hat{\beta}_j) = \beta_j, \quad D(\hat{\beta}_j) = c_{jj}\sigma^2,$$

其中 c_{jj} 为矩阵 $(X^{\mathrm{T}}X)^{-1}$ 中主对角线上的第 j 个元素，于是

$$\frac{\hat{\beta}_j - \beta_j}{\sqrt{c_{jj}\sigma^2}} \sim N(0,1).$$

可以证明，$\hat{\beta}_j$ 与 ESS 相互独立，从而有

$$F_j = \frac{(\hat{\beta}_j - \beta_j)^2/c_{jj}}{\mathrm{ESS}/(n-t-1)} \sim F(1, n-t-1)$$

或

$$t_j = \frac{(\hat{\beta}_j - \beta_j)/\sqrt{c_{jj}}}{\sqrt{\text{ESS}/(n-t-1)}} \sim t(n-t-1).$$

所以在假设 (14.19) 成立时，可用统计量

$$F_j = \frac{\hat{\beta}_j^2 \cdot (n-t-1)}{\text{ESS} \cdot c_{jj}} \sim F(1, n-t-1) \qquad (14.20)$$

或

$$t_j = \frac{\hat{\beta}_j/\sqrt{c_{jj}}}{\sqrt{\text{ESS}/(n-t-1)}} \sim t(n-t-1). \qquad (14.21)$$

来检验回归系数 β_j （$j=1$，2，$\cdots$，t）是否显著.

2）预测

对于给定的一组解释变量的值 $X_0 = (x_{01}, x_{02}, \cdots, x_{0t})^{\mathrm{T}}$ 相应的响应变量值为
$$Y_0 = \beta_0 + \beta_1 x_{01} + \beta_2 x_{02} + \cdots + \beta_t x_{0t} + \varepsilon_0.$$

用

$$\hat{Y}_0 = \hat{\beta}_0 + \hat{\beta}_1 x_{01} + \hat{\beta}_2 x_{02} + \cdots + \hat{\beta}_t x_{0t}$$

作为 Y_0 的点预测.

对于区间预测，与一元情形类似，$Y_0 - \hat{Y}_0$ 服从正态分布，并且

$$Y_0 - \hat{Y}_0 \sim N\left(0, \sigma^2 \left[1 + \frac{1}{n} + \sum_{i=1}^{t}\sum_{j=1}^{t} c_{jj}(x_{0i} - \bar{x}_i)(x_{0j} - \bar{x}_j)\right]\right).$$

当 n 较大且 x_{0i} 接近于 $\bar{X}_j$ 时，可以近似地认为

$$Y_0 - \hat{Y}_0 \sim N(0, \hat{\sigma}^2).$$

那么 Y_0 的置信水平 $1-\alpha$ 的预测区间可以近似地表示为

$$\left(\hat{Y}_0 - \hat{\sigma} \cdot u_{\frac{\alpha}{2}}, \hat{Y}_0 + \hat{\sigma} \cdot u_{\frac{\alpha}{2}}\right).$$

14.1.4　逐步回归分析

在实际研究中，影响因变量 y 的因素很多，而这些因素之间可能存在多重共线性. 特别是在各个解释变量之间有高度的相互依赖性. 为得到一个可靠的回归模型，需要一种方法能有效地从众多影响 y 的因素中挑出对 y 贡献大的变量，在它们和 y 的观测数据上建立"最优"的回归方程. 逐步回归分析法就是一种自动地从大量可供选择的变量中选择那些对建立回归方程比较重要的变量的方法，它是在多元线性回归基础上派生出来的一种算法技巧.

我们希望得到"最优"的回归方程，就是包含所有对 y 有影响的变量而不包含对 y 影响不显著的变量回归方程. 选择"最优"的回归方程有以下几种方法：

（1）从所有可能的因子组合的回归方程中选出最优者；

（2）从包含全部变量的回归方程中逐次剔除不显著因子；

（3）从一个变量开始，把变量逐个引入方程；

（4）"有进有出"的逐步回归分析；

上面几种方法以第四种方法，即逐步回归分析法在筛选变量方面较为理想，故目前较多采用该方法来组建回归模型. 该方法也是从一个变量开始，视自变量对 y 作用的显著程度，

从大到小地依次逐个引入回归方程. 但当引入的自变量由于后面变量的引入而变得不显著时, 要将其剔除掉. 引入一个自变量或从回归方程中剔除一个自变量, 为逐步回归的一步. 对于每一步都要进行 y 值检验, 以确保每次引入新的显著性变量前回归方程中只包含对 y 作用显著的变量. 这个过程反复进行, 直到既无不显著的变量从回归方程中剔除, 又无显著变量可引入回归方程时为止.

引入自变量必须要有依据. 假定已有 k 个自变量引入回归方程, 即已知回归方程:

$$\hat{y} = \beta_0 + \beta_1 x_1 + \beta_2 x_2 + \cdots + \beta_k x_k.$$

相应的平方和分解为

$$S_{总} = U + Q_e,$$

其中 $S_{总}$ 为总的平方和, U 为回归平方和, Q_e 为剩余离差平方和. 为表明 U 和 Q_e 与引入的自变量有关, 分别用 $U(x_1, x_2, \cdots, x_k)$ 及 $Q_e(x_1, x_2, \cdots, x_k)$ 表示. 增加一个自变量 $x_i (i = k+1, k+2, \cdots, k+p)$ 后, 就有了新的回归方程及其相应的平方和分解:

$$S_{总} = U(x_1, x_2, \cdots, x_k, x_i) + Q_e(x_1, x_2, \cdots, x_k, x_i),$$

原来是

$$S_{总} = U(x_1, x_2, \cdots, x_k) + Q_e(x_1, x_2, \cdots, x_k).$$

注意上式两端 $S_{总}$ 是一样的. 当 x_i 引入后, 回归平方和从 $U(x_1, x_2, \cdots, x_k)$ 增加到 $U(x_1, x_2, \cdots, x_k, x_i)$, 而残差平方和从 $Q_e(x_1, x_2, \cdots, x_k)$ 减少到 $Q_e(x_1, x_2, \cdots, x_k, x_i)$, 并有

$$\begin{aligned}
&U(x_1, x_2, \cdots, x_k, x_i) - U(x_1, x_2, \cdots, x_k) \\
&= Q_e(x_1, x_2, \cdots, x_k, x_i) - Q_e(x_1, x_2, \cdots, x_k) \\
&= V_i(x_1, x_2, \cdots, x_k).
\end{aligned}$$

于是在添加 x_i 之后, x_i 对回归平方和的贡献 $V_i(x_1, x_2, \cdots, x_k)$, 是由于引入 x_i 之后带来的关于因变量 y 的"信息", 也就是 x_i 引入后在残差平方和中所减少的量, 我们称其为对 y 的方差贡献. 因此, 很自然地将这个量 $V_i(x_1, x_2, \cdots, x_k)$ 与剩余平方和作比较, 看看 x_i 的影响是否显著, 因而用

$$F_{1i} = V_i(x_1, x_2, \cdots, x_k) / [Q_e(x_1, x_2, \cdots, x_k, x_i) / (n - k - 2)]$$

来进行检验, 其中 n 是样本容量, k 是"已引入"的自变量个数. 适当选取引入自变量的 F 检验临界值 $F_{引}$, 当 $F_{1i} > F_{引}$ 时, 表明引入自变量 x_i 是有意义的; 当 $F_{1i} \leqslant F_{引}$ 时, 引入自变量 x_i 就没有意义. 实际上, 可能 $F_{1i} > F_{引}$ 的有好几个, 当然选取最大的. 因此, 在算法上应先求

$$\max_{1 < i < p} F_{1i} = F_{ki}.$$

然后将它与 $F_{引}$ 比较, 如果 $F_{ki} > F_{引}$, 相应的 x_i 入选; 如果 $F_{ki} \leqslant F_{引}$, 引入步骤就到此为止 (因为"贡献"最大都没有条件入选, 其余的就更不用说了).

剔除自变量也必须有依据. 假定已有 k 个自变量引入回归方程, 设为 $x_1, x_2, \cdots, x_k$, 相应的平方和分解公式是

$$S_{总} = U(x_1, x_2, \cdots, x_k) + Q_e(x_1, x_2, \cdots, x_k),$$

逐个去掉自变量 $x_i (i = 1, 2, \cdots, k)$ 后相应的平方和分解式:

$$S_{总} = U(x_1, x_2, \cdots, x_{i-1}, x_{i+1}, \cdots, x_k) + Q_e(x_1, x_2, \cdots, x_{i-1}, x_{i+1}, \cdots, x_k).$$

此时, 回归平方和从 $U(x_1, x_2, \cdots, x_k)$ 降到 $U(x_1, x_2, \cdots, x_{i-1}, x_{i+1}, \cdots, x_k)$, 而残差平方和从 $Q_e(x_1, x_2, \cdots, x_k)$ 增加到 $Q_e(x_1, x_2, \cdots, x_{i-1}, x_{i+1}, \cdots, x_k)$, 相应 x_i 的

"贡献"是

$$V_i(x_1,x_2,\cdots,x_k) = U(x_1,x_2,\cdots,x_k) - U(x_1,x_2,\cdots,x_{i-1},x_{i+1},\cdots,x_k)$$
$$= Q_e(x_1,x_2,\cdots,x_{i-1},x_{i+1},\cdots,x_k) - Q_e(x_1,x_2,\cdots,x_k).$$

完全和上面引入变量道理一样，计算

$$F_{2i} = V_i(x_1,x_2,\cdots,x_k)/[Q_e(x_1,x_2,\cdots,x_{i-1},x_{i+1},\cdots,x_k)/(n-k-2)]$$

来进行检验，其中 n 是样本容量，k 是已引入的自变量个数. 适当选取剔除自变量的 F 检验临界值 $F_{剔}$，当 $F_{2i} \leqslant F_{剔}$ 时，表明引入的自变量 x_i 对因变量 y 的作用已不再显著，应当剔除；当 $F_{2i} > F_{剔}$ 时，表明此时无可剔除的自变量. 实际上，可能 $F_{2i} \leqslant F_{剔}$ 的有好几个，当然应该选最小的. 因此，在算法上应先求

$$\min_{1 \leqslant i \leqslant k} F_{2i} = F_{ki}.$$

然后将它与 $F_{剔}$ 比较，如果 $F_{2i} \leqslant F_{剔}$，相应的 x_i 应剔除；如果 $F_{2i} > F_{剔}$，表明此时没有可剔除的自变量. 在剔除相应的 x_i 后，再重复前述做法，直到没有可剔除的自变量为止.

14.2 层次分析法

层次分析法（analytic hierarchy process，AHP）在美国运筹学家 T. L. Saaty 等正式提出来之后，由于它在处理复杂的定性与定量相结合的决策问题上的有效性和实用性，很快就在世界范围内得到了普遍的重视和广泛的应用. 目前，它的应用已遍及社会、经济、管理、资源分配、交通运输、城市规划、行为科学、军事指挥、农业、教育、人才、医疗、环境等领域.

14.2.1 预备知识

1. 正互反矩阵与一致性矩阵

定义 14.1 设 $A = (a_{ij})_{n \times n}$，若元素 a_{ij} 满足

$$a_{ij} > 0, a_{ij} = \frac{1}{a_{ji}}, \quad i,j = 1,2,\cdots,n,$$

则称 A 为正互反矩阵.

定义 14.2 若 $A = (a_{ij})_{n \times n}$ 为一个正互反矩阵，且满足

$$a_{ij}a_{jk} = a_{ik}, \quad i,j = 1,2,\cdots,n,$$

则称 A 为一致性矩阵，简称一致阵.

一致阵 $A = (a_{ij})_{n \times n}$ 具有如下性质：

(1) A 的秩为 1.

(2) A 的最大特征值为 $\lambda_{\max} = n$，其余特征值均为零.

(3) 若 $\lambda_{\max} = n$ 对应的特征向量为 $\omega = (\omega_1, \omega_2, \cdots, \omega_n)^{\mathrm{T}}$，则

$$a_{ij} = \omega_i/\omega_j, \quad i,j = 1,2,\cdots,n.$$

定理 14.1 对于一致阵 A，有

(1) A 一定可表示成

$$A = \begin{pmatrix} \omega_1/\omega_1 & \omega_1/\omega_2 & \cdots & \omega_1/\omega_n \\ \omega_2/\omega_1 & \omega_2/\omega_2 & \cdots & \omega_2/\omega_n \\ \vdots & \vdots & & \vdots \\ \omega_n/\omega_1 & \omega_n/\omega_2 & \cdots & \omega_n/\omega_n \end{pmatrix},$$

其中 ω_1，ω_2，$\cdots$，ω_n 均大于零.

（2） A 的任一列向量都是对应于最大特征值 $\lambda_{\max} = n$ 的特征向量.

定理 14.2 设 A 为正矩阵（A 的所有元素均为正数），则

（1） A 的最大特征值是正单根 λ.

（2） λ 对应的特征向量 ω 为正向量（ω 的所有分量均为正数）.

（3） $\lim\limits_{k \to \infty} \dfrac{A^k e}{e^{\mathrm{T}} A^k e} = \omega$，其中 $e = (1, 1, \cdots, 1)^{\mathrm{T}}$，$\omega$ 是矩阵 A 对应于 λ 的归一化的特征向量（即分量之和为 1）.

定理 14.3 n 阶正互反阵 A 的最大特征根 $\lambda \geqslant n$；当 $\lambda = n$ 时，A 是一致阵.

推论 n 阶正互反阵 A 是一致阵的充要条件是 A 的最大特征根 $\lambda = n$.

2. 正互反阵的最大特征值和特征向量的实用算法

用定义计算特征值和特征向量是相当麻烦的，尤其是矩阵阶数较高时. 下面介绍几种简便的近似计算特征值和特征向量的方法.

1）幂法步骤

步骤一 任取 n 维归一化初始向量 $\omega^{(0)}$，并指定精度要求 $\varepsilon > 0$；

步骤二 计算 $\tilde{\omega}^{(k+1)} = A\omega^{(k)}$，$k = 0$，1，2，$\cdots$；

步骤三 将 $\tilde{\omega}^{(k+1)}$ 归一化，即令 $\omega^{(k+1)} = \tilde{\omega}^{(k+1)} / \sum\limits_{i=1}^{n} \tilde{\omega}_i^{(k+1)}$；

步骤四 对于给定的精度 ε，当 $\left| \tilde{\omega}_i^{(k+1)} - \tilde{\omega}_i^{(k)} \right| < \varepsilon$，$i = 1$，2，$\cdots$，$n$ 时，$\tilde{\omega}^{(k+1)}$ 即为所求的特征向量，否则返回步骤二.

步骤五 计算最大特征值 $\lambda_{\max} = \dfrac{1}{n} \sum\limits_{i=1}^{n} \dfrac{\tilde{\omega}_i^{(k+1)}}{\tilde{\omega}_i^{(k)}}$.

这是求最大特征值对应特征向量的迭代方法，迭代次数越多，精度越高，实际计算时，只要达到一定精度即可.

2）和法步骤

步骤一 将 A 的每一列向量归一化得 $\tilde{\omega}_{ij} = a_{ij} / \sum\limits_{i=1}^{n} a_{ij}$；

步骤二 对 $\tilde{\omega}_{ij}$ 按行求和得 $\tilde{\omega}_i = \sum\limits_{j=1}^{n} \tilde{\omega}_{ij}$，$i = 1, 2, \cdots, n$；

步骤三 将 $\tilde{\omega}_i$ 归一化得 $\omega_i = \tilde{\omega}_i / \sum\limits_{i=1}^{n} \tilde{\omega}_i$，则 $\omega = (\omega_1, \omega_2, \cdots, \omega_n)^{\mathrm{T}}$ 为近似特征向量；

步骤四 计算最大特征值 $\lambda_{\max} = \dfrac{1}{n} \sum\limits_{i=1}^{n} \dfrac{(A\omega)_i}{\omega_i}$.

和法是一种相当简便的方法. 试用它计算一个例子：

$$A = \begin{pmatrix} 1 & 2 & 6 \\ 1/2 & 1 & 4 \\ 1/6 & 1/4 & 1 \end{pmatrix} \xrightarrow{\text{列向量归一化}} \begin{pmatrix} 0.6 & 0.615 & 0.545 \\ 0.3 & 0.308 & 0.364 \\ 0.1 & 0.077 & 0.091 \end{pmatrix}$$

$$\xrightarrow{\text{按行求和}} \begin{pmatrix} 1.760 \\ 0.972 \\ 0.268 \end{pmatrix} \xrightarrow{\text{归一化}} \begin{pmatrix} 0.587 \\ 0.324 \\ 0.091 \end{pmatrix} = \omega$$

且 $A\omega=\begin{pmatrix}1.769\\0.974\\0.268\end{pmatrix}$，于是 $\lambda_{\max}=\dfrac{1}{3}\left(\dfrac{1.769}{0.587}+\dfrac{0.974}{0.324}+\dfrac{0.268}{0.089}\right)=3.009.$

精确计算给出 $\omega=(0.588,\ 0.322,\ 0.090)^{\mathrm{T}}$，$\lambda_{\max}=3.010$，二者相差甚微．

14.2.2　层次分析法的基本步骤

1. 基本步骤

层次分析法的基本思路与人对复杂决策问题的思维、判断过程大体上是一样的．层次分析法的基本步骤归纳如下．

1）建立层次结构模型

在深入分析实际问题的基础上，将有关的各个因素按照不同的属性自上而下地分解成若干层次．同一层的各个因素从属于上一层的因素或对上层因素有影响，同时又支配下一层的因素或受到下层因素的作用，而同一层的因素之间尽量相互独立．

最上层称为目标层，通常只有 1 个因素；最下层通常为方案层或对象层；中间可以有 1 个或几个层次，通常称为准则层．当准则层过多时（如多于 9 个）应进一步分解出子准则层．

2）构造成对比较矩阵

从层次结构模型的第二层开始，对于从属于（或影响）上一层每个因素的同一层各个因素，用成对比较法和 1-9 比较尺度构造成对比较矩阵，直到最下层．

3）计算权向量并做一致性检验

对于每一个成对比较矩阵计算最大特征值和特征向量，进行一致性检验．若检验通过，特征向量（归一化后）即为权向量；若不通过，需要新构造成对比较矩阵．

4）计算组合权向量并作一致性检验

将层次中的因素对于上一层的权向量及上一层对总目标的权向量综合，确定该层次对于总目标的权向量，并对总排序进行一致性检验．若检验通过，则可按组合权向量表示的结果进行决策，否则需要重新考虑模型或重新构造那些一致性比率 CR 较大的成对比较矩阵．

2. 成对比较矩阵及权向量

假设要比较某一层 n 个因素 C_1，C_2，$\cdots$，C_n 对上一层因素 Z 的影响，每次取两个因素 C_i 和 C_j，用 a_{ij} 表示 C_i 和 C_j 对 Z 的影响之比，全部比较结果可用矩阵 $A=(a_{ij})_{n\times n}$ 表示，称 A 为成对比较矩阵，即 A 为正互反矩阵．事实上 $a_{ij}>0$，$a_{ij}=\dfrac{1}{a_{ji}}$，i，$j=1,2,\cdots,n.$

假设要比较 C_1，C_2，C_3 对目标 Z 的影响程度，作成对比较矩阵

$$A=\begin{pmatrix}1 & 1/9 & 1/7\\9 & 1 & 5\\7 & 1/5 & 1\end{pmatrix},$$

其中 $a_{12}=1/9$ 表示 C_1 与 C_2 对目标 Z 的重要性之比为 $1:9$；$a_{13}=1/7$ 表示 C_1 与 C_3 对目标 Z 的重要性之比为 $1:7$；$a_{23}=5$ 表示 C_2 与 C_3 对目标 Z 的重要性之比为 $5:1$．可以看出对目标 Z 的影响，因素 C_2 最重，C_3 次之，C_1 再次．

仔细分析一下成对比较矩阵可以发现，由于 C_1 与 C_2 之比为 $1:9$，C_1 与 C_3 之比为

$1:7$，则 C_2 与 C_3 之比应为 $9:7$ 而不是 $5:1$，才能说明成对比较一致。但是 n 个因素要作 $\dfrac{n(n-1)}{2}$ 次成对比较，全部一致的要求太苛刻。Saaty 等认为在一定的容许范围内成对比较可以不一致。我们先看成对比较完全一致的例子。

假设把一块单位质量的大石头 O 砸成 n 块小石头 C_1，C_2，$\cdots$，C_n，若精确地称出它们的质量为 ω_1，ω_2，$\cdots$，ω_n。将 C_1，C_2，$\cdots$，C_n 作成对比较，令 $a_{ij}=\omega_i/\omega_j$，那么就得到了成对比较阵 A.

显然 A 是一致阵。n 块小石头 C_1，C_2，$\cdots$，C_n 对大石头 O 的权重（即在大石头中的质量比）可用向量 $\omega=(\omega_1，\omega_2，\cdots，\omega_n)^{\mathrm{T}}$ 表示，且 $\sum\limits_{i=1}^{n}\omega_i=1$，则称 ω 为 C_1，C_2，$\cdots$，C_n 对 O 的权向量。事实上 ω 是一致阵 A 相应于最大特征值 $\lambda_{\max}=n$ 的归一化的特征向量。

上述例子告诉我们：当成对比较阵 A 是一致阵时，其最大特征值 $\lambda_{\max}=n$ 的归一化的特征向量就是因素 C_1，C_2，$\cdots$，C_n 对 O 的权向量。如果成对比较阵 A 不是一致阵时，但在不一致的容许范围内时，Saaty 等建议用对应于最大特征值的归一化的特征向量作为权向量。

3. 比较尺度

比较两个可能具有不同性质的因素 C_i 和 C_j 对于上层因素 Z 的影响时，即如何确定成对比较阵 $A=(a_{ij})_{n\times n}$ 中元素 a_{ij} 的值，Saaty 等建议用 1-9 尺度，即 a_{ij} 的取值范围是 1，2，$\cdots$，9 及其倒数 1，1/2，$\cdots$，1/9，如表 14-1 所示。

表 14-1   1-9 尺度 a_{ij} 的含义

尺度 a_{ij}	含义
1	C_i 与 C_j 的影响相同
3	C_i 比 C_j 的影响稍强
5	C_i 比 C_j 的影响强
7	C_i 比 C_j 的影响明显的强
9	C_i 比 C_j 的影响绝对的强
2，4，6，8	C_i 与 C_j 的影响之比在上述两个相邻等级之间
1，1/2，$\cdots$，1/9	C_i 与 C_j 的影响之比为上面 a_{ij} 的倒数

4. 一致性检验

一般情况下，成对比较阵不是一致阵，但是为了能用它来计算比较因素的权向量，其不一致程度应在容许范围内。

定义 14.3 设 A 为 n 阶正互反阵，$\lambda_{\max}$ 为 A 的最大特征值，称

$$\mathrm{CI}=\frac{\lambda_{\max}-n}{n-1}$$

为 A 的一致性指标。当 $\mathrm{CI}=0$，A 为一致阵；CI 越大 A 的不一致程度越严重。

为了确定 A 的不一致程度的容许范围，需要找出衡量 A 的一致性指标 CI 的标准。Saaty 又引入**随机一致性指标 RI**. 对于不同的 n，Saaty 通过试验得出了随机一致性指标，如表 14-2 所示。

表 14-2　随机一致性指标 RI 的数值

n	1	2	3	4	5	6	7	8	9	10	11
RI	0	0	0.58	0.90	1.12	1.24	1.32	1.41	1.45	1.49	1.51

注：$n=1$，2 时，RI＝0 是因为 1，2 阶的正互反阵总是一致阵．

定义 14.4　称

$$CR = \frac{CI}{RI}$$

为成对比较阵 A 的**随机一致性比率**．

当 CR＜0.1 时，认为 A 的不一致程度在容许范围内，可用其最大特征值的归一化的特征向量作为权向量．当 CR≥0.1 时，要重新修正成对比较阵 A，直至具有满意的一致性．

5. *层次总排序和组合一致性检验*

计算同一层次所有因素对于总目标相对重要性的排序权值的过程称为层次总排序，此过程是从最高层到最低层逐层实现的．

利用同一层次中所有层次单排序的结果，就可以计算针对上一层次而言的本层次所有元素的重要性权重值，这就称为层次总排序．层次总排序需要从上到下逐层顺序进行，对于最高层，其层次单排序就是其总排序．

设上一层次 A 包含 m 个因素 A_1，A_2，$\cdots$，A_m，他们的总排序权值分别为 a_1，a_2，$\cdots$，a_m，下一层次 B 包含 n 个因素 B_1，B_2，$\cdots$，B_n，它们对于因素 A_j 的层次排序权值为 b_{1j}，b_{2j}，$\cdots$，b_{nj} （$j=1$，2，$\cdots$，m），则 B 层的总排序值为

$$\omega_i = \sum_{j=1}^{m} a_j b_{ij}, \quad i=1,2,\cdots,n,$$

如表 14-3 所示．

表 14-3　总层次排序权值表

层次 A / 层次 B	A_1	A_2	$\cdots$	A_m	B 层总排序权值
	a_1	a_2	$\cdots$	a_m	
B_1	b_{11}	b_{12}	$\cdots$	b_{1m}	$\sum_{j=1}^{m} a_j b_{1j}$
B_2	b_{21}	b_{22}	$\cdots$	b_{2m}	$\sum_{j=1}^{m} a_j b_{2j}$
$\vdots$	$\vdots$	$\vdots$		$\vdots$	$\vdots$
B_n	b_{n1}	b_{n2}	$\cdots$	b_{nm}	$\sum_{j=1}^{m} a_j b_{nj}$
CI	CI_1	CI_2	$\cdots$	CI_m	

层次总排序也要进行一致性检验，检验仍然是从高层到低层逐次进行．设 B 层中的因素对上一层次中 A_j 的单层排序的一致性指标为 CI_j（$j=1$，2，$\cdots$，m），而平均随机一致性指标为 RI_j，则 B 层的总排序随机一致性比率为

$$CR = \frac{\sum_{j=1}^{m} a_j CI_j}{\sum_{j=1}^{m} a_j RI_j},$$

当 CR<0.1 时，认为层次总排序具有满意一致性．否则，就需要对本层次的各判断矩阵进行调整，从而使层次总排序具有令人满意的一致性．

14.2.3 足球队简单排名

1. 问题的提出

表 14-4 给出了我国 12 支足球队在 1988—1989 年全国足球甲级队联赛中的成绩，要求设计一个依据这些成绩排出诸队名次的算法，并给出用该算法排名次的结果；并把算法推广到任意 N 个队的情况；讨论数据应该具备什么样的条件，用该算法才能排出诸队的名次．

表 14-4 比赛成绩表

	T1	T2	T3	T4	T5	T6	T7	T8	T9	T10	T11	T12
T1	×	0∶1 1∶0 0∶0	2∶2 1∶0 0∶2	2∶0 3∶1 1∶0	3∶1	1∶0	0∶1 1∶3	0∶2 2∶1	1∶0 4∶0	1∶1 1∶1	×	×
T2		×	2∶0 0∶1 1∶3	0∶0 2∶0 0∶0	1∶1	2∶1	1∶1 1∶1	0∶0 0∶0	2∶0 1∶1	0∶2 0∶0	×	×
T3			×	4∶2 1∶1 0∶0	2∶1	3∶0	1∶0 1∶4	0∶1 3∶1	1∶0 2∶3	0∶1 2∶0	×	×
T4				×	2∶3	0∶1	0∶5 2∶3	2∶1 1∶3	0∶1 0∶0	0∶1 1∶1	×	×
T5					×	0∶1	×	×	×	×	1∶0 1∶2	0∶0 1∶1
T6						×	×	×	×	×	×	×
T7							×	1∶0 2∶0 0∶0	2∶1 3∶0 1∶0	3∶1 3∶0 2∶2	3∶1	2∶0
T8								×	0∶1 1∶2 2∶0	1∶1 1∶0 0∶1	3∶1	0∶0
T9									×	3∶0 1∶0 0∶0	1∶0	1∶0
T10										×	1∶0	2∶0
T11											×	1∶1 1∶2 1∶1
T12												×

注：12 支球队依次记作 T1, T2, …, T12；符号×表示两队未曾比赛；数字表示两队比赛结果，如 T3 行与 T8 列交叉处的数字表示：T3 与 T8 比赛了 2 场，T3 与 T8 的进球数之比为 0∶1 和 3∶1．

2. 模型假设及符号说明

1) 基本假设

(1) 参赛各队存在客观的真实实力, 这是任何一种排名算法的基础;

(2) 排名仅根据现有比赛结果, 不考虑其他因素;

(3) 每场比赛对于估计排名的重要程度是一样的, 具有相同的可信度, 不同的比赛相互独立;

(4) 有些队之间没有比赛, 完全是由于比赛安排的原因造成, 不是由于球队在以前比赛中的胜负造成的, 也不是由于某一方球队弃权造成的.

2) 符号说明

$T1$, $T2$, $\cdots$, $T12$: 12 支参加比赛的队伍;

S_0: 每场比赛的标准积分;

S_i: 每场比赛的实际积分;

k_i: 比赛积分系数;

A: 层次分析中判断矩阵;

w: 判断矩阵的特征向量;

$\lambda_{\max}$: 判断矩阵的最大特征根;

y_1: 比赛获胜;

y_2: 比赛平局;

y_3: 比赛告负;

x_1: 比赛中进一球;

x_2: 比赛中失一数;

Z: 球队总积分.

3. 模型建立与求解

足球界对同一赛事中比赛结果的排名有现成的算法. 例如, 循环比赛结果排名, 按三分制计算总积分, 以总积分的高低来决定名次的先后 (总积分相同者, 再比净胜球数的多少, 总进球数的多少, 等等). 但是, 这一算法着眼于排出比赛的胜负名次, 并不总能合理地反映出各队的真实水平高低, 而且该算法只适用于同一赛事的比赛结果, 对于不同赛事的混合结果, 特别对于比赛场次及数据参差不齐的情况 (如本例所给的数据) 就显得无能为力了.

我们的目的就是要针对这种不规则的比赛数据提出一种算法, 尽可能合理地反映各队的真实水平. 首先对题目中给出的比赛成绩表进行初步的统计分析, 给出各个球队具体的胜、平、负场次如表 14-5 所示.

表 14-5　　12 个球队具体的胜负场次

球队	胜	平	负	总比赛场次
$T1$	10	4	5	19
$T2$	5	10	4	19
$T3$	10	3	6	19
$T4$	1	6	12	19
$T5$	2	3	4	9
$T6$	2	0	3	5

续表

球队	胜	平	负	总比赛场次
T7	14	4	1	19
T8	6	5	8	19
T9	8	3	8	19
T10	6	7	6	19
T11	1	2	6	9
T12	1	5	3	9

从表 14-5 中的数据，可以得到直观的判断：各支队伍之间比赛的场次各不相同．所以要想比较各队的积分，那么积分一定与比赛的场次有关．那么最后的积分还和哪些因素有关呢？下面分别进行讨论．

模型 1 总积分法：按照三分制即胜一场得 3 分，平一场得 1 分，负一场得 0 分，计算各队在所有比赛中的总积分，按总积分的高低排出名次，如表 14-6 所示．

由于所给的数据中，各队比赛场次有多有少，而按假设，比赛场次的多少并不是由于该队在以前的比赛中的胜负所致．如果按总积分法，则比赛场少的明显吃亏，为了克服这一不合理性，很自然地改进为表 14-6．

表 14-6 12 个队的简单积分表

球队	总比赛场次	积分	名次
T1	19	34	2
T2	19	25	5
T3	19	33	3
T4	19	9	9
T5	9	9	8
T6	5	6	11
T7	19	46	1
T8	19	23	7
T9	19	27	4
T10	19	25	6
T11	9	5	12
T12	9	8	10

模型 2 平均积分法：将每个球队的总积分除以该队参加比赛的场数，得出每场的平均积分，按各队平均积分的高低排出名次，如表 14-7 所示．

从同样比赛 19 场的 8 个队的积分中，发现 T2 与 T10 的积分是相同的．从中可以得出积分除了与比赛的总场次，胜负场次有关，还和其他因素有关系．现比较 T2 与 T10 的进球数以及失球数如表 14-8 所示．

从表 14-8 中我们不难发现二者的净胜球数是不一样的，可见最后积分应该与每场比赛进球数和失球数有关．

综合以上讨论，可以大致得出以下结论：球队的积分应该与参加比赛的场次和每场比赛积分有关，而每场比赛的积分与球队比赛是否获胜，进球数以及失球数有关.

表 14-7　　12 个队的简单排名表

球队	总比赛场次	积分	平均积分	名次
$T1$	19	34	1.79	2
$T2$	19	25	1.32	5
$T3$	19	33	1.74	3
$T4$	19	9	0.47	12
$T5$	9	9	1	9
$T6$	5	6	1.2	8
$T7$	19	46	2.42	1
$T8$	19	23	1.21	7
$T9$	19	27	1.42	4
$T10$	19	25	1.32	6
$T11$	9	5	0.56	11
$T12$	9	8	0.89	10

表 14-8　　$T2$ 与 $T10$ 的进球数以及失球数统计表

	进球数	失球数	净胜球数
$T2$	14	12	2
$T10$	15	19	-4

模型 3　层次分析法：先对每场比赛中两支球队的积分算法进行讨论. 通过模型 2，知道每场比赛的积分与球队比赛是否获胜，进球数以及失球数有关，接下来就要分析这几个因素对积分的影响以及它们在积分中所占的权重如何，对此可建立如下的层次结构图（图 14-2）.

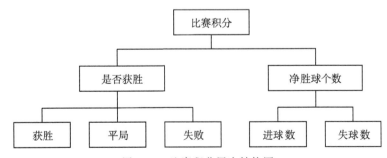

图 14-2　比赛积分层次结构图

通过层次分析法对每一个层次进行分析. 每一层利用成对比较法确定它们在各层所占的比重，用 a_{ij} 表示 y_i 与 y_j 对 Z 的影响程度之比，按 1-9 的比例标度来度量 a_{ij} 的大小，这三个因素彼此比较，便构成了一个两两比较的正互反矩阵 $A=(a_{ij})_{n\times n}$，然后根据 AHP 近似算法中"和积法"的计算步骤，得到归一化的特征向量 $w=(w_1,\ w_2,\ \cdots,\ w_n)^{\mathrm{T}}$，接着算出判断矩阵的最大特征根 $\lambda_{\max}$，最后用一致性指标检验判断矩阵是否具有满意的一致性.

首先对是否获胜这一层进行分析.

在充分分析影响是否获胜的因素 y_1 比赛获胜、y_2 比赛平局、y_3 比赛告负的基础上，利用判断矩阵标度及其含义，可以得到以下正互反矩阵：

$$A = \begin{bmatrix} 1 & 5 & 7 \\ 1/5 & 1 & 5 \\ 1/7 & 1/5 & 1 \end{bmatrix},$$

$CR(A) = 0.162 > 0.1$，A 不具有满意的一致性.

A 的每一列向量的归一化向量为 $\beta_1 = \begin{bmatrix} 0.745 \\ 0.149 \\ 0.106 \end{bmatrix}$，$\beta_2 = \begin{bmatrix} 0.807 \\ 0.161 \\ 0.032 \end{bmatrix}$，$\beta_3 = \begin{bmatrix} 0.538 \\ 0.385 \\ 0.077 \end{bmatrix}$. 由"和积法"求得的排序向量 $w = (0.697, 0.232, 0.071)^{\mathrm{T}}$，从而诱导矩阵为

$$C = \begin{bmatrix} 1.069 & 1.158 & 0.772 \\ 0.642 & 0.694 & 1.659 \\ 1.493 & 0.451 & 1.085 \end{bmatrix},$$

矩阵 C 中偏离 1 最大的元素为 $c_{23} = 1.659 > 1$，且 $a_{23} = 5$ 为整数，因此，需要将 a_{23} 减小 1，即修正 a_{23}，a_{32} 分别为 $a'_{23} = 4$、$a'_{32} = \dfrac{1}{4}$，从而得 $A' = \begin{bmatrix} 1 & 5 & 7 \\ 1/5 & 1 & 4 \\ 1/7 & 1/4 & 1 \end{bmatrix}$，计算一致性检验比率得，$CR(A') = 0.1093 > 0.1$，这时，$A'$ 仍不具有满意的一致性，需要对判断矩阵 A' 继续进行改进.

A' 的每一列向量的归一化向量为 $\beta'_1 = \begin{bmatrix} 0.745 \\ 0.149 \\ 0.106 \end{bmatrix}$，$\beta'_2 = \begin{bmatrix} 0.8 \\ 0.16 \\ 0.04 \end{bmatrix}$，$\beta'_3 = \begin{bmatrix} 0.583 \\ 0.334 \\ 0.083 \end{bmatrix}$. 由"和积法"求得的排序向量 $w' = (0.709, 0.215, 0.076)^{\mathrm{T}}$，从而诱导矩阵为

$$C' = \begin{bmatrix} 1.051 & 1.128 & 0.822 \\ 0.693 & 0.744 & 1.553 \\ 1.395 & 0.526 & 1.092 \end{bmatrix},$$

矩阵 C' 中偏离 1 最大的元素为 $c'_{23} = 1.553 > 1$，且 $a'_{23} = 4$ 为整数，因此，需将 a'_{23} 减小 1，即修正 a'_{23}、a'_{32} 分别为 $a''_{23} = 3$、$a''_{32} = \dfrac{1}{3}$，从而得

$$A'' = \begin{bmatrix} 1 & 5 & 7 \\ 1/5 & 1 & 3 \\ 1/7 & 1/3 & 1 \end{bmatrix},$$

判断矩阵 A'' 的每一列向量的归一化向量为

$$\beta''_1 = \begin{bmatrix} 0.745 \\ 0.149 \\ 0.106 \end{bmatrix}, \quad \beta''_2 = \begin{bmatrix} 0.789 \\ 0.158 \\ 0.053 \end{bmatrix}, \quad \beta''_3 = \begin{bmatrix} 0.636 \\ 0.273 \\ 0.091 \end{bmatrix}.$$

由"和积法"求得的排序向量为 $w'' = (0.723, 0.194, 0.083)^{\mathrm{T}}$，判断矩阵 A'' 的最大特征根的近似值为

$$\lambda_{\max} = \sum_{i=1}^{3} \frac{(A''w'')_i}{3w_i} = \frac{1}{3}\left(\frac{2.274}{0.723} + \frac{0.5876}{0.194} + \frac{0.251}{0.083} \right) = 3.06587.$$

由计算可知，得到的判断矩阵 A'' 不是完全一致性矩阵，要对此判断矩阵进行一致性检验，观察是否具有满意的一致性．

$$\mathrm{CI} = \frac{\lambda_{\max} - n}{n-1} = \frac{3.06587 - 3}{2} = 0.032935,$$

$$\mathrm{RI} = 0.58,$$

$$\mathrm{CR} = \frac{\mathrm{CI}}{\mathrm{RI}} = \frac{0.032935}{0.58} = 0.0568 < 0.1.$$

可见，我们得到的矩阵 A'' 具有满意的一致性．因此对于积分的分配，获胜一场占的权值为 0.723，平一场比赛的权值为 0.194，输一场比赛占的权值为 0.083．

其次对净胜球个数这一层进行分析．

令 x_1 表示进一球，x_2 表示失一数，得到判断矩阵：

$$B = \begin{bmatrix} 1 & 3 \\ 1/3 & 1 \end{bmatrix},$$

判断矩阵 B 的归一化特征向量为 $w = (0.75,\ 0.25)^{\mathrm{T}}$，判断矩阵 B 的最大特征值为：$\lambda_{\max} = 2$，所以判断矩阵 B 是完全一致性矩阵，从而对于积分的分配，进一个球所占的权值为 0.75，失一个球所占的权值为 0.25．

最后对比赛积分这一层进行层次分析．

令 z_1 表示球队获胜，z_2 表示净胜球个数，得到判断矩阵为

$$C = \begin{bmatrix} 1 & 4 \\ 1/4 & 1 \end{bmatrix},$$

该矩阵的最大特征值是：$\lambda_{\max} = 2$，归一化特征向量为 $w = (0.8,\ 0.2)^{\mathrm{T}}$．

综合以上分析，我们得到每一场比赛积分的分配表（表 14-9）．

表 14-9　因素权值表

	z_1——0.80	z_2——0.20	层次总排序
y_1	0.723	0	0.5784
y_2	0.194	0	0.1552
y_3	0.083	0	0.0664
x_1	0	0.75	0.15
x_2	0	0.25	0.05

不妨设每场比赛的标准积分 S_0 为 10 分，按照上面的积分分配原则，可知胜一场得到 5.784 分，平一场得到 1.552 分，进一个球得到 1.5 分，而对负的场次以及丢一个球进行扣分处理，则负一场我们扣掉 0.664 分，丢一个球扣掉 0.5 分．由以上的积分分配原则，可以得到各队的最后积分与排名表（表 14-10）．

表 14-10　12 个球队的最后积分与排名

球队	胜	平	负	进球数	丢球数	总积分	排名
T_1	10	4	5	24	16	88.728	3
T_2	5	10	4	14	12	56.784	5
T_3	10	3	6	28	20	90.512	2

球队	胜	平	负	进球数	丢球数	总积分	排名
T4	1	6	12	12	32	9.128	11
T5	2	3	4	9	12	21.068	8
T6	2	0	3	3	6	11.076	10
T7	14	4	1	40	12	140.52	1
T8	6	5	8	17	17	54.152	7
T9	8	3	8	15	20	58.116	4
T10	6	7	6	15	19	54.584	6
T11	1	2	6	7	13	8.904	12
T12	1	5	3	5	9	14.552	9

这样就把 12 支队伍进行了最终排名，从中发现有的队比赛场次少，但其成绩却比一些比赛多的队分数高，这说明比赛的场次与最后的积分之间存在着一定的关系；而且考虑到比赛双方之间存在差异，比赛就存在着相对重要性问题，那么最后的每场比赛分配的积分数应该是不同的．

14.3 马尔可夫链预测

马尔可夫链模型是以俄国数学家 A. A. Markov 命名的一种动态随机数学模型，它通过分析随机变量现时的运动情况来预测这些变量未来的运动情况．目前，马尔可夫链模型在自然科学、工程技术、社会科学、经济研究等领域都有着广泛的应用．

14.3.1 马尔可夫链预测模型简介

设考察对象为一系统，若该系统在某一时刻可能出现的事件集合为 $\{E_1, E_2, \cdots, E_N\}$，$E_1, E_2, \cdots, E_N$ 两两互斥，则称 E_i 为状态，$i = 1, 2, \cdots, N$．称该系统从一种状态 E_i 变化到另一种状态 E_j 的过程为状态转移，并把整个系统不断实现状态转移的过程称为马尔可夫过程．

定义 14.5 具有下列两个性质的马尔可夫过程称为马尔可夫链：一是无后效性，即系统的第 n 次实验结果出现的状态，只与第 $n-1$ 时的系统所处的状态有关，而与它以前所处的状态无关；二是具有稳定性，该过程逐渐趋于稳定状态，而与初始状态无关．

定义 14.6 向量 $u = (u_1, u_2, \cdots, u_n)$ 称为概率向量，如果 u 满足：

$$\begin{cases} u_j \geqslant 0, \quad j = 1, 2, \cdots, n, \\ \sum_{j=1}^{n} u_j = 1. \end{cases}$$

定义 14.7 如果方阵 P 的每行都为概率向量，则称此方阵为概率矩阵．

可以证明，如果矩阵 A 和 B 皆为概率矩阵，则 AB，A^k，B^k 也都是概率矩阵（k 为正整数）．

定义 14.8 系统由状态 E_i 经过一次转移到状态 E_j 的概率记为 P_{ij}，称矩阵

$$P = \begin{bmatrix} P_{11} & P_{12} & \cdots & P_{1N} \\ P_{21} & P_{22} & \cdots & P_{2N} \\ \vdots & \vdots & & \vdots \\ P_{N1} & P_{N2} & \cdots & P_{NN} \end{bmatrix}$$

为一次（或一步）转移矩阵.

转移矩阵必为概率矩阵，且具有以下两条性质：

(1) $P^{(k)} = P^{(k-1)} P$,

(2) $P^{(k)} = P^k$,

其中 $P^{(k)}$ 为 k 次转移矩阵.

定义 14.9　对概率矩阵 P，若幂次方 P^m 的所有元素皆为正数，则矩阵 P 称为正规概率矩阵（此处 $m \geqslant 2$）.

定理 14.4　正规概率矩阵 P 的幂次方序列 P，P^2，P^3，…，趋近于某一方阵 T，T 的每一行均为同一概率向量 t，且满足 $tP = t$.（证明略）

下面给出马尔可夫链模型.

设系统在 $k=0$ 时所处的初始状态 $S^{(0)} = (S_1^{(0)}, S_2^{(0)}, \cdots, S_N^{(0)})$ 为已知，经过 k 次转移后所处的状态向量 $S^{(k)} = (S_1^{(k)}, S_2^{(k)}, \cdots, S_N^{(k)})$（$k=1, 2, \cdots$），则

$$S^{(k)} = S^{(0)} \begin{bmatrix} P_{11} & P_{12} & \cdots & P_{1N} \\ P_{21} & P_{22} & \cdots & P_{2N} \\ \vdots & \vdots & & \vdots \\ P_{N1} & P_{N2} & \cdots & P_{NN} \end{bmatrix}^k .$$

此式即为马尔可夫链预测模型.

由上式可以看出，系统在经过 k 次转移后所处的状态 $S^{(k)}$ 只取决于它的初始状态 $S^{(0)}$ 和转移矩阵 P.

14.3.2　市场占有率预测

1. 问题的提出

设有甲、乙、丙三家企业，生产同一种产品，共同供应 1000 家用户，各用户在各企业间自由选购，但不超过这三家企业，也无新的用户.假定在 10 月末经过市场调查得知，甲、乙、丙三家企业拥有的客户分别是 250 户、300 户、450 户，而 11 月用户可能的流动情况如表 14-11 所示.

表 14-11　用户流动情况表

从＼到	甲	乙	丙	Σ
甲	230	10	10	250
乙	20	250	30	300
丙	30	10	410	450
Σ	280	270	450	1000

假定该产品用户的流动按上述方向继续变化下去（转移矩阵不变），预测 12 月份三家企业市场用户各自的拥有量，并计算经过一段时间后，三家企业在稳定状态下该种产品的市场

占有率.

2. 模型建立与求解

第一步　根据调查资料，确定初始状态概率向量，这里

$$S^{(0)} = (S_1^{(0)}, S_2^{(0)}, S_3^{(0)}) = \left(\frac{250}{1000}, \frac{300}{1000}, \frac{450}{1000}\right) = (0.25, 0.3, 0.45).$$

第二步　确定一次转移概率矩阵. 此问题由用户可能流动情况调查表可知，其一次转移矩阵为

$$P = \begin{bmatrix} 230/250 & 10/250 & 10/250 \\ 20/300 & 250/300 & 30/300 \\ 30/450 & 10/450 & 410/450 \end{bmatrix}$$

$$= \begin{bmatrix} 0.92 & 0.04 & 0.04 \\ 0.067 & 0.833 & 0.1 \\ 0.067 & 0.022 & 0.911 \end{bmatrix}.$$

矩阵中每一行的元素，代表着各企业保持和失去用户的概率. 如第一行甲企业保持用户的概率是 0.92，转移到乙、丙两企业的概率都是 0.04，甲企业失去用户的概率是 $0.04 + 0.04 = 0.08$.

第三步　利用马尔可夫链模型进行预测. 显然，12 月份三家企业市场占有率为

$$S^{(2)} = (S_1^{(2)}, S_2^{(2)}, S_3^{(2)})$$
$$= S^{(0)} P^2$$
$$= (0.25, 0.3, 0.45) \begin{bmatrix} 0.92 & 0.04 & 0.04 \\ 0.067 & 0.833 & 0.1 \\ 0.067 & 0.022 & 0.911 \end{bmatrix}^2$$
$$= (0.306, 0.246, 0.448).$$

12 月份三家企业市场用户拥有量分别为

甲：$1000 \times 0.306 = 306$ 户，

乙：$1000 \times 0.246 = 246$ 户，

丙：$1000 \times 0.448 = 448$ 户.

现在，假定该产品用户的流动情况按上述方向继续变化下去，我们来求三家企业的该种产品市场占有的稳定状态概率.

易验证 P 为正规矩阵.

设 $t = (x, y, 1-x-y)$，令 $tP = t$，即

$$(x, y, 1-x-y) \begin{bmatrix} 0.92 & 0.04 & 0.04 \\ 0.067 & 0.833 & 0.1 \\ 0.067 & 0.022 & 0.911 \end{bmatrix} = (x, y, 1-x-y),$$

将上式展开，得

$$\begin{cases} 0.92x + 0.067y + 0.067(1-x-y) = x, \\ 0.04x + 0.833y + 0.022(1-x-y) = y, \\ 0.04x + 0.1y + 0.911(1-x-y) = 1-x-y, \end{cases}$$

解上述线性方程组，得

$$x = 0.4558, \quad y = 0.1598.$$

故 $(x, y, 1-x-y) = (0.4558, 0.1598, 0.3844)$.

上述结果表明：如果甲、乙、丙三家企业的市场占有率照目前转移概率状态发展下去，那么经过一段时间后，三家企业的市场占有率将分别是 45.58％，15.98％和 38.44％. 显然，对于乙、丙两家企业而言，必须迅速找出市场占有率下降的原因.

14.4 模糊数学方法

在各科学领域中，所涉及的各种量总是可以分为确定性和不确定性两大类，对于不确定性问题，又可分为随机不确定性和模糊不确定性两类. 模糊数学就是研究属于不确定性，而又具有模糊性的量的变化规律的一种数学方法. 随着科学技术的发展，各学科领域对于与模糊概念有关的实际问题往往都需要给出定量的分析，这就需要利用模糊数学这一工具来解决. 本章针对实际中具有模糊性的问题，利用模糊数学的理论知识建立数学模型解决问题.

14.4.1 模糊数学的基本概念

1. 模糊集与隶属函数

1) 模糊集与隶属函数的概念

一般说来，我们对通常集合的概念并不陌生，如果将所讨论的对象限制在一定的范围内，并记所讨论的对象全体构成的集合为 U，则称之为论域（或称为全域、全集、空间、话题）. 如果 U 是论域，则 U 的所有子集组成的集合称为 U 的幂集，记作 $F(U)$. 在此，总是假设问题的论域是非空的. 为了与模糊集区别，在这里称通常的集合为普通集.

对于论域 U 的每一个元素 $x \in U$ 和某一个子集 $A \subset U$，有 $x \in A$ 或 $x \notin A$，二者有且仅有一个成立. 于是，对于子集 A 定义映射

$$\mu_A : U \to \{0,1\},$$

即

$$\mu_A = \begin{cases} 1, & x \in A, \\ 0, & x \notin A, \end{cases}$$

则称之为集合 A 的特征函数，集合 A 可以由特征函数唯一确定.

所谓论域 U 上的模糊集 A 是指：对任意 $x \in A$ 总以某个程度 $\mu_A (\mu_A \in [0,1])$ 属于 A，而不能用 $x \in A$ 或 $x \notin A$ 描述. 若将普通集的特征函数的概念推广到模糊集上，即得到模糊集的隶属函数.

定义 14.10 设 U 是一个论域，如果给定了一个映射

$$\mu_A : U \to [0,1], \quad x \mapsto \mu_A(x) \in [0,1],$$

则就确定了一个模糊集 A，其映射 μ_A 称为模糊集 A 的隶属函数，μ_A 称为 x 对模糊集 A 的隶属度.

定义 14.10 表明：论域 U 上的模糊集 A 由隶属函数 μ_A 来表征，μ_A 取值范围为闭区间 $[0,1]$，μ_A 的大小反映了 x 对于模糊集的从属程度. μ_A 值接近于 1，表示 x 从属 A 的程度很高，μ_A 值接近于 0，表示 x 从属 A 的程度很低. 使 $\mu_A = 0.5$ 的点 x_0 称为模糊集 A 的过渡点.

当 μ_A 的值域为 $\{0,1\}$ 时，μ_A 退化为普通集的特征函数，模糊集 A 蜕变为普通集，所以模糊集是普通集概念的推广.

对一个论域 U 可以有多个不同的模糊集，记 U 上的模糊集的全体为 $F(U)$，即

$$F(U) = \{A \mid \mu_A : U \to [0,1]\},$$

则 $F(U)$ 就是论域 U 上的模糊幂集，显然 $F(U)$ 是一个普通集，且 $U \subseteq F(U)$．

2）模糊集的表示法

当论域 $U = \{x_1, x_2, \cdots, x_n\}$ 为有限集时，若 A 是 U 上的任一个模糊集，其隶属度为 $\mu_A(x_i)$ $(i = 1, 2, \cdots, n)$，通常有如下三种表示方法．

（1）Zadeh 表示法

$$A = \sum_{i=1}^{n} \frac{\mu_A(x_i)}{x_i} = \frac{\mu_A(x_1)}{x_1} + \frac{\mu_A(x_2)}{x_2} + \cdots + \frac{\mu_A(x_n)}{x_n},$$

这里 "$\dfrac{\mu_A(x_i)}{x_i}$" 不是分数，"$+$" 也不表示求和，只是符号，它表示点 x_i 对模糊集 A 的隶属度是 $\mu_A(x_i)$．在论域 U 中，$\mu_A(x_i) > 0$ 的元素集称为 A 的台，又称为模糊集 A 的支集．

（2）序偶表示法　将论域中的元素 x_i 与其隶属度 $\mu_A(x_i)$ 构成序偶来表示 A，即

$$A = \{(x_1, \mu_A(x_1)), (x_2, \mu_A(x_2)), \cdots, (x_n, \mu_A(x_n))\},$$

此种表示方法隶属度为 0 的项可不写入．

（3）向量表示法

$$A = (\mu_A(x_1), \mu_A(x_2), \cdots, \mu_A(x_n)),$$

在向量表示法中，隶属度为 0 的项不能省略．

当论域 U 为无限集时，则 U 上的模糊集 A 可以表示为

$$A = \int_U \frac{\mu_A(x)}{x},$$

这里 "$\dfrac{\mu_A(x)}{x}$" 不是分数，而是表示论域 U 上的元素 x 与隶属度 $\mu_A(x)$ 之间对应关系．"$\int$" 不是积分号，而是表示论域 U 上的元素 x 与隶属度 $\mu_A(x)$ 对应关系的一个总括．

3）模糊集的运算

模糊集与普通集有相同的运算和相应的运算规律．

定义 14.11　设模糊集 $A, B \in F(U)$，其隶属函数为 $\mu_A(x)$，$\mu_B(x)$．

（1）若对任意 $x \in U$，有 $\mu_B(x) \leqslant \mu_A(x)$，则称 A 包含 B，记 $B \subseteq A$；

（2）若 $B \subseteq A$ 且 $A \subseteq B$，则称 A 与 B 相等，记为 $A = B$．

定义 14.12　设模糊集 $A, B \in F(U)$，其隶属函数为 $\mu_A(x)$，$\mu_B(x)$，则称 $A \bigcup B$ 和 $A \bigcap B$ 为 A 与 B 的并集和交集；称 A^c 为 A 的补集或余集．它们的隶属函数分别为

$$\mu_{A \cup B}(x) = \mu_A(x) \vee \mu_B(x) = \max(\mu_A(x), \mu_B(x)),$$
$$\mu_{A \cap B}(x) = \mu_A(x) \wedge \mu_B(x) = \min(\mu_A(x), \mu_B(x)),$$
$$\mu_{A^c}(x) = 1 - \mu_A(x),$$

其中 "$\vee$" 和 "$\wedge$" 分别表示取大运算和取小运算，称其为 Zadeh 算子．并且，并和交运算可以直接推广到任意有限的情况，同时也满足普通集的交换律、结合律、分配律等运算．

2．隶属函数的确定方法

正确地确定隶属函数是运用模糊集合理论解决实际问题的基础．隶属函数是对模糊概念的定量描述．应用模糊数学方法建立数学模型的关键是建立符合实际的隶属函数．然而，如何确定一个模糊集的隶属函数至今还是尚未完全解决的问题．隶属函数的确定过程，本质上应该是客观的，但每个人对于同一个模糊概念的认识理解有差异，因此，隶属函数的确定又

带有主观性. 一般是根据经验或统计进行确定, 也可由专家、权威给出. 下面仅介绍几种常用的确定隶属函数的方法. 不同的方法结果会不同, 但隶属函数的建立是否适合标准, 要用实际使用的效果来检验.

1) 模糊统计方法

模糊统计方法可以算是一种客观方法, 主要是在模糊统计试验的基础上, 根据隶属度的客观存在性来确定. 所谓的模糊统计试验必须包含下面的四个要素.

(1) 论域 U.

(2) U 中的一个固定元素 x_0.

(3) U 中的一个随机变动的集合 A^*（普通集）.

(4) U 中的一个以 A^* 作为弹性边界的模糊集 A, 对 A^* 的变动起着制约作用. 其中 $x_0 \in A^*$ 或 $x_0 \notin A^*$, 致使 x_0 对 A 的隶属关系是不确定的.

假设做 n 次模糊试验, 则可计算出

$$x_0 \text{ 对 } A \text{ 的隶属频率} = \frac{x_0 \in A^* \text{ 的次数}}{n}.$$

事实上, 当 n 不断增大时, 隶属频率趋于稳定, 其频率的稳定值称为 x_0 对 A 的隶属度, 即

$$\mu_A(x_0) = \lim_{n \to \infty} \frac{x_0 \in A^* \text{ 的次数}}{n}.$$

2) 例证法

例证法是 Zadeh 在 1972 年提出, 主要思想是从已知有限个 μ_A 的值来估计论域 U 上的模糊子集 A 的隶属函数. 例如, 论域 U 是全体人类, A 是 "青年人", 显然 A 是模糊子集. 为了确定 μ_A, 可先给出一个年龄 a 值, 然后选定几个语言真值（即一句话真的程度）中的一个来回答某人年龄是否算 "年轻". 如语言真值分为 "真的""大致真的""似真又似假""大致假的""假的". 把这些语言真值分别用数字表示, 分别为 1, 0.75, 0.5, 0.25, 0. 对几个不同的年龄 a_1, $a_2, \cdots, a_n$ 都作为样本进行询问, 就可以得到 A 的隶属函数的离散表示法.

3) 指派方法

指派方法是一种主观的方法, 它主要依据人们的实践经验来确定某些模糊集的隶属函数. 如果模糊集定义在实数域 **R** 上, 则模糊集的隶属函数称为模糊分布. 所谓的指派方法就是根据问题的性质主观地选用某些形式的模糊分布, 再依据实际测量数据确定其中所包含的参数.

若以实数域 **R** 为论域, 称隶属函数为模糊分布. 常见的分布如表 14-12 所示.

表 14-12　常用的模糊分布

	（a）偏小型	（b）中间型	（c）偏大型
矩形分布	$\mu_A(x) = \begin{cases} 1, & x \leqslant a \\ 0, & x > a \end{cases}$	$\mu_A(x) = \begin{cases} 1, & a \leqslant x \leqslant b \\ 0, & x < a,\ x > b \end{cases}$	$\mu_A(x) = \begin{cases} 1, & x \geqslant a \\ 0, & x < a \end{cases}$
梯形分布	$\mu_A(x) = \begin{cases} 1, & x < a \\ \dfrac{b-x}{b-a}, & a \leqslant x \leqslant b \\ 0, & x > b \end{cases}$	$\mu_A(x) = \begin{cases} \dfrac{x-a}{b-a}, & a \leqslant x \leqslant b \\ 1, & b \leqslant x < c \\ \dfrac{d-x}{d-c}, & c \leqslant x < d \\ 0, & x < a,\ x \geqslant d \end{cases}$	$\mu_A(x) = \begin{cases} 0, & x < a \\ \dfrac{x-a}{b-a}, & a \leqslant x \leqslant b \\ 1, & x > b \end{cases}$

续表

	（a）偏小型	（b）中间型	（c）偏大型
正态分布	$\mu_A(x)=\begin{cases}1, & x\leqslant a\\ \mathrm{e}^{-\left(\frac{x-a}{\sigma}\right)^2}, & x>a\end{cases}$	$\mu_A(x)=\mathrm{e}^{-\left(\frac{x-a}{\sigma}\right)^2}$	$\mu_A(x)=\begin{cases}0, & x\leqslant a\\ 1-\mathrm{e}^{-\left(\frac{x-a}{\sigma}\right)^2}, & x>a\end{cases}$
k次抛物线型分布	$\mu_A(x)=\begin{cases}1, & x<a\\ \left(\frac{b-x}{b-a}\right)^k, & a\leqslant x\leqslant b\\ 0, & x>b\end{cases}$	$\mu_A(x)=\begin{cases}\left(\frac{x-a}{b-a}\right)^k, & a\leqslant x\leqslant b\\ 1, & b\leqslant x<c\\ \left(\frac{d-x}{d-c}\right)^k, & c\leqslant x<d\\ 0, & x<a,\ x\geqslant d\end{cases}$	$\mu_A(x)=\begin{cases}0, & x<a\\ \left(\frac{x-a}{b-a}\right)^k, & a\leqslant x\leqslant b\\ 1, & x>b\end{cases}$
Γ型分布	$\mu_A(x)=\begin{cases}1, & x<a\\ \mathrm{e}^{-k(x-a)}, & x\geqslant a\end{cases}$ 其中$k>0$	$\mu_A(x)=\begin{cases}\mathrm{e}^{k(x-a)}, & x<a\\ 1, & a\leqslant x<b\\ \mathrm{e}^{-k(x-a)}, & x\geqslant b\end{cases}$ 其中$k>0$	$\mu_A(x)=\begin{cases}0, & x<a\\ 1-\mathrm{e}^{-k(x-a)}, & x\geqslant a\end{cases}$ 其中$k>0$
柯西型分布	$\mu_A(x)=\begin{cases}1, & x\leqslant a\\ \dfrac{1}{1+\alpha(x-a)^\beta}, & x>a\end{cases}$ 其中$\alpha>0,\ \beta>0$	$\mu_A(x)=\dfrac{1}{1+\alpha(x-a)^\beta}$ 其中$\alpha>0,\ \beta>0$为偶数	$\mu_A(x)=\begin{cases}0, & x\leqslant a\\ \dfrac{1}{1+\alpha(x-a)^{-\beta}}, & x>a\end{cases}$ 其中$\alpha>0,\ \beta>0$

实际中，根据研究对象的描述来选择适当的模糊分布．偏小型模糊分布一般适合于描述像"小""少""冷""疏"等偏向小的程度的模糊现象．偏大型模糊分布一般适合于描述像"大""多""热""密"等偏向大的程度的模糊现象．而中间型模糊分布一般适合于描述像"中""适中""不太多""不太少""不太深""不太浓"等处于中间状态的模糊现象．但这些方法所给出的隶属函数都是近似的，应用时需要对实际问题进行分析，逐步地进行修改完善，最后得到近似程度更好的隶属函数．

4）其他方法

实际中，用来确定模糊集的隶属函数的方法是多种多样的，主要是根据问题的实际意义来确定．例如，在经济领域、社会管理中，可以直接借助于已有的"客观尺度"作为模糊集的隶属度．如果论域 U 表示产品，在 U 上定义模糊集 $A=$ "质量稳定"，可用产品的"正品率"作为 A 的隶属度．如果 U 表示家庭，在 U 上定义模糊集 $A=$ "家庭贫困"，则可以用 Engel 系数＝（食品消费）/（总消费）作为 A 的隶属度．

14.4.2　模糊关系与模糊矩阵

1. 模糊矩阵及其运算

定义 14.13　设 $R=(r_{ij})_{m\times n}$，$0\leqslant r_{ij}\leqslant 1$，称 R 为模糊矩阵．当 r_{ij} 只取 0 或 1 时，称 R 为布尔（Boole）矩阵．当模糊矩阵 $R=(r_{ij})_{m\times n}$ 的对角线上的元素 r_{ij} 都为 1 时，称 R 为模糊自反矩阵．

定义 14.14　设 $A=(a_{ij})_{m\times n}$，$B=(b_{ij})_{m\times n}$ 都是模糊矩阵，定义

相等：$A=B\Leftrightarrow a_{ij}=b_{ij}$，$i=1,2,\cdots,m$；$j=1,2,\cdots,n$.

包含：$A\leqslant B\Leftrightarrow a_{ij}\leqslant b_{ij}$，$i=1,2,\cdots,m$；$j=1,2,\cdots,n$.

并：$A\cup B=(a_{ij}\vee b_{ij})_{m\times n}$.

交：$A\cap B=(a_{ij}\wedge b_{ij})_{m\times n}$.

余：$A^C = (1 - a_{ij})_{m \times n}$.

定义 14.15　设 $A = (a_{ij})_{m \times n}$，$B = (b_{ij})_{m \times n}$ 都是模糊矩阵，称模糊矩阵

$$A \circ B = (c_{ij})_{m \times n}$$

为 A 与 B 的合成，其中 $c_{ij} = \max\{(a_{ik} \wedge b_{kj}) \mid 1 \leqslant k \leqslant s\}$.

定义 14.16　设 $A = (a_{ij})_{m \times n}$，对任意的 $\lambda \in [0, 1]$，称 $A_\lambda = (a_{ij}^{(\lambda)})_{m \times n}$ 为模糊矩阵 A 的 λ-截矩阵，其中

$$a_{ij}^{(\lambda)} = \begin{cases} 1, & a_{ij} \geqslant \lambda, \\ 0, & a_{ij} < \lambda. \end{cases}$$

显然，A 的 λ-截矩阵为布尔矩阵.

2. 模糊关系

模糊关系是普通关系的推广，它描述元素之间关联程度的多少.

定义 14.17　设论域 U，V，则乘积空间 $U \times V$ 上的一个模糊子集 $R \in F(U \times V)$ 称为从 U 到 V 的模糊关系. 如果 R 的隶属函数为

$$\mu_R : U \times V \to [0,1], \qquad (x,y) \mapsto \mu_R(x,y),$$

则称隶属度 $\mu_R(x, y)$ 为 (x, y) 模糊关系 R 的相关程度.

由于模糊关系就是乘积空间 $U \times V$ 上的一个模糊子集，因此，模糊关系同样具有模糊集的运算及性质.

当论域 $U = \{x_1, x_2, \cdots, x_m\}$ 和 $V = \{y_1, y_2, \cdots, y_n\}$ 有限时，则 U 到 V 的模糊关系 R 可用 $m \times n$ 阶模糊矩阵表示，即 $R = (r_{ij})_{m \times n}$，其中 $r_{ij} = \mu_R(x_i, y_j)$ 表示 (x_i, y_j) 关于模糊关系 R 的相关程度.

定义 14.18　设 X，Y，Z 是论域，R_1 是 X 到 Y 的模糊关系，R_2 是 Y 到 Z 的模糊关系，则 R_1 与 R_2 的合成 $R_1 \circ R_2$ 是 X 到 Z 的一个模糊关系，其隶属函数定义为

$$(R_1 \circ R_2)(x,z) = \max\{R_1(x,y) \wedge R_2(y,z) \mid y \in Y\}.$$

3. 模糊等价与模糊相似

定义 14.19　设论域 $U = \{x_1, x_2, \cdots, x_n\}$，$I$ 为单位矩阵，如果模糊矩阵 $R = (r_{ij})_{n \times n}$ 满足

(1) 自反性：$I \leqslant R$（或 $r_{ij} = 1$，$i = 1, 2, \cdots, n$）.

(2) 对称性：$R^T = R$（或 $r_{ij} = r_{ji}$，$i, j = 1, 2, \cdots, n$）.

(3) 传递性：$R \circ R \leqslant R$（或 $\bigvee_{k=1}^{n} (r_{ik} \wedge r_{kj}) \leqslant r_{ij}$，$i, j = 1, 2, \cdots, n$）.

则称 R 为模糊等价矩阵.

对于满足自反性和对称性的模糊矩阵，称为模糊相似矩阵.

定义 14.20　设 $R = (r_{ij})_{n \times n}$ 是模糊矩阵，如果满足

$$R \circ R = R^2 \leqslant R(\text{或} \bigvee_{k=1}^{n} (r_{ik} \wedge r_{kj}) \leqslant r_{ij}, i,j = 1,2,\cdots,n).$$

则称 R 为模糊传递矩阵. 将包含 R 的最小模糊传递矩阵称为 R 的传递包，记为 $t(R)$.

14.4.3　模糊聚类分析

在科学技术、经济管理中，常常需要按一定的标准（相似程度或亲疏关系等）进行分类. 例如，根据水中的成分对水质污染状态等级分类，根据年消费额商场对顾客群进行分类等.

这种对所研究的事物按一定的标准进行分类的数学方法称为聚类分析. 在科学技术、经济管理中的分类界限具有模糊性, 因此, 在实际中往往采用模糊聚类分析方法.

1. 建立数据矩阵

1) 获取数据

设论域 $U=\{x_1, x_2, \cdots, x_n\}$ 为所需要分类研究的对象, 每个对象由 m 个指标表示其性态:

$$x_i=\{x_{i1}, x_{i2}, \cdots, x_{im}\}, \quad i=1,2,\cdots,n.$$

于是, 可以得到问题的原始数据矩阵 $A=(x_{ij})_{n \times m}$.

2) 数据的标准化处理

在实际问题中的数据可能有不同的量纲, 为了使不同量纲的量也能够进行比较, 通常需要对原始数据矩阵 A 做标准化的处理, 将其转化为模糊矩阵. 常用的方法有以下两种.

(1) 平移-标准差变换 (正规化): 如果原始数据之间有不同的量纲, 则可以采用下面的变换使每个变量的均值为 0, 标准差为 1, 消除量纲差异的影响. 即令

$$x_{ij}'=\frac{x_{ij}-\overline{x}_j}{s_j}, \quad i=1,2,\cdots,n; j=1,2,\cdots,m,$$

其中 x_{ij} 为原始变量的测量值, $\overline{x}_j$ 和 s_j 分别为 x_{ij} 的样本均值和样本标准差, 即

$$\overline{x}_j=\frac{1}{n}\sum_{i=1}^{n}x_{ij}, \quad s_j=\left[\frac{1}{n-1}\sum_{i=1}^{n}(x_{ij}-\overline{x}_j)^2\right]^{1/2}, \quad j=1,2,\cdots,m.$$

(2) 平移-极差变换: 如果平移-标准差变换后还有某些 $x_{ij}' \notin [0,1]$, 则还需对其进行平移-极差变换, 即把样本数据极值标准化, 令

$$x_{ij}''=\frac{x_{ij}'-\min_{1\leqslant i\leqslant n}\{x_{ij}'\}}{\max_{1\leqslant i\leqslant n}\{x_{ij}'\}-\min_{1\leqslant i\leqslant n}\{x_{ij}'\}}, \quad j=1,2,\cdots,m.$$

用上式处理后的所有 $x_{ij}'' \in [0,1]$, 且也不存在量纲因素的影响, 从而可以得到模糊矩阵 $R=(x_{ij}')_{n \times m}$.

2. 建立模糊相似矩阵

设论域 $U=\{x_1, x_2, \cdots, x_n\}$, $x_i=\{x_{i1}, x_{i2}, \cdots, x_{im}\}$ $(i=1, 2, \cdots, n)$, 对应的数据矩阵为 $A=(x_{ij})_{n \times m}$, 如果 x_i 与 x_j 的相似程度为 $r_{ij}=R(x_i, x_j)$ $(i, j=1, 2, \cdots, n)$, 则称之为相似系数. 若计算出表征被分类对象间相似程度的相似系数 r_{ij}, 就可以建立论域 U 上的模糊相似关系矩阵 R. 确定相似系数 r_{ij} 有多种方法.

(1) 数量积法. 对于 $x_i=\{x_{i1}, x_{i2}, \cdots, x_{im}\}\in U$, 令 $M=\max_{i\neq j}\left(\sum_{k=1}^{m}x_{ik}x_{jk}\right)$, 取

$$r_{ij}=\begin{cases}1, & i=j, \\ \dfrac{1}{M}\sum_{k=1}^{m}x_{ik}x_{jk}, & i\neq j.\end{cases}$$

显然 $|r_{ij}| \in [0,1]$. 若出现有某些 $r_{ij}<0$, 可令 $r_{ij}'=(r_{ij}+1)/2$, 则有 $r_{ij}' \in [0,1]$, 也可以用平移-极差变换将其压缩到 $[0,1]$ 上, 即可以得到模糊相似矩阵 $R=(r_{ij})_{n \times n}$.

(2) 夹角余弦法. 令

$$r_{ij}=\frac{\left|\sum_{k=1}^{m}x_{ik}x_{jk}\right|}{\sqrt{\sum_{k=1}^{m}x_{ik}^2\sum_{k=1}^{m}x_{jk}^2}} \quad i,j=1,2,\cdots,n,$$

则模糊相似矩阵 $R=(r_{ij})_{n\times n}$.

（3）相关系数法．令

$$r_{ij}=\frac{\left|\sum_{k=1}^{m}(x_{ik}-\overline{x}_i)(x_{jk}-\overline{x}_j)\right|}{\sqrt{\sum_{k=1}^{m}(x_{ik}-\overline{x}_i)^2\sum_{k=1}^{m}(x_{jk}-\overline{x}_j)^2}},\quad i,j=1,2,\cdots,n.$$

（4）指数相似系数法．令

$$r_{ij}=\frac{1}{m}\sum_{k=1}^{m}\exp\left\{-\frac{3}{4}\cdot\frac{(x_{ik}-x_{jk})^2}{s_k^2}\right\},$$

其中 $s_k^2=\dfrac{1}{n-1}\sum_{i=1}^{n}(x_{ik}-\overline{x}_k)^2$, $\overline{x}_k=\dfrac{1}{n}\sum_{i=1}^{n}x_{ik}$ $(k=1,2,\cdots,m)$，则 $R=(r_{ij})_{n\times n}$.

（5）最大最小值法．令

$$r_{ij}=\frac{\sum_{k=1}^{m}(x_{ik}\wedge x_{jk})}{\sum_{k=1}^{m}(x_{ik}\vee x_{jk})},\quad x_{ij}>0; i,j=1,2,\cdots,n,$$

则 $R=(r_{ij})_{n\times n}$.

（6）算术平均值法．令

$$r_{ij}=\frac{\sum_{k=1}^{m}(x_{ik}\wedge x_{jk})}{\frac{1}{2}\sum_{k=1}^{m}(x_{ik}+x_{jk})},\quad x_{ij}>0; i,j=1,2,\cdots,n,$$

则 $R=(r_{ij})_{n\times n}$.

（7）几何平均值法．令

$$r_{ij}=\frac{\sum_{k=1}^{m}(x_{ik}\wedge x_{jk})}{\sum_{k=1}^{m}\sqrt{x_{ik}\cdot x_{jk}}},\quad x_{ij}>0; i,j=1,2,\cdots,n,$$

则 $R=(r_{ij})_{n\times n}$.

（8）绝对值倒数法．令

$$r_{ij}=\begin{cases}1, & i=j,\\ M\left(\sum_{k=1}^{m}|x_{ik}-x_{jk}|\right)^{-1}, & i\neq j,\end{cases}$$

其中 M 为使得所有 $r_{ij}\in[0,1]$ $(i,j=1,2,\cdots,n)$ 的确定常数，则 $R=(r_{ij})_{n\times n}$.

（9）绝对值指数法．令

$$r_{ij}=\exp\left\{-\sum_{k=1}^{m}|x_{ik}-x_{jk}|\right\},\quad i,j=1,2,\cdots,n,$$

则 $R=(r_{ij})_{n\times n}$.

（10）海明距离法．令

$$r_{ij}=1-Hd(x_i,x_j),\quad d(x_i,x_j)=\sum_{k=1}^{m}|x_{ik}-x_{jk}|,\quad i,j=1,2,\cdots,n,$$

其中 H 为使得所有 $r_{ij}\in[0,1]$ $(i,j=1,2,\cdots,n)$ 的确定常数，则 $R=(r_{ij})_{n\times n}$.

（11）欧氏距离法．令

$$r_{ij} = 1 - Ed(x_i, x_j), \quad d(x_i, x_j) = \sqrt{\sum_{k=1}^{m}(x_{ik} - x_{jk})^2}, \quad i,j = 1, 2, \cdots, n,$$

其中 E 为使得所有 $r_{ij} \in [0, 1](i, j = 1, 2, \cdots, n)$ 的确定常数，则 $R = (r_{ij})_{n \times n}$.

（12）切比雪夫距离法．令

$$r_{ij} = 1 - Qd(x_i, x_j), \quad d(x_i, x_j) = \bigvee_{k=1}^{m} |x_{ik} - x_{jk}|, \quad i,j = 1, 2, \cdots, n,$$

其中 Q 为使得所有 $r_{ij} \in [0, 1](i, j = 1, 2, \cdots, n)$ 的确定常数，则 $R = (r_{ij})_{n \times n}$.

（13）主观评分法．设有 N 个专家组成专家组 $\{p_1, p_2, \cdots, p_N\}$，让每一位专家对所研究的对象 x_i 与 x_j 的相似程度给出评价，并对自己的自信度作出评价．如果第 k 位专家 p_k 关于对象 x_i 与 x_j 的相似度评价为 $r_{ij}(k)$，对自己的自信度评估为 $a_{ij}(k)(i, j = 1, 2, \cdots, n)$，则相关系数定义为

$$r_{ij} = \frac{\sum_{k=1}^{N} a_{ij}(k) r_{ij}(k)}{\sum_{k=1}^{N} a_{ij}(k)}, \quad i,j = 1, 2, \cdots, n,$$

则 $R = (r_{ij})_{n \times n}$.

3. 聚类方法

所谓聚类方法就是依据模糊矩阵将所研究的对象进行分类的方法．对于不同的置信水平 $\lambda \in [0, 1]$，可得不同的分类结果，从而可以形成动态聚类图．常用的方法可以分为两类，一是基于模糊等价矩阵的聚类方法，另一是直接聚类方法．

1）传递闭包法

（1）用模糊相似矩阵 R 求出其传递闭包矩阵 $t(R)$；

用上述方法所建立的模糊相似矩阵 R 一般不一定是模糊等价矩阵．首先需要将 R 改造成一个模糊等价矩阵 R^*，R^* 不同于 R，它是包含 R 的最小的传递包．可用平方法求出 R 的传递包 $t(R) = R^*$，即

$$R \to R^2 \to R^4 \to \cdots \to R^{2k} = R^*.$$

（2）由大到小取一组 $\lambda \in [0, 1]$ 值，确定相应的 λ 截矩阵 R_λ^*，利用 R_λ^* 可以将 U 进行分类；

（3）画出动态聚类图．

2）布尔矩阵法

设论域为 $U = \{x_1, x_2, \cdots, x_n\}$，$R$ 是 U 上的模糊相似矩阵，对于确定的 λ 水平要求 U 中的元素分类．

（1）用模糊相似矩阵 R 作出其 λ 截矩阵 $R_\lambda = (r_{ij}(\lambda))$，即 R_λ 为布尔矩阵．

（2）依据 R_λ 中的 1 元素可以将其分类．一般情况下

$$r_{ij}(\lambda) = \begin{cases} 1, & \text{表示第 } j \text{ 个样本属于第 } i \text{ 类}, \\ 0, & \text{表示第 } j \text{ 个样本不属于第 } i \text{ 类}. \end{cases}$$

（3）如果 R_λ 为等价矩阵，则 R 也为等价矩阵，既可以直接将其分类；如果 R_λ 不是等价矩阵，则首先按一定的规则将 R_λ 改造成一个等价的布尔矩阵，然后再进行分类．

3）直接聚类法

所谓直接聚类法是一种直接由模糊相似矩阵求出聚类图的方法，具体步骤如下：

（1）取 $\lambda_1 = 1$（最大值），对每个 x_i 作相似类 $[x_i]_R = \{x_j \mid r_{ij} = 1\}$，即将满足 $r_{ij} = 1$ 的 x_i 与 x_j 视为一类，构成相似类．相似类与等价类有所不同，不同的相似类可能有公共元素，即可能有 $[x_i]_R \bigcap [x_j]_R \neq \varnothing$，实际中，对于这种情况可以将 $[x_i]_R$ 与 $[x_j]_R$ 合并为一类，即可得到 $\lambda_1 = 1$ 水平上的等价分类．

（2）取 λ_2（$\lambda_2 < \lambda_1$）为次大值，从 R 中直接找出相似程度为 λ_2 的元素对（x_i，x_j）（即 $r_{ij} = \lambda_2$），并相应地将对应于 $\lambda_1 = 1$ 的等价分类中 x_i 与 x_j 所在的类合并为一类，即可得到 λ_2 水平上的等价分类．

（3）依次取 $\lambda_1 > \lambda_2 > \lambda_3 > \cdots$，按第（2）步的方法以此类推，直到合并到成为一类为止，最后可以得到动态聚类图．

14.4.4　模糊模式识别

模式通常指事物的标准形式、样本．模式识别就是将待识别的对象特征与给定样本特征信息比较、匹配，并给出对象所属模式类的判别．实际中有很多问题都属于这一类问题，例如：自动分拣机对信件上邮政编码的识别；医生针对患者的主要症状诊断过程；根据学生的德、智、体等因素对学生进行分类；电子信息对抗中对干扰信息的识别；公安人员识别指纹；军事目标的识别和汽车车牌号码的识别等问题．模式识别方法可分为直接法和间接法两种．直接法是指直接基于隶属度最大原则的识别方法，而间接法是基于贴近度择近原则的识别方法．

1. 模式识别中的最大隶属原则

若已存在一些标准模式库，如果给定一个尚未识别的新样本，或有一标准模式，有若干待识别的样本，那么如何确定该样本的模式？

定义 14.21　设论域 $U = \{x_1, x_2, \cdots, x_n\}$ 上的 m 个模糊子集 $A_1, A_2, \cdots, A_m$，其隶属度函数为 $\mu_{A_i}(x)(i = 1, 2, \cdots, m)$．模糊向量集合族 $A = (A_1, A_2, \cdots, A_m)$，对于普通向量 $x^{(0)} = (x_1^{(0)}, x_2^{(0)}, \cdots, x_m^{(0)})$，称 $\mu(x^{(0)}) = \overset{m}{\underset{i=1}{\wedge}} \{\mu_{A_i}(x_i^{(0)})\}$ 为 $x^{(0)}$ 对模糊向量集合族 A 的隶属度．

实际中向量 $x^{(0)}$ 对模糊向量集合族 A 的隶属度也可以定义为

$$\mu(x^{(0)}) = \frac{1}{m} \sum_{i=1}^{m} \mu_{A_i}(x_i^{(0)}).$$

（1）最大隶属原则 I．设在论域 $U = \{x_1, x_2, \cdots, x_n\}$ 上的 m 个模糊子集 $A_1, A_2, \cdots, A_m$（即 m 个模式）一起构成一个标准模式库，若对任一个样本 $x^{(0)} \in U$，存在 $k_0(1 \leqslant k_0 \leqslant m)$ 使得 $\mu_{k_0}(x^{(0)}) = \overset{m}{\underset{i=1}{\vee}} \{\mu_k(x^{(0)})\}$，则可视为 $x^{(0)}$ 相对隶属于 A_{k_0}．

（2）最大隶属原则 II．设在论域 $U = \{x_1, x_2, \cdots, x_n\}$ 上确定一个标准模式 A_0，对于 n 个待识别的对象 $x_1, x_2, \cdots, x_n \in U$，如果有某个 x_k 满足 $\mu_{A_0}(x_k) = \overset{m}{\underset{i=1}{\vee}} \{\mu_{A_0}(x_i)\}$ （$1 \leqslant k \leqslant n$），则 x_k 优先隶属于 A_0．

2. 模式识别中的择近原则

若研究同一论域中的模型与被识别的对象均为模糊的情况．设论域 $U = \{x_1, x_2, \cdots, x_n\}$，由 U 上的 m 个模糊子集 $A_1, A_2, \cdots, A_m$（即 m 个模式）构成一个标准模式库，对 U 上的另一个模糊子集 A_0，问题是 A_0 与 A_i（$i = 1, 2, \cdots, m$）中的哪一个最贴近？这是另一类模糊识别问题，主要研究两个模糊集的贴近程度．

1）贴近度

设论域 $U=\{x_1, x_2, \cdots, x_n\}$ 上的模糊子集 A_1，$A_2 \in F(U)$，则定义

$$A_1 \circ A_2 = \bigvee_{x \in U} (\mu_{A_1}(x) \wedge \mu_{A_2}(x))$$

为 A_1 与 A_2 的内积；类似地定义

$$A_1 \otimes A_2 = \bigwedge_{x \in U} (\mu_{A_1}(x) \vee \mu_{A_2}(x))$$

为 A_1 与 A_2 的外积．

定义 14.22　设有论域 U 上的模糊集 A_1，$A_2 \in F(U)$，则称

$$N(A_1, A_2) = \frac{1}{2}[A_1 \circ A_2 + (1 - A_1 \otimes A_2)]$$

为 A_1 与 A_2 的贴近度．

显然，如果 A_1 与 A_2 的贴近度 $N(A_1, A_2)$ 越大，则说明 A_1 与 A_2 越贴近，同时贴近度有如下性质：

(1) $0 \leqslant N(A_1, A_2) \leqslant 1$.

(2) $N(U, \varnothing) = 0$，$N(A, A) = 1$（$\forall A \in F(U)$）.

实际中，可以用贴近度来描述模糊集之间的贴近程度，但是，根据所研究问题的性质，还可以给出其他形式的贴近度定义．

2）单个特性的择近原则

设论域 U 上的 m 个模糊子集 A_1，A_2，$\cdots$，A_m（m 个模式）构成一个标准模式库 $\{A_1, A_2, \cdots, A_m\}$，模糊子集 A_0 为待识别的模式，若存在 $k_0(1 \leqslant k_0 \leqslant m)$ 使得

$$N(A_{k_0}, A_0) = \bigvee_{k=1}^{m} (A_{k_0}, A_0),$$

则 A_0 与 A_{k_0} 最贴近，或者说把 A_0 可归并到 A_{k_0} 类．

3）多个特性的择近原则

在实际问题中，出现多个模式且每个模式由多个特性来刻画的模式识别问题，既要研究两个模糊向量集合族的贴近度问题，可以有多种不同的定义，常用的有以下几种形式．

对于论域 U 上的两个模糊向量集合族 $A = (A_1, A_2, \cdots, A_m)$ 和 $B = (B_1, B_2, \cdots, B_m)$，则 A 与 B 的贴近度可定义为

(1) $N(A, B) = \bigwedge\limits_{k=1}^{m} (A_k, B_k)$.

(2) $N(A, B) = \bigvee\limits_{k=1}^{m} (A_k, B_k)$.

(3) $N(A, B) = \sum\limits_{k=1}^{m} a_k N(A_k, B_k)$，其中 $a_k \in [0,1]$，且 $\sum\limits_{k=1}^{m} a_k = 1$.

(4) $N(A, B) = \bigvee\limits_{k=1}^{m} (a_k N(A_k, B_k))$，其中 $a_k \in [0, 1]$，且 $\sum\limits_{k=1}^{m} a_k = 1$.

(5) $N(A, B) = \bigvee\limits_{k=1}^{m} (a_k \wedge N(A_k, B_k))$，其中 $a_k \in [0, 1]$，且 $\sum\limits_{k=1}^{m} a_k = 1$.

选择哪一种形式，完全由实际问题的需要确定，也可以用其他更合适的形式．

多个特性的择近原则：设有论域 U 上的 n 个模糊子集 A_1，A_2，$\cdots$，A_n 构成一个标准模式库 $\{A_1, A_2, \cdots, A_n\}$，每个模式 A_k 都可用 m 个特性描述，即 $A_k = (A_{k1}, A_{k2}, \cdots, A_{km})$，$k = 1, 2, \cdots, n$. 待识别的模式为 $A_0 = (A_{01}, A_{02}, \cdots, A_{0m})$. 如果两个模糊向量

集合族的贴近度最小值为

$$n_k = \bigwedge_{i=1}^{m} N(A_{ki}, A_{0i}), \quad k = 1, 2, \cdots, n.$$

并有自然数 $k_0 (1 \leqslant k_0 \leqslant n)$ 使得 $n_{k_0} = \bigwedge_{i=1}^{m} n_k$，则模式 A_0 隶属于 A_{k_0}.

模式识别与模糊聚类分析既有区别又有联系. 二者都是研究模糊分类问题的方法. 模糊聚类分析所研究的对象是一组样本，没有事先确定的模式标准，只是根据对象的特性进行适当的分类. 而模糊识别模式所讨论的问题事先已知若干标准模式或标准模式库，对待识别的对象进行识别，看它应属于哪一类. 因此，模糊聚类分析是一种无标准模式的分类方法，而模糊模式识别是一种有标准模式的分类方法.

此外，模糊聚类分析与模糊模式识别也是有联系的. 用模糊聚类分析法进行判别、预测的过程，事实上就是模糊聚类与模糊识别综合运用的过程. 模糊识别中的标准模式就是在模糊聚类分析过程中得到的，即模糊聚类为模糊识别提供了标准模式库.

14.4.5　模糊综合评判

在实际中，常常需要对一个事物、一个系统乃至一个人作出评价（或评估），一般都涉及多个因素或多个指标，不能只从某一因素去评价，而是要根据多个因素对其进行全面的综合评价，这就是所谓的综合评判. 当评价因素具有模糊性时，这样的评价又称为模糊综合评价. 模糊综合评价又称为模糊综合决策或模糊多元决策. 传统的评判方法有总评分法和加权评分法.

总评分法　根据评判对象的评价项目 $u_i (i = 1, 2, \cdots, n)$，首先，对每个项目确定出评价的等级和相应的评分数 $s_i (i = 1, 2, \cdots, n)$，并将所有项目的分数求和 $S = \sum_{i=1}^{n} s_i$，然后按总分的大小排序，从而确定出方案的优劣.

加权评分法　根据评判对象的诸多因素（或指标）$u_i (i = 1, 2, \cdots, n)$ 所处的地位或所起的作用一般不尽相同. 因此，引入权重的概念，求其诸多因素（或指标）评分 $s_i (i = 1, 2, \cdots, n)$ 的加权和 $S = \sum_{i=1}^{n} \omega_i s_i$，其中 ω_i 是第 $i (i = 1, 2, \cdots, n)$ 个因素（指标）的权值.

1. 模糊综合评判方法

1) 模糊综合评判的提法

一般的评价问题往往不是一个因素，而是涉及多个因素，并且多个因素常常难以精确表示，具有模糊性. 这就需要对多个因素给出综合评判.

设 $U = \{u_1, u_2, \cdots, u_n\}$ 为研究对象的 n 种因素（或指标），称之为因素集（或指标集）. $V = \{v_1, v_2, \cdots, v_m\}$ 为诸因素（或指标）的 m 种评判所构成的评判集（或称评语集、评价集、决策集等），它们的元素个数和名称均可根据实际问题的需要和决策人主观确定. 由于主观原因，对因素的侧重程度是不同的. 因此，对各因素侧重程度不同给予权值，即它应该是 U 上的模糊子集

$$A = (a_1, a_2, \cdots, a_n) \in F(U), \quad \sum_{i=1}^{n} a_i = 1,$$

其中，a_i 表示第 i 种因素的权重. 实际上，很多问题的因素评判集都是模糊的. 因此，综合评判应该是 V 上的一个模糊子集

$$B = (b_1, b_2, \cdots, b_m) \in F(V),$$

其中，b_k 为评判 v_k 对模糊子集 B 的隶属度：$\mu_B(v_k) = b_k$ $(k=1, 2, \cdots, m)$，即反映了第 k 种评判 v_k 在综合评价中所起的作用.

2）模糊综合评判的一般步骤

(1) 确定因素集 $U = \{u_1, u_2, \cdots, u_n\}$.

(2) 确定评判集 $V = \{v_1, v_2, \cdots, v_m\}$.

(3) 确定模糊评判矩阵 $R = (r_{ij})_{n \times m}$.

首先，对每一个因素 u_i 做一个评判 $f(u_i)$ $(i=1, 2, \cdots, n)$，则可以得 U 到 V 的一个模糊映射 f，即

$$f: U \to F(U), u_i \mapsto f(u_i) = (r_{i1}, r_{i2}, \cdots, r_{im}) \in F(V)$$

然而，由模糊映射 f 可以诱导出模糊关系 $R_f \in F(U \times V)$，即

$$R_f(u_i, v_j) = f(u_i)(v_j) = r_{ij}, \quad (i=1,2,\cdots,n; j=1,2,\cdots,m).$$

因此，可以确定出模糊评判矩阵 $R = (r_{ij})_{n \times m}$，而且称 (U, V, R) 为模糊综合评判模型，U，V，R 称为该模型的三要素.

(4) 确定权重集 $A = (a_1, a_2, \cdots, a_n) \in F(U)$.

关于评判集 V 的权重 $A = (a_1, a_2, \cdots, a_n)$ 的确定，通常情况下可以由决策人凭经验给出，但往往带有一定的主观性. 要从实际出发，或更客观地反映实际情况，可采用专家评估、加权统计法和频率统计法，或更一般的模糊协调决策法、模糊关系方法等来确定.

(5) 综合评判. 模糊综合评价 B 是 V 上的模糊子集 $B = A \circ R$，借助权重集 A 与模糊评价矩阵 R 合成运算，可得模糊综合评价 B，一般有下列四种模型运算.

（Ⅰ）模型 $M(\wedge, \vee)$ 法：对于权重 $A = (a_1, a_2, \cdots, a_n) \in F(U)$，模糊评判矩阵为 $R = (r_{ij})_{n \times m}$，则用模型 $M(\wedge, \vee)$ 运算得综合评判为

$$B = A \circ R = (b_1, b_2, \cdots, b_m) \in F(V),$$

$$b_j = \bigvee_{i=1}^{n} (a_i \wedge r_{ij}), \quad j=1,2,\cdots,m.$$

由于 $\sum_{i=1}^{n} a_i = 1$，对于某些情况可能会出现 $a_i \leqslant r_{ij}$，即 $a_i \wedge r_{ij} = a_i$. 这样可能导致模糊评判矩阵 R 中的许多信息的丢失，即人们对某些因素 u_i 所做的评判信息在决策中未得到充分的利用，从而导致综合评判结果失真，因此对权系数 a_i 加以修正，即

$$a'_i = na_i / m \sum_{i=1}^{n} a_i, \quad i=1,2,\cdots,n,$$

再将权系数归一化变为

$$a'_i = \left(\frac{n}{m}\right) a_i, \quad i=1,2,\cdots,n.$$

（Ⅱ）模型 $M(\cdot, \vee)$ 法：对于 $A = (a_1, a_2, \cdots, a_n) \in F(U)$ 和 $R = (r_{ij})_{n \times m}$，则用模型 $M(\cdot, \vee)$ 运算得 $B = A \circ R$，即 $b_j = \bigvee_{i=1}^{n} (a_i \cdot r_{ij})$，$j=1, 2, \cdots, m$.

（Ⅲ）模型 $M(\wedge, +)$ 法：对于 $A = (a_1, a_2, \cdots, a_n) \in F(U)$ 和 $R = (r_{ij})_{n \times m}$，则用模型 $M(\wedge, +)$ 运算得 $B = A \circ R$，即 $b_j = \bigvee_{i=1}^{n} (a_i \wedge r_{ij})$，$j=1, 2, \cdots, m$.

（Ⅳ）模型 $M(\cdot, +)$ 法：对于 $A = (a_1, a_2, \cdots, a_n) \in F(U)$ 和 $R = (r_{ij})_{n \times m}$，则用

模型 M（·，＋）运算得 $B=A\circ R$，即 $b_j=\sum\limits_{i=1}^{n}(a_i\cdot r_{ij})$，$j=1,2,\cdots,m$.

在实际应用时，主因素（即权重最大的因素）在综合中起主导作用时，则可首先选"主因素决定型"模型 M（$\wedge$，$\vee$）；当模型 M（$\wedge$，$\vee$）失效时，再来选用"主因素突出型"模型 M（·，$\vee$）和 M（$\wedge$，＋）；当需要对所有因素的权重均衡时，可选用加权平均模型 M（·，＋）. 在选择模型时还要特别注意实际问题的需求.

2. **多层次模糊综合评判**

实际中的许多问题往往都涉及多因素，对于各因素的权重分配较为均衡的情况，可采用将诸因素分为若干个层次进行研究，即首先分别对单层次的各情况进行说明，具体方法如下：

（1）将因素集 $U=\{u_1,u_2,\cdots,u_n\}$ 分成若干个组 $U_1,U_2,\cdots,U_k$（$1\leqslant k\leqslant n$），使 $U=\bigcup\limits_{i=1}^{k}U_i$ 且 $U_i\bigcap U_j=\varnothing$（$i\neq j$），称 $U=\{U_1,U_2,\cdots,U_k\}$ 为一级因素集.

不妨设 $U_i=\{u_1^{(i)},u_2^{(i)},\cdots,u_{n_i}^{(i)}\}$，$i=1,2,\cdots,k$；$\sum\limits_{i=1}^{k}n_i=n$，称为二级因素集.

（2）设评判集 $V=\{v_1,v_2,\cdots,v_m\}$，对二级因素集 $U_i=\{u_1^{(i)},u_2^{(i)},\cdots,u_{n_i}^{(i)}\}$ 的 n_i 个因素进行单因素评判，即建立模糊映射

$$f_i:U_i\to F(V),u_j^{(i)}\mapsto f_i(u_j^{(i)})=(r_{j1}^{(i)},r_{j2}^{(i)},\cdots,r_{jm}^{(i)}),j=1,2,\cdots,n_i.$$

于是得到评判矩阵为

$$R_i=\begin{pmatrix} r_{11}^{(i)} & r_{12}^{(i)} & \cdots & r_{1m}^{(i)} \\ r_{21}^{(i)} & r_{22}^{(i)} & \cdots & r_{2m}^{(i)} \\ \vdots & \vdots & & \vdots \\ r_{n_i1}^{(i)} & r_{n_i2}^{(i)} & \cdots & r_{n_im}^{(i)} \end{pmatrix}.$$

不妨设 $U_i=\{u_1^{(i)},u_2^{(i)},\cdots,u_{n_i}^{(i)}\}$ 的权重为 $A_i=\{a_1^{(i)},a_2^{(i)},\cdots,a_{n_i}^{(i)}\}$，则可以求得综合评判为

$$B_i=A_i\circ R_i=(b_1^{(i)},b_2^{(i)},\cdots,b_m^{(i)}),\quad i=1,2,\cdots,k,$$

其中 $b_j^{(i)}$ 由模型 M（$\wedge$，$\vee$）或 M（·，$\vee$）、M（$\wedge$，＋）、M（·，＋）确定.

（3）对于一级因素集 $U=\{U_1,U_2,\cdots,U_k\}$ 作综合评判，不妨设其权重 $A=(a_1,a_2,\cdots,a_n)$，总评判矩阵为 $R=[B_1,B_2,\cdots,B_k]^{\mathrm{T}}$. 按模型 M（$\wedge$，$\vee$）或 M（·，$\vee$）、M（$\wedge$，＋）、M（·，＋）运算得到综合评判 $B=A\circ R=(b_1,b_2,\cdots,b_m)\in F(V)$.

例 14.1　某露天矿有 5 个边坡设计方案，其各项参数根据分析计算结果得到边坡设计方案的参数如表 14-13 所示.

表 14-13　设计方案数据表

项目	方案 1	方案 2	方案 3	方案 4	方案 5
可采矿量/万吨	4700	6700	5900	8800	7600
基建投资/万元	5000	5500	5300	6800	6000
采矿成本/（元/吨）	4.0	6.1	5.5	7.0	6.8
不稳定费用/万元	30	50	40	200	160
净万元现值/万元	1500	700	1000	50	100

据勘探该矿探明储量 8800 吨，开采总投资不超过 8000 万元，试作出各方案的优劣排序，选出最佳方案.

首先确定隶属函数.

(1) 可采矿量的隶属函数 因为勘探的地质储量为 8800 吨, 故可用资源的利用函数作为隶属函数

$$\mu_A(x) = \frac{x}{8800}.$$

(2) 投资约束是 8000 万元, 所以 $\mu_B(x) = -\frac{x}{8000} + 1$.

(3) 根据专家意见, 采矿成本 $a_1 \leqslant 5.5$ 元/吨为低成本, $a_2 = 8.0$ 元/吨为高成本,

$$\mu_C = \begin{cases} 1, & 0 \leqslant x \leqslant a_1, \\ \dfrac{a_2 - x}{a_2 - a_1}, & a_1 \leqslant x \leqslant a_2, \\ 0, & a_2 \leqslant x, \end{cases}$$

(4) 不稳定费用的隶属函数 $\mu_D(x) = 1 - \frac{x}{200}$.

(5) 净现值的隶属函数 取上限 15 (百万元), 下限 0.5 (百万元), 采用线性隶属函数

$$\mu_E(x) = \frac{1}{14.5}(x - 0.5).$$

根据各隶属函数计算出 5 个方案所对应的不同的隶属度, 如表 14-14 所示.

表 14-14 隶属度表

项目	方案 1	方案 2	方案 3	方案 4	方案 5
可采矿量	0.5341	0.7614	0.6705	1	0.8636
基建投资	0.3750	0.3125	0.3375	0.15	0.25
采矿成本	1	0.76	1	0.4	0.48
不稳定费用	0.85	0.75	0.8	0	0.2
净万元现值	1	0.4480	0.6552	0	0.0345

这样就决定了模糊关系矩阵

$$R = \begin{bmatrix} 0.5341 & 0.7614 & 0.6705 & 1 & 0.8636 \\ 0.3750 & 0.3125 & 0.3375 & 0.15 & 0.25 \\ 1 & 0.76 & 1 & 0.4 & 0.48 \\ 0.85 & 0.75 & 0.8 & 0 & 0.2 \\ 1 & 0.4480 & 0.6652 & 0 & 0.0345 \end{bmatrix}.$$

根据专家评价, 各项目在决策中占的权重为 $A = (0.25, 0.20, 0.20, 0.10, 0.25)$, 于是得到各项目的综合评价为

$$B = AR = (0.7435, 0.5919, 0.6789, 0.3600, 0.3905).$$

由此可知, 方案 1 最佳, 方案 3 次之, 方案 4 最差.

计算程序如下:

```
clc,clear
mf= @(x)[x(1,:)/8800    % 定义匿名函数计算模糊关系矩阵
1- x(2,:)/8000
```

(x(3,:)< = 5.5)+ (x(3,:)> 5.5& x(3,:)< = 8). * (8- x(3,:))/2.5

1- x(4,:)/200

(x(5,:)- 50)/1450];

%

X= [4700　6700　5900　8800　7600

5000　5500　5300　6800　6000

4.0　6.1　5.5　7.0　6.8

30　50　40　200　160

1500　700　1000　50　100];

r= mf(x)

a= [0.25,0.20,0.20,0.10,0.25]

14.5　灰色系统方法

灰色系统理论是研究解决灰色系统分析、建模、预测、决策和控制的理论，是由邓聚龙教授于 20 世纪 80 年代初提出并发展的理论，是一般系统论、信息论、控制论的观点和方法在社会、经济、生态等抽象系统中的延伸，是运用数学方法解决信息不完备系统的理论和方法．灰色系统即是指部分信息已知而部分信息未知的信息不完备的系统．

14.5.1　灰色系统理论概述

客观世界在不断发展变化的同时，往往通过事物之间及因素之间的相互制约和相互联系而构成整体，这个整体就是一个系统．如工程技术系统、社会系统、经济系统等．系统主要分为三种类型：白色系统、黑色系统和灰色系统．白色系统具有充足的信息量，发展变化规律明显，定量描述比较方便，结构与参数较具体（如工程技术系统）；黑色系统的内部特征完全未知；灰色系统则介于黑色系统和白色系统之间，即系统内部信息为部分已知部分未知，一般无法建立客观的物理模型，其作用原理也不明确，内部因素难以辨识，很难准确了解系统的行为特征，对其定量描述难度大，建立模型比较困难．三种系统的比较可从表 14-15 略见一斑．

表 14-15　三种系统比较表

	黑色系统	灰色系统	白色系统
从信息上看	未知	不完全	完全
从表象上看	暗	若明若暗	明朗
在过程上	新	新旧交替	旧
在性质上	混沌	多种成分	纯
在方法上	否定	扬弃	肯定
在态度上	放纵	宽容	严厉
在结果上	无解	非唯一解	唯一解

在三种系统中，黑色系统最容易确定，也最容易与白、灰系统相区别．相对而言，白色系统与灰色系统比较难区分．同时，三个系统也是相对于一定的认识层次而言的，是有相对性的，所以有时结果并不唯一．作为实际问题，灰色系统是大量存在的，绝对的白色系统或黑色系统比较少．随着人类认识的不断进步，黑色系统可能会变成灰色系统，灰色系统也可

能会变成白色系统,有时候当认识达到更高的层次时,白色系统反而会变成灰色甚至黑色系统.

在灰色系统理论建立之前,人们都是通过统计规律和概率分布对事物的发展进行预测,对事物的处理进行决策.其中主要的系统分析量化方法大部分都是数理统计方法,如回归分析方法等.但回归分析方法要求有大量的统计数据,只有通过大量的数据才能得到量化的规律.对于很多无法得到或一时之间缺乏数据的实际问题,要用回归分析方法就比较困难.另外,回归分析还要求统计数据具有较好的分布规律,而很多实际情况却并非如此.因此,即使有了大量的数据也并不一定能够得到统计规律,甚至即使得到了统计规律,也并非任何情况都可以分析.回归分析还有一个不足,就是不能分析各因素之间动态的关联程度,即便是可以分析因素间静态的关联程度,分析的精度也不高,而且还经常出现反常现象.

除了数理统计和灰色系统理论以外,还有一种研究不确定系统的方法,就是模糊数学方法,三种方法的关系如表 14-16 所示.

表 14-16 三种方法比较表

	灰色系统	概率统计	模糊数学
研究对象	贫信息不确定系统	随机不确定系统	认知不确定系统
基础集合	灰色朦胧集	康托尔集	模糊集
方法依据	信息覆盖	映射	映射
途径手段	灰序列生成	频率统计	截集
数据要求	任意分布	典型分布	隶属度可知
侧重	内涵	内涵	外延
目标	现实规律	历史统计规律	认知表达
特色	小样本	大样本	凭经验

灰色系统理论提出了关联分析方法,它根据因素之间发展趋势的相似程度来衡量因素间的关联程度,揭示了事物间动态关联的特征与程度.由于关联分析方法以发展趋势为立足点,所以它对统计数据的多少和有无规律都没有过分要求,计算量小,而且不会出现关联度的量化结果与定性分析不符的情况.

应用灰色系统理论建模的思想是:根据灰色系统的行为特征数据,充分开发并利用数据中的内在信息或外露信息,寻找因素之间或因素本身的数学关系.一般是建立一个按时间增长逐段分析的离散模型.不过,离散模型只能对客观系统的发展作短期分析.

灰色系统理论的优点是,首先可以充分利用已有的数据和信息,尽管某些系统的信息不够充分,但同属于一个系统的数据必然是有序的或有特定功能的,只是它们的内在规律并未充分外露,经过数据挖掘后必将会实现由内在信息向外在信息的过渡;其次,对于一些杂乱无章的数据,或者夹杂着无规则干扰成分的数据,从灰色系统的角度看,这类数据并不一定是不可捉摸的,而是将它们看成在一定范围内变化的灰色量,按适当的方法对原始数据进行处理,将灰色数变换成生成数,从生成数得到规律性较强的生成函数.再次,不再利用普遍做法,而是利用现实性的生成率,使灰色系统尽可能变得清晰明了.

应用灰色系统理论可以进行灰色预测、灰色决策、灰色控制和灰色规划.

14.5.2　关联分析

关联分析是系统分析的一个重要方面．实际系统中的现象往往很复杂，涉的因素很多，在这些因素中哪些是主要的、哪些是次要的，哪些需要利用和发展、哪些需要抑制和避免，哪些是潜在的、哪些是明显的，都得通过系统的关联分析才能加以明确．还有各因素间的关联性如何、关联程度如何量化等也是系统分析的关键和起点．

例如，以人口问题为例．人口是人类社会的一个重要的系统，其中影响人口发展变化的因素多种多样，有社会方面的（如计划生育、社会治安、社会的生活方式等），有经济方面的（如社会福利、社会保险等），还有医疗方面的（如医疗条件、医疗水平等），所以人口是多种因素相互关联、相互制约的系统，对这些因素进行关联分析有助于对未来人口进行预测以及制定人口控制相关法规．

灰色系统理论提出关联分析方法进行系统分析，克服了以往回归分析等方法中的一些缺欠，能够对系统动态发展趋势进行量化比较，即对系统各个时期有关统计数据进行几何关系的比较，主要是变化斜率的比较．这种直观分析对这种简单的问题可以解决，但对于复杂一些的问题就难于进行，下面给出一种通用的方法来判断关联程度的大小．

定义 14.23　假设 $x_j(j=0,1,2,\cdots)$ 为系统的多个因素，个数需经过深入分析才能确定．选取其中一个因素 x_0 作为比较基准，x_0 可以表示为数列，称为基准数列

$$x_0 = \{x_0(k) \mid k=1,2,\cdots,n\} = (x_0(1),x_0(2),\cdots,x_0(n)),$$

其中，k 表示时刻，$x_0(k)$ 表示因素 x_0 在 k 时刻的观察值．假设另外有 m 个需要与基准因素比较的因素数列，称为比较数列

$$x_i = \{x_i(k) \mid k=1,2,\cdots,n\} = (x_i(1),x_i(2),\cdots,x_i(n)), \quad i=1,2,\cdots,m,$$

则比较数列对基准数列在时刻 k 的关联系数定义为

$$\xi_i(k) = \frac{\min\limits_{i}\min\limits_{k}|x_0(k)-x_i(k)| + \rho\max\limits_{i}\max\limits_{k}|x_0(k)-x_i(k)|}{|x_0(k)-x_i(k)| + \rho\max\limits_{i}\max\limits_{k}|x_0(k)-x_i(k)|},$$

其中 $\rho\in[0,+\infty)$ 称为分辨系数，$\min\limits_{i}\min\limits_{k}|x_0(k)-x_i(k)|$ 和 $\max\limits_{i}\max\limits_{k}|x_0(k)-x_i(k)|$ 分别称为两极最小差和两极最大差．

一般地，$\rho\in[0,1]$，且 ρ 越大，分辨率也越高，关联系数越大；反之，ρ 越小，分辨率也越低，关联系数越小．关联系数这一指标描述了比较数列与基准数列在某一时刻的关联程度．但是每一时刻都有一个关联系数就显得过于分散，难以全面比较．因此，下面定义比较数列 x_i 对基准数列 x_0 的关联度来衡量系统因素间的关联程度大小．

定义 14.24　称 $r_i = \dfrac{1}{n}\sum\limits_{k=1}^{n}\xi_i(k)$ 为比较数列 x_i 对基准数列 x_0 的关联度．

可见关联度是把各个时刻的关联系数集中为一个平均值，从而可以把过于分散的信息集中起来处理．

例 14.2　已知某健将级女子铅球运动员在 2002～2006 年每年的最好成绩，以及各项专项素质和身体素质的系列资料，如表 14-17 所示．试利用表中数据对该运动员铅球专项成绩作关联分析，即以铅球专项成绩为基准因素，分析其他各因素对其关联程度．

表 14-17　某女子铅球运动员资料表

年份 项目	2002	2003	2004	2005	2006
铅球专项成绩	13.60	14.01	14.54	15.64	15.69
4kg 前抛	11.50	13.00	15.15	15.30	15.02
4kg 后抛	13.76	16.36	16.90	16.56	17.30
4kg 原地	12.41	12.70	13.96	14.04	13.46
立定跳远	2.48	2.49	2.56	2.64	2.59
高翻	85	85	90	100	105
抓举	55	65	75	80	80
卧推	65	70	75	85	90
3kg 前抛	12.80	15.30	16.24	16.40	17.05
3kg 后抛	15.30	18.40	18.75	17.95	19.30
3kg 原地	12.71	14.50	14.66	15.88	15.70
3kg 滑步	14.78	15.54	16.03	16.87	17.82
立定三级跳远	7.64	7.56	7.76	7.54	7.70
全蹲	120	125	130	140	140
挺举	80	85	90	90	95
30m 加速跑	4″2	4″25	4″1	4″06	3″99
100m	13″1	13″42	12″85	12″72	12″56

　　一般地，时间问题中不同的数据数列具有不同的量纲单位，而计算关联数及关联度时量纲必须保持一致，因此必须先对数据作初始化处理，实现数据无量纲化. 另外，为了便于比较，还要求所有数列有一个公共的交点.

　　构造初始化数列. 设原始数据数列为

$$x = (x(1), x(2), \cdots, x(n)),$$

则可以构造它的初始化数列为 $\bar{x} = (1, x(2)/x(1), \cdots, x(n)/x(1))$，这个初始化数列显然满足无量纲化条件. 并且，如果所有原始数列都构造成这样的初始化数列，则必然有一个公共点 1.

　　对于一些特殊数列，如本例中的 30m 起跑和 100m 成绩数列，其中数值越小代表越有进步. 即两种数列，一种是数值增大代表有进步，一种是数值减小代表有进步. 所以，对于 30m 起跑和 100m 成绩数列可以构造以下初始化数列：

$$\bar{x} = (1, x(1)/x(2), \cdots, x(1)/x(n)),$$

根据上述方法，得到初始化数据表 14-18.

表 14-18　初始化数据表

年份 项目	2002	2003	2004	2005	2006
铅球专项成绩	1	1.030147	1.069118	1.15	1.153676
4kg 前抛	1	1.130435	1.317391	1.330435	1.306087
4kg 后抛	1	1.188953	1.228198	1.203488	1.257267

续表

年份 项目	2002	2003	2004	2005	2006
4kg 原地	1	1.023368	1.124899	1.131346	1.084609
立定跳远	1	1.004032	1.032258	1.064516	1.044355
高翻	1	1	1.058824	1.176471	1.235294
抓举	1	1.181818	1.363636	1.454545	1.454545
卧推	1	1.076923	1.153846	1.307692	1.384615
3kg 前抛	1	1.195313	1.26875	1.28125	1.332031
3kg 后抛	1	1.202614	1.22549	1.173203	1.261438
3kg 原地	1	1.140834	1.153423	1.24941	1.235248
3kg 滑步	1	1.051421	1.084574	1.141407	1.205683
立定三级跳远	1	0.989529	1.015707	0.986911	1.007853
全蹲	1	1.041667	1.083333	1.166667	1.166667
挺举	1	1.0625	1.125	1.125	1.1875
30m 起跑	1	0.988235	1.02439	1.034483	1.052632
100m	1	0.976155	1.019455	1.029874	1.042994

利用表 14-18 可以以铅球专项成绩数列为基准数列，算出各个数列的关联度如表 14-19 所示.

表 14-19　其他各初始化数列的关联度

r_1	r_2	r_3	r_4	r_5	r_6	r_7	r_8
0.558	0.663	0.854	0.776	0.855	0.502	0.659	0.582

r_9	r_{10}	r_{11}	r_{12}	r_{13}	r_{14}	r_{15}	r_{16}
0.683	0.689	0.895	0.705	0.933	0.847	0.745	0.726

从表 14-19 中可以看出，与铅球专项成绩关联度较大，或者说影响铅球专项成绩的前八项主要因素依次为：全蹲、3kg 滑步、高翻、4kg 原地、挺举、立定跳远、30m 起跑和 100m 成绩. 其中关联度最大的两项是全蹲、3kg 滑步，分别达到了 0.933 和 0.895. 把基准数列与全蹲、3kg 滑步的初始化数列画成序列曲线，如图 14-3 所示.

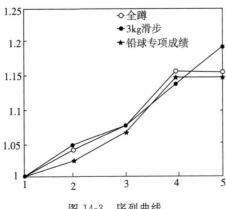

图 14-3　序列曲线

可以看出，这三个数列的发展趋势十分接近．其中全蹲成绩的初始化数列的增长趋势与铅球专项成绩基准数列的增长趋势几乎一致，仅仅是增长幅度稍大一些．了解了这些，可以在训练中减少盲目性，提高训练效果，尽快提高铅球专项成绩．

不能注意到，由关联系数公式计算出的关联系数均是正数，即不能区分正关联和负关联，这在实际应用中有时会产生麻烦．一般地，先对因素关联关系进行判断：它是正关联还是负关联，然后再进行关联分析．

令

$$\sigma_i = \sum_{k=1}^{n} k x_i(k) - \sum_{k=1}^{n} x_i(k) \sum_{k=1}^{n} \frac{k}{n}, \quad \sigma_n = \sum_{k=1}^{n} k^2 - \frac{1}{n}\left(\sum_{k=1}^{n} k\right)^2,$$

(1) 如果 $\mathrm{sign}(\sigma_i/\sigma_n) = \mathrm{sign}(\sigma_j/\sigma_n)$，则称因素 x_i 与 x_j 是正关联的．

(2) 如果 $\mathrm{sign}(\sigma_i/\sigma_n) = -\mathrm{sign}(\sigma_j/\sigma_n)$，则称因素 x_i 与 x_j 是负关联的．

14.5.3 优势分析

当基准因素不止一个时，优势分析可以从多个基准因素中找出起主要作用的基准因素．

设要研究的 m 个因素（也叫母因素）的基准数列为 $Y_1, Y_2, \cdots, Y_m$，待比较的 n 个数列（也叫子因素数列）为 $X_1, X_2, \cdots, X_n$，那么，每一个基准数列对应于 n 个比较数列都有 n 个关联度．为了判断出哪些因素起主要作用，哪些因素起次要作用，可以构造关联度矩阵 R．设比较数列 X_j 对基准数列 Y_i 的关联度为 r_{ij}，则关联度矩阵为 $R = (r_{ij})_{m\times n}$．然后根据 R 中元素的大小就可以判断哪些因素起着主要作用，哪些因素起次要作用．称起主要作用的因素为优势因素．特别地，当某一列元素大于其他列元素时，称此列对应的子因素为优势子因素；当某一行元素大于其他行元素时，称此行对应的母因素为优势母因素．另外，容易找出 R 中最大的元素，则可以认为该最大元素所在行对应的母因素是所有母因素中影响最大的．

设关联度矩阵为

$$R = \begin{pmatrix} 0.8 & 0 & 0 & 0 & 0 & 0 \\ 0.6 & 0.5 & 0 & 0 & 0 & 0 \\ 0.7 & 0.7 & 0.3 & 0 & 0 & 0 \\ 0.4 & 0.6 & 0.7 & 0.9 & 0 & 0 \\ 0.3 & 0.8 & 0.2 & 0.7 & 0.5 & 0 \end{pmatrix}.$$

由于第一列元素全都非零，可以称第一个子因素为潜在的优势子因素，进一步，若此列元素均大于其他列元素，则第一个子因素就是优势子因素．第二列有一个元素为零，所以称第二个子因素为次潜在优势子因素．其他各列可以做同样的讨论．

如果设关联度矩阵为

$$R = \begin{pmatrix} 0.8 & 0.6 & 0.7 & 0.4 & 0.3 & 0.2 \\ 0 & 0.5 & 0.5 & 0.7 & 0.6 & 0.8 \\ 0 & 0 & 0.3 & 0.7 & 0.2 & 0.1 \\ 0 & 0 & 0 & 0.9 & 0.6 & 0.3 \\ 0 & 0 & 0 & 0 & 0 & 0.5 \end{pmatrix}.$$

由于第一行元素全都非零，可以称第一个母因素为潜在的优势母因素，进一步，若此行元素均大于其他行元素，则第一个母因素就是优势母因素．第二行有一个元素为零，所以称第二个母因素为次潜在优势母因素. 其他各行可以做同样的讨论.

例 14.3　表 14-20 是 1999～2003 年某地区对于工业、农业、交通等的投资数据. 为了研究这些投资对经济的影响，收集到 1999～2003 年该地区的各项收入数据，如表 14-21 所示. 试对此问题进行优势分析.

表 14-20　某地区投资数据表

年份 类别	1999	2000	2001	2002	2003
固定资产投资	308.58	310	295	346	367
工业投资	195.4	189.4	187.2	205	222.7
农业投资	24.6	21	12.2	15.1	14.57
科技投资	20	25.6	23.3	29.2	30
交通投资	18.98	19	22.3	23.5	27.655

表 14-21　某地区收入数据表

年份 类别	1999	2000	2001	2002	2003
国民收入	170	174	197	216	235.8
工业收入	57.55	70.74	76.8	80.7	89.85
农业收入	88.56	70	85.38	99.83	103.4
商业收入	11.19	13.28	16.82	18.9	22.8
交通收入	4.03	4.26	4.34	5.06	5.78
建筑业收入	13.7	15.6	13.77	11.98	13.95

（1）根据上述两表中的数据，经过初始化处理，容易计算出各个子因素对母因素的关联度，然后得到关联度矩阵

$$R = \begin{pmatrix} 0.811 & 0.770 & 0.648 & 0.743 & 0.92 \\ 0.641 & 0.624 & 0.578 & 0.809 & 0.680 \\ 0.839 & 0.828 & 0.720 & 0.588 & 0.735 \\ 0.563 & 0.552 & 0.542 & 0.616 & 0.535 \\ 0.819 & 0.780 & 0.649 & 0.707 & 0.875 \\ 0.795 & 0.813 & 0.714 & 0.584 & 0.613 \end{pmatrix},$$

其中各行分别表示国民收入、工业收入、农业收入、商业收入、交通收入和建筑业收入，各列分别表示固定资产投资、工业投资、农业投资、科技投资和交通投资.

（2）根据关联度矩阵对问题分析如下：

① $r_{15}=0.92$ 是第一行中最大的，表明交通方面的投资对国民收入影响最大. 这很好地验证了一句话：要致富，先修路.

② 第四行元素几乎是各行元素中最小的，表明各种项目的资金投入对增加商业收入影响不大. 也说明商业是一个不太需要依赖外部投资而能自行发展的行业，从消耗投资的角度看商业是劣势行业，但从少投资多收入角度看商业又是优势行业.

③ $r_{55}=0.875$ 是除 $r_{15}=0.92$ 以外的最大元素，表明交通收入主要靠交通方面的投资.

④ $r_{24}=0.809$ 是该列最大的元素，表明科技投资对工业收入影响最大，这当然符合科

技进步带动工业发展的道理. $r_{34} = 0.588$ 是该列中元素最小的, 表明科技投资对农业经济发展作用不大.

⑤ 第三行中元素普遍比较大, 表明农业是一个综合性行业, 必须得到其他行业的配合才能更好地发展. 其中, 该行第二个元素为 0.828, 说明工业发展能够很大程度推动农业发展. 该行第五个元素为 0.735, 也说明交通的发展对农业发展也有较大的促进作用.

综上所述, 仅仅通过计算一个关联度矩阵, 就可以推出很多有价值的结论, 这充分体现了灰色系统理论的优势和分析工具的应用价值.

14.5.4　灰色系统建模

在研究社会系统、经济系统等灰色系统时, 往往会遇到随机干扰, 对于这些问题, 以往常使用数理统计的方法进行处理, 但是如前所述数理统计方法有许多不足之处, 而灰色系统理论建模是解决此类问题的强有力工具. 灰色系统理论把一切随机量都看成灰色数, 而灰色数是指在一定范围内变化的所有数据的全体, 它不是一个数值, 而是一个数集、一个区间. 对灰色数的处理是利用数据分析处理的方法去寻找数据里面隐含的规律.

1. 生成数

通过对数列中数据进行处理而产生新的数列, 由此挖掘和寻找数的规律性的方法, 就是数的生成. 得出的有价值的新的数列, 一般称为生成数列或生成数. 数的生成有几种方式, 包括累加生成、累减生成和加权生成等. 下面介绍累加生成和累减生成.

1) 累加生成

把数列 x 各时刻的数据依次累加的过程称为累加生成过程, 由累加生成过程所得的数列称为累加生成数列.

设原始数据列为 $x^{(0)} = (x^{(0)}(1), x^{(0)}(2), \cdots, x^{(0)}(n))$, 令

$$x^{(1)}(k) = \sum_{i=1}^{k} x^{(0)}(i), \quad k = 1, 2, \cdots, n,$$

那么称 $x^{(1)}$ 为 $x^{(0)}$ 的一次累加生成, $x^{(1)} = (x^{(1)}(1), x^{(1)}(2), \cdots, x^{(1)}(n))$. 类似地, 有

$$x^{(r)}(k) = \sum_{i=1}^{k} x^{(r-1)}(i), \quad k = 1, 2, \cdots, n,$$

那么称 $x^{(r)}$ 为 $x^{(0)}$ 的 r 次累加生成, $x^{(r)} = (x^{(r)}(1), x^{(r)}(2), \cdots, x^{(r)}(n))$.

在实际中, 用得比较普遍的是一次累加生成.

累加生成的主要目的在于把非负的 (摆动的或非摆动的) 数列或者任意无规律性的数列转化成非减数列. 转化后的数列往往有一定的规律性, 利用累加生成甚至可以进行函数拟合. 由于很多实际问题中 (如经济问题) 的数列都是非负数列, 所以累加生成可以在这类问题中应用.

如果实际问题中出现负数数列 (如温度数列), 累加生成就不一定是好的处理方法, 往往会出现正负抵消的信息损失现象. 而一旦出现正负抵消的情况, 累加生成就不一定能增强数据的规律性, 甚至反过来削弱了原有数据的规律性. 对于这种情况可以先把原始数据化为非负数列, 具体做法就是数列中每一个数都减去原始数列中最小的那个数, 得到非负数列再做累加生成.

与累加生成相对应的是累减生成, 它是另一种常用的数的生成方式. 累减生成主要用于对累加生成的数列进行还原.

2) 累减生成

将数列的前后两个数据相减的过程称为累减生成过程，由累减生成过程得到的新数列称为累减生成数列．设原始数据列为

$$x^{(1)} = (x^{(1)}(1), x^{(1)}(2), \cdots, x^{(1)}(n)),$$

令 $x^{(0)}(1) = x^{(1)}(1)$，$x^{(0)}(k) = x^{(1)}(k) - x^{(1)}(k-1)$，$k = 2, 3, \cdots, n$，则称 $x^{(0)}$ 为 $x^{(1)}$ 的一次累减生成，$x^{(0)} = (x^{(0)}(1), x^{(0)}(2), \cdots, x^{(0)}(n))$．类似地，有

$$x^{(r-1)}(1) = x^{(r)}(1), x^{(r-1)}(k) = x^{(r)}(k) - x^{(r)}(k-1), \quad k = 2, 3, \cdots, n,$$

则称 $x^{(0)}$ 为 $x^{(r)}$ 的 r 次累减生成，$x^{(0)} = (x^{(0)}(1), x^{(0)}(2), \cdots, x^{(0)}(n))$．

例 14.4　已知某商店的玩具销售额数列为

$$x^{(0)} = (5.081, 4.611, 5.1177, 9.3775, 11.0574, 11.0524).$$

对于这些数据，应用最小二乘法进行线性拟合可以得到拟合直线为 $y = 1.4k + 4$．具体的拟合效果如图 14-4 所示，其中实线为原始数据，虚线为拟合直线．

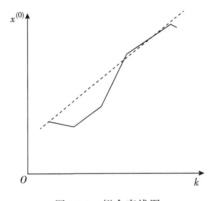

图 14-4　拟合直线图

从图中可以看出，所有数据点中除了两个点外都在直线上或者就在直线附近．但是，上述线性拟合模型跟实际值的平均误差达到 21.26%，每一个点的误差可以参见表 14-22.

表 14-22　误差统计表

k	计算值	实际值	误差
1	5.4	5.081	-6.2%
2	6.8	4.611	-47.4%
3	8.2	5.1177	-47.4%
4	9.6	9.3775	-2.37%
5	11	11.0574	0.5%
6	12.4	11.0524	-12.0%

可见拟合效果并不好．对于这些数据，应用数的生成方法得到的结果就很接近．

对 $x^{(0)}$ 进行累加生成，得到新的数列

$$x^{(1)} = (5.081, 9.692, 14.8079, 24.1872, 35.2446, 46.297),$$

将数列 $x^{(1)}$ 画到图中，得到图 14-5，可见该生成数列的序列曲线（虚线部分）近似于指数增长曲线．取待定拟合函数为指数函数，应用最小二乘法进行拟合，得到具体的拟合函数表达

式为

$$\bar{x}^{(1)}(k+1) = 21.764953e^{0.2135k} - 16.6839,$$

拟合函数的曲线就是图 14-5 中的实线部分，可以看到这两条曲线非常接近．

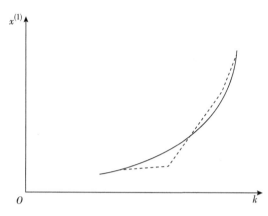

图 14-5　拟合曲线

不妨取 $\bar{x}^{(1)}(k+1)$ 为玩具销售额的生成函数，计算的数值与生成数比较相距不大，平均误差只有 4.62% ，每个点的误差如表 14-23 所示．

表 14-23　误差统计表

k	计算值	实际值	误差
1	10.26134	9.692	-5.8%
2	16.67467	14.8097	12.6%
3	24.61445	24.1872	-1.67%
4	34.44	35.244	2.27%
5	46.61	46.2970	-0.676%

不过表中计算得到的仅是生成值，要想得到实际值，必须进行还原计算，即进行一次累减生成．为此对生成数列 $\bar{x}^{(1)}$ 进行累减生成，得到实际值数列

$$\bar{x}^{(0)} = (5.081, 5.18, 6.413329, 7.939, 9.729, 12.166),$$

所得结果与原始数据进行比较，仅有 12% 的误差，比线性拟合的平均误差小得多．

2. GM 模型

从上面的例子可以看出，生成数列有较强的指数变化趋势，这是因为，现实系统不论是灰色系统还是其他系统，广义上看都存在能量吸收、储存、释放等过程，而能量的变化一般都带有指数变化趋势．

灰色系统理论指出，离散随机数经过数的生成这一过程变成随机性明显削弱且较有规律的生成数列，利用这一性质可以建立微分方程形式模型，即灰色系统模型．

1）GM（1，1）模型

设有原始数据 $x^{(0)} = (x^{(0)}(1), x^{(0)}(2), \cdots, x^{(0)}(n))$ ，做一次累加，得生成数列

$$x^{(1)} = \left(x^{(0)}(1), \sum_{m=1}^{2} x^{(0)}(m), \cdots, \sum_{m=1}^{n} x^{(0)}(m) \right)$$
$$= (x^{(1)}(1), x^{(1)}(1) + x^{(0)}(2), \cdots, x^{(1)}(n-1) + x^{(0)}(n)),$$

定义 $x^{(1)}$ 的灰导数为

$$d(k) = x^{(0)}(k) = x^{(1)}(k) - x^{(1)}(k-1).$$

令 $z^{(1)}$ 为 $x^{(1)}$ 的均值数列，即

$$z^{(1)}(k) = 0.5x^{(1)}(k) + 0.5x^{(1)}(k-1), \quad k = 2, 3, \cdots, n,$$

则 $z^{(1)} = (z^{(1)}(2), z^{(1)}(3), \cdots, z^{(1)}(n))$. 于是定义灰微分方程模型 GM（1，1）为

$$d(k) + az^{(1)}(k) = b$$

或

$$x^{(0)}(k) + az^{(1)}(k) = b,$$

称 $x^{(0)}(k)$ 为灰导数，a 为发展系统，$z^{(1)}(k)$ 为白化背景值，b 为灰作用量.

将时刻 $k=2, 3, \cdots, n$ 代入 GM（1，1）模型，得

$$x^{(0)}(2) + az^{(1)}(2) = b,$$
$$x^{(0)}(3) + az^{(1)}(3) = b,$$
$$\cdots\cdots$$
$$x^{(0)}(n) + az^{(1)}(n) = b,$$

令

$$Y_N = (x^{(0)}(2), x^{(0)}(3), \cdots, x^{(0)}(n))^{\mathrm{T}}, \quad u = (a,b)^{\mathrm{T}}, \quad B = \begin{pmatrix} -z^{(1)}(2) & 1 \\ -z^{(1)}(3) & 1 \\ \vdots & \vdots \\ -z^{(1)}(n) & 1 \end{pmatrix},$$

称 Y_N 为数据向量，B 为数据矩阵，u 为参数向量，则 GM（1，1）模型可以表示为矩阵方程 $Y_N = Bu$.

参数向量 u 可用最小二乘法确定. 如果 $B^{\mathrm{T}}B$ 非奇异，则 $\hat{u} = (B^{\mathrm{T}}B)^{-1}B^{\mathrm{T}}Y_N$.

2）GM（1，N）模型

设有 N 个原始数据数列

$$x_i^{(0)} = (x_i^{(0)}(1), x_i^{(0)}(2), \cdots, x_i^{(0)}(n)), \quad i = 1, 2, \cdots, N,$$

对它们分别做一次累加，得到 N 个生成数列

$$x_i^{(1)} = \left(x_i^{(0)}(1), \sum_{m=1}^{2} x_i^{(0)}(m), \cdots, \sum_{m=1}^{n} x_i^{(0)}(m) \right)$$
$$= (x_i^{(1)}(1), x_i^{(1)}(1) + x_i^{(0)}(2), \cdots, x_i^{(1)}(n-1) + x_i^{(0)}(n)), \quad i = 1, 2, \cdots, N.$$

令 $z_i^{(1)}$ 为 $x_i^{(1)}$ 的均值数列，即

$$z_i^{(1)}(k) = 0.5x_i^{(1)}(k) + 0.5x_i^{(1)}(k-1), \quad k = 2, 3, \cdots, n,$$

则 $z_i^{(1)} = (z_i^{(1)}(2), z_i^{(1)}(3), \cdots, z_i^{(1)}(n))$. 于是可得到灰微分方程模型 GM（1，N）：

$$x_1^{(0)}(k) + az_1^{(1)}(k) = b_2 x_2^{(1)}(k) + b_3 x_3^{(1)}(k) + \cdots + b_N x_N^{(1)}(k),$$

其中，$x_1^{(0)}(k)$ 为灰导数，$z^{(1)}(k)$ 为背景值，a，b_i 为参数.

将时刻 $k=2, 3, \cdots, n$ 代入 GM（1，N）模型，并引入向量矩阵记号

$$Y_N = (x_1^{(0)}(2), x_1^{(0)}(3), \cdots, x_1^{(0)}(n))^{\mathrm{T}}, \quad u = (a, b_2, b_3, \cdots, b_N)^{\mathrm{T}},$$

$$B = \begin{pmatrix} -z_1^{(1)}(2) & -z_2^{(1)}(2) & \cdots & -z_N^{(1)}(2) \\ -z_1^{(1)}(3) & -z_2^{(1)}(3) & \cdots & -z_N^{(1)}(3) \\ \vdots & \vdots & & \vdots \\ -z_1^{(1)}(n) & -z_2^{(1)}(n) & \cdots & -z_N^{(1)}(n) \end{pmatrix},$$

称 Y_N 为数据向量，B 为数据矩阵，u 为参数向量，则 $GM(1,N)$ 模型可表示为矩阵方程 $Y_N=Bu$.

令 $\hat{a}$ 表示为 u 的估计量，$\varepsilon=Y_N-B\hat{a}$ 表示估计值的残差，由最小二乘法求使

$$J(\hat{a})=\varepsilon^T\varepsilon=(Y_N-B\hat{a})^T(Y_N-B\hat{a})$$

最小的估计值 $\hat{a}$. 如果 B^TB 非奇异，则 $\hat{a}=(\hat{a},\hat{b}_2,\hat{b}_3,\cdots,\hat{b}_N)^T=(B^TB)^{-1}B^TY_N$. 如果 B^TB 奇异，如当 $n-1<N$ 时，解决办法就麻烦一点. 但是，回顾 $\hat{a}$ 的实际意义，可以知道向量 $\hat{a}$ 的元素实际上是各个子因素对母因素影响大小的反应. 那么，不妨引入矩阵 W 对 $\varepsilon^T\varepsilon$ 做加权最小化，对未来发展趋势渐弱的子因素加以较大的权，对有发展潜力的子因素加以较小的权，这样做可以对各因素的为来发展趋势进行调整控制.

令

$$W=\text{diag}(\omega_1,\omega_2,\cdots,\omega_N),$$

其中，如果 $x_i^{(1)}$ 对 $x_1^{(1)}$ 的影响有减弱的趋势，ω_i 的值就较大. 反之，如果 $x_i^{(1)}$ 对 $x_1^{(1)}$ 的影响有减弱增强的趋势，ω_i 的值就较小. 最后，$\hat{a}$ 的估计值可以按照下面的公式计算

$$\hat{a}=W^{-1}B^T(BW^{-1}B^T)^{-1}Y_N.$$

例 14.5 表 14-24 给出了某地区各项社会经济指标的统计数据，试研究表中列出的各指标对该地区发展的影响大小的高低.

可以建立 $GM(1,7)$ 模型解决此问题. 由于每一个指标只有 5 项数据，而未知数有 7 个，即 $n-1=4<N=7$，因此只能按照第二种方法估计 $\hat{a}$ 的值，从而确定灰微分方程的系数. 最后得到的灰微分方程为

表 14-24　某地区各项经济指标

年份\指标	1991	1992	1993	1994	1995
工业总产值	31013	33656	37390	51531	65231
发电量	17128	17734.9	17227.1	18632.3	20342.7
未来受教育职工	10748	12213	13853	15196	17979
物耗	17865	19540	21584	29349	36117
技术水平	0.968	0.985	0.945	1.091	1.183
滞销积累量	20865	22834	26440	28573	33588
待业人数	15149	16246.7	20226	31459.4	34603

$$x_1^{(0)}(k)+0.66x_1^{(0)}(k)=2.46x_2^{(1)}(k)-0.91x_3^{(1)}(k)+2.5x_4^{(1)}(k)$$
$$+3.6\times10^{-5}x_5^{(1)}(k)-2.08x_6^{(1)}(k)-8.5\times10^{-2}x_7^{(1)}(k).$$

从该灰微分方程的系数可以得到以下结论：

(1) $x_2^{(1)}$ 和 $x_4^{(1)}$ 前面的系数较大，表明发电量和物耗系统的影响较大，应该重点调控这两项指标.

(2) $x_3^{(1)}$ 和 $x_6^{(1)}$ 前面的系数为较大的负数，表明未来受教育职工和滞销积累量对系统的发展有一定的阻碍作用.

(3) $x_5^{(1)}$ 和 $x_7^{(1)}$ 前面的系数值很小，无论它们是正数还是负数，都表明技术水平和待业人数对系统的发展影响不大.

当然上述结论仅适用于该地区，其他地区要根据其已有数据建立具体的模型，才能得到

适合自身系统的结论.

3. 灰色预测

利用 GM（1，N）模型就可以很方便地对一些系统的未来进行灰色预测，适用范围包括农业问题、商业问题、军事战争以及治理生态环境等. 我们以较为简单的特殊情况 $N=1$，即 GM（1，1）模型为基础进行灰色预测分析.

对原始数据 $x^{(0)} = (x^{(0)}(1)，x^{(0)}(2)，\cdots，x^{(0)}(n))$ 做一次累加生成得到

$$x^{(1)} = (x^{(1)}(1),x^{(1)}(2),\cdots,x^{(1)}(n))$$
$$= (x^{(1)}(1),x^{(1)}(1)+x^{(0)}(2),\cdots,x^{(1)}(n-1)+x^{(0)}(n)),$$

建立相应的灰微分方程

$$x^{(0)}(k)+az^{(1)}(k)=b,$$

令 $u=(a，b)^{\mathrm{T}}$，记 $Y_1=(x^{(0)}(2)，x^{(0)}(3)，\cdots，x^{(0)}(n))^{\mathrm{T}}$，应用最小二乘法推得

$$\hat{u} = (B^{\mathrm{T}}B)^{-1}B^{\mathrm{T}}Y_1,$$

其中，矩阵 B 为

$$B = \begin{pmatrix} -z^{(1)}(2) & -z^{(1)}(3) & \cdots & -z^{(1)}(n) \\ 1 & 1 & \cdots & 1 \end{pmatrix}^{\mathrm{T}},$$

从而灰微分方程的离散解的具体表达式为

$$x^{(1)}(k+1) = \left(x^{(0)}(1) - \frac{b}{a}\right)\mathrm{e}^{-ak} + \frac{b}{a},$$

根据该式就可以计算出预测结果，至于精确度可以在实际问题中得到验证.

例 14.6 百米成绩预测. 表 14-25 是世界男/女 100 米赛跑年度最好成绩的统计数据. 根据表中的数据建立灰色预测模型预测 2001 年、2002 年和 2003 年世界男/女 100 米赛跑的年度最好成绩.

表 14-25　世界男/女 100 米成绩

项目 ＼ 年份	1993	1994	1995	1996	1997	1998	1999	2000
男子/s	9.93	9.96	9.98	9.95	9.93	9.92	9.94	9.93
女子/s	11.95	11.66	11.63	11.65	11.35	11.32	11.58	11.32

世界男子 100 米赛跑年度最好成绩的原始数据记为

$$x^{(0)} = (9.93,9.96,9.98,9.95,9.93,9.92,9.94,9.93).$$

建立 GM（1，1）模型，得到预测的计算表达式为

$$x^{(1)}(k+1) = (9.93-13884.61)\mathrm{e}^{-0.000718526k} + 13884.61.$$

由该模型得到世界男子 100 米赛跑年度最好成绩的预测值，1991 年是 9.92s，1992 年是 9.91s，2000 年是 9.85s.

同理，世界女子 100 米赛跑年度最好成绩的原始数据记为

$$y^{(0)} = (11.95,11.66,11.63,11.65,11.35,11.32,11.58,11.32).$$

建立 GM（1，1）模型，得到预测的计算表达式为

$$y^{(1)}(k+1) = (11.95-2602.187)\mathrm{e}^{-0.00451067k} + 2602.187.$$

由该模型得到世界女子 100 米赛跑年度最好成绩的预测值，1991 年是 11.30s，1992 年

是 11.24s，2000 年是 10.85s.

而从表 14-25 的数据中看，男子的成绩好像没有任何规律，女子的成绩好像有一点逐渐提高的趋势．

14.6　建　模　案　例

14.6.1　酶促反应

1. 问题的提出

酶是一种具有特异性的高效生物催化剂，绝大多数的酶是活细胞产生的蛋白质．酶的催化条件温和，在常温、常压下即可进行．酶催化的反应称为酶促反应，要比相应的非催化反应快 $10^3 \sim 10^7$ 倍．酶促反应动力学简称酶动力学，主要研究酶促反应的速度与底物（即反应物）浓度以及其他因素的关系．在底物浓度很低时酶促反应是一级反应；当底物浓度处于中间范围时，是混合级反应；当底物浓度增加时，向零级反应过渡．

某生物系学生为了研究嘌呤霉素在某项酶促反应中队反应速度与底物浓度之间关系的影响，设计了两个实验，一个实验中所使用的酶是经过嘌呤霉素处理的，而另一个实验所用的酶是未经嘌呤霉素处理的，所得的实验数据如表 14-26 所示．试根据问题的背景和这些数据建立一个合适的数学模型，来反映这项酶促反应的速度与底物浓度以及嘌呤霉素处理与否之间的关系．

表 14-26　嘌呤霉素实验中的反应速度与底物浓度数据

底物浓度（ppm）		0.02		0.06		0.11		0.22		0.56		1.10	
反应速度	处理	76	47	97	107	123	139	159	152	191	201	207	200
	未处理	67	51	84	86	98	115	131	124	144	158	160	—

2. 模型分析与假设

记酶促反应的速度为 y，底物浓度为 x，二者之间的关系写作 $y = f(x, \beta)$，其中 β 为参数．由酶促反应的基本性质可知，当底物浓度较小时，反应速度大致与浓度成正比（即一级反应）；而当底物浓度很大，渐进饱和时，反应速度将趋于一个固定的值——最终反应速度（即零级反应）．下面的两个简单模型具有这种性质．

Michaelis-Menten 模型

$$y = f(x, \beta) = \frac{\beta_1 x}{\beta_2 + x}. \tag{14.22}$$

图 14-6 和图 14-7 分别是表 14-26 给出的经过嘌呤霉素处理和未处理的反应速度 y 与底物浓度 x 的散点图，可以知道，模型（14.22）与实际数据得到的散点图是大致符合的．下面对模型（14.22）进行详细的分析．

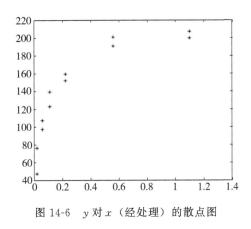
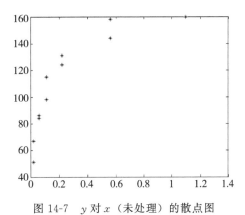

图 14-6　y 对 x（经处理）的散点图　　　　　图 14-7　y 对 x（未处理）的散点图

首先对经过嘌呤霉素处理的实验数据进行分析（未经处理的数据可同样分析），在此基础上，再来讨论是否有更一般的模型来刻画处理前后的数据，进而揭示其中的联系.

3. **线性化模型**

模型（14.22）对参数 $\beta=(\beta_1, \beta_2)$ 是非线性的，但是可以通过下面的变量代换化为线性模型：

$$\frac{1}{y} = \frac{1}{\beta_1} + \frac{\beta_2}{\beta_1} \cdot \frac{1}{x} = \theta_1 + \theta_2 u. \tag{14.23}$$

模型（14.23）中的因变量 $1/y$ 对新的参数 $\theta=(\theta_1, \theta_2)$ 是线性的.

对经过嘌呤霉素处理的实验数据，作出反应速度的倒数 $1/y$ 与底物浓度的倒数 $u=1/x$ 的散点图，如图 14-8 所示，可以发现在 $1/x$ 较小时有很好的线性趋势，而 $1/x$ 较大时则出现很大的起落.

如果单从线性回归模型的角度作计算，直接利用 MATLAB 统计工具箱中的命令 regress 求解，使用格式为

　　[b，bint，r，stats] = regress（y，x，alpha）

其中输入 y 为模型（14.23）中 y 的数据（n 维向量），x 为对应于回归系数 $\theta=(\theta_1, \theta_2)$ 的数据矩阵 [1　u]（$n \times 2$ 矩阵，其中第 1 列为全 1 向量），alpha 为置信水平 α（缺省时 $\alpha=0.05$）；输出 b 为 β 的估计值，常记作 $\hat{\beta}$，bint 为 b 的置信区间，r 为残差向量 ε，rint 为 r 的置信区间，stats 为回归模型的检验统计量，有 3 个值，第 1 个是回归方程的决定系数 R^2（R 是相关系数），第 2 个是 F 统计量，第 3 个是与 F 统计量对应的概率值 p.

MATLAB 程序：

```
x= [1,1,1,1,1,1,1,1,1,1,1,1;1/0.02,1/0.02,1/0.06,1/0.06,1/0.11,1/0.11,1/0.22,1/
0.22,1/0.56,1/0.56,1/1.10,1/1.10]';
y= [1/76,1/47,1/97,1/107,1/123,1/139,1/159,1/152,1/191,1/201,1/207,1/200]';
[b bint r rint s]= regress(y,x,0.05)
```

结果显示：

```
b=
    0.0051
    0.0002
bint=
```

```
      0.0035    0.0067
      0.0002    0.0003
   r=
    - 0.0043
      0.0038
      0.0011
      0.0001
      0.0008
    - 0.0002
      0.0001
      0.0003
    - 0.0003
    - 0.0006
    - 0.0005
    - 0.0003
   rint=
    - 0.0050    - 0.0037
      0.0022      0.0054
    - 0.0031      0.0053
    - 0.0041      0.0044
    - 0.0034      0.0050
    - 0.0044      0.0041
    - 0.0041      0.0043
    - 0.0038      0.0045
    - 0.0045      0.0038
    - 0.0047      0.0036
    - 0.0046      0.0036
    - 0.0045      0.0038
   s=
      0.8557    59.2975    0.0000    0.0000
```

很容易得到线性化模型（14.23）的参数 θ_1，θ_2 的估计和其他统计结果（表 14-27）以及 $1/y$ 与 $1/x$ 的拟合图，如图 14-8 所示．再根据式（14.23）中 β 与 θ 的关系得到 $\beta_1 = 1/\theta_1$，$\beta_2 = \theta_2/\theta_1$，从而可以计算出 β_1 和 β_2 的估计值 $\hat{\beta}_1 = 196.0784$ 和 $\hat{\beta}_2 = 0.0392$．

表 14-27　线性化模型（14.23）参数的估计结果

参数	参数估计值	参数置信区间
θ_1	0.0051	[0.0035, 0.0067]
θ_2	0.0002	[0.0002, 0.0003]
$R^2 = 0.8557$　$F = 59.2975$　$p = 0.0000$		

即回归直线 $\dfrac{\hat{1}}{y} = 0.0051 + 0.0002\dfrac{1}{x}$，从而得到拟合曲线为 $\hat{y} = \dfrac{196.0784x}{0.0392 + x}$．

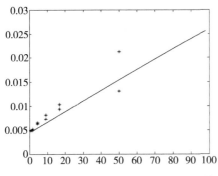

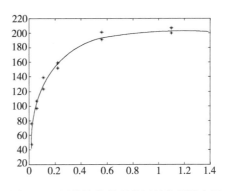

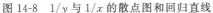

图 14-8　$1/y$ 与 $1/x$ 的散点图和回归直线　　　　图 14-9　用线性化得到的原始数据拟合图

　　将经过线性化变换后最终得到的 β 值代入原模型（14.22），得到与原始数据比较的拟合图，如图 14-9 所示. 我们发现，在 x 较大时 y 的预测值要比实际数据小，这是因为在对线性化模型作参数估计时，底物浓度 x 较低的数据在很大程度上控制了回归参数的确定，从而使得对底物浓度 x 较高的数据的拟合，出现较大的偏差. 为了解决线性化模型中拟合欠佳的问题，我们直接考虑非线性模型（14.22）.

4. 非线性模型及求解

　　可以利用非线性回归的方法直接估计模型（14.22）中的参数 β_1 和 β_2. 模型求解可利用 MATLAB 统计工具箱中的命令进行，使用格式为

　　　　$[$beta，R，J$]$ ＝nlinfit（x，y，'model'，beta0）

其中输入 x 为自变量数据矩阵，每列一个变量；y 为因变量数据向量；model 为模型的 M 函数文件名，M 函数形式为 y＝f（beta，x），beta 为待估参数；beta0 为给定的参数初值. 输出 beta 为参数的估计值，R 为残差，J 为用于估计预测误差的 Jacobi 矩阵. 参数 beta 的置信区间用命令 nlparci（beta，R，J）得到.

　　用线性化模型（14.23）得到的 β 作为非线性模型参数估计的初始迭代值，将实际数据 x，y 输入后执行以下程序.

```
x=[0.02,0.02,0.06,0.06,0.11,0.11,0.22,0.22,0.56,0.56,1.10,1.10];
y=[76,47,97,107,123,139,159,152,191,201,207,200];
beta0=[196.0784  0.0392];
[beta,R,J]= nlinfit(x,y,'meicu',beta0);
betaci= nlparci(beta,R,J);
beta,betaci
yy= beta(1)*x./(beta(2)+ x);
plot(x,y,'o',x,yy,'+'),pause
nlintool(x,y,'meicu',beta)
function  yhat= meicu(beta,x)
yhat= beta(1)*x./(beta(2)+ x);
```

运行结果为

```
beta=
          212.6837    0.0641
betaci=
          197.2045    228.1628
          0.0457      0.0826
```

得到的数据结果如表 14-28 所示.

表 14-28　模型（14.22）的参数估计结果

参数	参数估计值	参数置信区间
β_1	212.6837	[197.2045，228.1628]
β_2	0.0641	[0.0457，0.0826]

　　拟合的结果直接画在原始数据图上，如图 14-10 所示. 程序中的 nlintool 用于给出一个交互式画面，如图 14-11 所示，拖动画面中的十字线可以改变自变量 x 的取值，直接得到因变量 y 的预测值和预测区间，同时在左下方的 Export 中，可向 MATLAB 工作区传送统计数据，如剩余标准差等，在本例中剩余标准差 $s = 10.933$.

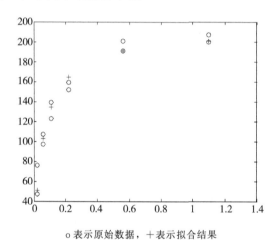

○表示原始数据，＋表示拟合结果

图 14-10　模型（14.22）的数据拟合

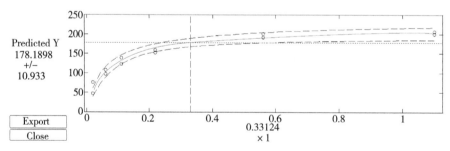

图 14-11　模型（14.22）的预测及结果输出

　　从上面的结果可以知道，对经过嘌呤霉素处理的实验数据，在用 Michaelis-Menten 模型（14.22）进行回归分析时，最终反应速度为 $\hat{\beta}_1 = 212.6837$. 还容易得到，反应的"半速度点"（达到最终反应速度一半时的底物浓度 x 值）恰为 $\hat{\beta}_2 = 0.0641$. 以上结果对这样一个经过设计的实验（每个底物浓度做两次实验）已经很好地达到了要求.

　　评注　无论从机理分析，还是从实验数据看，酶促反应中反应速度与底物浓度及嘌呤霉素的作用之间的关系都是非线性的，本节先用线性化模型来简化参数估计，如果这样能得到满意的结果，当然很好，但是由于变量的代换已经隐含了误差扰动项的变换，所以，除非变换后的误差项仍具有常数方差，一般情况下我们还需要采用原始数据做非线性回归，而把线性化模型的参数估计结果作为非线性模型参数估计的迭代初值．

应该指出，在非线性模型参数估计中，用不同的参数初值进行迭代，可能得到差别很大的结果（它们都是拟合误差平方和的局部极小点），也可能出现收敛速度等问题，因此，合适的初值是非常重要的．另外，评价线性回归拟合程度的统计检验无法直接用于非线性模型．例如，F 统计量不能用于非线性模型拟合程度的显著检验，但是 R^2 和剩余标准差 s 仍然可以在通常意义下用于非线性回归模型拟合程度的度量．

14.6.2　气象观测站的优化

1. 问题的提出

某地区内有 12 个气象观测站，为了节省开支，计划减少气象观测站的数目．已知该地区 12 个气象观测站的位置以及 10 年来各站测得的年降水量，问减少哪些观测站可以使所得到的降水量的信息足够大？观测站分布图如图 14-12 所示．表 14-29 给出了各观测站 10 年的降水量．

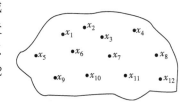

图 14-12　气象观测站分布图

表 14-29　年降水量　　　　　　　　　　（单位：mm）

年份	x_1	x_2	x_3	x_4	x_5	x_6	x_7	x_8	x_9	x_{10}	x_{11}	x_{12}
1981	276.2	324.5	158.6	412.5	292.8	258.4	334.1	303.2	292.9	243.2	159.7	331.2
1982	251.6	287.3	349.5	297.4	227.8	453.6	321.5	451.0	466.2	307.5	421.5	455.1
1983	192.7	433.2	289.9	366.3	466.2	239.1	357.4	219.7	245.7	411.1	357.0	353.2
1984	246.2	232.2	243.7	372.5	460.4	158.9	298.7	314.5	256.6	327.0	296.5	423.0
1985	291.7	311.0	502.4	254.0	245.6	324.8	401.0	266.5	251.3	289.9	255.4	362.1
1986	466.5	158.9	223.5	425.1	251.4	321.0	315.4	317.4	246.2	277.5	304.1	410.7
1987	258.6	327.4	432.1	403.9	256.6	282.9	389.7	413.2	466.5	199.3	282.1	387.6
1988	453.4	365.5	357.6	258.1	278.8	467.2	355.2	228.5	453.6	315.6	456.3	407.2
1989	158.5	271.0	410.2	344.2	250.0	360.7	376.4	179.4	159.2	342.4	331.2	377.7
1990	324.8	406.5	235.7	288.8	192.6	284.9	290.5	343.7	283.4	281.2	243.7	411.1

2. 模型假设

(1)相近地域的气象特性具有较大的相似性和相关性，它们之间的影响可以近似为一种线性关系；

(2)该地区的地理特性具有一定的均匀性，即地理因素对气象的影响可以忽略不计，各站降水量的分布是相互独立的；

(3) 在距离较远的条件下, 由于地形、环境等因素而造成不同区域的降水量相似的可能性很小, 可以被忽略, 不同区域年降水量的差异主要与距离有关;

(4) 不考虑该区域以外的其他因素对本地区的气象影响;

(5) 每个观测站所花费用都是相同的.

3. 分析与建模

1) 分析

为了节省开支, 尽量减少观测站的个数, 相应得到的信息量也必将减少, 因此最优的结果是站数比较少, 同时得到的信息量仍足够大. 在这两个相互制约的方面, 站数和信息量之间, 应主要考虑信息量, 因为信息量减少到一定程度, 气象观测会失去准确性, 那么气象观测就失去了意义. 因此, 问题就是求怎样减少观测站的个数, 在信息量不小于一定值的条件下使站数尽可能减少.

但是, 信息量是一个比较模糊的概念, 怎样才算信息量足够大, 这就涉及气象部门是怎样分析利用观测数据的. 气象部门用这些数据的主要目的是为了预报, 为此, 必须分析数据的变化规律. 我们通过对气象局、气象研究所调查得到下面一些知识: 影响气象的因素很多, 在气象观测中, 一般应比较全面地观察各种因素, 从而汇总出具有一定特点、一定代表性的观测站数据. 大气系统由于其自身的规律、地理位置上的相似性以及各气象因素之间存在的客观联系, 当去掉几个观测站时, 为了保证信息量, 应使剩下的点反映出各自规律. 因此在原始数据中反映同一规律, 即相关性、相似性好的 n 个站可以去掉 $n-1$ 个站, 而让剩下的一个站反映这 n 个站共同的特点, 而原始数据中与其他联系不大的站就保留下来. 保留下来的站中的一个观测点的观测值实际上是作为相似区域或相近区域的代表值而使用, 因此除考虑观测站的特色外, 还应注意到一个观测站所代表的区域大小. 因为去掉的站是相关性好的, 因此去掉的站可以用剩下的站来表示, 而且误差较小.

2) 建模

气象部门利用观测站测得的实验数据来估计一个地区内降水量的分布, 通常用观测站测得的数据, 即降水量, 来求出一种所谓的结构函数 $b(L)$. 结构函数 $b(L)$ 反映了该区域降水量随地区分布的最基本规律. 理论上, 结果函数 $b(L)$ 是指地面上任意相距为 L 的两点降水量之差的平均值. 实践中因为只给出 n 个站的数据 ($n=12$), 所以近似求 $b(L)$ 的方法是: 求得任意两个站之间的距离及相应的两站之间的降水量之差, 得到 C_n^2 个距离 l_i ($i=1$, 2, $\cdots$, C_n^2) 及相应的降水量之差的绝对值 f_i ($i=1$, 2, $\cdots$, C_n^2), 然后将 $[a, b]$ 划分成 m 等份, 其中 $a=\min\limits_{1\leqslant i\leqslant C_n^2}(l_i)$, $b=\max\limits_{1\leqslant i\leqslant C_n^2}(l_i)$. 设落在第 k 段小区间

$$\left[a+(k-1)\frac{b-a}{m}, b+k\frac{b-a}{m}\right]$$

内的 l_i 值共有 j 个, 记为 l_{i1}, l_{i2}, $\cdots$, l_{ij}, 因此若 L 为第 k 段区间的中点, 则结构函数的值为 $b(L)=\dfrac{1}{j}\sum\limits_{n=1}^{j}f_{in}$, 这样求得 m 个点上的 $b(L)$ 的值, 用折线连起来, 则得到 $b(L)$ 的连续曲线.

由于给出的是每站 10 年的数据, 因而两站的降水量之差 f_i 是这样求得的, 先求出这两年的降水量之差, 然后再作平均, 因此根据原始数据, 取 $m=8$, 即把它们分成 $[10, 20]$, $[20, 30]$, $\cdots$, $[80, 90]$ 8 个小区间, 求得每个区间中点上的 $b(L_i)$ 值如表 14-30 所示.

表 14-30　$b(L_i)$ 值

L_i	15	25	35	45	55	65	75	85
$b(L)$	16.61	25.46	17.46	26.45	29.25	22.11	43.43	55.53

从表 14-30 可以看出，$b(L)$ 大体上应有递增的趋势，也就是距离越远，降水量之差越大．但是，有几个点的值不甚理想，为更好地反映这种递增的趋势，引入修正的结构函数

$$b'(L_i) = \frac{\sum_{j \geqslant i} b(L_j)}{9 - i},$$

如表 14-31 所示．

表 14-31　$b'(L_i)$ 修正的值

L_i	15	25	35	45	55	65	75	85
$b'(L)$	31.1	32.7	32.9	37.9	40.2	42.9	49.9	53.1

我们认为某两点之间相对误差大于 10%，用一点去估计另一点的误差超过可允许的范围．由数据得该地区年均降水量为 320mm，则用一点近似另一点时，降水量之差最大为 $\Delta = 320 \times 10\% = 32$mm．在 $b'(L)$ 曲线上，当 $b'(L) = 32$ 时，$L_0 = 22.78$，因此用一个点去估计另一个点时，它们之间的距离就不能大于 L_0，否则误差将超过 10%．由于最后剩下的站要估计整个区域的特性，因此问题也就是：估计有多少站，足以保证该地区内任意一点都有一个观测站与之距离小于 L_0，即小于 22.78，这样每一个点的降水量都可用最近站的降水量来估计，如图 14-13 所示．

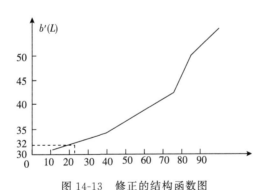

图 14-13　修正的结构函数图

计算得该地区面积 $S = 8000$ 单位，不妨把该地区近似为正方形，记为 Q，且观测站均匀分布，以 n 个站为中心把 Q 分成 n 个面积为 d^2 的小方格，如图 14-14 所示．

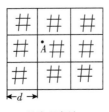

#为观察站

图 14-14　正方形 Q

A 为该区域之任意一点，设 $l_{\min}(A)$ 为与 A 相距最近的站到 A 点的距离，为达到要求，必须有

$$\max_{A \in Q}(l_{\min}(A) \leqslant L_0) = 22.78,$$

容易得到

$$\max_{A \in Q}(l_{\min}(A)) = \frac{\sqrt{2}}{2}d,$$

$$\frac{\sqrt{2}}{2}d \leqslant L_0 = 22.78.$$

于是得 $d \leqslant 32.21$，则每个小方格的面积为 d^2，最小的方格数，即剩余站数应该为

$$n = \frac{S}{d_{\max}^2} = \frac{8000}{32.21^2} = 7.7 \approx 8.$$

当保留 8 个站时，正好仍能保证该地区内任意一点都有与之足够靠近的一个或多个站可以预报该点的降水量，因此这 8 个观测站所提供的数据足以为该地区提供足够的信息量.

4. 模型求解

1）算法——逐步回归法

为了确定从 12 个站中去掉哪 4 个站，仍能使信息尽可能多地保留下来，模型的算法如下.

第一步　对每个站确定一个集合 $A_i = \{x_j \mid d(x_i, x_j) \leqslant d_0\}$，即与 x_i 距离小于 d_0 的所有 x_j 的集合，这里 d_0 取 31.5.

第二步　对每个集合 $A_i (i = 1, 2, \cdots, n)$ 以 x_i 为因变量，所有 $x_j \in A_i$ 为自变量进行多元线性回归，得到回归方程 $e(i) (i = 1, 2, \cdots, n)$，并求出每个方程的残差平方和 $S_{残}$ 及回归方程显著性检验 F_i.

第三步　显著性水平取为 $\alpha = 0.1$，对回归方程 $e(i)$ 判断 F_i，如果 $F_i > F_\alpha$，则表示 $e(i)$ 有显著的线性关系，因此若每个方程 $e(i)$ 的 $F_i > F_\alpha$，则转到第四步，否则

（1）对线性关系不显著的方程 $e(k)$，检验 A_k 中每一个自变量的显著性，对不显著的自变量从 A_k 中去掉. 然后重新以 x_k 为因变量，以 $x_j \in A_k$ 为自变量进行线性回归，得到新的回归方程 $e(k)$；

（2）在判断显著性检验，若 $F_k > F_\alpha$，保留回归方程；若不成立，在返回（1），直到 $F_k > F_\alpha$ 成立或 A_k 为空集；

（3）对线性关系不显著的方程都做（1），（2）的处理再做下一步.

第四步　对有显著性关系的回归方程 $e(i)$，判断应去掉哪个变量，即哪个观测站，设 $e(i)$ 中的系数为 β_{ij}，则对每一个变量定义权数

$$W_j = \sum_{i=1}^{k} \frac{|\beta_{ir}|}{\sum_{r=1}^{12}|\beta_{ir}|}, \quad k \text{ 为回归方程的数目.}$$

选出权数 W 最大的变量 x_l，同时考虑，若一开始就认为这个站是不应该去掉的，则选权数次之的变量，这样 x_l 就是应该去掉的站.

第五步　把变量 x_l 去掉，剩下的变量中，重新定义 A_i，回到第一步，直到去掉 4 个变量，也即 4 个站为止.

2）算法分析

（1）当两站的距离增大时，两点之间相互影响变弱，模型中以 d_0 为界限；若考虑一个站

与其他站的影响时，则仅考虑与之距离小于 d_0 的站，这将使运算大大简化．

（2）在决定去掉哪个站时，采用算法步骤第四步中的权 W，考虑到这样一个事实，设回归方程为 $y = \sum x_i\beta_i + \beta_0$，$|\beta_i|$ 越小，反映了 x_i 对 y 的影响越小；$\beta_i = 0$，说明 x_i 与 y 无关，删去 x_i，则 x_i 所代表的信息就不能从其他变量中恢复，因此 x_i 应尽量保留下来．

（3）对去掉的变量，因为还剩下与之相关性好的变量，所以仍可用剩余变量去估计它．

（4）对算法第三步中（1），（2）的处理，是因为集合中的元素，虽然距离小于或等于 d_0，但相关性不一定好，因此用 A_i 的所有元素线性回归时，仍可能存在与 x_i 相关性差的变量重新回归，以提高显著性．

5. 模型的分析及推广

利用算法，得到结果为去掉 x_{10}，x_7，x_{12}，x_6 4 个站，去掉 4 个站前后各站管辖的区域如图 14-15 所示．

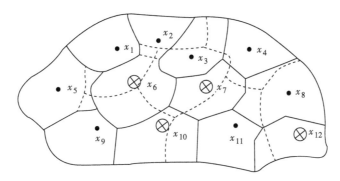

图 14-15　站点分布及管理区域图

去掉 4 个站后，再用剩下的站将降水量估计出来，用最小二乘法求得

$$x_{10} = 219.2 + 0.178x_2 - 0.07x_3 - 0.137x_4 + 0.199x_5 - 0.372x_9 + 0.489x_{11},$$

残差平方和为 1248.2，显著性检验值 $F = 11.315 > F(6, 3) = 5.28$；

$$x_7 = 86.95 + 0.136x_2 + 0.363x_3 + 0.288x_4 - 0.001x_5,$$

残差平方和为 2388.8，显著性检验值 $F = 5.568 > F(4, 5) = 3.52$；

$$x_{12} = 208.3 + 0.416x_8 - 0.188x_9 + 0.373x_{11},$$

残差平方和为 2737.8，显著性检验值 $F = 6.918 > F(3, 6) = 3.29$；

$$x_6 = 302.9 - 0.1x_4 - 0.641x_5 + 0.029x_9 + 0.726x_{11},$$

残差平方和为 9368.7，显著性检验值 $F = 9.36 > F(4, 5) = 3.52$．

对于这个结果，可以进行如下的粗略验证：

（1）根据给出的数据，求得两两相关系数，可以看出：

x_{12} 有 3 个站和它相关系数大于 0.5，x_{10} 有 4 个站和它相关系数大于 0.4，x_6 有 5 个站和它相关系数大于 0.4，x_7 和其中 x_3 的相关系数为 0.83，线性程度非常高，因此这 4 个站与其他站的相关系数是很高的．

（2）虽然我们没考虑每个站的降水量逐年的变化情况，但对去掉的 4 个站，随时间变化的标准差是比较小的．对于观测站，当然是标准差大的，包含的信息也大，求得的各站的降水量的标准差如表 14-32 所示．

表 14-32 各站年降水量的标准差

站 x	x_1	x_2	x_3	x_4	x_5	x_6	x_7	x_8	x_9	x_{10}	x_{11}	x_{12}
$\sqrt{D(x)}$	95.1	76.8	102.7	60.7	89.3	89.4	36.1	80.7	103.8	54.3	82.1	34.9

若对这 12 个变量的标准差从小到大排序，发现 x_{12}，x_7，x_{10}，x_6 分别是第 1，2，3，9 位，即它们的标准差较小，包含的信息量也较少.

因此，利用所建模型求得的结果是令人满意的.

我们利用 MATLAB 讨论该优化问题.

程序如下：

首先讨论每个站点降水量的方差

```
a=[272.6  324.5  158.6  412.5  292.8  258.4  334.1  303.2  292.9  243.2  159.7  331.2;
251.6  287.3  349.5  297.4  227.8  453.6  321.5  451  446.2  307.5  421.1  455.1;
192.7  433.2  289.9  366.3  466.2  239.1  357.4  219.7  245.7  411.1  357  353.2;
246.2  232.4  243.7  372.5  460.4  158.9  298.7  314.5  256.6  327  296.5  423;
291.7  311  502.4  254  245.6  324.8  401  266.5  251.3  289.9  255.4  362.1;
466.5  158.9  223.5  425.1  251.4  321  315.4  317.4  246.2  277.5  304.2  410.7;
258.6  327.4  432.1  403.9  256.6  282.9  389.7  413.2  466.5  199.3  282.1  387.6;
453.4  365.5  357.6  258.1  278.8  467.2  355.2  228.5  453.6  315.6  456.3  407.2;
158.5  271  410.2  344.2  250  360.7  376.4  179.4  159.2  342.4  331.2  377.7;
324.8  406.5  235.7  288.8  192.6  284.9  290.5  343.7  283.4  281.2  243.7  411.1;]
b= var(a)    % 求方差
[C,I]= sort(b,'descend')    % 对方差排序
```

运行结果

```
C=
  1.0e+004 *
  Columns 1 through 9
1.1717  1.1323  1.0053  0.8874  0.8855  0.7485  0.7237  0.6549  0.4093
  Columns 10 through 12
  0.3277  0.1448  0.1356
I=
   3   9   1   6   5   11   8   2   4   10   7   12
```

结果可以看到站点 12 的方差最小，于是对站点 12 进行逐步回归，取显著性水平 $\alpha=0.09$，则

```
x1=[272.6  251.6  192.7  246.2  291.7  466.5  258.6  453.4  158.5  324.8]';
x2=[324.5  287.3  433.2  232.4  311  158.9  327.4  365.5  271  406.5]';
x3=[158.6  349.5  289.9  243.7  502.4  223.5  432.1  357.6  410.2  235.7]';
x4=[412.5  297.4  366.3  372.5  254  425.1  403.9  258.1  344.2  288.8]';
x5=[292.8  227.8  466.2  460.4  245.6  251.4  256.6  278.8  250  192.6]';
x6=[258.4  453.6  239.1  158.9  324.8  321  282.9  467.2  360.7  284.9]';
x7=[334.1  321.5  357.4  298.7  401  315.4  389.7  355.2  376.4  290.5]';
x8=[303.2  451  219.7  314.5  266.5  317.4  413.2  228.5  179.4  343.7]';
x9=[292.9  446.2  245.7  256.6  251.3  246.2  466.5  453.6  159.2  283.4]';
x10=[243.2  307.5  411.1  327  289.9  277.5  199.3  315.6  342.4  281.2]';
```

x11= [159.7　　421.1　　357　　　296.5　　255.4　　304.2　　282.1　　456.3　　331.2　　243.7]';

y=　[331.2　　455.1　　353.2　　423　　　362.1　　410.7　　387.6　　407.2　　377.7　　411.1]';

x= [x1,x2,x3,x4,x5,x6,x7,x8,x9,x10,x11];

stepwise(x,y,[],0.09)　% 对其逐步回归

结果为

远离虚线的点为可取点，很靠近虚线的点为剔除点（图 14-16）.

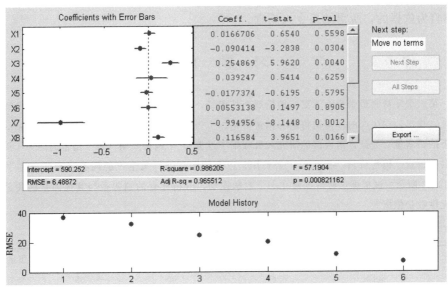

图 14-16

由此可得回归方程

y1= 590.252- 0.090414 * x2+ 0.254869 * x3- 0.994956 * x7+ 0.116584 * x8+ 0.177117 * x11

将 y_1 的预测值与 x_{12} 的实际值进行方差分析，得到图 14-17.

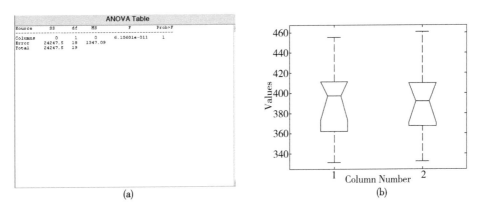

图 14-17　拟合结果

由上两图可知其拟合程度较好，可以使用

x12= 590.252- 0.090414 * x2+ 0.254869 * x3- 0.994956 * x7+ 0.116584 * x8+ 0.177117 * x11

代替 $x12$，$x12$ 可以去掉.

采用同样的方法，最终可去 $x12$，$x10$，$x9$ 三个站点.

6. 模型的优缺点

本模型中先估计出应留下几个站，然后再决定去掉哪几个站，这样做大大简化了计算.

对应保留下几个站的估计，当数据个数较少时，估计的误差就越大；但当数据很多时，误差就较小．因此，本模型需要的数据越多越好，如果再多给出一些数据，估计就能更精确．

在本问题中，只给出 12 个站及 10 年的降水量，从统计的观点看 10 年的数据尚不具有良好的代表性，而且题目未给出地区的地理情况．因此，只能根据已有的数据进行处理．

尽管模型中一些估计是粗略的，没有给出严格的理论证明，但都是在合理的指导思想下，以经验为依据的，所得结果令人满意．

习 题 14

14.1 某大型牙膏制造企业为了更好地拓展产品市场，有效地管理库存，公司董事会要求销售部门根据市场调查，找出公司生产的牙膏销售量与销售价格、广告投入等之间的关系，从而预测出在不同价格和广告费用下的销售量．为此，销售部的研究人员收集了过去 30 个销售周期（每个销售周期为 4 周）公司生产的牙膏的销售量、销售价格、投入的广告费用，以及同期其他厂家生产的同类牙膏的市场平均销售价格，如表 14-33 所示．试根据这些数据建立一个数学模型，分析牙膏的销售量与其他因素的关系，为制定价格策略提供数量依据．

表 14-33 牙膏销售量与销售价格、广告费用等数据

销售周期	公司销售价格/元	其他厂家平均价格/元	广告费用/百万元	价格差/元	销售量/百万支
1	3.85	3.80	5.50	−0.05	7.38
2	3.75	4.00	6.75	0.25	8.51
3	3.70	4.30	7.25	0.60	9.52
4	3.70	3.70	5.50	0	7.50
5	3.60	3.85	7.00	0.25	9.33
6	3.60	3.80	6.50	0.20	8.28
7	3.60	3.75	6.75	0.15	8.75
8	3.80	3.85	5.25	0.05	7.87
9	3.80	3.65	5.25	−0.15	7.10
10	3.85	4.00	6.00	0.15	8.00
11	3.90	4.10	6.50	0.20	7.89
12	3.90	4.00	6.25	0.10	8.15
13	3.70	4.10	7.00	0.40	9.10
14	3.75	4.20	6.90	0.45	8.86
15	3.75	4.10	6.80	0.35	8.90
16	3.80	4.10	6.80	0.30	8.87
17	3.70	4.20	7.10	0.50	9.26
18	3.80	4.30	7.00	0.50	9.00
19	3.70	4.10	6.80	0.40	8.75
20	3.80	3.75	6.50	−0.05	7.95
21	3.80	3.75	6.25	−0.05	7.65
22	3.75	3.65	6.00	−0.01	7.27

续表

销售周期	公司销售价格/元	其他厂家平均价格/元	广告费用/百万元	价格差/元	销售量/百万支
23	3.70	3.90	6.50	0.20	8.00
24	3.55	3.65	7.00	0.10	8.50
25	3.60	4.10	6.80	0.50	8.75
26	3.65	4.25	6.80	0.60	9.21
27	3.70	3.65	6.50	−0.05	8.27
28	3.75	3.75	5.75	0	7.67
29	3.80	3.85	5.80	0.05	7.93
30	3.70	4.25	6.80	0.55	9.26

14.2　某建设单位组织一项工程项目的招标,组建评标专家组对 4 个投标单位的标书进行评判. 4 个标书的指标信息如表 14-34 所示,其中前三个指标信息是各投标单位给定的精确数据,后三个指标信息是评标专家组经考察后的定性结论. 请你帮评标专家组设计一个工程评标模型,以确定最后中标单位.

表 14-34　各投标单位基本信息表

指标　　　单位	投标报价/万元	工期/月	主材用料/万元	施工方案	质量业绩	企业信誉度
A_1	480	15	192	很好	好	高
A_2	490	14	196	好	一般	一般
A_3	501	14	204	好	好	很高
A_4	475	18	190	一般	很好	一般
权重	0.3	0.1	0.1	0.2	0.1	0.2

14.3　旱灾期预测. 表 14-35 中给出了某地区年降雨量的数据,试根据这些数据预测什么时候会出现干旱灾情. 干旱的指标可以自己适当的选择.

表 14-35　某地区年降雨量　　　　　　　　　　　　　　　　单位:毫米

1	2	3	4	5	6
390.6	412	320	559.2	380.8	542.4

7	8	9	10	11	12
553	310	561	300	632	540

13	14	15	16	17	
406.2	313.8	576	587.6	318.6	

参 考 文 献

边馥萍，侯文华，梁冯珍 . 2005. 数学模型方法与算法 . 北京：高等教育出版社 .

陈东彦，李冬梅，王树忠 . 2007. 数学建模 . 北京：科学出版社 .

陈光亭，裘哲勇 . 2010. 数学建模 . 北京：高等教育出版社 .

陈理荣 . 1999. 数学建模导论 . 北京：北京邮电大学出版社 .

陈毅衡 . 2004. 时间序列与金融数据分析 . 黄长全译 . 北京：中国统计出版社 .

傅鹏，龚劬，刘琼荪，等 . 2000. 数学实验 . 北京：科学出版社 .

高惠璇 . 2006. 应用多元统计分析 . 北京：北京大学出版社 .

韩中庚 . 2005. 数学建模方法及其应用 . 北京：高等教育出版社 .

胡良剑，孙晓君 . 2006. MATLAB数学实验 . 北京：高等教育出版社 .

胡守信，李柏年 . 2004. 基于 MATLAB 的数学实验 . 北京：科学出版社 .

胡运权 . 2008. 运筹学基础及其应用 . 北京：高等教育出版社 .

姜启源，谢金星，叶俊 . 2003. 数学模型 . 3 版 . 北京：高等教育出版社 .

雷功炎 . 1999. 数学模型讲义 . 北京：北京大学出版社 .

李大潜 . 2001. 中国大学生数学建模竞赛 . 2 版 . 北京：高等教育出版社 .

李继成 . 2006. 数学实验 . 北京：高等教育出版社 .

李明 . 2001. 详解 MATLAB 在最优化计算中的应用 . 北京：电子工业出版社 .

李尚志 . 1996. 数学建模竞赛教程 . 南京：江苏教育出版社 .

李伯德 . 2002. 数学建模方法 . 兰州：甘肃教育出版社 .

刘来福，曾文艺 . 2002. 数学模型与数学建模 . 2 版 . 北京：北京师范大学出版社 .

刘卫国 . 2006. MATLAB 程序设计与应用 . 北京：高等教育出版社 .

罗家洪 . 2005. 矩阵分析引论 . 广州：华南理工大学出版社 .

任善强，雷鸣 . 1996. 数学模型 . 重庆：重庆大学出版社 .

沈继红，施久玉，高振滨，等 . 1996. 数学建模 . 哈尔滨：哈尔滨工程大学出版社 .

寿纪麟 . 1993. 数学建模——方法与范例 . 西安：西安交通大学出版社 .

司守奎，孙玺菁，张德存，等 . 2013. 数学建模算法与应用习题解答 . 北京：国防工业出版社 .

司守奎，孙玺菁 . 2013. 数学建模算法与应用 . 北京：国防工业出版社 .

苏金明，阮沈勇 . 2002. MATLAB 6.1 实用指南 . 北京：电子工业出版社 .

谭永基，蔡志杰，俞文鮆 . 2004. 数学模型 . 上海：复旦大学出版社 .

唐焕文，贺明峰 . 2001. 数学模型引论 . 2 版 . 北京：高等教育出版社 .

萧树铁 . 1999. 数学实验 . 北京：高等教育出版社 .

徐全智，杨晋浩 . 2008. 数学建模 . 2 版 . 北京：高等教育出版社 .

薛毅 . 2011. 数学建模基础 . 2 版 . 北京：科学出版社 .

杨启帆，方道元 . 1999. 数学建模 . 杭州：浙江大学出版社 .

张润楚 . 2006. 多元统计分析 . 北京：科学出版社 .

赵静，但琦 . 2003. 数学建模与数学实验 . 2 版 . 北京：高等教育出版社 .

周义仓，赫孝良 . 1999. 数学建模实验 . 西安：西安交通大学出版社 .

朱道元，等 . 2003. 数学建模案例精选 . 北京：科学出版社 .

卓全武，魏永生，秦健，等 . 2011. MATLAB 在数学建模中的应用 . 北京：北京航空航天大学出版社 .

Frank R. G，Maurice D. W，Willian P. F. 2006. 数学建模 . 北京：机械工业出版社 .